Lim Kyung Keun

Hair Style Design-Woman Medium Hair 297

임경근 헤어스타일 디자인-우먼 미디엄 헤어 297

Written by Lim, Kyung Keun

Written by Lim, Kyung Keun

임경근은 국내 및 일본 헤어숍 8년 근무, 세계적인 두발 화장품 회사 근무, 헤어숍 운영 28년의 경험을 쌓고 있으며, 90년대 중반부터 얼굴형, 신체의 인체 치수를 연구하고 관상 심리를 연구했으며, 헤어스타일 디자인을 위해 미술을 시작하여 미용 이론과 현장 경험을 토대로 디자인적 가치관을 정립하여 독창적 헤어스타일 디자인을 창출하는 데 노력하고 있습니다.

15년 전부터 AI 시대를 대응하여 얼굴형을 분석하여 헤어스타일을 상담하고 정보를 공유하는 시스템에 대한 연구를 통해 관련 기술과 콘텐츠를 축적하고 있으며, 차별화되고 혁신적인 헤어숍 시스템 서비스를 준비하고 있습니다.

임경근은 헤어 메이크업뿐만 아니라 미술, 포토그래피, 디자인(웹, 앱디자인, 편집디자인, 인테리어 디자인 등), 디지털 일러스트레이션을 토대로 헤어스타일 디자인과 트렌드를 제시하고 퀄리티 높은 콘텐츠를 제작하고 있습니다.

저서

- Hair Mode 2000(헤어스타일 일러스트레이션 & 헤어 커트 이론)
- Hair Mode 2001(헤어스타일 일러스트레이션 & 헤어 커트 이론)
- Hair Design & Illustration
- Interactive Hair Mode(헤어스타일 일러스트레이션)
- Interactive Hair Mode(기술 매뉴얼)
- Lim Kyung Keun Creative Hair Style Design
- Lim Kyung Keun Hair Style Design-Woman Short Hair 270
- Lim Kyung Keun Hair Style Design-Woman Medium Hair 297
- Lim Kyung Keun Hair Style Design-Woman Long Hair 233
- Lim Kyung Keun Hair Style Design-Man Hair 114
- Lim Kyung Keun Hair Style Design-Technology Manual

들어가기 전에 • • •

자연과 사람을 사랑하면 아름다운 헤어스타일을 디자인할 수 있습니다

이제는 개성 있는 다양한 헤어스타일을 디자인해야 합니다!

사람들은 자신의 얼굴형에 잘 어울리면서 건강한 머릿결과 손질하기 편한 개성 있는 헤어스타일을 하고 싶어 합니다.

저자인 임경근은 1990년대 초부터 예술과 과학을 통한 아름다움 창조라는 가치를 추구해 왔습니다.
얼굴형과 신체의 인체 치수 연구를 하고 헤어스타일 디자인을 위해 미술을 시작했습니다.
건강한 머릿결을 유지하면서 손질하기 편한 헤어스타일을 조형하기 위한 과학적이고 체계적인 헤어 커트 기법을 연구하던 중 1990년대 후반 역학적인 원리를 이용한 헤어스타일 조형 기법을 개발했습니다.
인공지능 시대가 빠르게 다가오고 사람들의 가치관, 미의식도 변화하여 자신만의 아름다운 개성을 표현하고 싶어 합니다.
단순한 몇 가지의 헤어스타일을 반복해서는 좋은 헤어스타일을 할 수가 없습니다.
사람들을 분석하고 사람들에게 어울리고 사람들이 좋아하는 다양한 고급스러운 헤어스타일의 개성을 디자인하여야 합니다.
자신에게 어울리고 자신의 개성을 자유롭게 표현할 수 있는 자신만의 헤어스타일을 해야 다양한 개성이 표출되고 뷰티 문화가 발전합니다.

한류, K뷰티가 세계 사람들에게 전해지고 좋아한다고 합니다.
우리의 뷰티 문화가 세계의 사람들과 공유되고 진정으로 소통되려면 모방되거나 획일적 헤어스타일이 아닌 창조적이고 개성화되고 독창적인 헤어스타일을 디자인하여야 합니다.
문화는 다양성을 추구하고 소비되었을 때 발전합니다.

저자인 임경근의 헤어스타일 디자인의 토대는 자연과 사람입니다.
자연과 사람을 사랑하고 좋아하면 좋은 디자인을 할 수 있습니다.

2022년 8월 15일
임 경 근

Innovation by Design

예술과 과학을 통한 아름다움 창조

CONTENTS

Woman Medium Hair Style Design

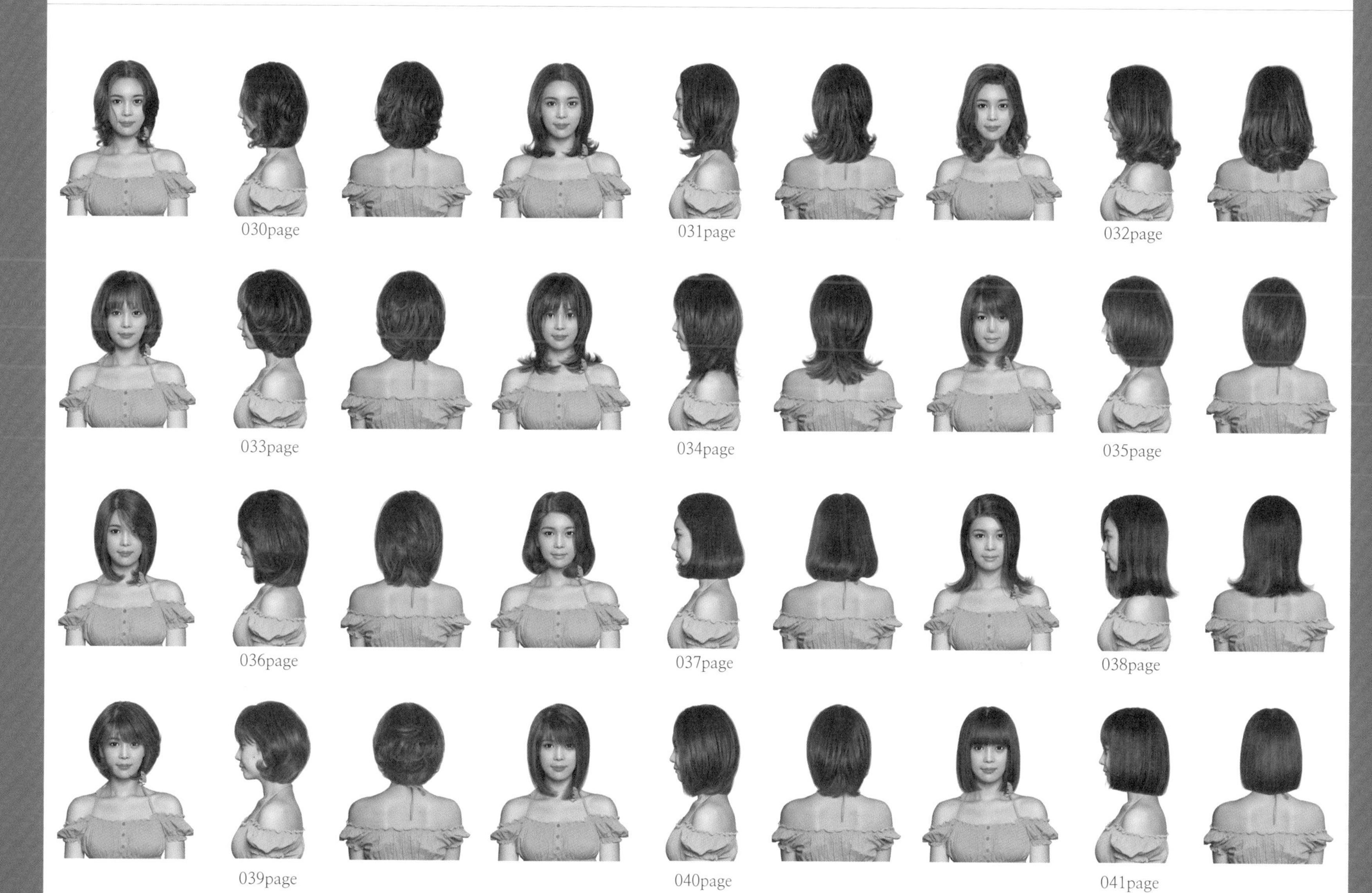

CONTENTS Woman Medium Hair Style Design

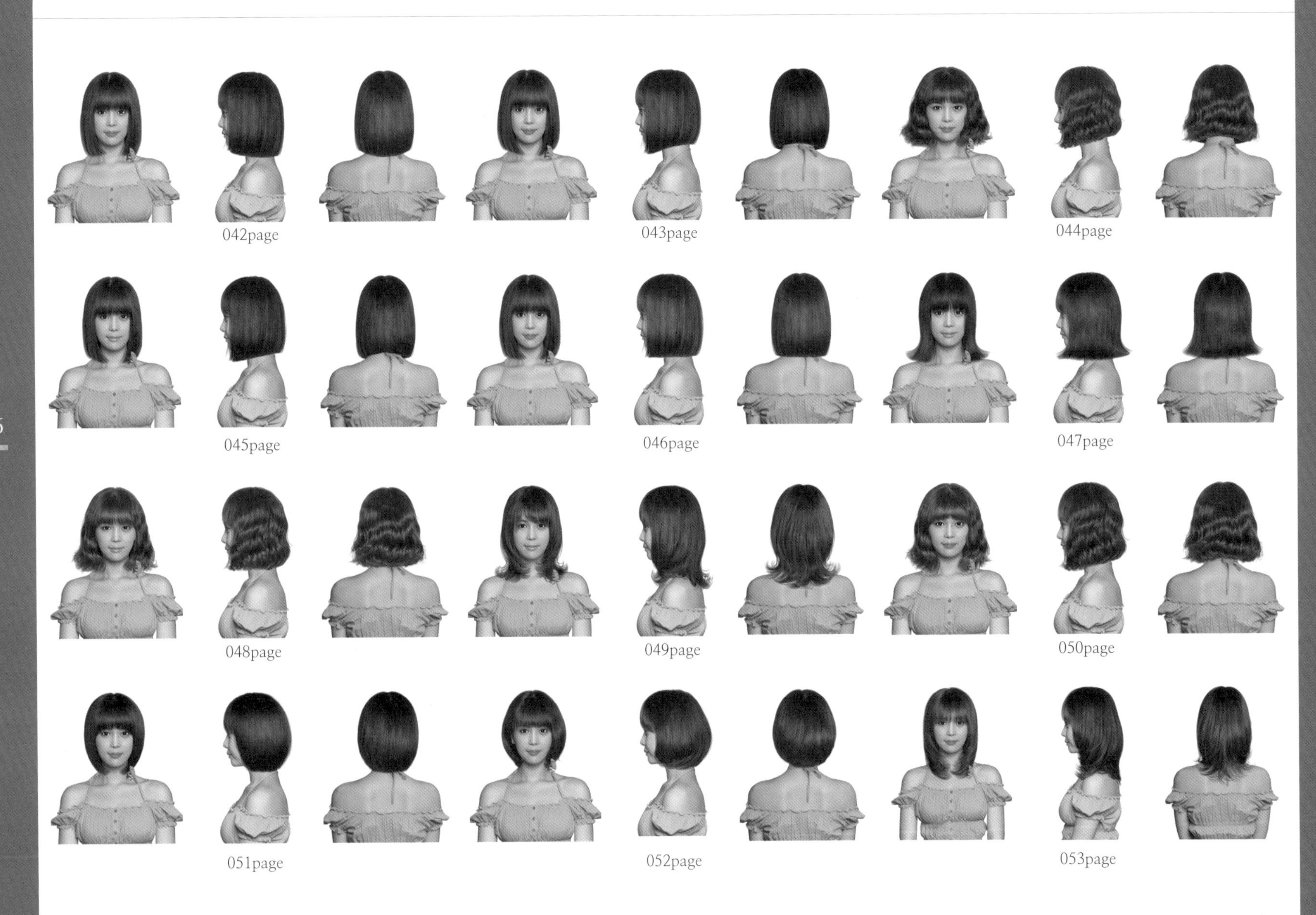

CONTENTS

Woman Medium Hair Style Design

CONTENTS

Woman Medium Hair Style Design

CONTENTS

Woman Medium Hair Style Design

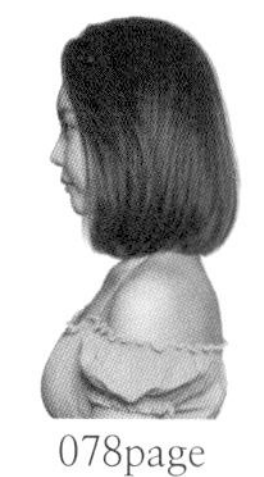
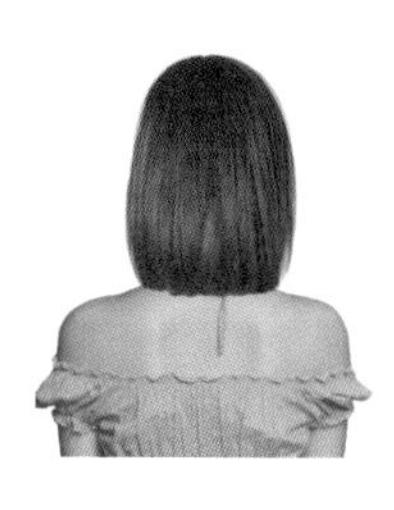

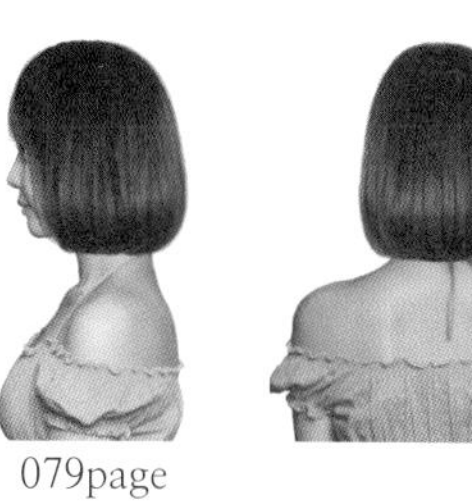
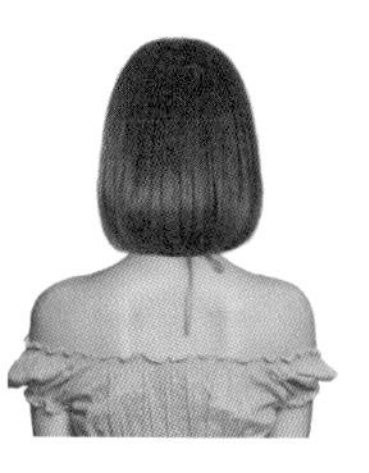

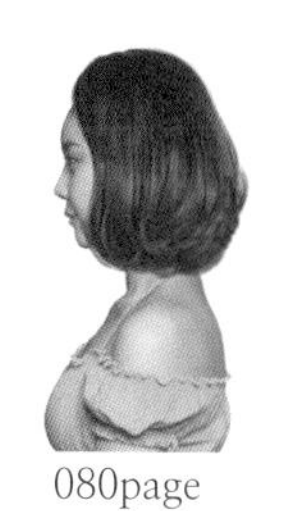
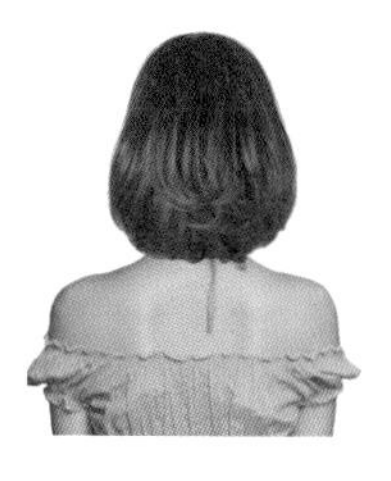

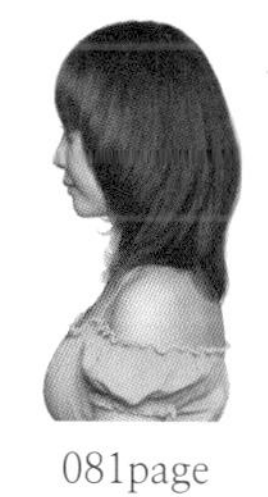
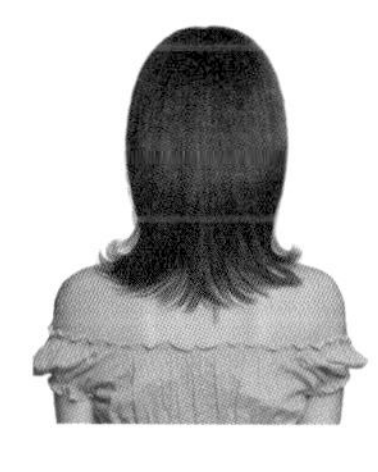

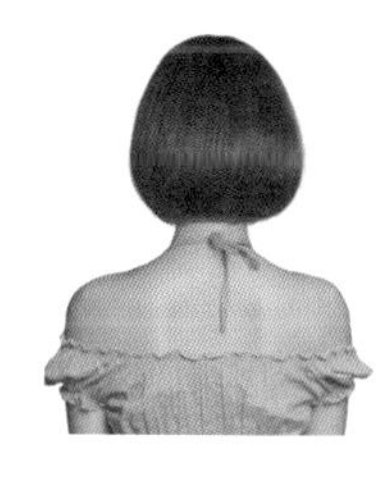

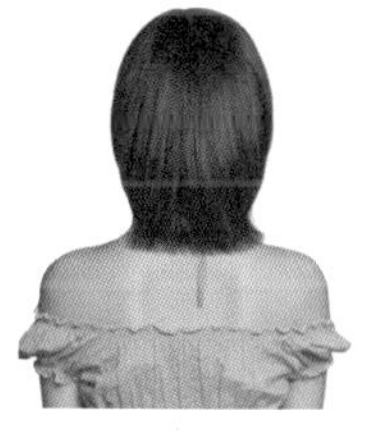

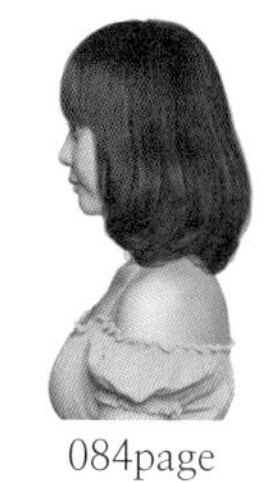
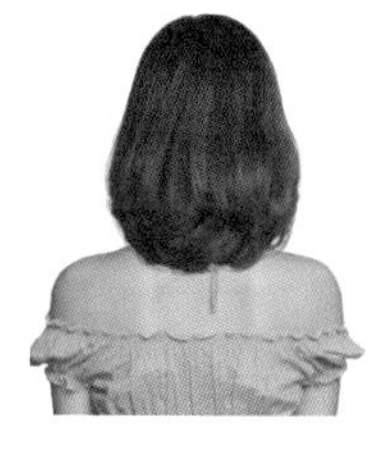

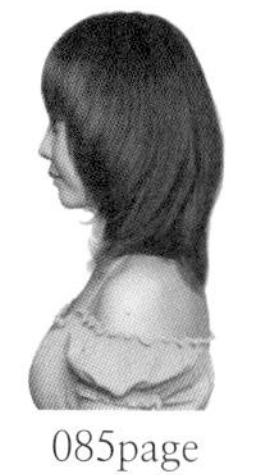
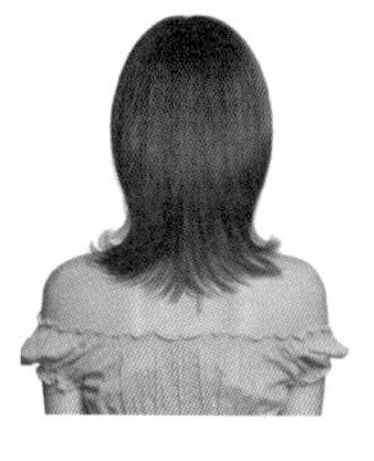

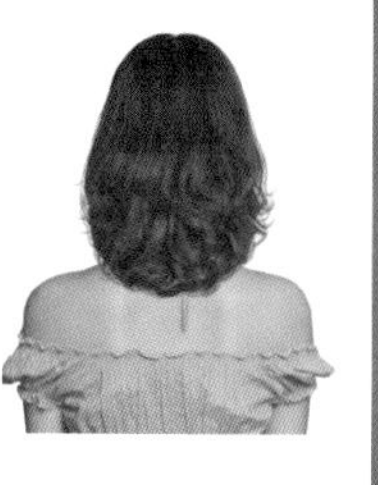

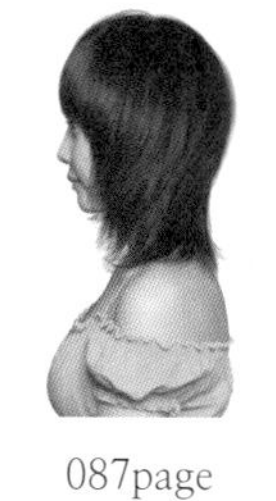

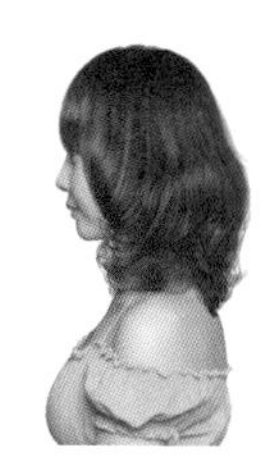
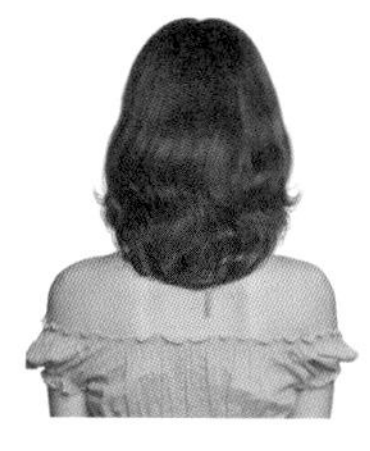

CONTENTS Woman Medium Hair Style Design

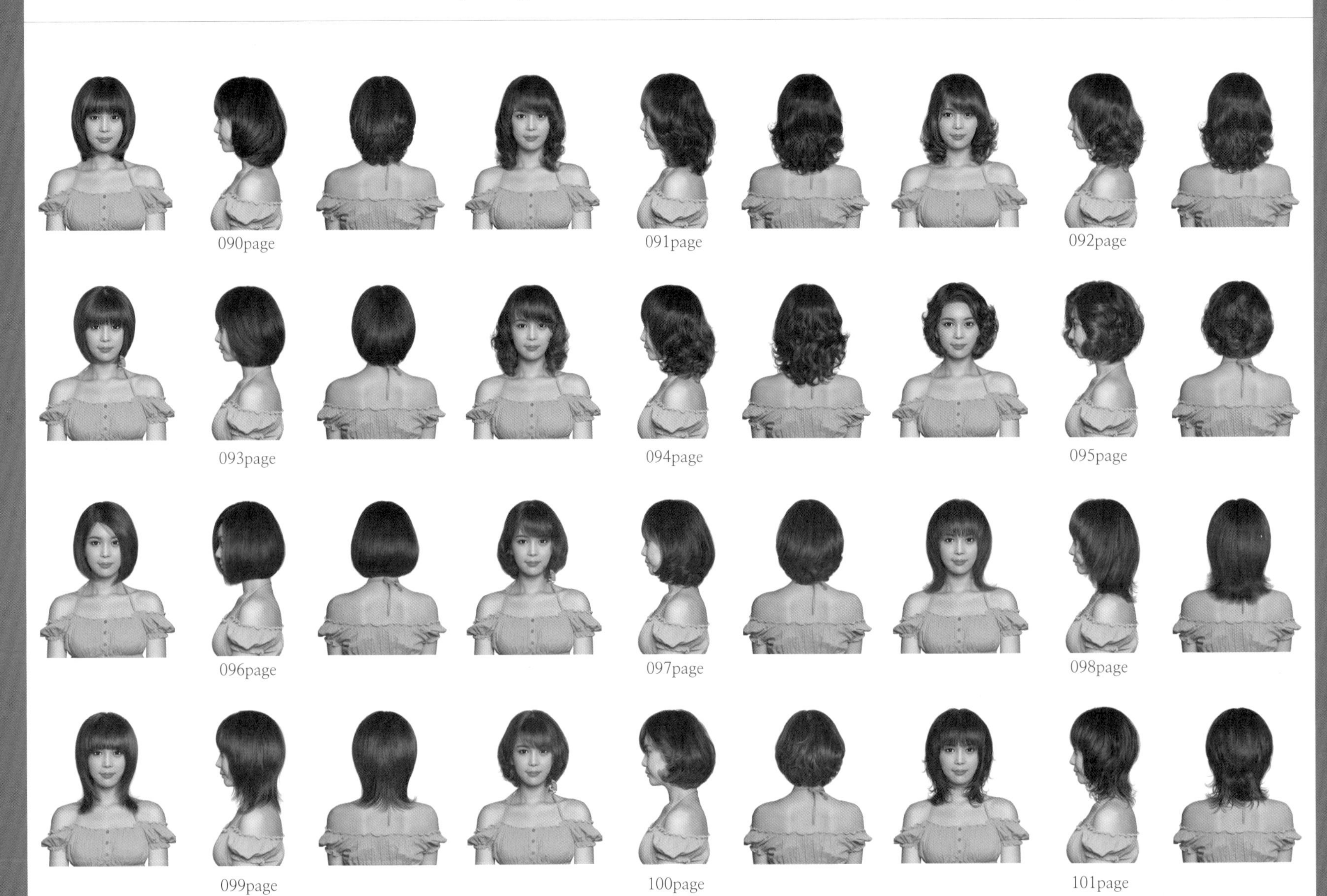

CONTENTS

Woman Medium Hair Style Design

 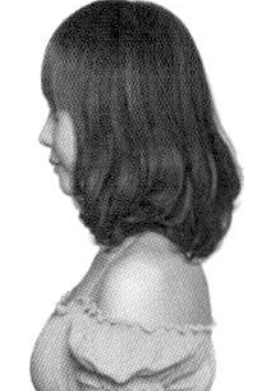 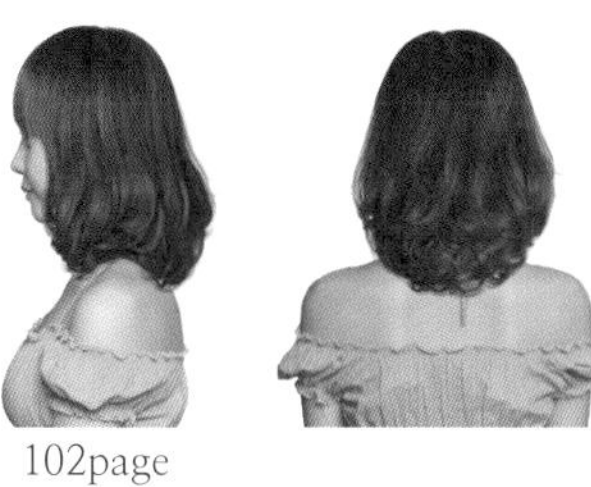  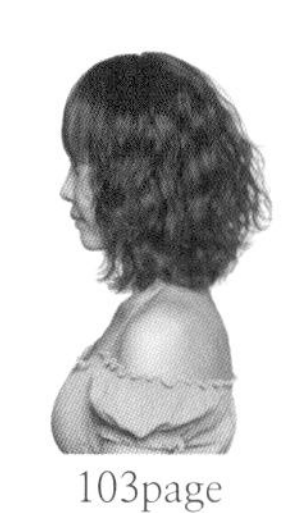 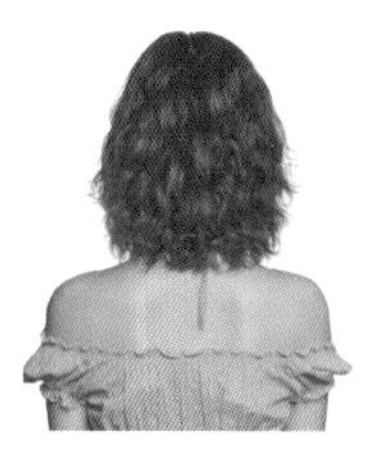  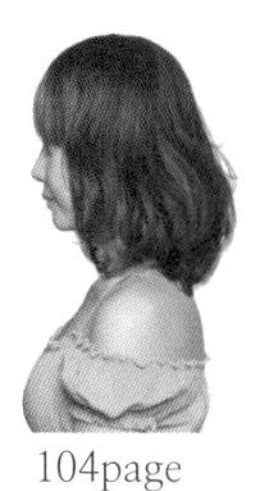 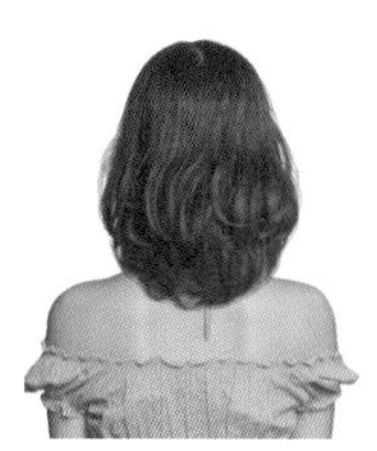

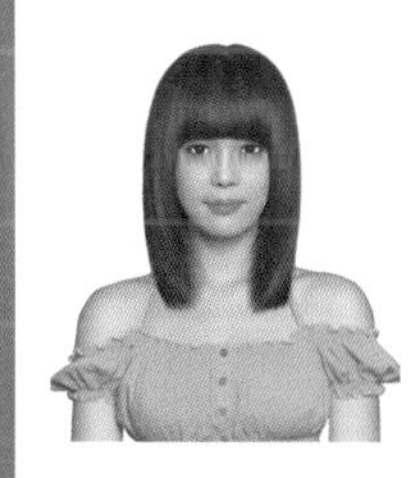  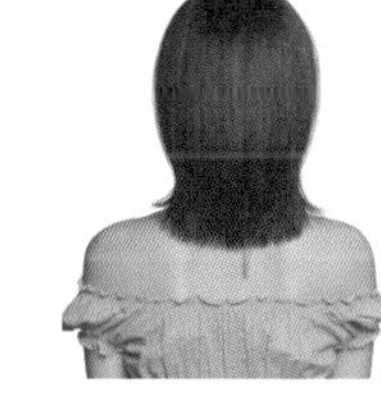  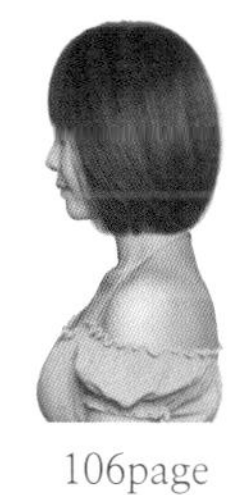 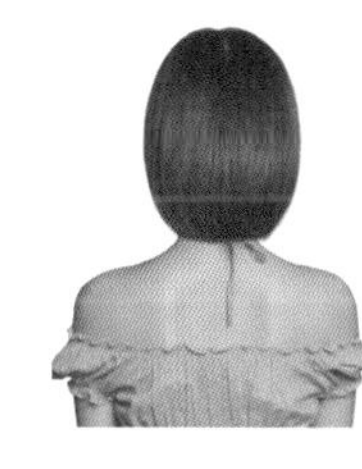 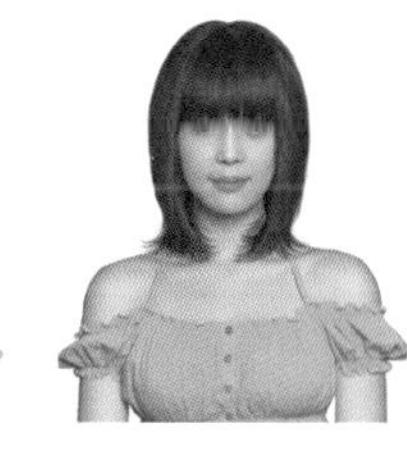 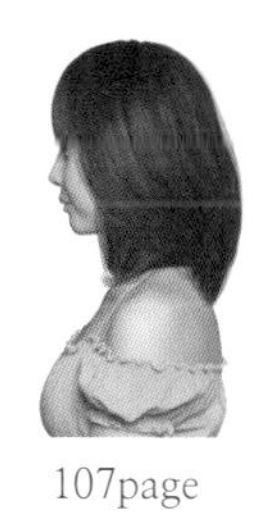 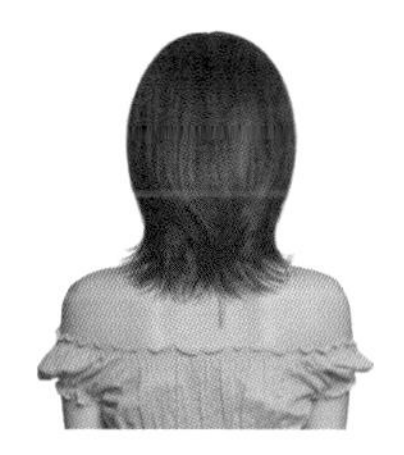

 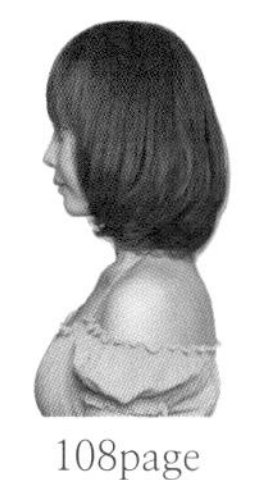 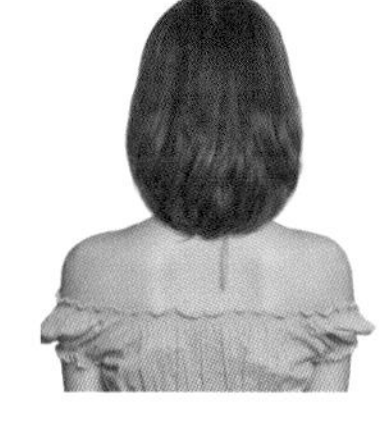  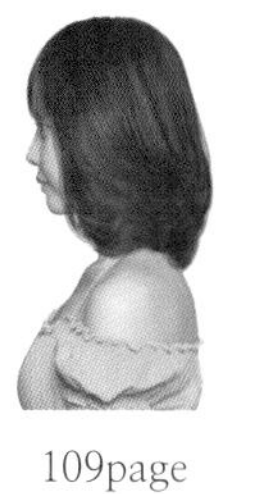 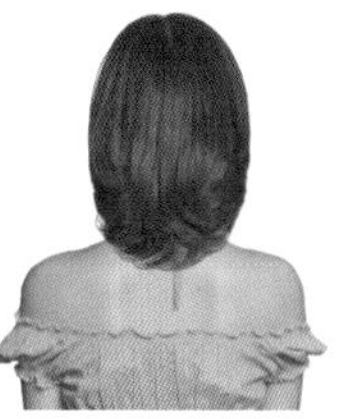 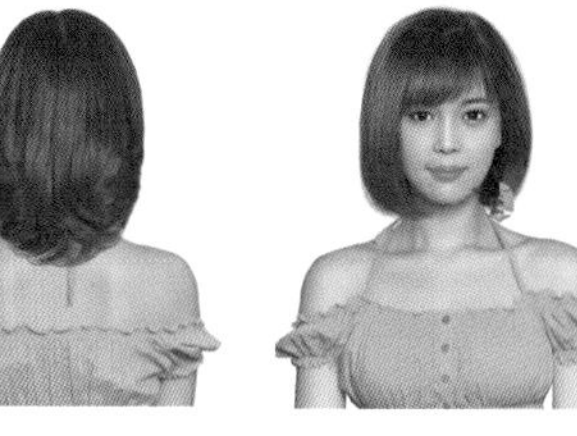 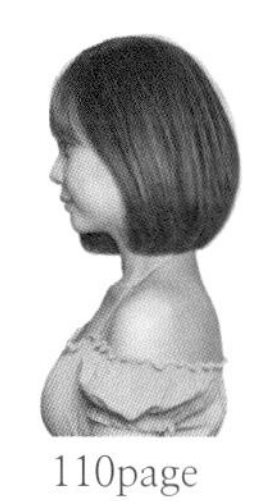 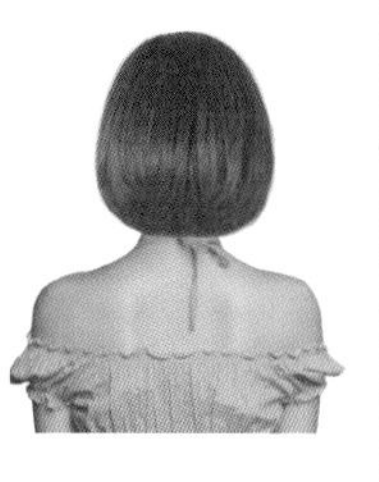

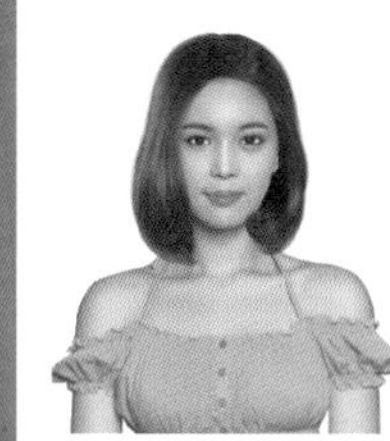 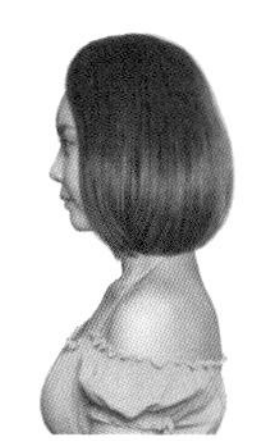 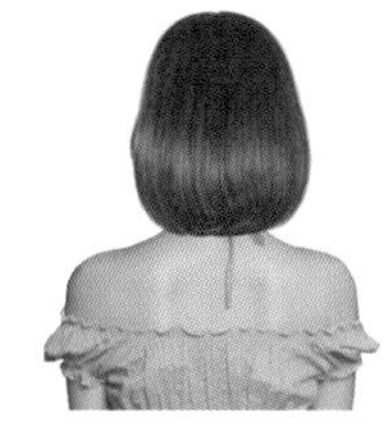     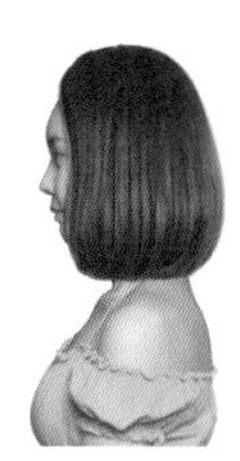 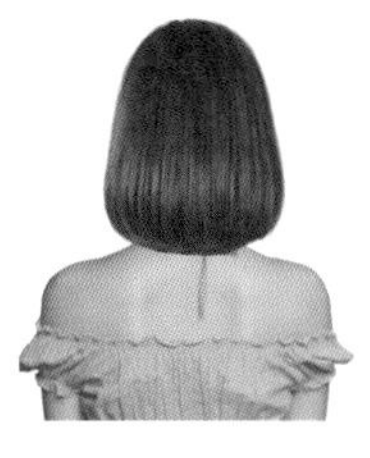

CONTENTS

Woman Medium Hair Style Design

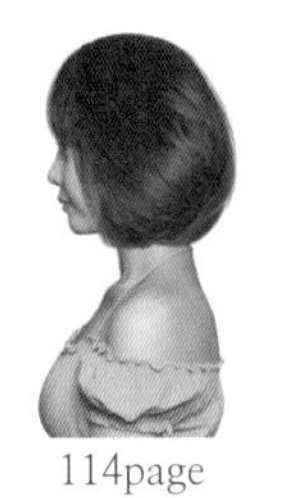
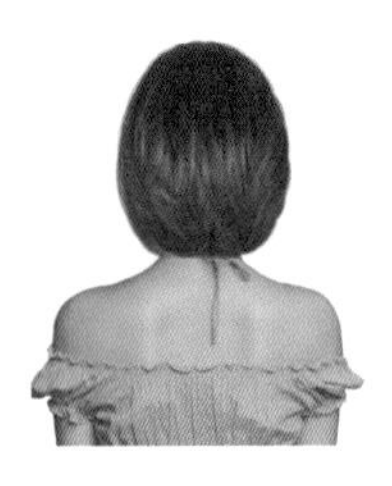

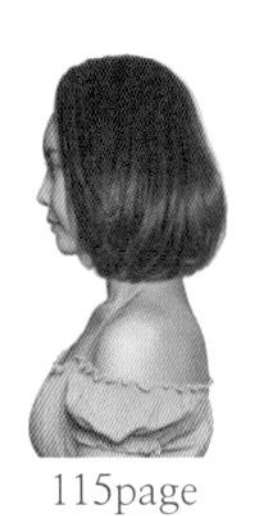
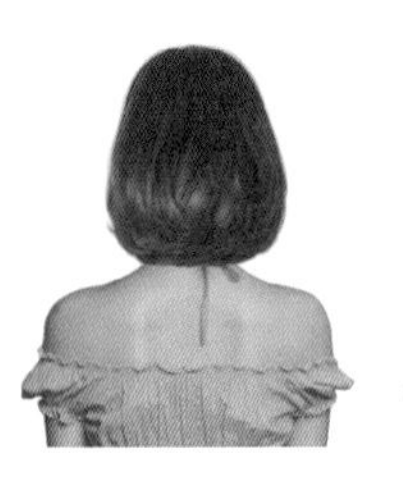

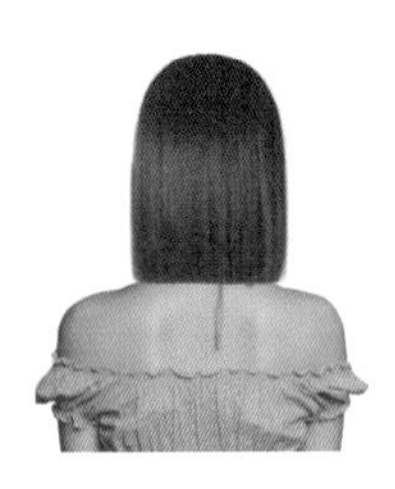

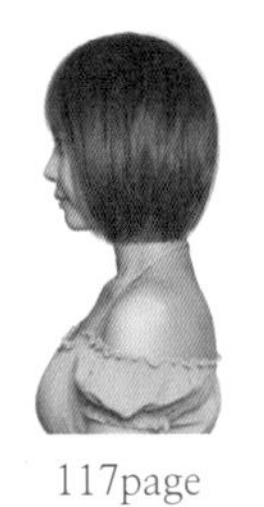
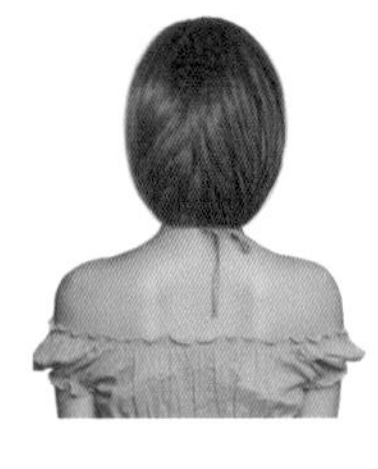

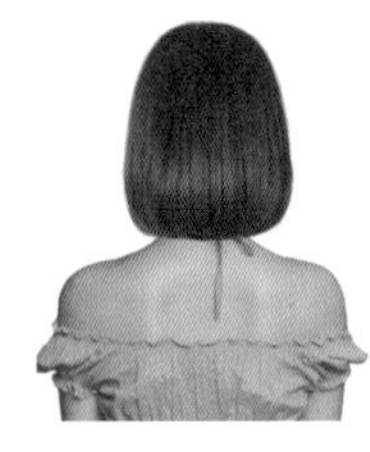

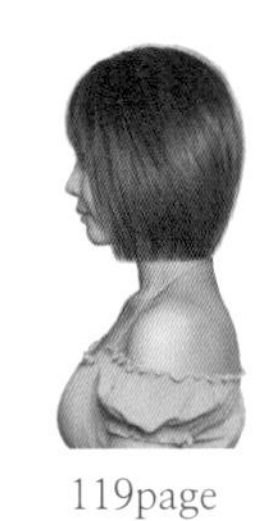
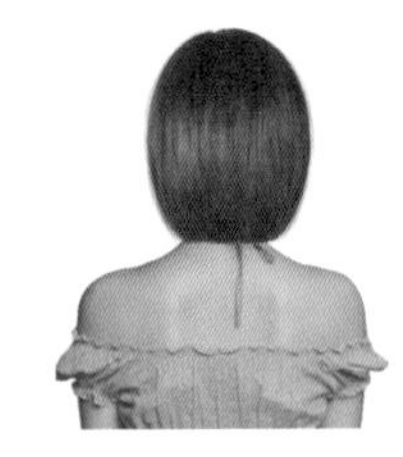

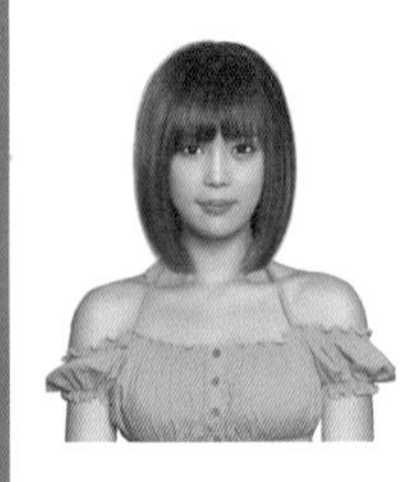
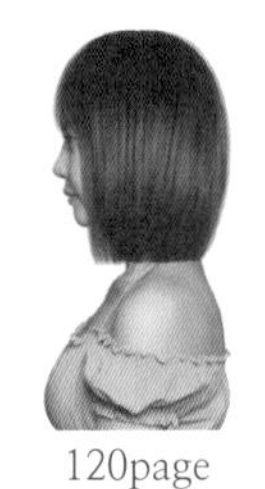
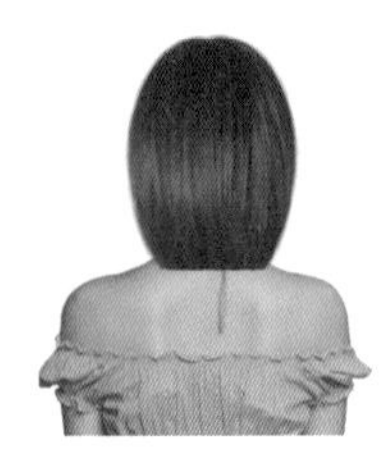

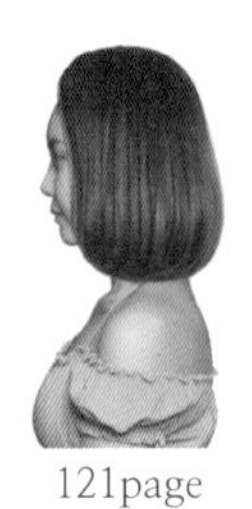
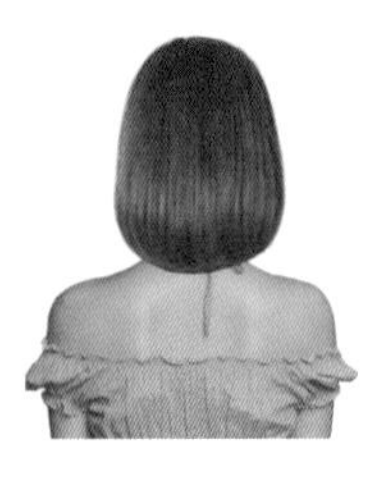

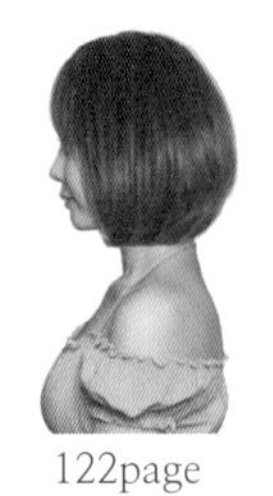
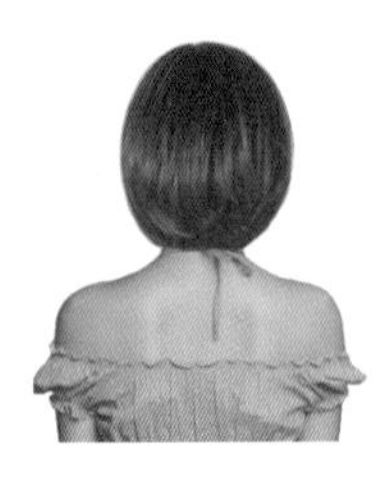

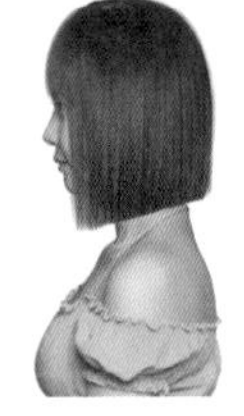
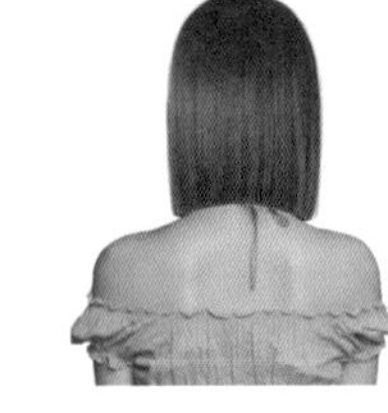

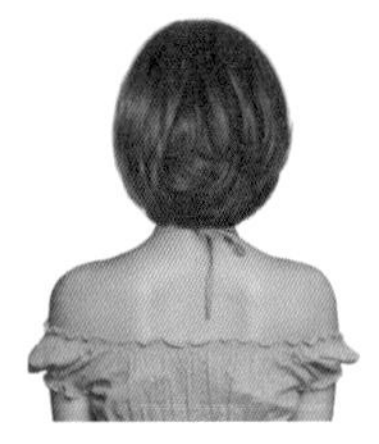

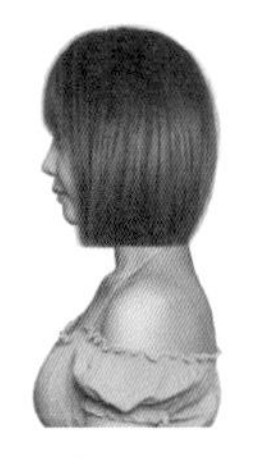
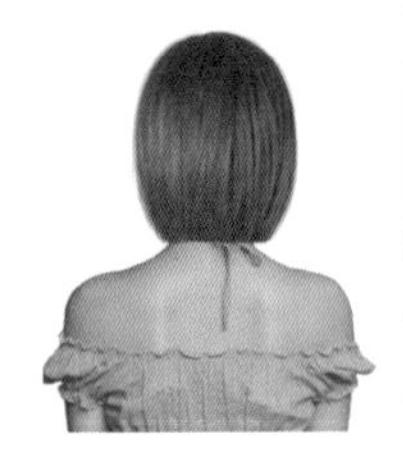

CONTENTS

Woman Medium Hair Style Design

B(Blue) frog Lim Hair Style Design

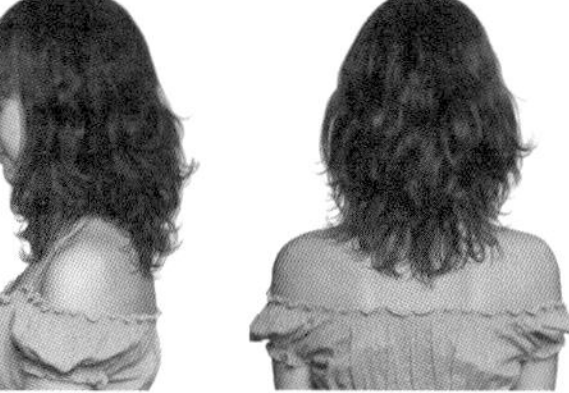

CONTENTS

Woman Medium Hair Style Design

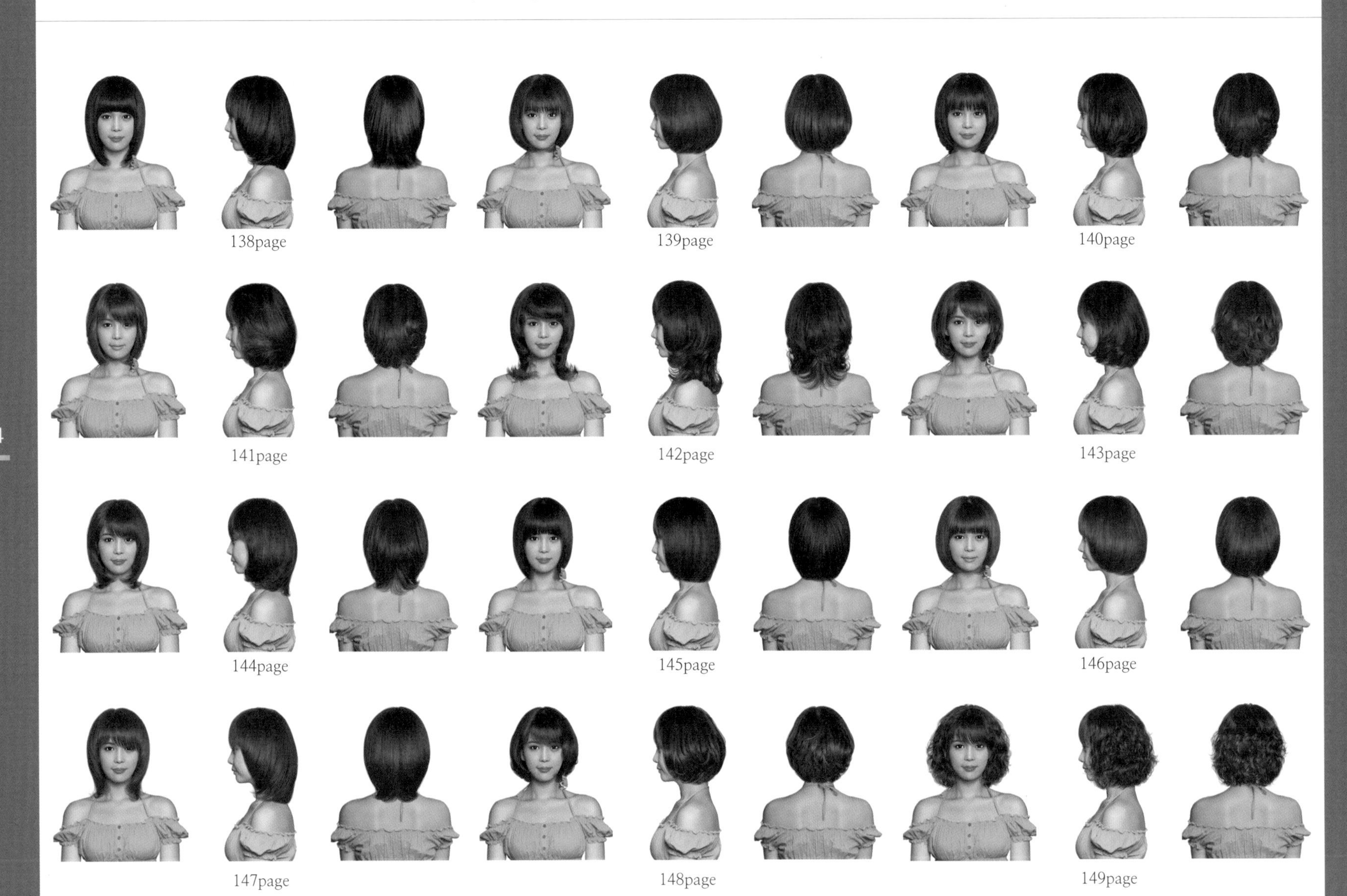

CONTENTS

Woman Medium Hair Style Design

CONTENTS

Woman Medium Hair Style Design

B(Blue) frog Lim Hair Style Design

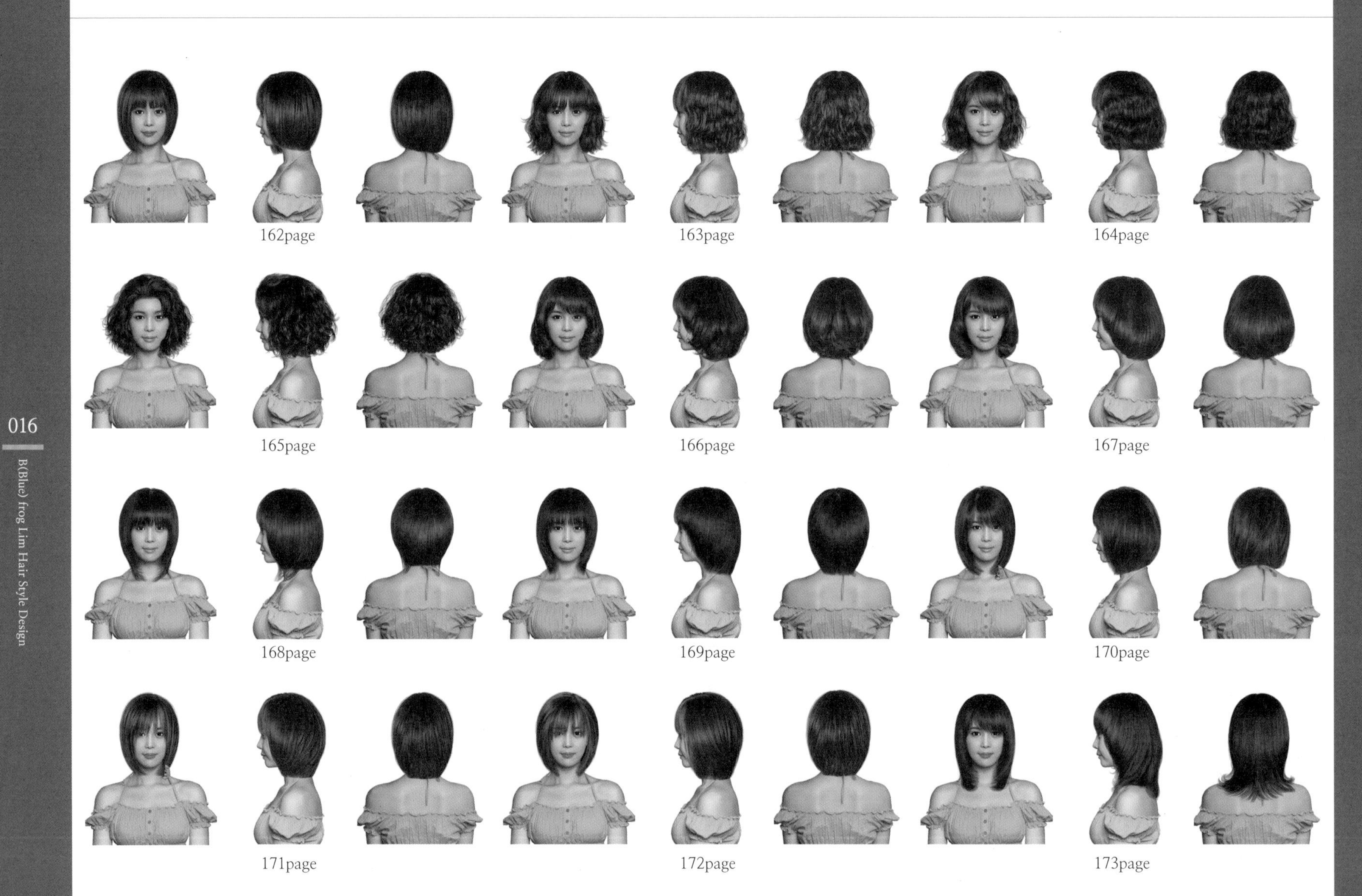

CONTENTS

Woman Medium Hair Style Design

CONTENTS

Woman Medium Hair Style Design

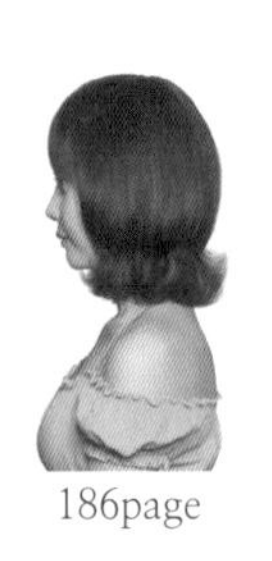
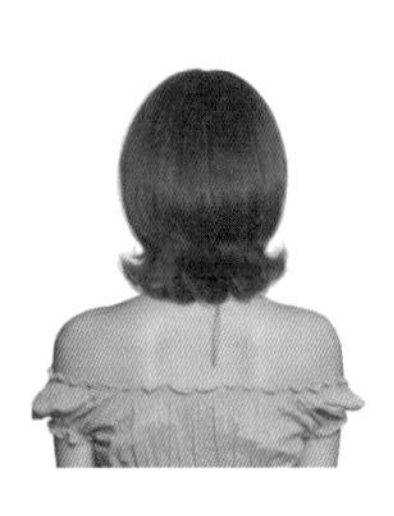

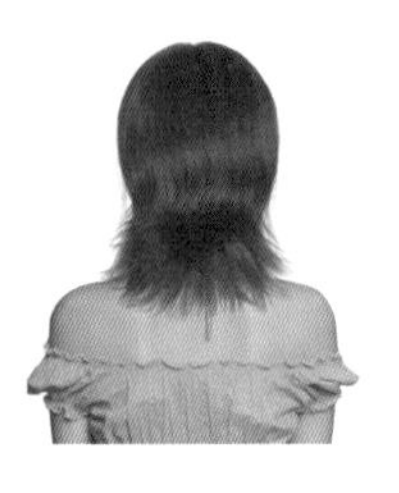

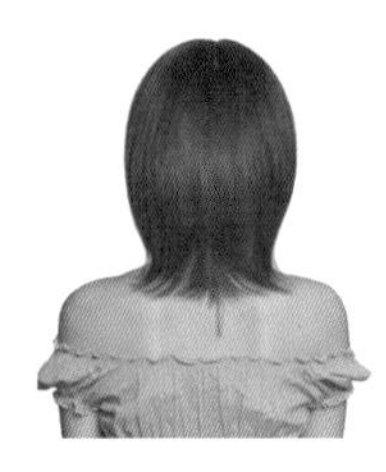

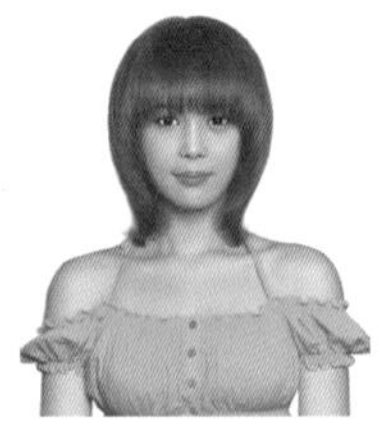
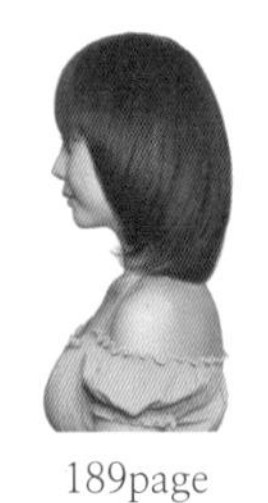
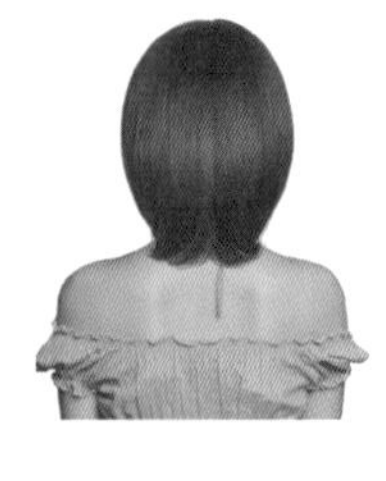

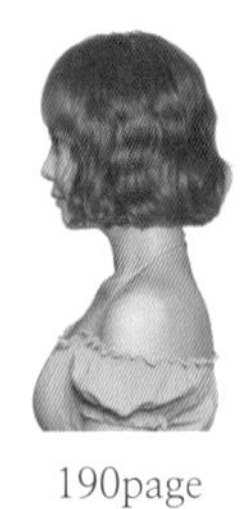
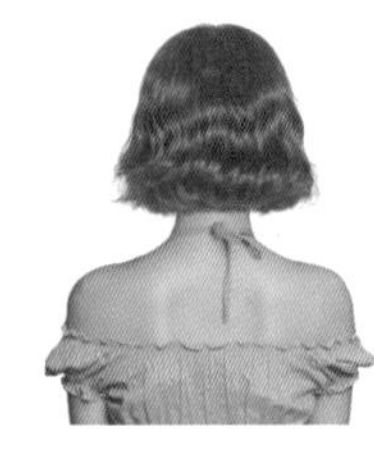

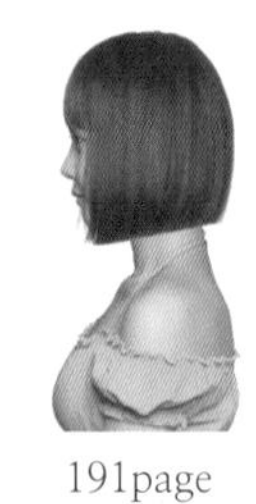
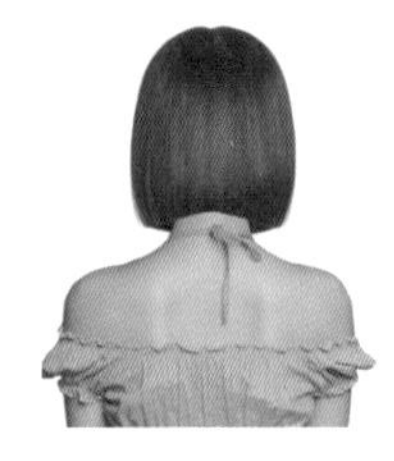

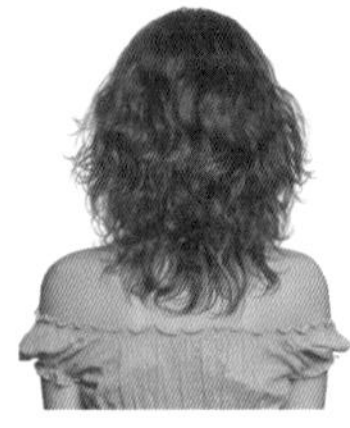

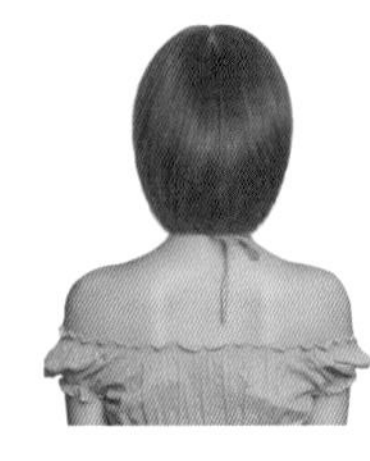

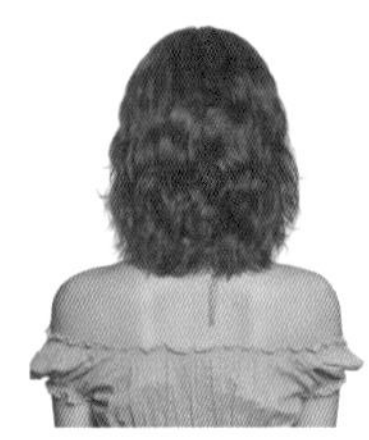

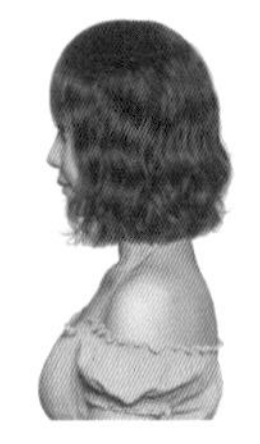
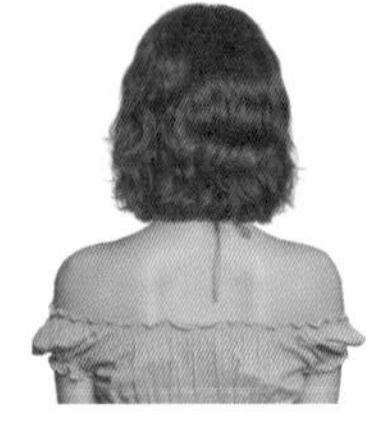

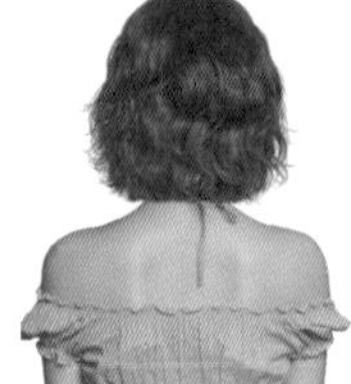

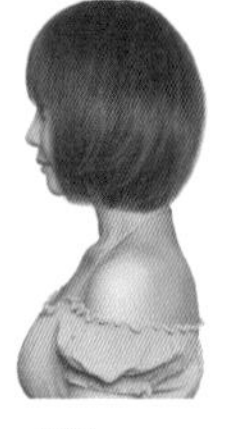
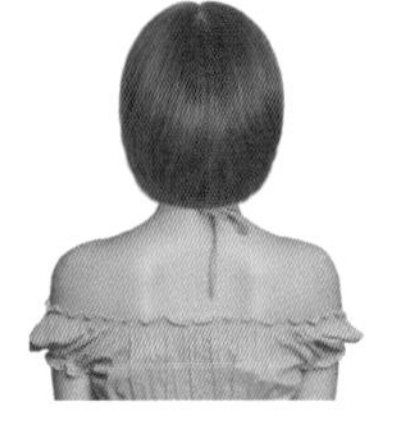

CONTENTS Woman Medium Hair Style Design

CONTENTS

Woman Medium Hair Style Design

B(Blue) frog Lim Hair Style Design

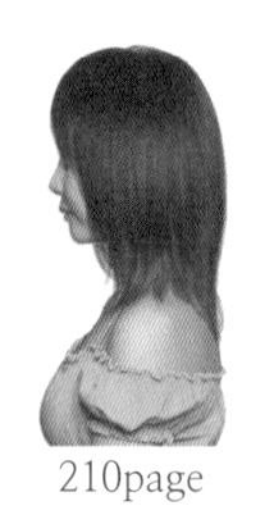
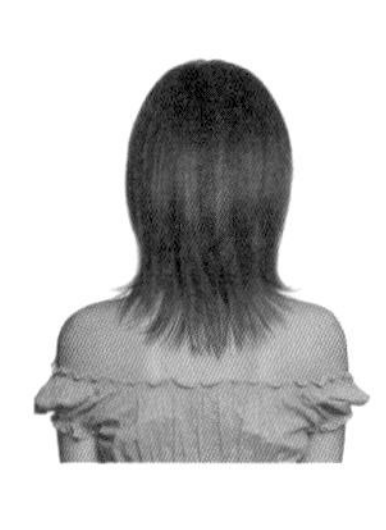

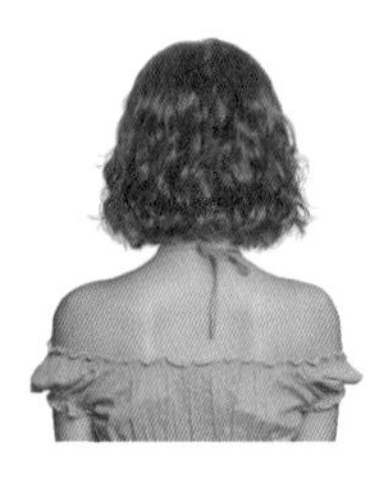

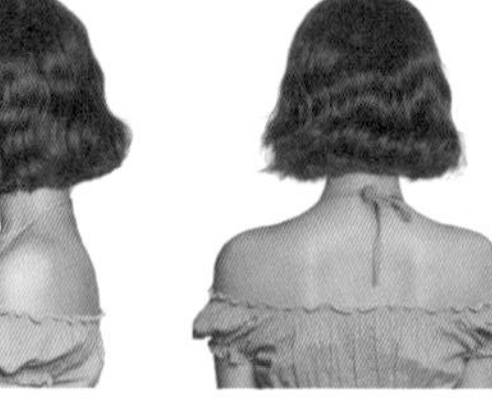

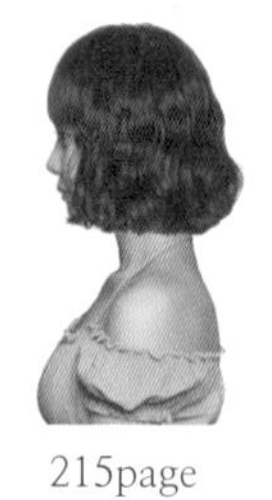

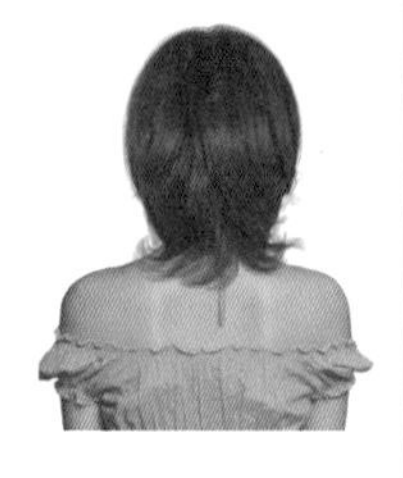

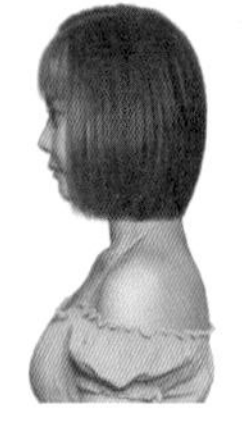
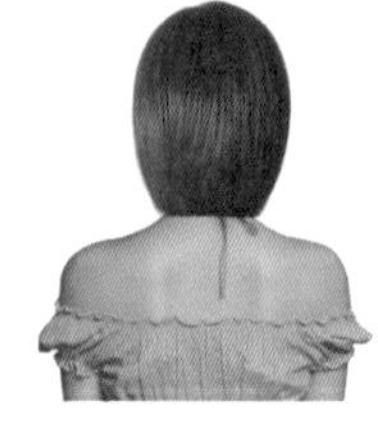

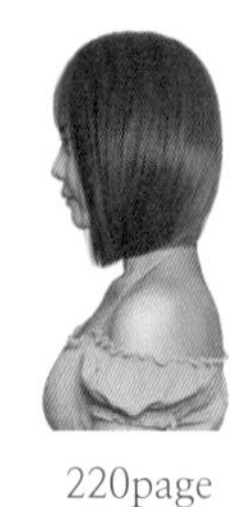
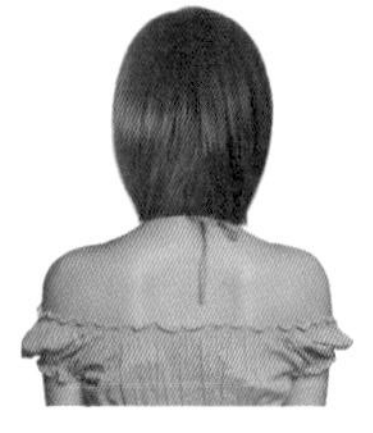

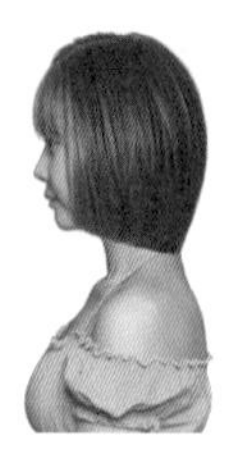

CONTENTS

Woman Medium Hair Style Design

B(Blue) frog Lim Hair Style Design

CONTENTS

Woman Medium Hair Style Design

B(Blue) frog Lim Hair Style Design

CONTENTS Woman Medium Hair Style Design

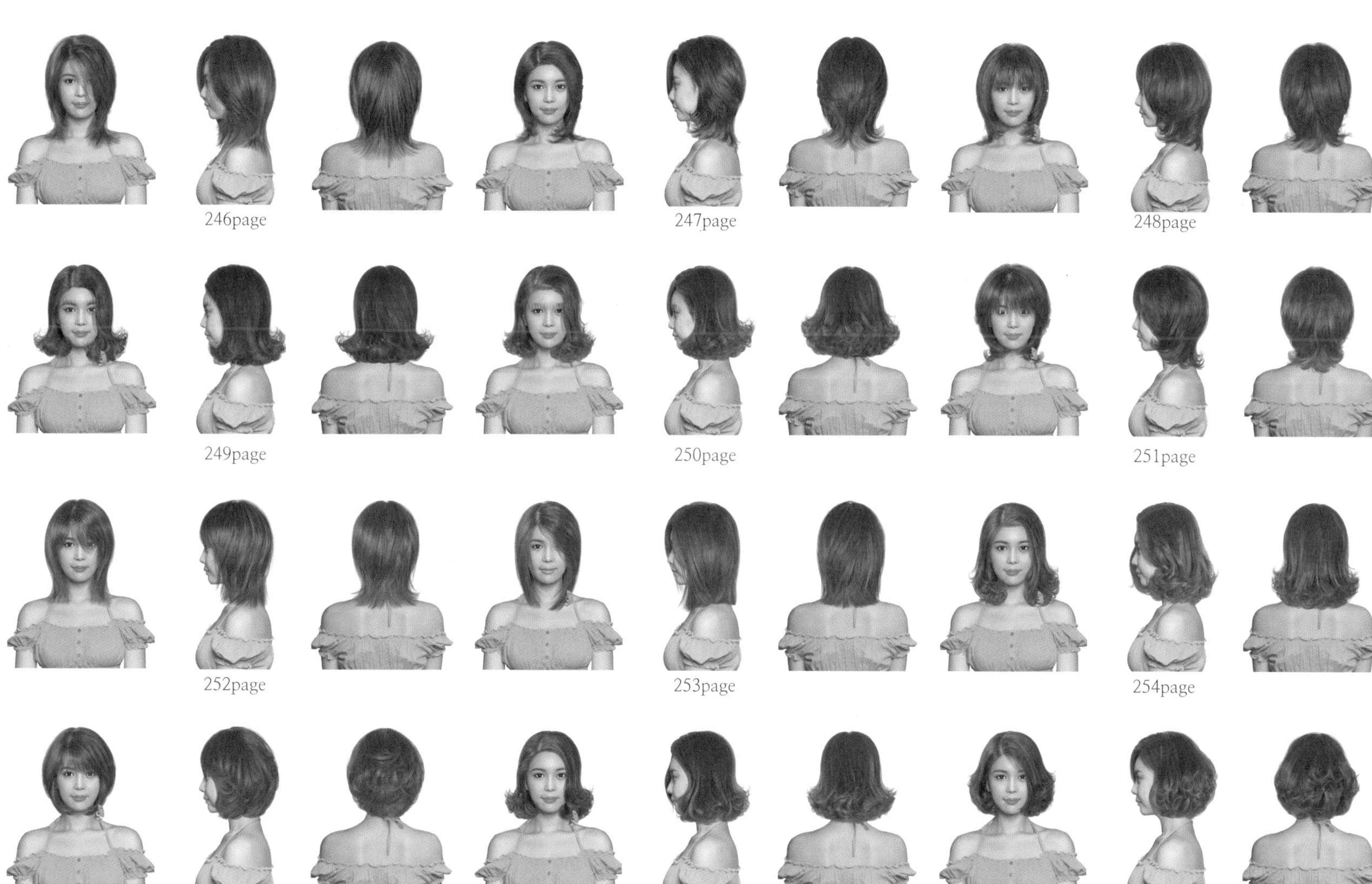

CONTENTS

Woman Medium Hair Style Design

CONTENTS Woman Medium Hair Style Design

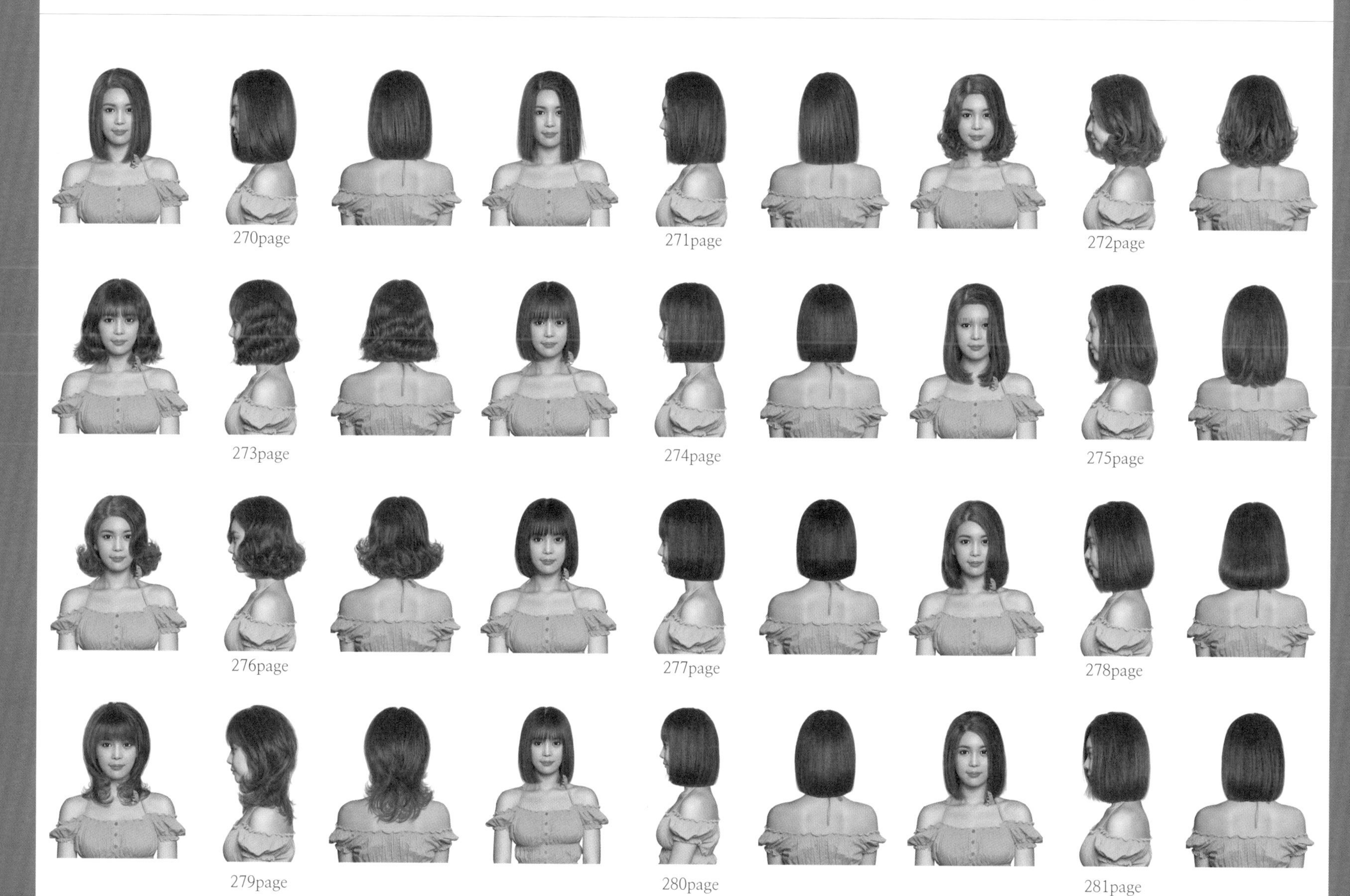

CONTENTS Woman Medium Hair Style Design

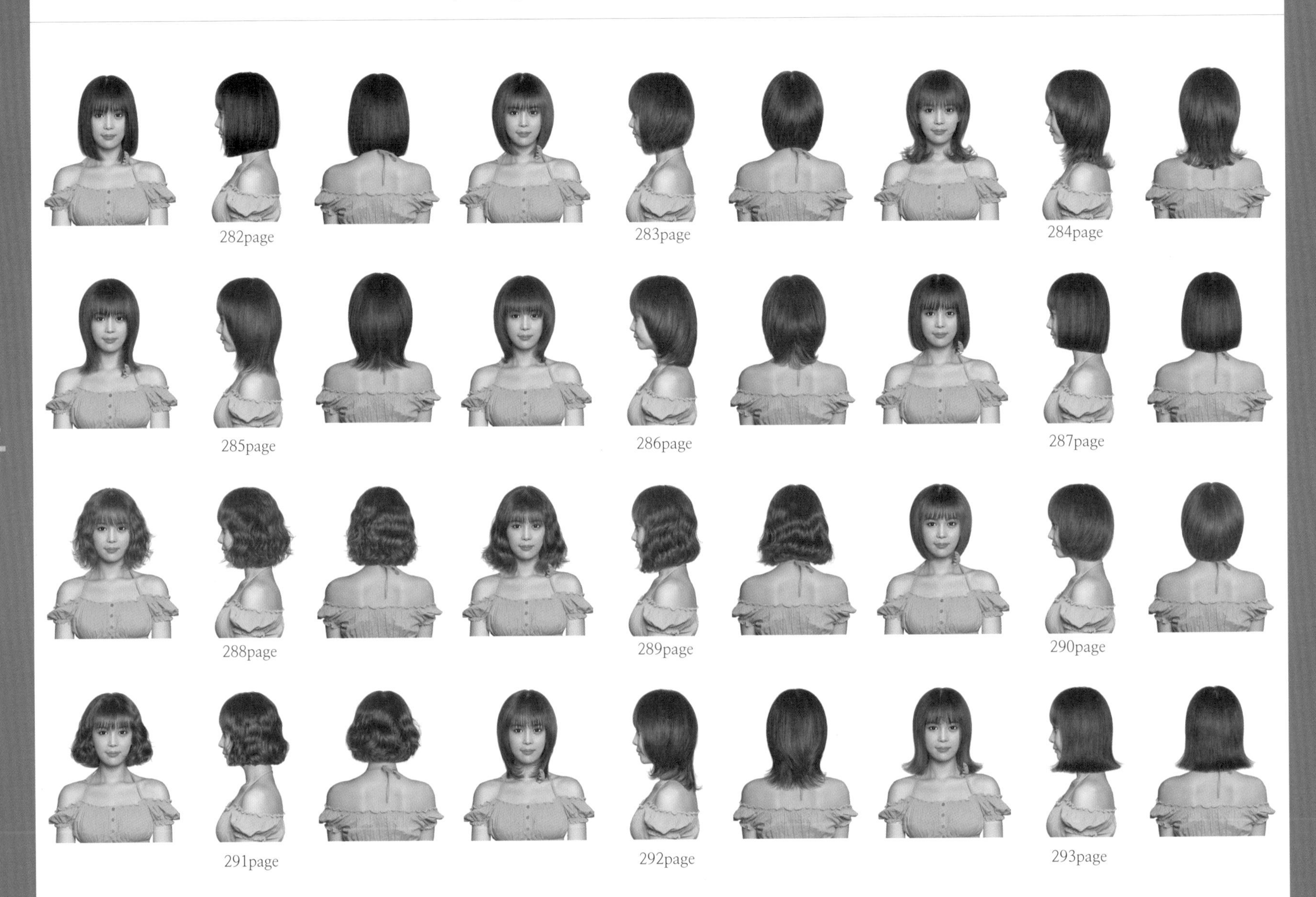

CONTENTS

Woman Medium Hair Style Design

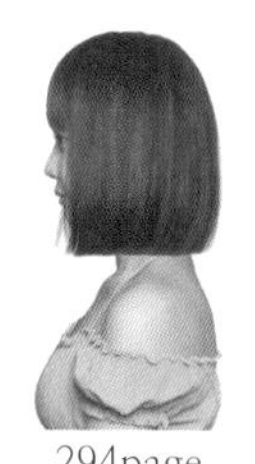
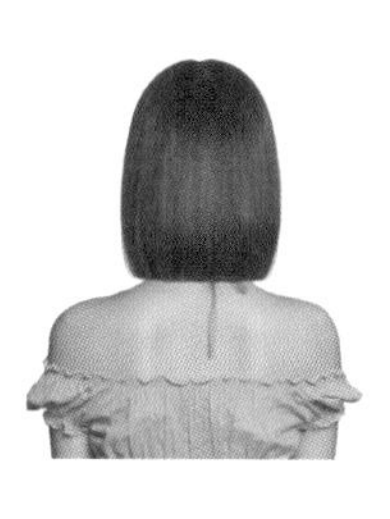

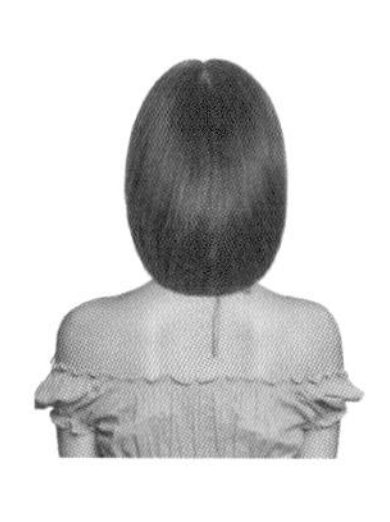

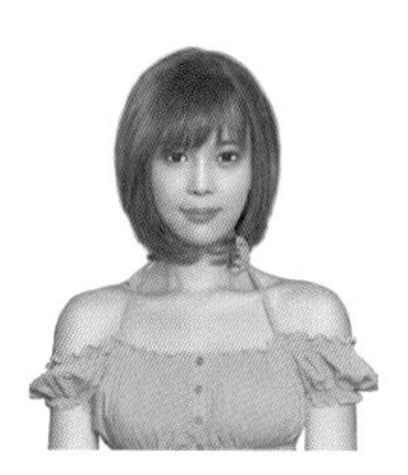
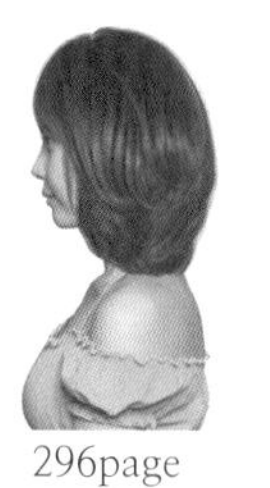
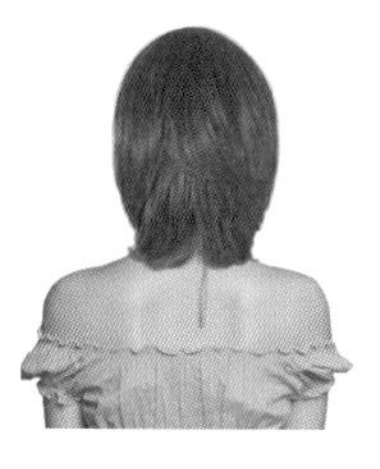

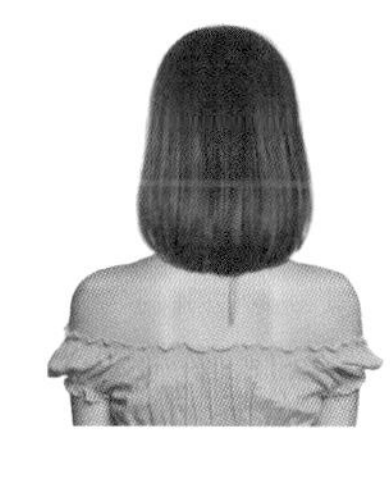

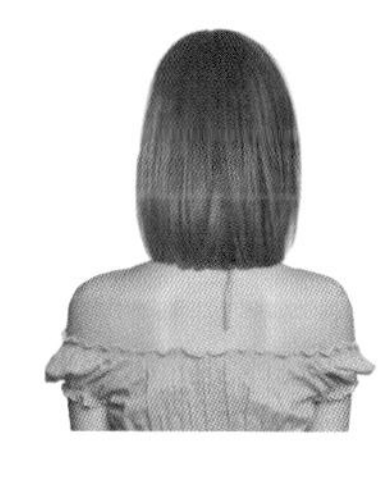

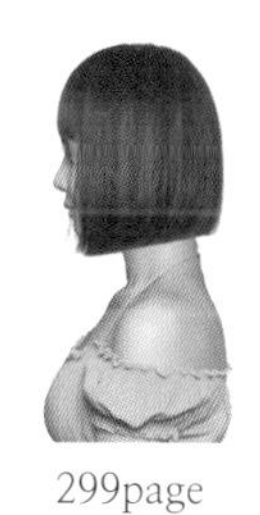
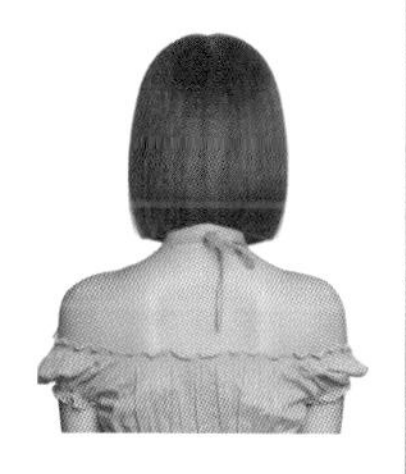

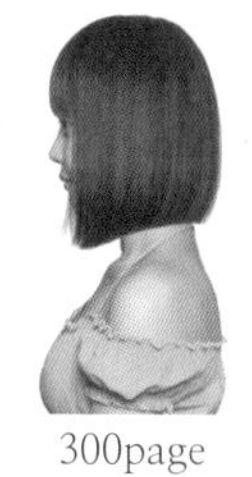
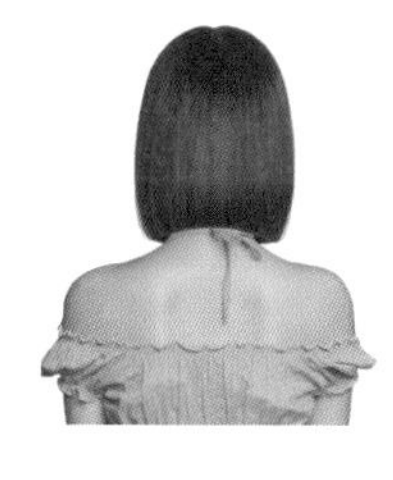

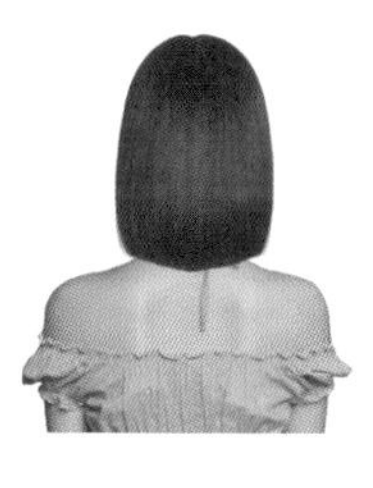

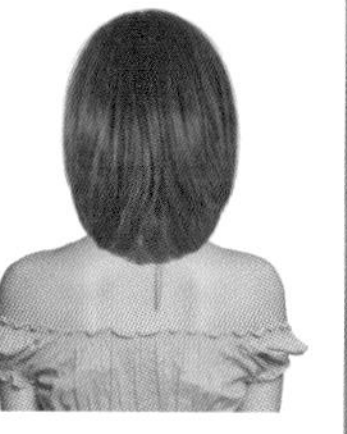

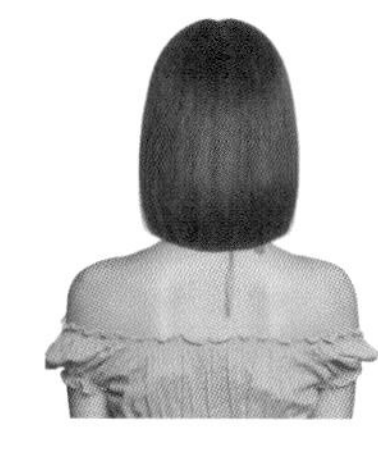

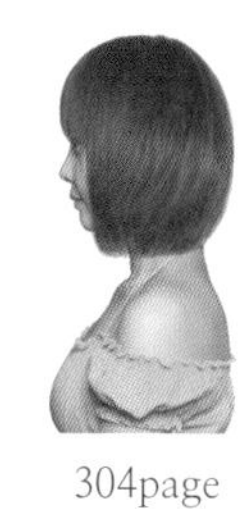
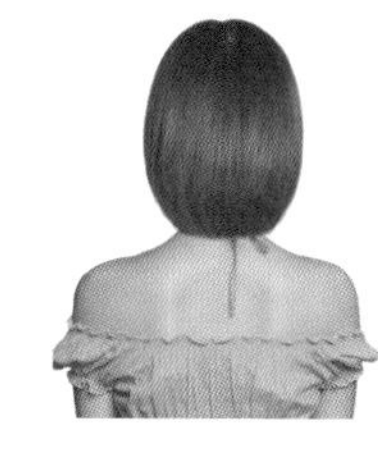

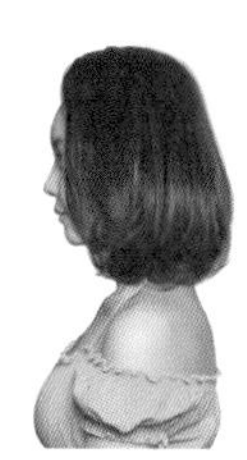
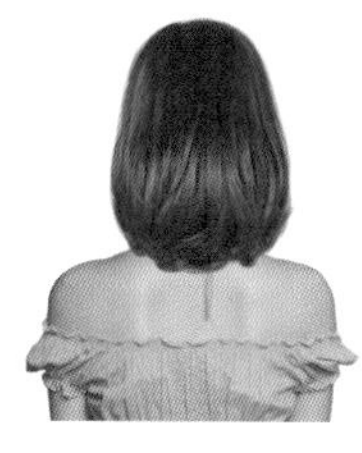

CONTENTS Woman Medium Hair Style Design

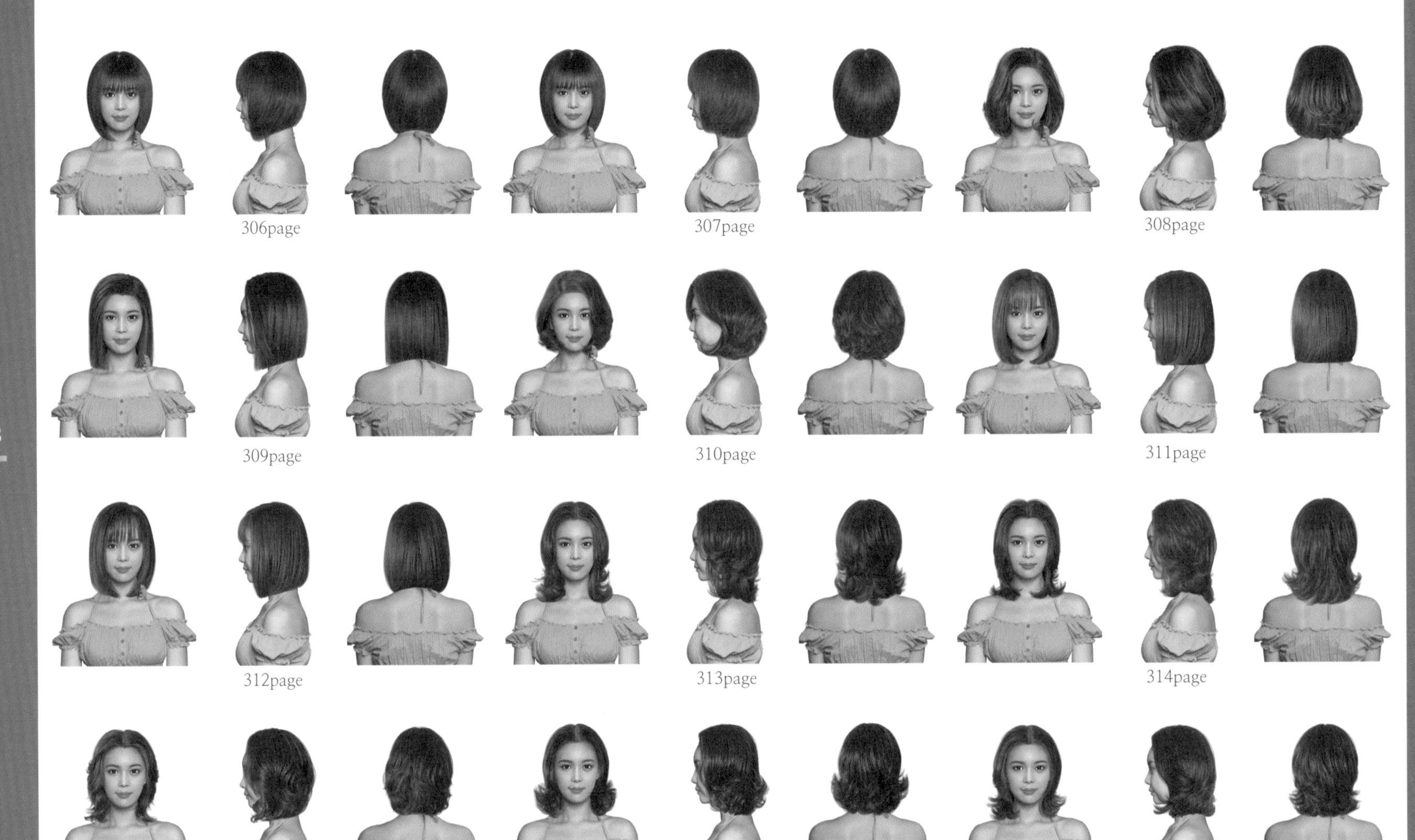

CONTENTS

Woman Medium Hair Style Design

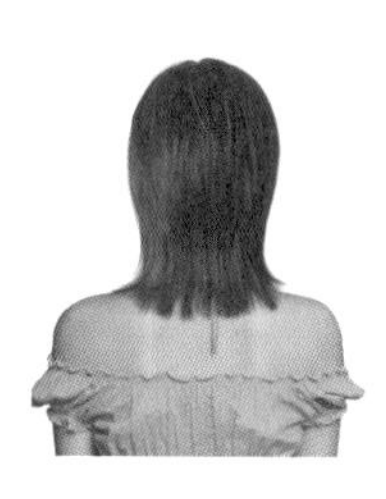

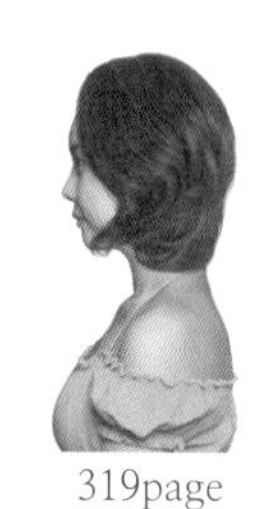
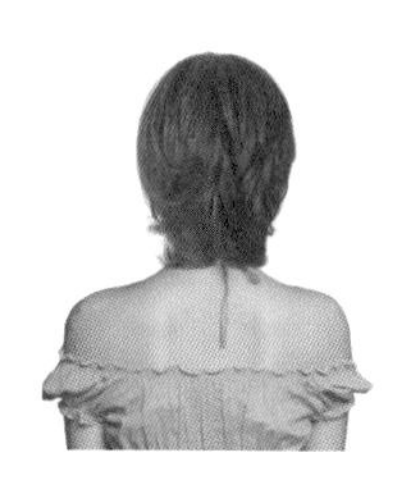

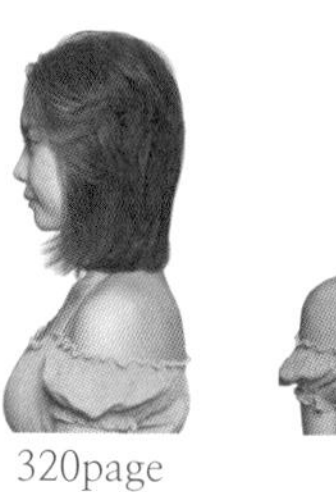
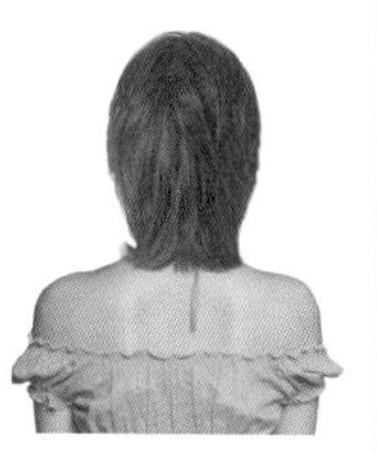

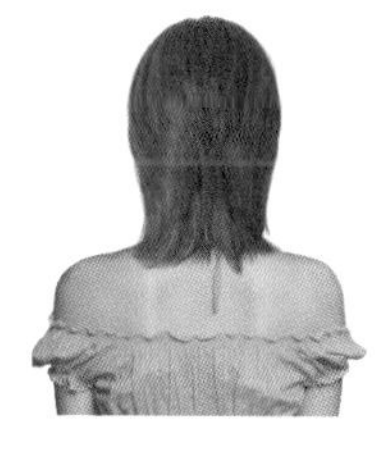

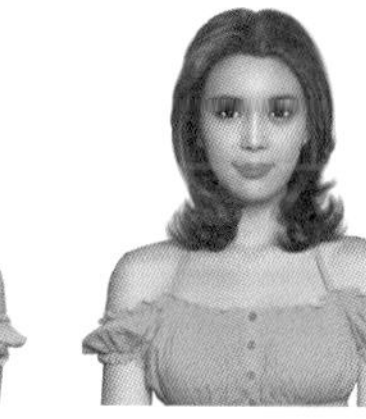

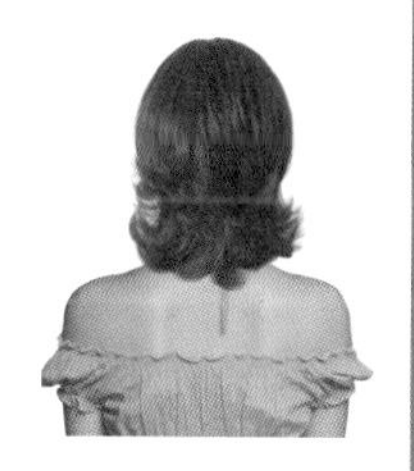

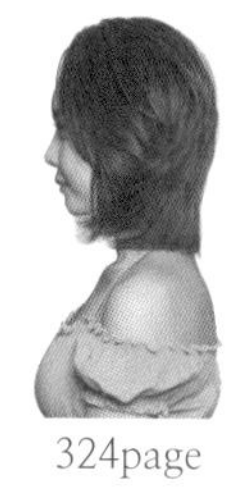
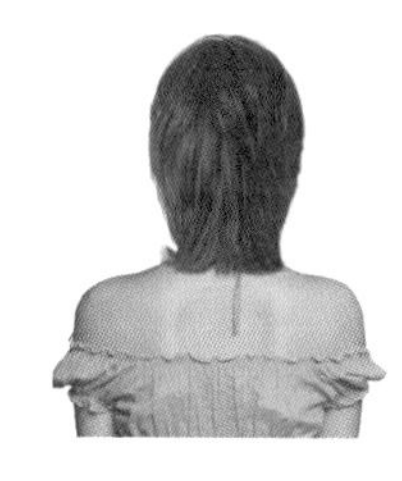

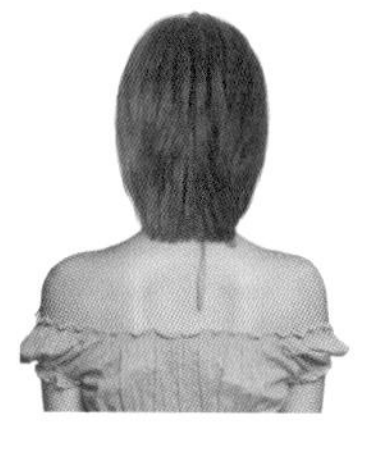

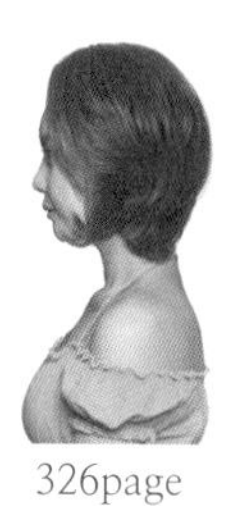
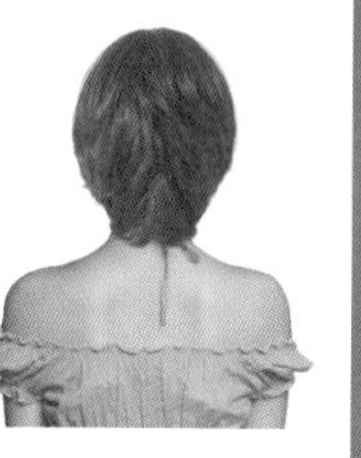

Woman Medium Hair Style Design

M-2021-001-1

M-2021-001-2

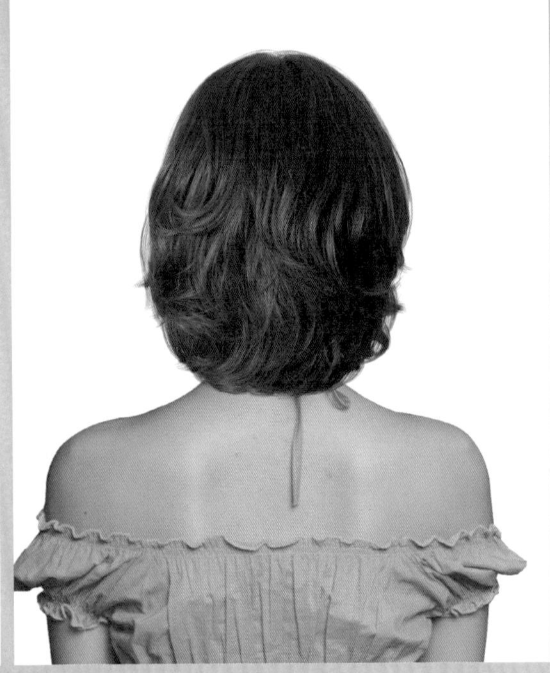

M-2021-001-3

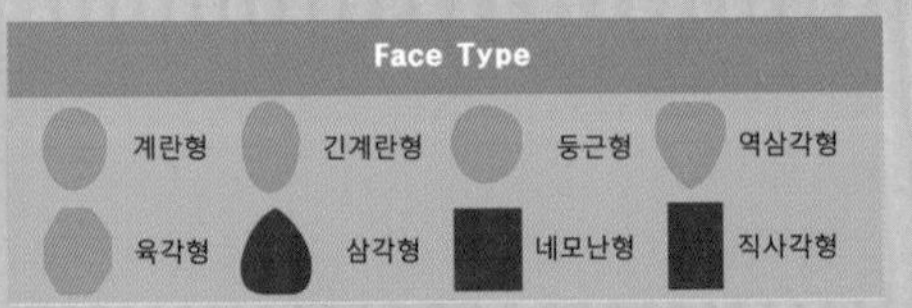

Hair Cut Method-
Technology Manual 108Page 참고

윤기를 머금은 듯 꿈틀거리는 웨이브 컬의 아름다움이 극대화되는 시크 감성의 헤어스타일!

- 컬러 감각이 느껴지는 S컬의 자유로운 율동감이 환상적이고 여성의 마음을 설레게 하는 매혹적인 아름다운 헤어스타일입니다.
- 수평 라인으로 그러데이션 커트를 하고 톱 쪽으로 레이어드를 연결하여 부드럽고 가벼운 층을 만듭니다.
- 모발 길이 중간 끝부분에서 틴닝 커트로 모발량을 조절합니다.
- 1.5~1.7컬의 웨이브 파마를 해 줍니다.
- 헤어 드라이기로 뿌리부터 말리면서 70%를 말린 후 글로스 왁스를 고르게 바르고, 스크런치 드라이 기법으로 드라이하고 손가락으로 방향을 잡아 주고 손가락 빗질을 하여 자연스러운 컬의 움직임을 연출합니다.

Woman Medium Hair Style Design

M-2021-002-1

M-2021-002-2

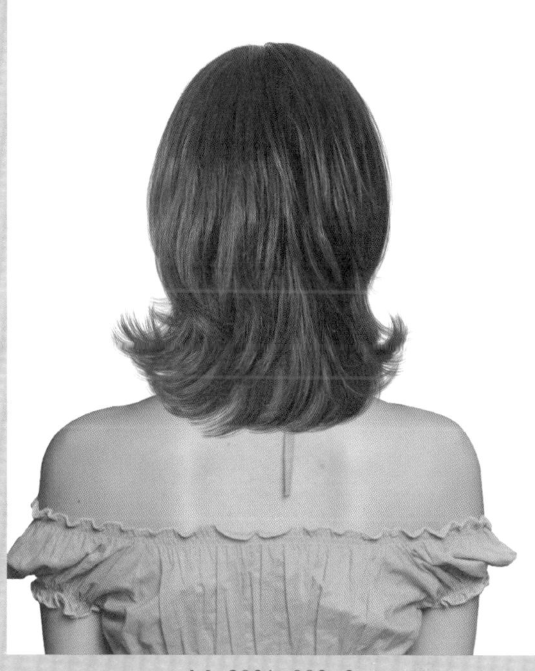

M-2021-002-3

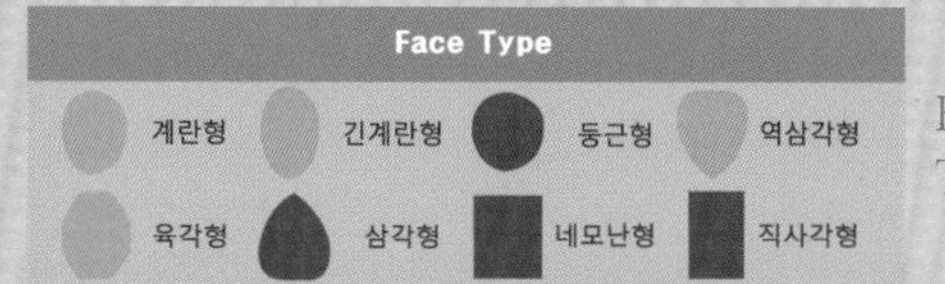

Hair Cut Method–
Technology Manual 166Page 참고

곡선의 흐름으로 얼굴을 감싸고 어깨선으로 자연스럽게 뻗치는 컬이 사랑스러운 헤어스타일!

- 자연스러운 s라인으로 흐르는 컬의 율동감은 발랄하고 매혹적인 매력과 지적인 여성미를 느끼게 하는 아름다운 헤어스타일입니다.
- 네이프에서 인크리스 레이어드로 가볍고 가늘어지는 텍스처를 만들고 톱 쪽으로 그러데이션, 레이어드를 연결하여 풍성하고 부드러운 곡선의 실루엣을 연출합니다.
- 모발 길이 중간 끝에서 틴닝 커트를 하여 모발량을 조절하고, 슬라이딩 커트로 뾰족뾰족하고 가늘어지는 질감을 연출합니다.
- 1.2~1.7컬의 웨이브 파마를 해 줍니다.
- 헤어 드라이기로 뿌리부터 말리면서 70%를 말린 후 글로스 왁스를 고르게 바르고, 스크런치 드라이 기법으로 드라이하고 손가락으로 방향을 잡아 주고 빗질하여 자연스러운 컬의 움직임을 연출합니다.

Woman Medium Hair Style Design

M-2021-003-1

M-2021-003-2

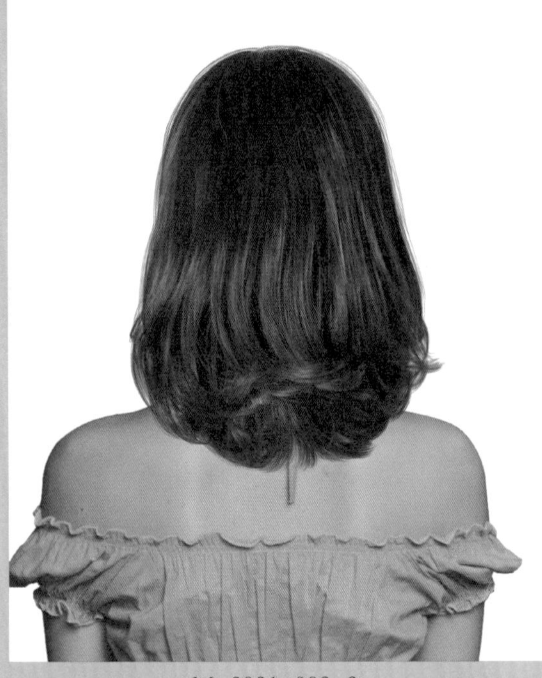

M-2021-003-3

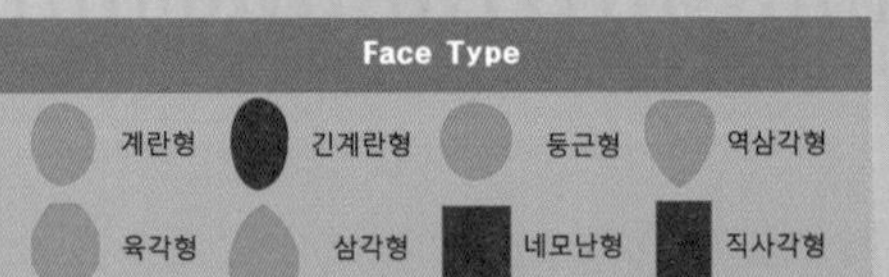

Hair Cut Method-
Technology Manual 146Page 참고

모선에서 자유롭게 움직이는 웨이브 흐름이 세련되고 지성미를 더해 주는 러블리 헤어스타일!

- 앞머리를 쓸어 올려서 볼륨을 만들고, 모선에서 보송보송 공기감의 컬의 흐름이 아름답고 멋스러운 헤어스타일입니다.
- 언더에서 무게감을 주는 그러데이션으로 커트하고 톱에서 레이어드로 층지게 커트하여 부드러운 형태를 만듭니다.
- 프런트와 사이드에서 앞머리를 길게 하여 층을 주어 자연스러운 흐름을 연출합니다.
- 굵은 롤로 1~1.5컬의 파마를 해 줍니다.
- 헤어 드라이기로 뿌리부터 말리면서 70%를 말린 후 글로스 왁스를 고르게 바르고, 스크런치 드라이 기법으로 드라이하고 손가락으로 방향을 잡아 주어 자연스러운 컬의 움직임을 연출합니다.

Woman Medium Hair Style Design

M-2021-004-1

M-2021-004-2

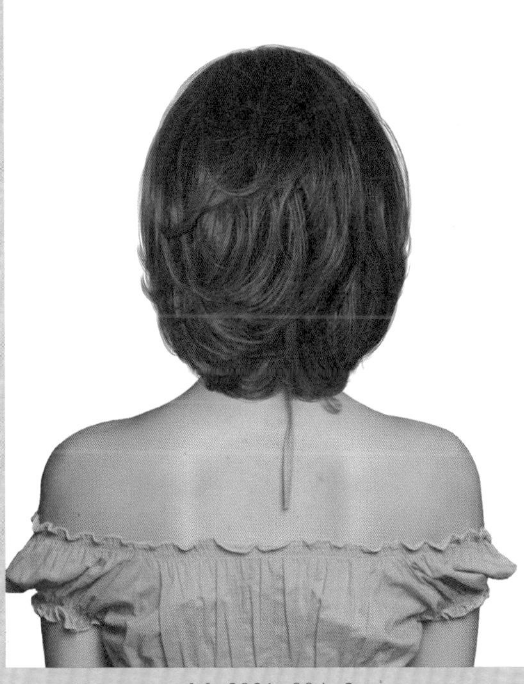

M-2021-004-3

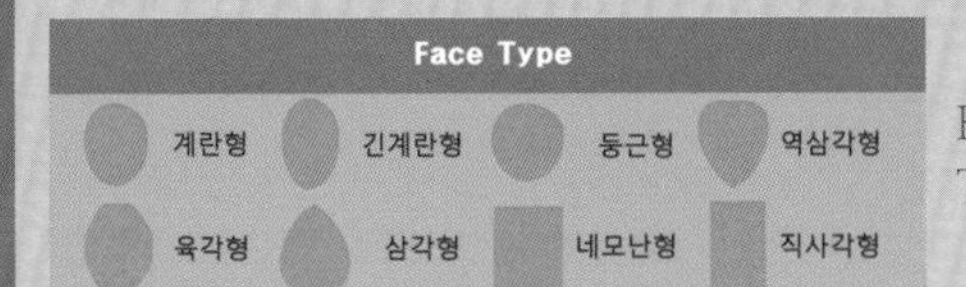

Hair Cut Method-
Technology Manual 131Page 참고

시스루 뱅과 춤추는 듯 율동감을 주는 웨이브가 조화되어 달콤하고 사랑스러운 페미닌 헤어스타일!

- 긴 길이의 머슈럼 형태의 그러데이션 보브 헤어스타일은 귀엽고 발랄한 러블리 헤어스타일입니다.
- 언더에서 둥근 라인으로 그러데이션 커트를 하고 톱 쪽으로 레이어드를 넣어서 풍성한 볼륨을 만듭니다.
- 모발 길이 중간, 끝부분에서 틴닝으로 모발량을 조절하고 굵을 롤로1~1.8컬의 웨이브 파마를 해 줍니다.
- 헤어 드라이기로 뿌리부터 말리면서 70%를 말린 후 글로스 왁스를 고르게 바르고, 스크런치 드라이 기법으로 드라이하고 손가락으로 방향을 잡아 주어 자연스러운 컬의 움직임을 연출합니다.

Woman Medium Hair Style Design

M-2021-005-1

M-2021-005-2

M-2021-005-3

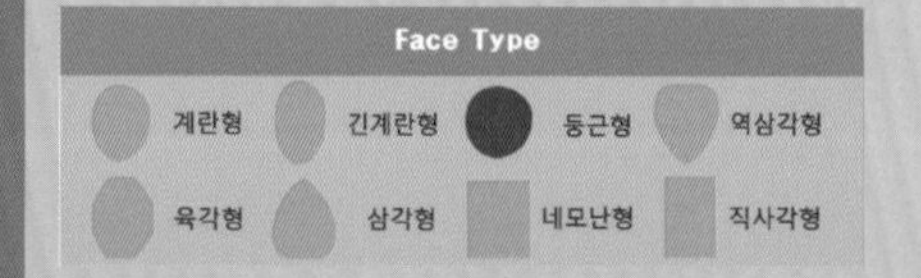

Hair Cut Method-
Technology Manual 166Page 참고

바람에 날리는 듯 자유롭게 안말음, 뻗치는 흐름이 믹싱 되어 여성스럽고 큐트한 헤어스타일!

- 얼굴을 감싸는 듯한 풍성한 볼륨과 어깨선을 타고 감싸며 뻗치는 곡선의 실루엣이 달콤하고 귀여운 여성미기 느껴지는 심쿵 헤어스타일입니다.
- 언더에서 인크리스 레이어드로 가늘어지고 길어지는 커트를 하고 톱 쪽으로 그러데이션, 레이어드를 넣어서 부드러운 곡선의 형태를 만듭니다.
- 앞머리와 사이드는 가볍고 불규칙하게 층을 주고 모발 길이 중간, 끝부분에서 틴닝으로 모발량을 조절합니다.
- 굵은 롤로 1.5컬의 파마를 해 줍니다.
- 헤어 드라이기로 뿌리부터 말리면서 70%를 말린 후 글로스 왁스를 고르게 바르고, 스크런치 드라이 기법으로 드라이하고 손가락으로 방향을 잡아 주어 자연스러운 컬의 움직임을 연출합니다.

Woman Medium Hair Style Design

M-2021-006-1

M-2021-006-2

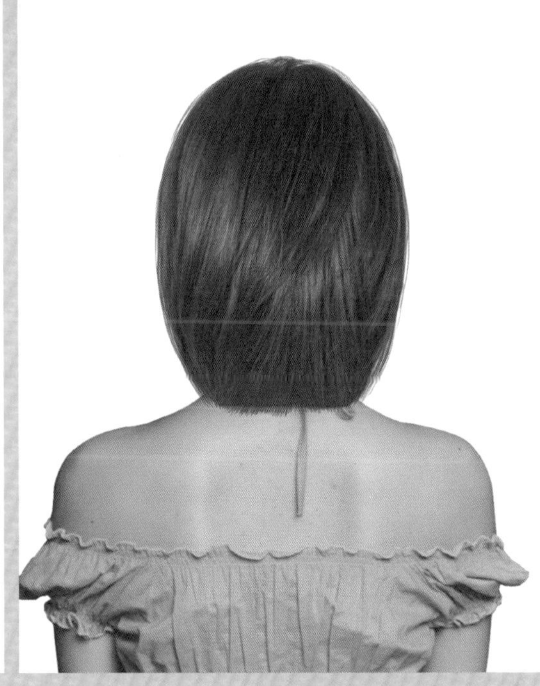

M-2021-006-3

Face Type			
계란형	긴계란형	둥근형	역삼각형
육각형	삼각형	네모난형	직사각형

Hair Cut Method-
Technology Manual 131Page 참고

심플하고 깨끗하면서 여성스러움을 강조한 시크 감각의 헤어스타일!

- 얼굴을 감싸듯 안쪽으로 흐르는 뻗치지 않는 안말음 헤어스타일은 차분하고 지적인 여성스러움을 느끼게 하는 스타일로 트래디셔널 감각의 헤어스타일입니다.
- 언더 쪽의 그러데이션과 톱 쪽의 레이어드가 모발 탄력 관계의 힘이 밸런스를 유지할 수 있도록
- 정교하고 섬세하게 커트를 하여야 손질이 쉬운 아름다운 디자인이 됩니다.
- 건강한 모발을 유지하며 롤스트레이트 파마를 해 줍니다.
- 헤어 드라이기로 뿌리부터 말리면서 80%를 말린 후 글로스 왁스를 고르게 바르고, 손가락 빗질하여 방향을 잡아주며 털어서 자연스럽게 스타일링을 합니다.

Woman Medium Hair Style Design

M-2021-007-1

M-2021-007-2

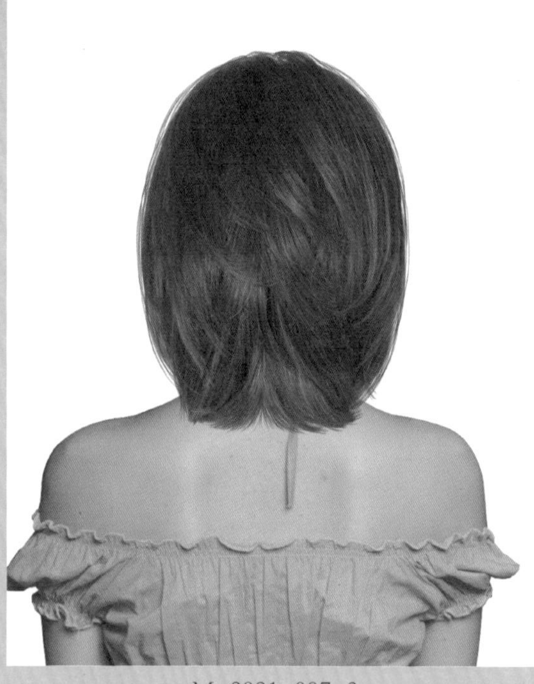

M-2021-007-3

Face Type

계란형 긴계란형 둥근형 역삼각형

육각형 삼각형 네모난형 직사각형

Hair CutMethod-
Technology Manual 131Page 참고

여성스러우면서 차분함, 지적인 이미지를 주는 시크한 트래디셔널 감각의 헤어스타일!

- 여성스러우면서 지적인 이미지를 느끼게 하는 헤어스타일은 여성이라면 누구나 동경하고 좋아하는 스타일입니다.
- 아름다운 헤어스타일을 하려면 모발의 건강함이 중요하고 섬세하게 커트하여야 아름답고 손질하기 편한 디자인이 됩니다.
- 안말음 흐름이 잘 되도록 언더 쪽 그러데이션과 톱 쪽의 레이어드가 밸런스가 잘 맞도록 커트를 합니다.
- 앞머리는 길이를 길게 하여 사이드로 쓸어서 내려줍니다.
- 롤스트레이트 파마를 해 줍니다.
- 헤어 드라이기로 뿌리부터 말리면서 80%를 말린 후 글로스 왁스를 고르게 바르고, 손가락 빗질하여 방향을 잡아 주며 자연스럽게 스타일링을 합니다.

Woman Medium Hair Style Design

M-2021-008-1

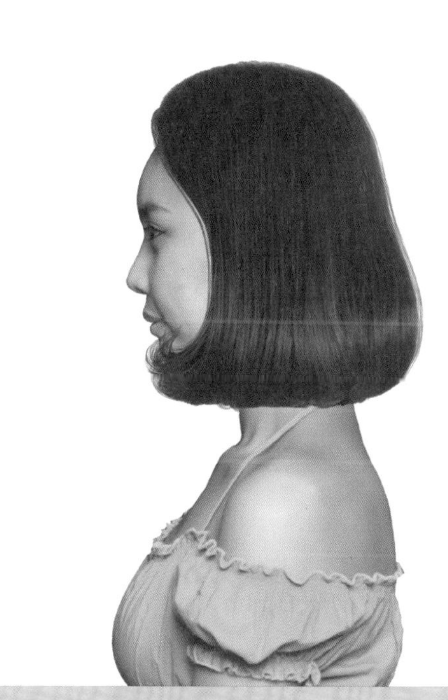

M-2021-008-2

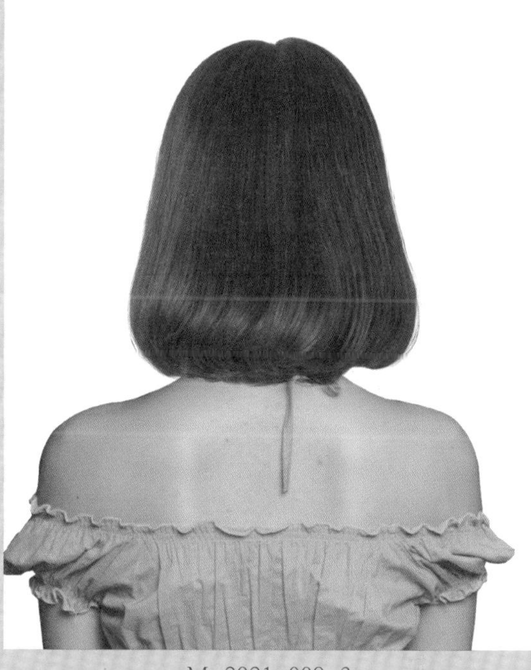

M-2021-008-3

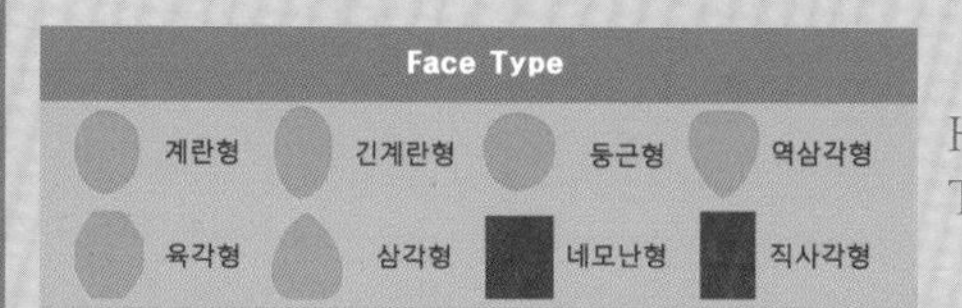

Hair Cut Method-
Technology Manual 071Page 참고

곡선의 실루엣이 여성스러우면서 차분한 느낌을 주는 시크 감각의 헤어스타일!

- 층이 나지 않도록 원랭스커트로 베이스를 만들고
- 앞머리는 사이드로 내릴 수 있는 길이로 끝부분이 가볍도록 커트합니다.
- 너무 무겁지 않도록 모발 길이 중간 끝부분에서 틴닝커트로 모발량을 조절합니다.
- 롤스트레이트 파마를 하거나, 굵은 롤로 안말음 되는 와인딩을, 앞머리는 2컬의 와인딩을 하여 파마를 해 줍니다.
- 헤어 드라이기로 뿌리부터 말리면서 80%를 말린 후 글로스 왁스를 고르게 바르고, 손가락 빗으로 빗질하여 방향을 잡아 주며 자연스럽게 스타일링을 합니다.

Woman Medium Hair Style Design

M-2021-009-1

M-2021-009-2

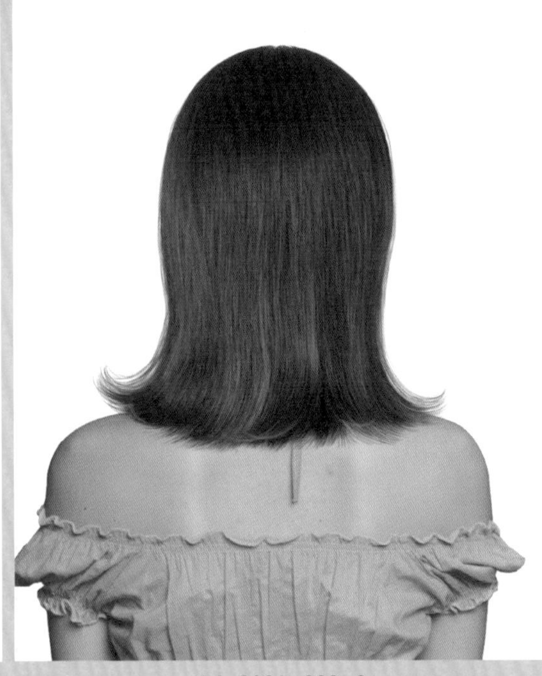

M-2021-009-3

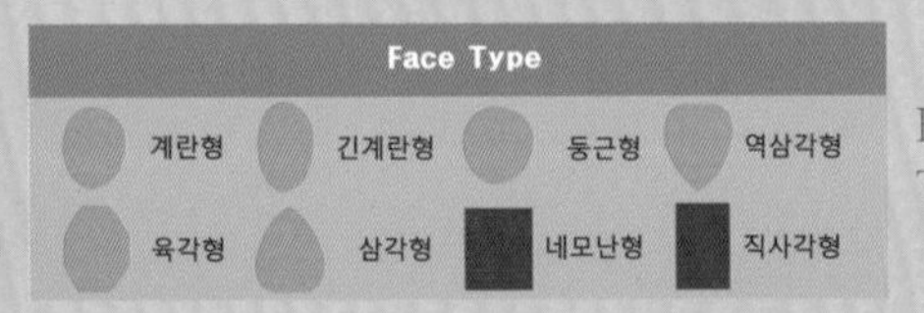

Hair Cut Method-
Technology Manual 211Page 참고

스위트하면서 성숙한 여성스러움을 주는 복고풍 감각의 헤어스타일!

- 과거나 현재에도 오래도록 여성들에게 사랑받아온 복고풍의 헤어스타일입니다.
- 유행은 순환이며, 기성세대에는 그리움과 추억을, 신세대에게는 트렌드한 느낌으로 다가옵니다.
- 쇄골선보다 더 길게 가이드라인을 설정하고 레이어드로 층을 줍니다.
- 모발 길이 뿌리 중간 끝부분에서 모발량을 줄이고, 슬라이딩 커트로 가벼운 흐름을 만들어 어깨선을 타고 자연스럽게 뻗치는 흐름을 연출합니다.
- 굵은 사이즈의 아이롱으로 스타일링하여 세팅력이 강하지 않는 헤어 스프레이로 고정합니다.

Woman Medium Hair Style Design

M-2021-010-1

M-2021-010-2

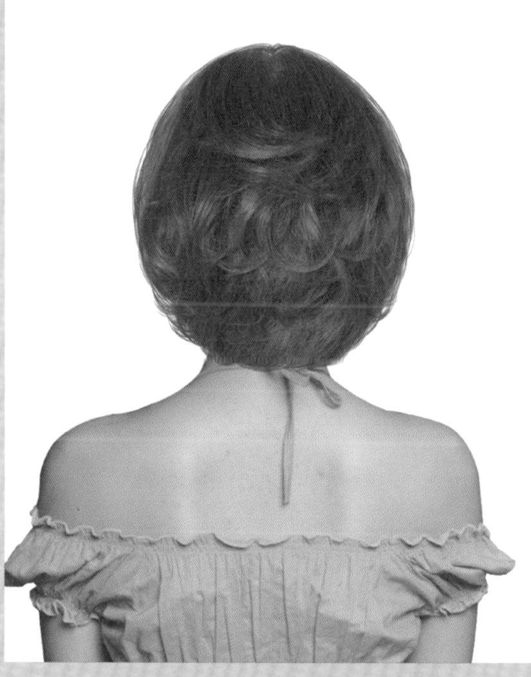

M-2021-010-3

Face Type

계란형	긴계란형	둥근형	역삼각형
육각형	삼각형	네모난형	직사각형

Hair Cut Method-
Technology Manual 131Page 참고

부드럽고 풍성한 볼륨과 웨이브의 율동감이 자연스러운 여성미를 주는 캐주얼 헤어스타일!

- 기본 그러데이션보다 길이가 긴 미디엄 헤어스타일은 여성스러움을 강조하면서 활동적인 이미지를 주는 캐주얼 감각의 헤어스타일이며, 여성들에게 오래도록 사랑받아온 헤어스타일입니다.
- 네이프와 사이드에서 그러데이션으로 커트하여 풍성한 볼륨을 만들고, 톱 쪽으로 레이어드를 넣어서 부드럽고 둥그런 실루엣을 표현합니다.
- 틴닝으로 부드러운 흐름이 되도록 모발량을 조절해 주고, 굵은 롤로 1.5컬의 파마를 합니다.
- 헤어 드라이기로 뿌리부터 말리면서 80%를 말린 후 글로스 왁스를 고르게 바르고, 손가락 빗질하여 방향을 잡아 주며 한쪽 사이드는 공기감을 주도록 귀 뒤로 넘겨 주어 비대칭으로 자연스럽게 스타일링을 합니다.

Woman Medium Hair Style Design

M-2021-011-1

M-2021-011-2

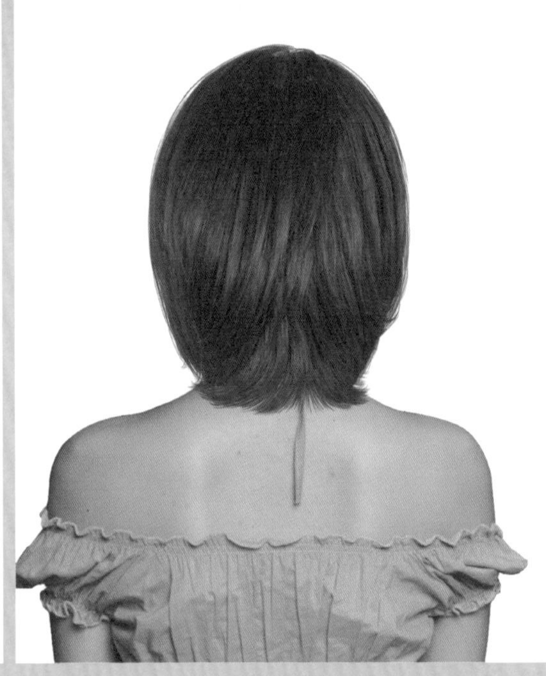

M-2021-011-3

Face Type			
계란형	긴계란형	둥근형	역삼각형
육각형	삼각형	네모난형	직사각형

Hair Cut Method-
Technology Manual 108Page 참고

여성들이 동경하고 좋아하는 것은 달콤하고 사랑스러운 느낌을 주는 율동감의 안말음 헤어!

- 어깨선을 타고 부드럽고 가볍게 안말음 되는 흐름의 헤어스타일은 청순하고 여성스러우며 지적인 느낌을 더해 주어 많은 여성에게 사랑받는 트래디셔널 감각의 헤어스타일입니다.
- 차분하고 부드러움에 지적인 아름다움을 주는 효과가 있기 때문에 커리어 우먼 전문직 직업인에게 사랑받고 잘 어울리는 헤어스타일입니다.
- 안말음이 잘 되고 손질하기 쉬운 스타일이 되려면 커트를 섬세하고 정교하게 층을 연결하여 커트를 하여야 합니다.
- 커트의 고급화는 얼굴형에 어울리는 디자인과 손질이 쉬운 헤어스타일 조형입니다.
- 헤어 드라이기로 뿌리부터 말리면서 80%를 말린 후 글로스 왁스를 고르게 바르고, 손가락 빗질하여 방향을 잡아 주며 자연스럽게 스타일링을 합니다.

Woman Medium Hair Style Design

M-2021-012-1

M-2021-012-2

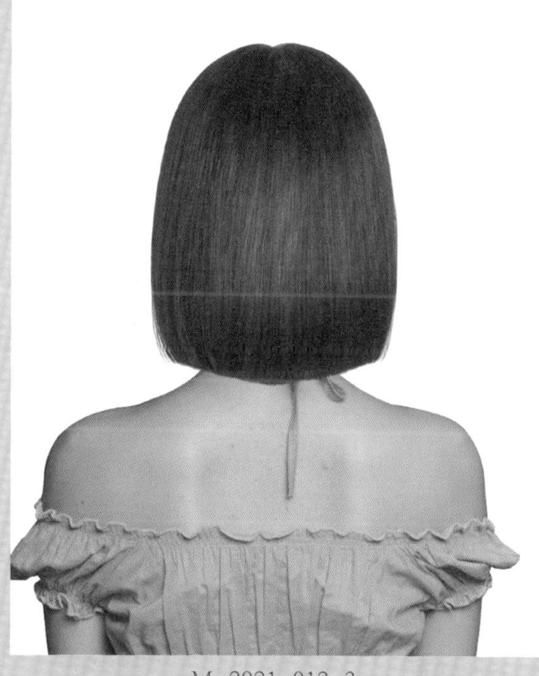

M-2021-012-3

Face Type

계란형 긴계란형 둥근형 역삼각형
육각형 삼각형 네모난형 직사각형

Hair Cut Method-
Technology Manual 077Page 참고

앞 방향 사선으로 대담하게 짧아지는 스트레이트 질감이 개성을 돋보이게 하는 멋스러운 헤어스타일!

- 정통 보브 헤어스타일은 유행에 크게 좌우되지 않으며, 유행이란 절정에 달하여 포화 상대가 되면 쇠퇴하지만 클래식 헤어스타일은 조금씩 디자인이 변형되어 유행되고 사랑을 받습니다.
- 좋은 디자인이란 언제나 봐도 질리지 않는 매력을 가지는 헤어스타일입니다.
- 앞머리의 변화(무거움, 가벼움, 라인의 변화, 길이, 텍스처)와 헤어라인의 변화를 주어 디자인하면 다양한 개성, 유행을 리드하는 멋스러움을 연출해 줍니다.

Woman Medium Hair Style Design

M-2021-013-1

M-2021-013-2

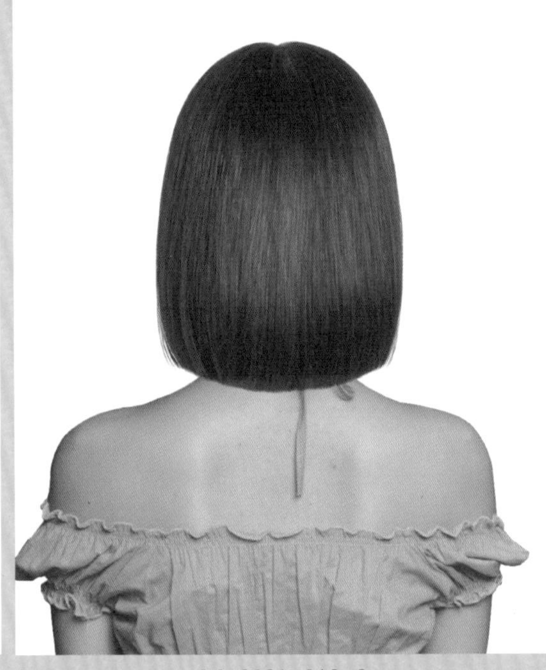

M-2021-013-3

Face Type			
계란형	긴계란형	둥근형	역삼각형
육각형	삼각형	네모난형	직사각형

Hair Cut Method-
Technology Manual 080Page 참고

시대를 초월하는 가치와 보편성을 갖고 사랑받아 온 둥근 라인의 클래식 보브 스타일!

- 둥근 라인의 단발머리 헤어스타일은 목의 길이를 길어 보이게 하는 효과가 있어서 수평 라인과 함께 가장 사랑받아 온 헤어스타일입니다.
- 원랭스 커트는 속머리가 길어 보이지 않도록 숱이 많은 고객은 고개를 더 깊게 숙여서 정교하게 커트하여야 뻗치지 않고 깨끗한 라인이 만들어집니다.
- 목선이 두껍거나 짧아 보이는 고객은 길이가 길지 않게 디자인하는 것이 좋습니다.

Woman Medium Hair Style Design

M-2021-014-1

M-2021-014-2

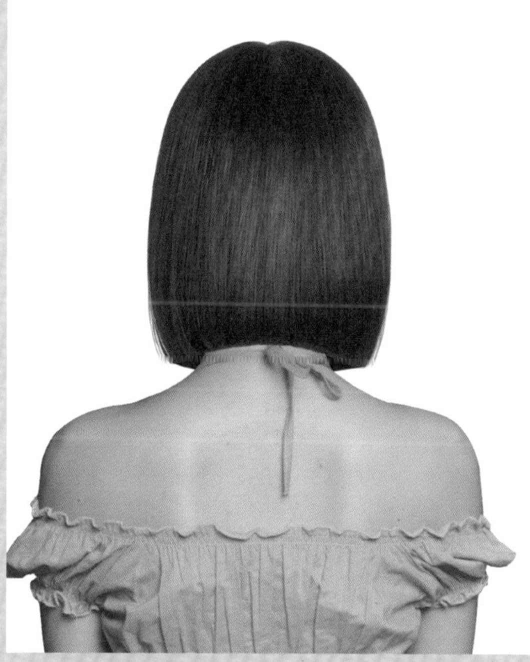

M-2021-014-3

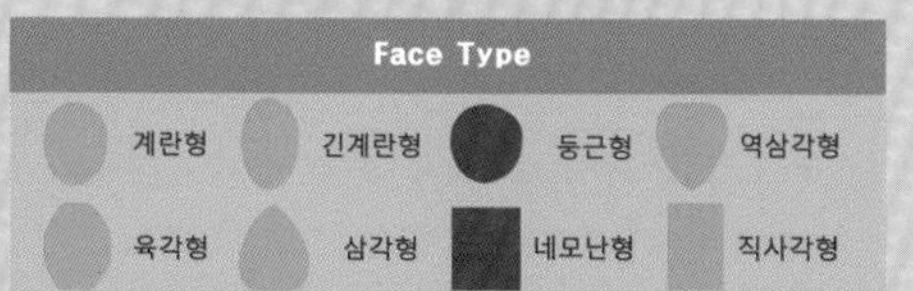

Hair Cut Method-
Technology Manual 083Page 참고

윤기를 머금은 듯 찰랑거리는 러블리한 핑크 보브 헤어스타일!

- 라운드 라인으로 얼굴 쪽으로 급격히 길어지는 정통 클래식의 보브 스타일이 고급스럽고 아름다운 여성미를 표현해 줍니다.
- 속머리의 길이가 길어지지 않도록 고개를 숙이는, 빗질 각도를 정확히 하고 커트하여 뻗치지 않고 깨끗한 라인을 만들고, 앞머리도 무겁고 길게 내려서 정통 보브 스타일의 특징적인 아름다움을 살려 줍니다.
- 투명감 넘치는 컬러로 윤기와 반짝이는 찰랑거림으로 설레는 아름다움을 표현합니다.

Woman Medium Hair Style Design

M-2021-015-1

M-2021-015-2

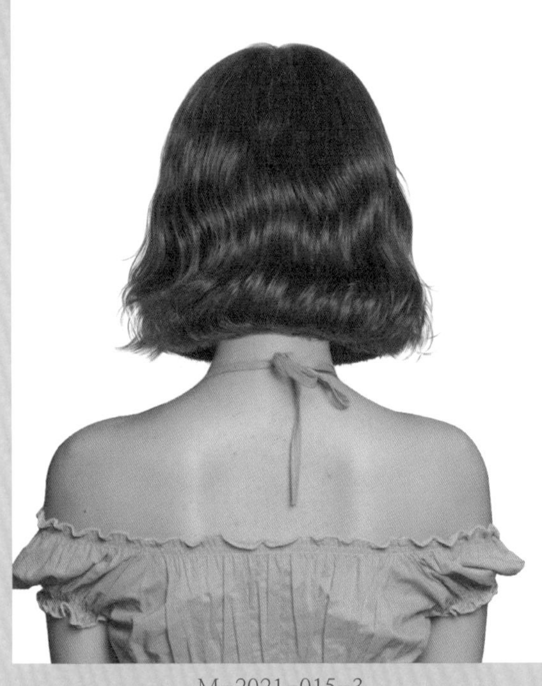

M-2021-015-3

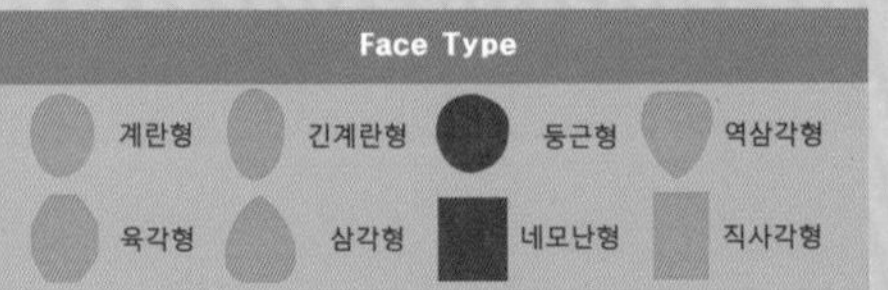

Hair Cut,Permament Wave Method-
Technology Manual 074Page 참고

유행 헤어스타일을 쫒아가는 따라쟁이 헤어스타일을 싫다! 내가 선택한 나만의 헤어스타일!

- 보송보송 쏟아질 듯 출렁이는 웨이브의 향기가 느껴지는 소녀 감성의 러블리 헤어스타일입니다.
- 콘케이 라인으로 앞 방향으로 길어지는 원랭스 커트를 하고 앞머리의 길이를 다양하게 디자인하면 헤어스타일의 다양한 표정, 발랄하고 귀여운 이미지가 연출됩니다.
- 굵은 롤로 전체를 웨이브 파마를 합니다.
- 헤어 드라이기로 뿌리부터 말리면서 70%를 말린 후 글로스 왁스를 고르게 바르고, 손가락 빗질하여 방향을 잡아 주며 자연스럽게 스타일링을 합니다.

Woman Medium Hair Style Design

M-2021-016-1

M-2021-016-2

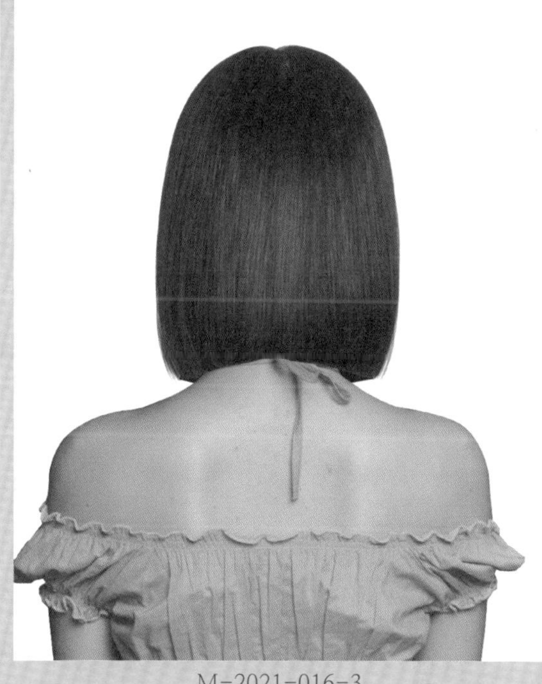

M-2021-016-3

Face Type

계란형 긴계란형 둥근형 역삼각형
육각형 삼각형 네모난형 직사각형

Hair Cut Method–
Technology Manual 074Page 참고

정통 클래식 보브 헤어스타일은 언제나 고급스러움과 트렌디한 감각의 첨단 헤어스타일입니다!

- 시대를 초월하는 가치와 보편성을 갖는 오랫동안 지속해서 사랑받아온, 미래에도 사랑받을 정통 클래식 헤어스타일입니다.
- 콘케이브 라인으로 얼굴 방향으로 길어지는 보브 헤어스타일은, 목이 짧거나 두꺼운 여성에게는 짧고 두꺼운 목의 길이를 강조하는 시각적 효과가 있어서 길게 하는 콘케이브 라인의 보브 헤어스타일은 어울리지 않습니다.
- 이 스타일은 얼굴이 작고 목이 길고 키가 큰 편의 살찌지 않는 몸매라면 가장 이상적으로 잘 어울리는 스타일입니다.
- 고급스러움과 섹시함과 도도함까지 어필하는 이미지를 줄 것입니다.

Woman Medium Hair Style Design

M-2021-017-1

M-2021-017-2

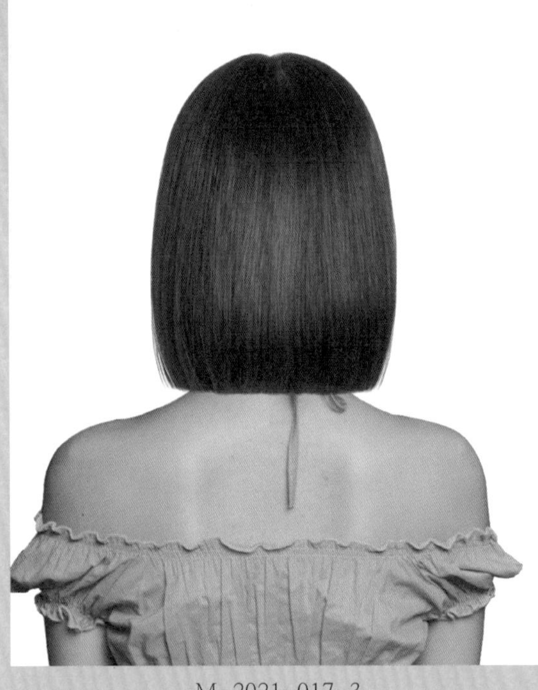

M-2021-017-3

Face Type

계란형	긴계란형	둥근형	역삼각형
육각형	삼각형	네모난형	직사각형

Hair Cut Method-
Technology Manual 071Page 참고

빛을 휘감은 듯 윤기를 머금고 찰랑거리는 스트레이트 흐름이 언제나 매력적이고 멋스러운!

- 오래도록 사랑받아온, 현재도 미래도 언제나 트렌디한 느낌을 주는 전통 클래식 보브 스타일입니다.
- 앞머리를 무겁고 길게 내려서 베이스와 밸런스를 맞추면 더욱 클래식한 고급스러움을 줍니다.
- 누구나가 한 번쯤은 해봤을 헤어스타일로 스트레이트 보브 헤어스타일의 핵심을 윤기와 찰랑거림을 주는 모발의 건강함입니다.
- 보브 스타일은 길이, 라인의 변화를 주면 다양한 표정의 변화를 주므로, 다양한 헤어스타일의 디자인을 즐기세요!

Woman Medium Hair Style Design

M-2021-018-1

M-2021-018-2

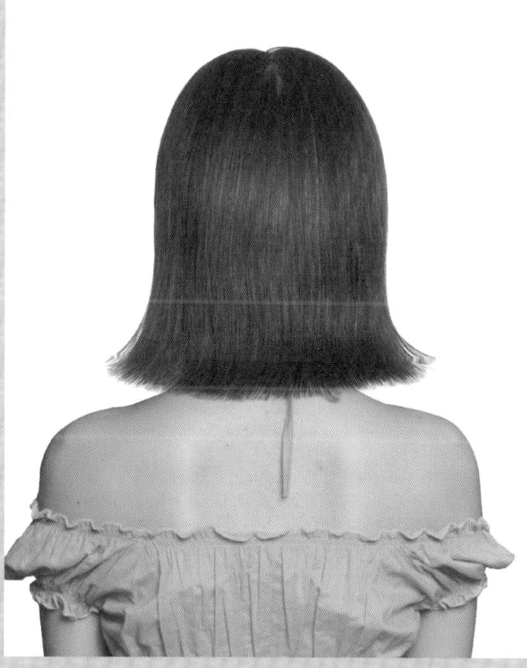

M-2021-018-3

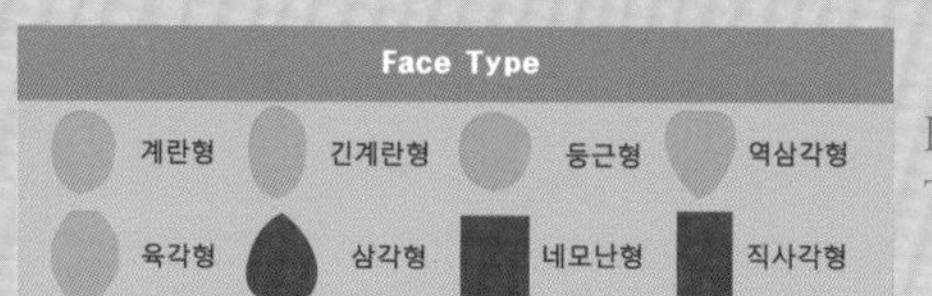

Hair Cut Method-
Technology Manual 071Page 참고

찰랑찰랑한 스트레이트 헤어가 곡선으로 휘어지는 흐름이 시크함을 주는 헤어스타일!

- 스트레이트 헤어를 어깨선이 닿는 길이로 조절하면 어깨선을 타고 자연스럽게 바깥으로 휘어지는 흐름을 이용하여 디자인한 헤어스타일입니다.
- 반대로 원랭스 헤어스타일도 뻗치지 않고 안말음 흐름이 잘되게 하려면 어깨선에 닿지 않는 길이를 설정하는 것이 안정적입니다.
- 앞머리를 무겁고 길게 내려주어 도시적이고 시크한 느낌을 연출합니다.
- 헤어 드라이기로 뿌리부터 말리면서 80%를 말린 후 굵은 싸이즈의 아이롱으로 뻗치는 흐름을 잡아 주고, 글로스 오일을 고르게 바르고 빗으로 빗어서 스타일링을 합니다.

Woman Medium Hair Style Design

M-2021-019-1

M-2021-019-2

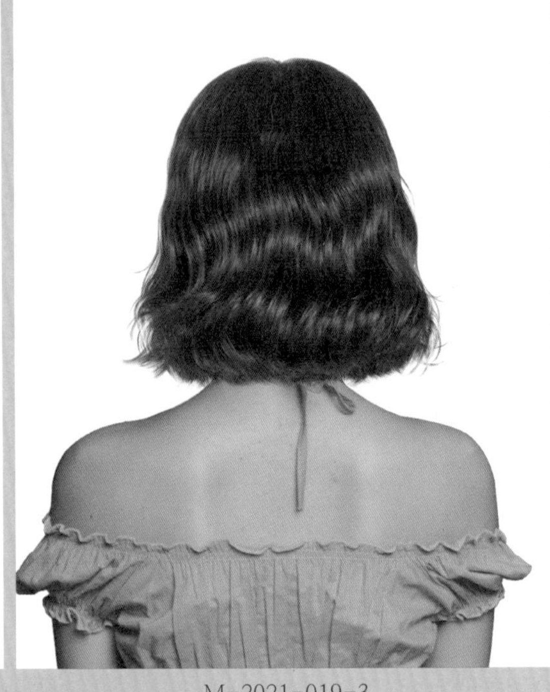

M-2021-019-3

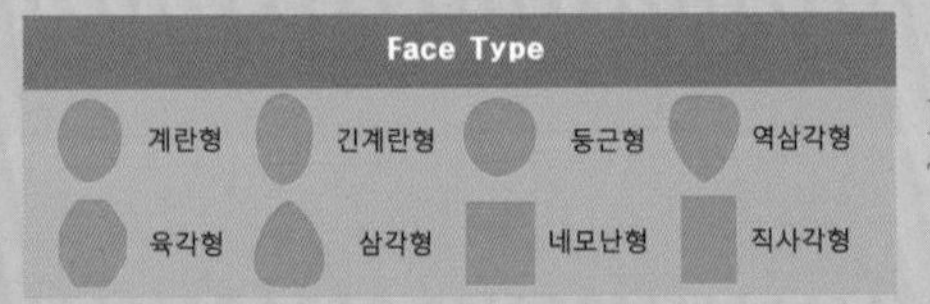

Hair Cut Method-
Technology Manual 071Page 참고

푹신한 공기감과 윤기를 머금은 듯 출렁이는 율동감이 발랄함과 귀여운 느낌의 헤어스타일!

- 수평 라인의 원랭스 보브 헤어스타일은 언제나 여성들에게 오래도록 사랑받아온 헤어스타일입니다.
- 보브 헤어스타일이 오래도록 사랑받아온 이유는 동양인의 얼굴형 체형에 가장 잘 어울리기 때문입니다.
- 보브 헤어스타일 형태에서 얼굴 형태, 체형에 따라 조금씩 변형되는 디자인을 하면 변화무쌍한 헤어스타일이 되며 각자의 개성을 표현해 줍니다.
- 앞머리를 무거우면서 듬성듬성하게 커트하여 큐티한 느낌을 연출합니다.
- 헤어 드라이기로 뿌리부터 말리면서 70%를 말린 후 글로스 오일을 고르게 바르고, 스크런치 드라이 기법으로 드라이하고 손가락으로 풀어 주듯 빗질하여 자연스러운 컬의 움직임을 연출합니다.

Woman Medium Hair Style Design

M-2021-020-1

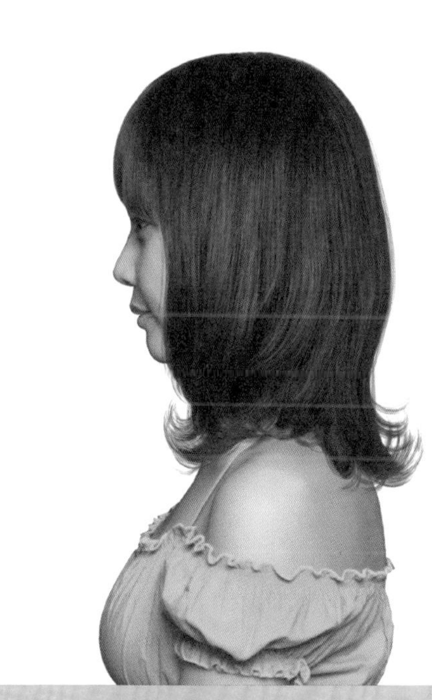
M-2021-020-2

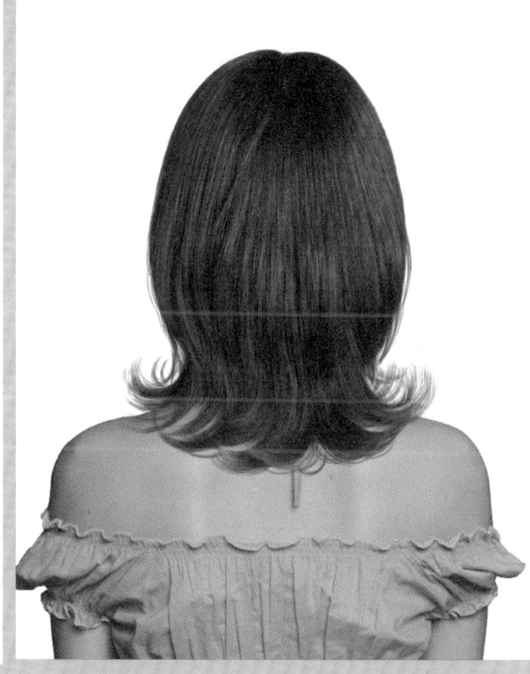
M-2021-020-3

Face Type			
계란형	긴계란형	둥근형	역삼각형
육각형	삼각형	네모난형	직사각형

Hair Cut Method-
Technology Manual 211Page 참고

어깨선을 타고 뻗치는 컬에서 로맨틱 향기가 풍겨납니다!

- 백 포인트, 사이드 언더 부분에서 어깨선을 타고 뻗치는 흐름이 되도록 인크리스 레이어로 커트하고 백 포인트, 사이드 윗부분에서는 그러데이션으로 층을 연결하여 곡선의 실루엣을 만듭니다.
- 모발 길이 중간, 끝부분에서 틴닝, 슬라이딩 커트를 하여 가볍고 가늘어지는 질감을 표현합니다.
- 굵은 롤로 파마를 해 줍니다.
- 헤어 드라이기로 뿌리부터 말리면서 70%를 말린 후 글로스 오일, 소프트 왁스를 고르게 바르고 손가락으로 빗어서 방향을 잡아 주고, 후두부는 안말음, 모선은 뻗치도록 스타일링을 합니다.

Woman Medium Hair Style Design

M-2021-021-1

M-2021-021-2

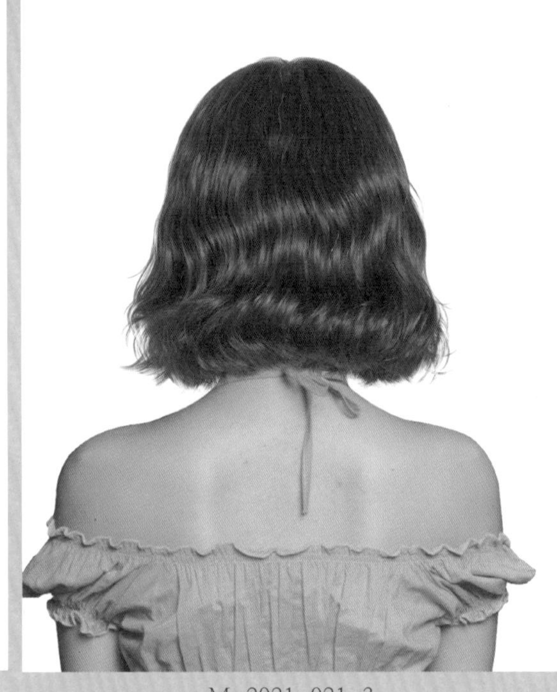

M-2021-021-3

Face Type			
계란형	긴계란형	둥근형	역삼각형
육각형	삼각형	네모난형	직사각형

Hair Cut Method-
Technology Manual 083Page 참고

둥둥 떠다니는 듯한 출렁이는 웨이브가 모드한 향기를 업시킵니다!

- 얼굴 방향으로 급격히 길어지는 콘케이브 라인의 원랭스 형태로 출렁이는 듯 물결 웨이브와 건강한 모발이 주는 반짝임이 어우러져 당당한 여성의 아름다움을 느끼게 합니다.
- 알머리는 둥근 라인으로 무겁게 내려주고 베이스는 층이 나지 않는 원랭스 커트를 하고,
- 모발 길이 중간, 끝부분에서 틴닝으로 모발량을 조절해 줍니다.
- 굵은 롤로 전체 웨이브 파마를 해 줍니다. 특히 웨이브 파마는 건강한 모발일 때 웨이브 흐름이 아름답습니다.
- 헤어 드라이기로 뿌리부터 말리면서 70%를 말린 후 글로스 오일을 고르게 바르고, 손가락으로 빗어서 방향을 잡아 주며 스타일링합니다.

Woman Medium Hair Style Design

M-2021-022-1

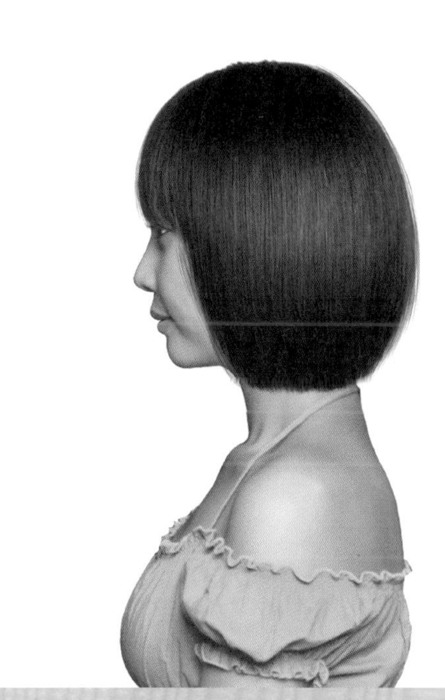
M-2021-022-2

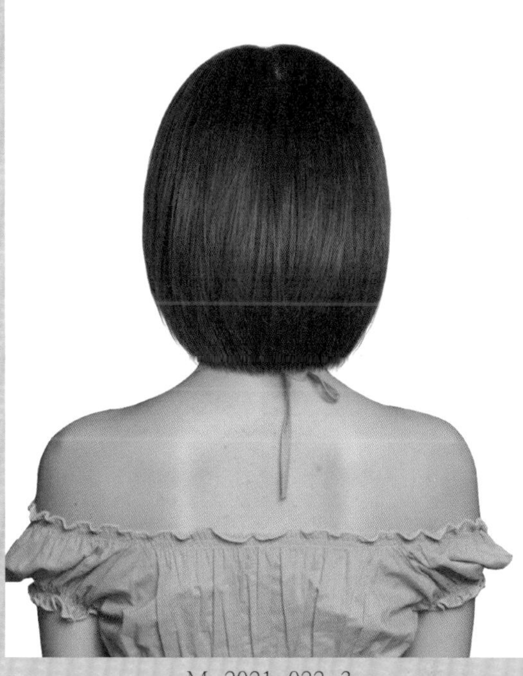
M-2021-022-3

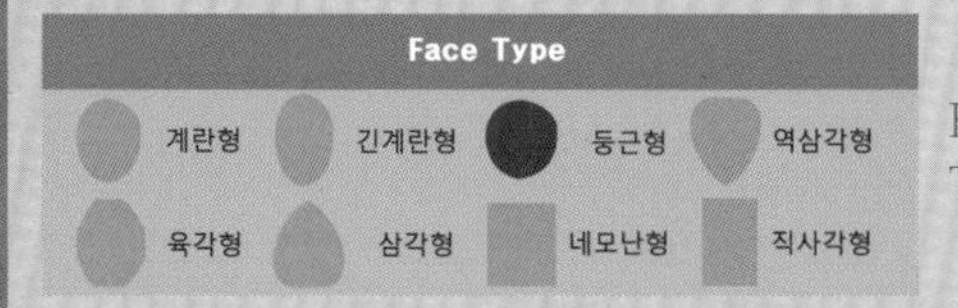

Hair Cut Method-
Technology Manual 131Page 참고

스트레이트에 윤기 나는 핑크 브라운 컬러가 입혀져서 사랑스러운 소녀 감성의 로맨틱 헤어스타일!

- 정통 그러데이션 보브 스타일로 여성들에게 언제나 사랑받아온 소녀 감성의 헤어 디자인입니다.
- 약간 둥근 라인으로 그러데이션 커트를 하고 앞머리는 둥근 라인으로 커트하여 큐트한 이미지를 연출합니다.
- 헤어 드라이기로 뿌리부터 말리면서 80%를 말린 후 글로스오일, 소프트 왁스를 고르게 바르고 곱게 빗질하여 스타일링합니다.

Woman Medium Hair Style Design

M-2021-023-1

M-2021-023-2

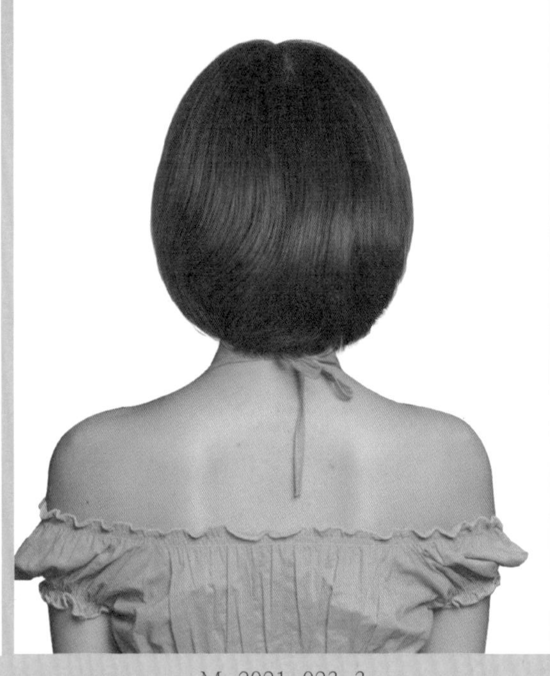

M-2021-023-3

Face Type			
계란형	긴계란형	둥근형	역삼각형
육각형	삼각형	네모난형	직사각형

Hair Cut Method-
Technology Manual 131Page 참고

여성스럽고 청순한 느낌의 핑크 보브로 러블리하게!

- 청순하고 사랑스러운 소녀 감성의 그러데이션 보브 스타일입니다.
- 투명감이 느껴지는 핑크 브라운으로 컬러를 입히면 더욱 매력적으로 보이는 정통 보브 스타일입니다.
- 언더 쪽은 그러데이션 기법으로, 안말음 흐름의 층을 만들고, 톱 쪽은 레이어드로 부드러운 층을 연결하여 부드러운 흐름을 디자인합니다.
- 롤스트레이트 파마를 하면 손질이 쉬워집니다.
- 헤어 드라이기로 뿌리부터 말리면서 80%를 말린 후 에센스, 글로스 왁스를 고르게 바르고, 손가락으로 방향을 잡아 주고 브러싱하여 한 쪽 사이드는 귀로 넘겨서 비대칭 흐름을 연출합니다.

Woman Medium Hair Style Design

M-2021-024-1

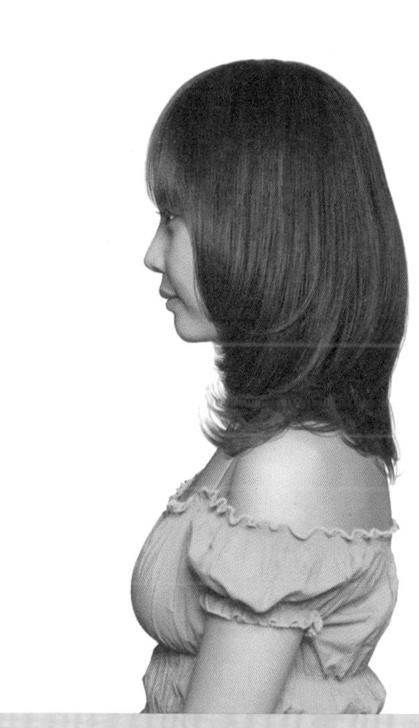
M-2021-024-2

M-2021-024-3

Face Type			
계란형	긴계란형	둥근형	역삼각형
육각형	삼각형	네모난형	직사각형

Hair Cut Method-
Technology Manual 211Page 참고

여성스럽고 귀여움이 매력적으로 보이는 러블리 헤어스타일!

- 그러데이션, 인크리스 레이어드 기법으로 어깨선을 타고 자연스럽게 뻗치는 흐름의 실루엣을 표현합니다.
- 백 포인트, 네이프, 사이드에서 층이 길어지고 가늘어지는 인크리스 레이로 커트하고, 크라운 톱은 그러데이션, 레이어드 기법으로 부드러운 볼륨의 흐름을 구성합니다.
- 그러데이션 부분은 안말음, 인크리스 부분은 바깥말음으로 롤을 와인딩합니다.
- 헤어 드라이기로 뿌리부터 말리면서 80%를 말린 후 소프트 왁스를 고르게 바르고, 손가락으로 방향을 잡아 주고 훑어 주면서 스타일링합니다.

Woman Medium Hair Style Design

M-2021-025-1

M-2021-025-2

M-2021-025-3

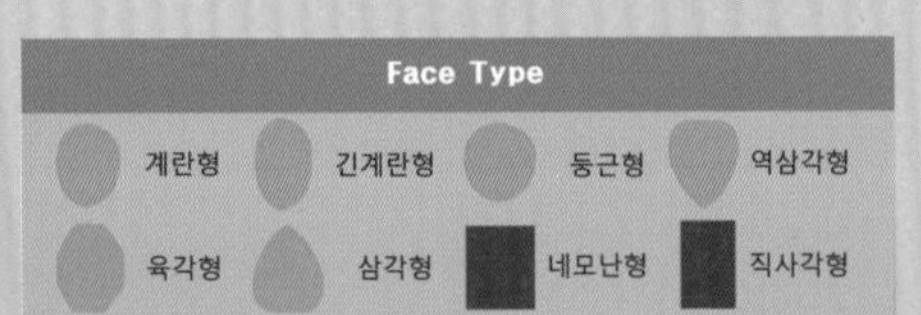

Hair Cut Method-
Technology Manual 166Page 참고

두둥실 떠다니는 듯한 느슨하면서 구불거리는 웨이브가 시크하고 멋스러운 헤어스타일!

- 느슨한 웨이브가 자유롭게 움직임을 주는 흐름이 소프트하고 달콤한 느낌을 주는 헤어스타일입니다.
- 언더에서 그러데이션으로 가벼운 층을 만들고 톱 쪽으로 레이어드를 넣어서 가볍고 끝부분이 불규칙한 질감으로 커트합니다.
- 모발 길이 중간, 끝부분에서 틴닝으로 모발량을 조절하고 굵은 롤로 전체를 웨이브 파마를 해 줍니다.
- 헤어 드라이기로 뿌리부터 말리면서 70%를 말린 후 글로스 왁스, 젤 등을 고르게 바르고 스크런치 드라이 기법으로 드라이하고 손가락으로 풀어 주듯이 방향을 잡아 주어 자연스러운 컬의 움직임을 연출합니다.

Woman Medium Hair Style Design

M-2021-026-1

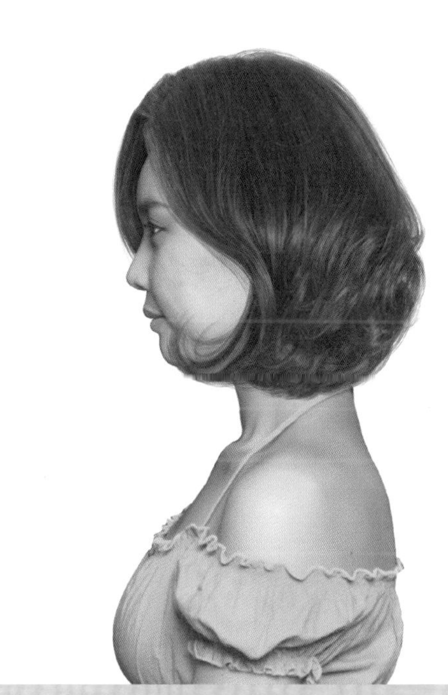

M-2021-026-2

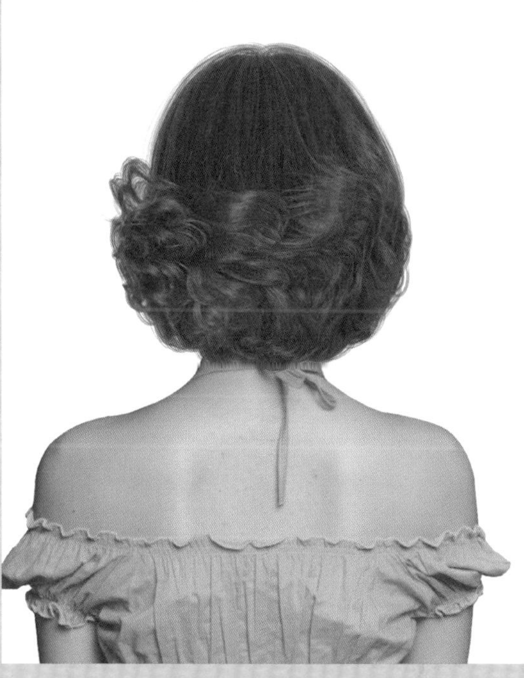

M-2021-026-3

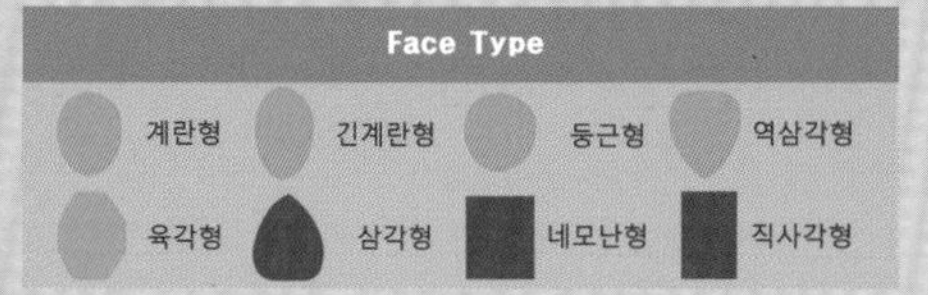

Hair Cut Method-
Technology Manual 131Page 참고

소프트하고 달콤한 뉘앙스가 느껴지는 구불거리는 웨이브가 멋스러운 그러데이션 보브 헤어!

- 꿈틀거리는 웨이브 흐름이 달콤하고 멋스러운 그러데이션 보브 스타일은 성숙한 여성스러움의 이미지를 주는 헤어스타일입니다.
- 언더에서 무게감을 주는 그러데이션과 톱 쪽으로 레이어드 커트를 연결하여 부드럽고 풍성한 실루엣을 연출합니다.
- 앞머리는 사이드에서 길이를 조절하여 가벼운 층의 흐름을 표현합니다.
- 모발 길이 중간, 끝부분에서 틴닝으로 모발량을 조절하고, 굵은 롤로 1~1.5컬의 웨이브 파마를 합니다.
- 헤어 드라이기로 뿌리부터 말리면서 70%를 말린 후 글로스 왁스를 고르게 바르고, 스크런치 드라이 기법으로 드라이하고 손가락으로 풀어 주듯이 방향을 잡아 주어 자연스러운 컬의 움직임을 연출합니다.

Woman Medium Hair Style Design

M-2021-027-1

M-2021-027-2

M-2021-027-3

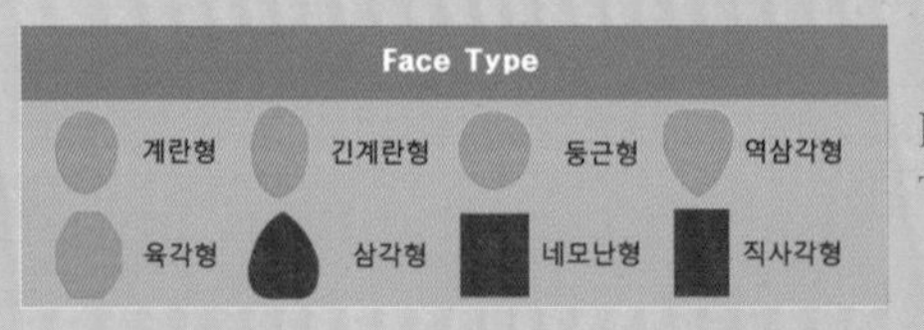

Hair Cut Method-
Technology Manual 186Page 참고

인위적이지 않고 유유히 흔들리는 듯한 스트레이트 질감이 매력적인 헤어스타일!

- 언더에서 가벼운 층이 되도록 끝부분이 불규칙하고 가늘어지도록 예리하게 바이어스 브란트 커트를 하면서 톱 쪽으로 레이어드를 넣어서 자유롭게 흩날리는 듯한 흐름을 연출합니다.
- 페이스 라인의 표정을 만들기 위해 길이를 조절하여 가벼운 층을 만들고 뿌리, 중간, 끝부분에서 틴닝으로 모발량을 조절한 후 슬라이딩 커트로 끝부분이 깃털처럼 가볍고 대담하게 가늘어지는 텍스처를 만듭니다.
- 헤어 드라이기로 뿌리부터 말리면서 80%를 말린 후 롤 브러시나 아이롱으로 살짝 터치하여 연출한 후, 글로스 왁스를 고르게 바르고 자유롭게 털어서 스타일링을 합니다.

Woman Medium Hair Style Design

M-2021-028-1

M-2021-028-2

M-2021-028-3

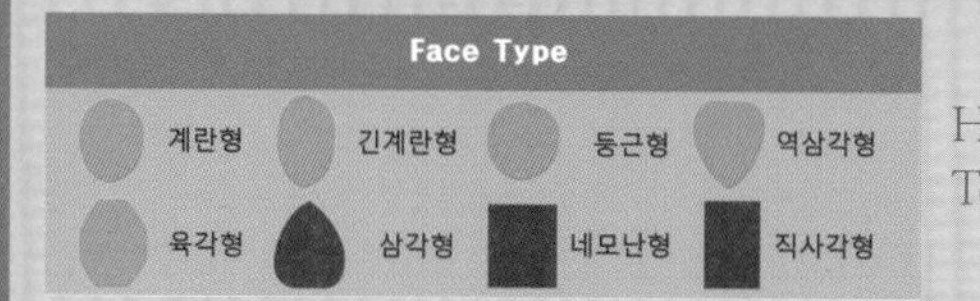

Hair Cut Method-
Technology Manual 186Page 참고

내추럴한 율동감에 스위트의 향기가 느껴지는 페미닌 감각의 헤어스타일!

- 바람에 흩날리는 듯, 두둥실 춤을 추듯 율동감의 웨이브가 여성스럽고 섹시한 느낌을 주는 헤어스타일입니다.
- 언더에서 곡선의 흐름을 만들기 위해 가벼운 층의 하이 그러데이션으로 커트를 하고 톱 쪽으로 레이어드를 넣어서 풍성하고 가벼운 흐름을 연출합니다.
- 앞머리는 턱선에 닿는 길이로 층지게 커트하고, 전체를 틴닝으로 모발량을 조절하여 가볍고 움직임 있는 실루엣을 표현합니다.
- 굵은 롤로 1.5~2컬의 웨이브 파마를 합니다.
- 헤어 드라이기로 뿌리부터 말리면서 70%를 말린 후 글로스 왁스를 고르게 바르고, 스크런치 드라이 기법으로 드라이하고 손가락으로 풀어 주듯이 방향을 잡아 주어 자연스러운 컬의 움직임을 연출합니다.

Woman Medium Hair Style Design

M-2021-029-1

M-2021-029-2

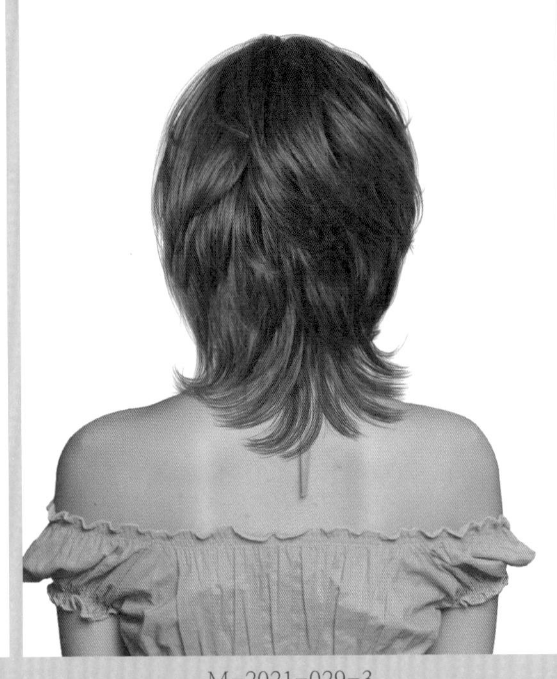

M-2021-029-3

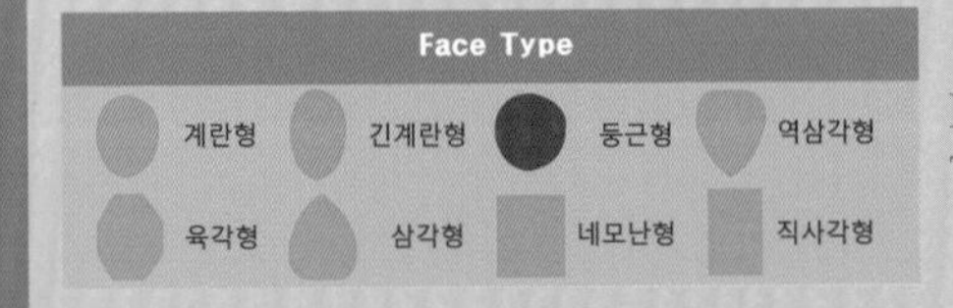

Hair Cut Method-
Technology Manual 204Page 참고

자유롭게 움직이는 웨이브의 율동감이 스위트한 느낌과 성숙한 매력이 느껴지는 헤어스타일!

- 언더에서 목선과 어깨선을 휘감듯 한 흐름이 되도록 하이 레이어드로 커트하고 톱 쪽으로 그러데이션, 레이어드의 콤비네이션 기법으로 볼륨감 있고 부드러운 층을 연출합니다.
- 앞머리는 시스루 스타일로 내려주고 사이드는 가벼운 층으로 커트하여 포워드 흐름을 연출합니다.
- 전체를 틴닝과 슬라이딩 커트 기법으로 깃털처럼 가벼운 질감을 만들고, 굵은 롤로 1.3~1.7컬의 웨이브 파마를 해 줍니다.
- 헤어 드라이기로 뿌리부터 말리면서 70%를 말린 후 글로스 왁스를 고르게 바르고, 스크런치 드라이 기법으로 드라이하고 손가락으로 풀어 주듯이 방향을 잡아 주어 자연스러운 컬의 움직임을 연출합니다.

Woman Medium Hair Style Design

M-2021-030-1

M-2021-030-2

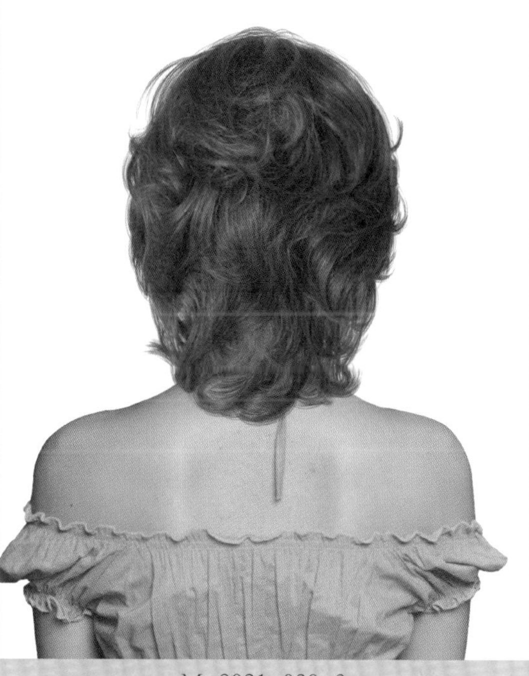

M-2021-030-3

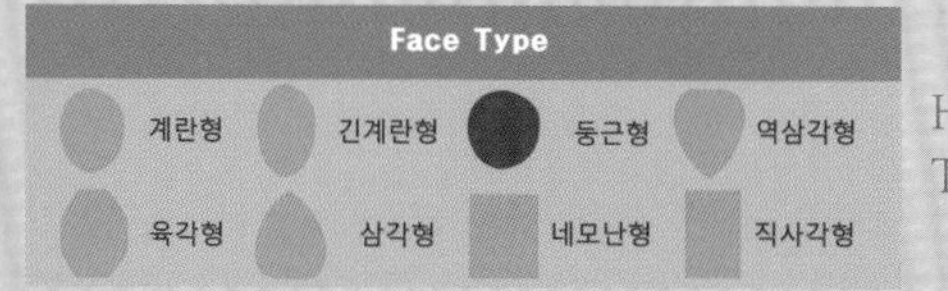

Hair Cut Method-
Technology Manual 166Page 참고

공기를 머금은 듯 보송보송하고 풍성한 볼륨의 웨이브가 사랑스러운 큐트 감각의 헤어스타일!

- 두둥실 떠다니는 듯한 풍성한 웨이브의 흐름이 달콤하고 여성스러운 이미지가 느껴지는 페미닌 감각의 헤어스타일입니다.
- 네이프에서 하이 레이어드로 가늘고 길어지는 커트를 하고, 톱 쪽으로 그러데이션과 레이어드의 콤비네이션 기법으로 부드러운 곡선의 형태를 만듭니다.
- 앞머리는 길이가 들쭉날쭉하게 시스루로 내리고 사이드도 가벼운 층으로 페이스 라인 표정을 연출합니다.
- 틴닝으로 모발량을 조절하고 1~2컬의 웨이브 파마를 합니다.
- 헤어 드라이기로 뿌리부터 말리면서 70%를 말린 후 글로스 왁스를 고르게 바르고, 스크런치 드라이 기법으로 드라이하고 손가락으로 방향을 잡아 주어 자연스러운 컬의 움직임을 연출합니다.

Woman Medium Hair Style Design

M-2021-031-1

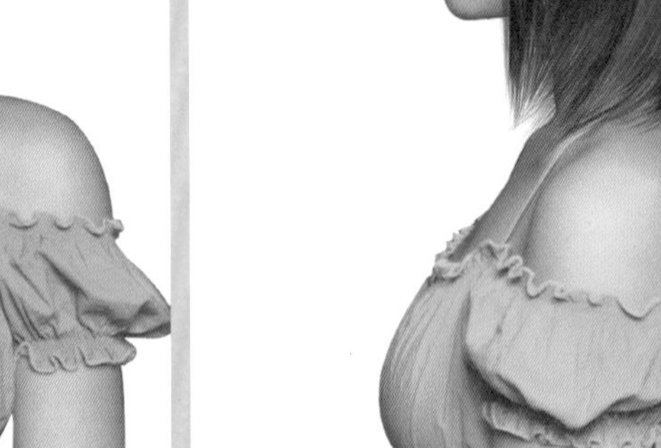

M-2021-031-2

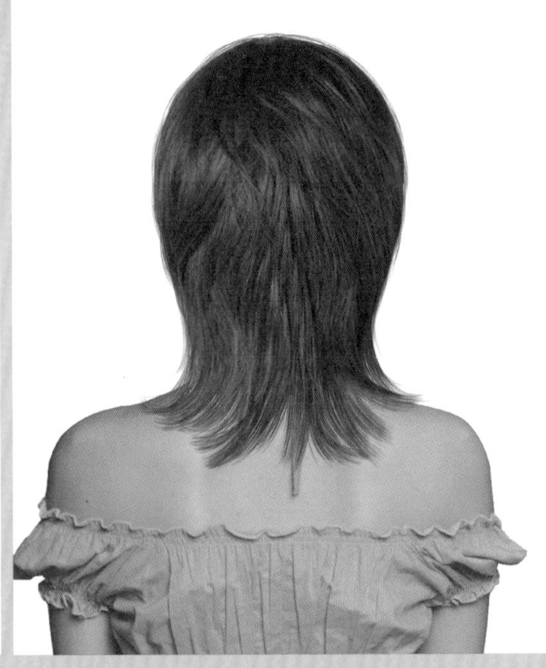

M-2021-031-3

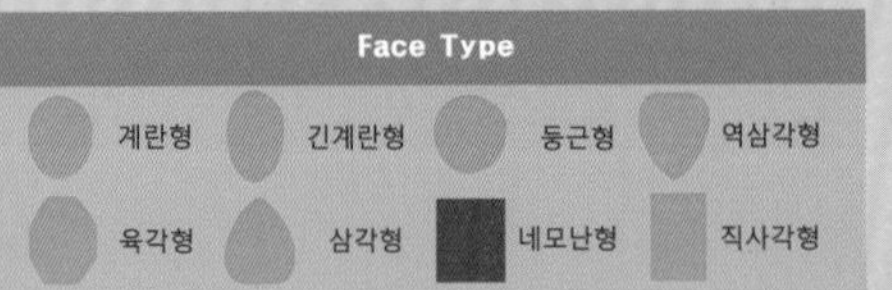

Hair Cut Method-
Technology Manual 196Page 참고

새로운 것을 창조하고픈··· 트렌드를 리드하고 싶은 개성파들의 감성 표출!

- 인위적이지 않고 털어놓은 듯, 손질하지 않는 듯한 흐름의 어드벤스 한 감각이 느껴지는 헤어스타일입니다.
- 네이프에서 인크리스 레이어드로 길이가 길어지고 가늘어지도록 커트하고, 톱 쪽으로 가벼운 층의 그러데이션과 레이어드를 넣어서 움직임을 연출합니다.
- 앞머리는 가늘고 불규칙하게 사이드도 가벼운 층으로 얼굴 주변의 표정을 연출합니다.
- 모발 길이 중간, 끝부분에서 틴닝으로 모발량을 조절하고 슬라이딩 커트로 대담하게 가늘어지고 가벼운 질감을 표현합니다.
- 헤어 드라이기로 뿌리부터 말리면서 80%를 말린 후 롤 브러시나 아이롱으로 살짝 터치하여 연출한 후 글로스 왁스를 고르게 바르고 자유롭게 털어서 스타일링을 합니다.

Woman Medium Hair Style Design

M-2021-032-1

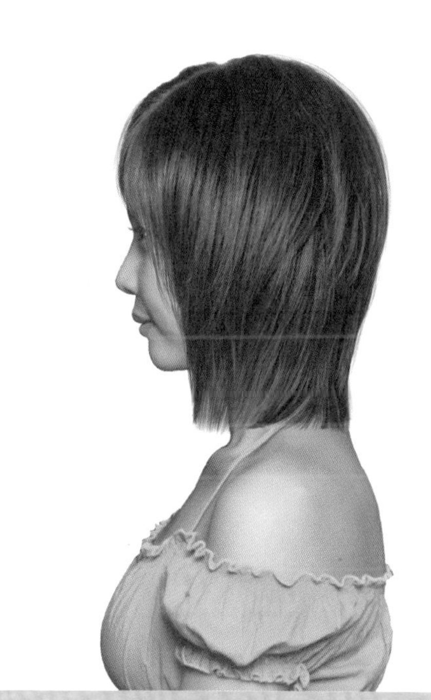

M-2021-032-2

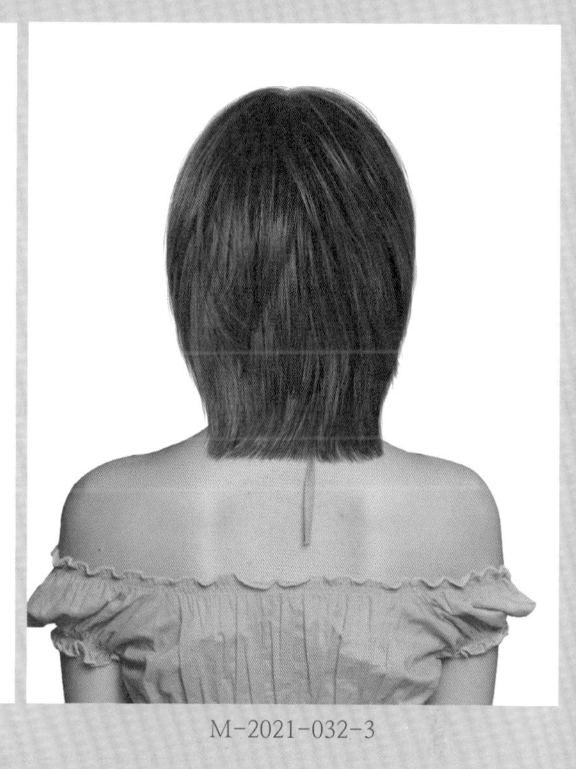

M-2021-032-3

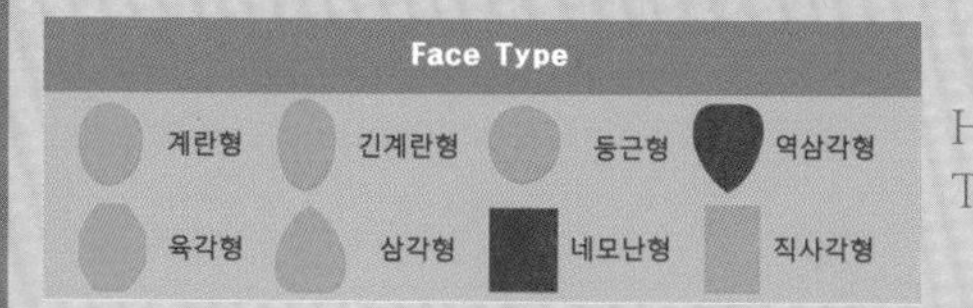

Hair Cut Method-
Technology Manual 100Page 참고

스트레이트 모류가 바람에 흩날리는 듯한 표정이 자유로운 느낌의 개성파 헤어스타일!

- 1980년대 후반 유럽에서 아침에 머리 손질하는 번거로움으로부터 해방되자는 발상 전환의 헤어스타일이 시작되었습니다.
- 손질하지 않는 듯 자유롭게 털어서 손질하는 습관은 스트레스를 받지 않고 편안한 외출이 시작됩니다.
- 하이 그러데이션과 레이어드의 콤비네이션으로 베이스를 가늘어지고 가볍게 하여 움직임 있는 흐름을 연출합니다.
- 앞머리와 사이드도 들쭉날쭉하게 커트하여 얼굴을 감싸는 듯한 흐름의 헤어스타일 표정을 연출합니다.
- 헤어 드라이기로 뿌리부터 말리면서 80%를 말린 후 롤 브러시나 아이롱으로 살짝 터치하여 연출한 후 글로스 왁스를 고르게 바르고 자유롭게 털어서 스타일링을 합니다.

Woman Medium Hair Style Design

M-2021-033-1

M-2021-033-2

M-2021-033-3

Face Type			
계란형	긴계란형	둥근형	역삼각형
육각형	삼각형	네모난형	직사각형

Hair CutMethod-
Technology Manual 211Page 참고

공기를 머금은 듯 풍성하고 율동감이 느껴지는 웨이브가 여성스러운 러블리 헤어스타일!

- 얼굴을 감싸는 안말음 흐름이 얼굴을 작아 보이게 하고 어깨선을 감싸고 뻗치는 곡선의 흐름이 목선과 쇄골 라인을 아름답게 하여 여성스러움과 섹시함을 더해 주는 헤어스타일입니다.
- 언더에서 인크리스 레이어드로 가늘어지고 가벼운 층을 만들고, 톱 쪽으로 그러데이션과 레이어드로 부드 러운 흐름을 연출합니다.
- 앞머리는 불규칙하고 가벼운 느낌으로 내려주고 전체를 모발 길이 중간, 끝부분에서 틴닝으로 모발량을 조절하고 굵을 롤로 1.5~1.8컬의 웨이브 파마를 해 줍니다.
- 헤어 드라이기로 뿌리부터 말리면서 70%를 말린 후 글로스 왁스를 고르게 바르고, 스크런치 드라이 기법으로 드라이하고 손가락으로 방향을 잡아 주어 자연스러운 컬의 움직임을 연출합니다.

Woman Medium Hair Style Design

M-2021-034-1

M-2021-034-2

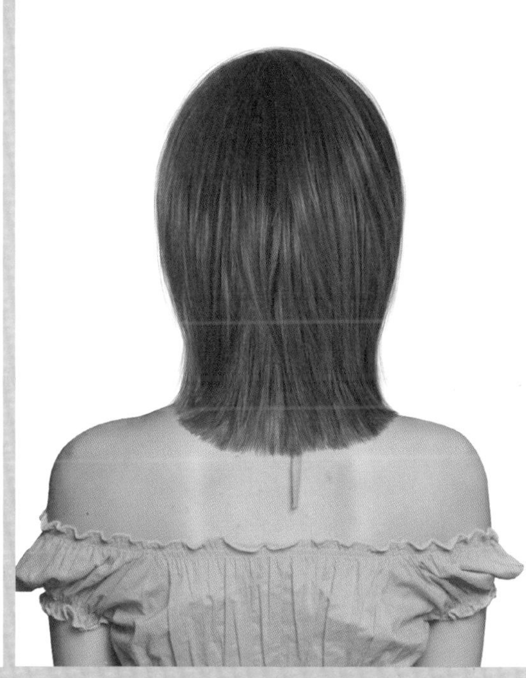

M-2021-034-3

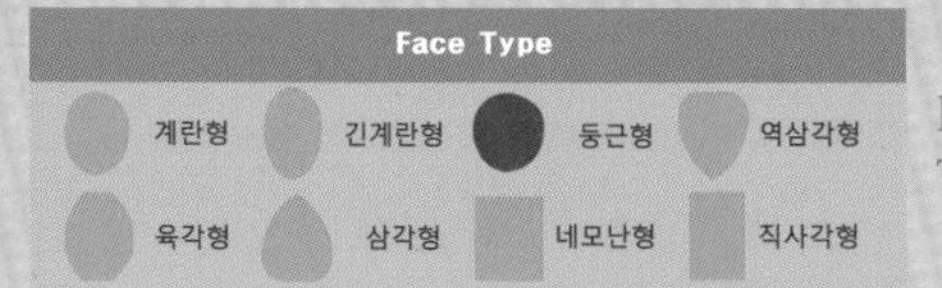

Hair Cut Method-
Technology Manual 100Page 참고

차분하고 단정하면서 부드럽고 여성스러움이 느껴지는 페미닌 감각의 헤어스타일!

- 얼굴을 감싸는 안말음의 흐름은 얼굴을 작아 보이게 하며 찰랑거리며 자연스러운 모발 흐름이 여성스럽고 세련된 이미지를 주는 헤어스타일입니다.
- 언더에서 미디엄 그러데이션 커트로 가벼운 흐름을 만들고, 톱 쪽으로 레이어드를 연결하여 자연스러운 텍스처 흐름을 만듭니다.
- 모발 길이 중간, 끝부분에서 틴닝으로 모발량을 조절하고 롤 스트레이트 파마를 해 주면 손질하기 편한 스타일이 됩니다.
- 헤어 드라이기로 뿌리부터 말리면서 80%를 말린 후 글로스 왁스를 고르게 바르고 자유롭게 털어서 스타일링을 합니다.

Woman Medium Hair Style Design

M-2021-035-1

M-2021-035-2

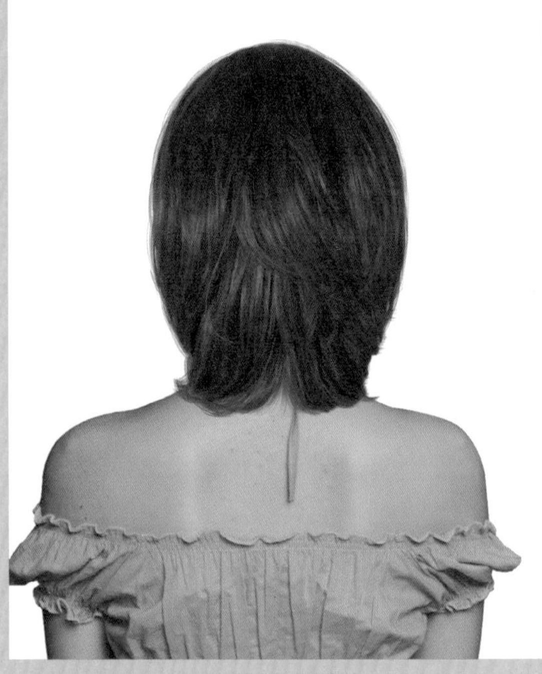

M-2021-035-3

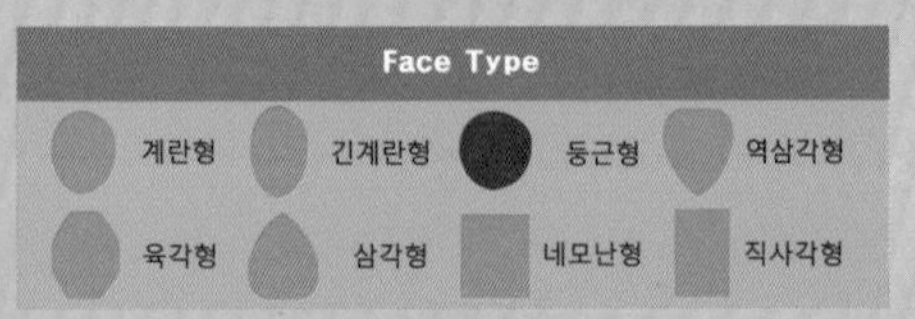

Hair Cut Method-
Technology Manual 131Page 참고

내추럴한 모발 흐름이 청순하고 세련된 여성스러움을 주는 그러데이션 보브 헤어스타일!

- 바람에 날리는 듯 부드럽게 움직이는 안말음의 그러데이션 보브 헤어스타일은 차분하고 세련된 지성미를 주는 스타일이어서 전문직 여성들에게 잘 어울리는 헤어스타일입니다.
- 언더에서 안말음 흐름이 잘되는 그러데이션 커트를 하고, 톱 쪽으로 레이어드를 연결하여 부드러운 흐름을 연출합니다.
- 끝부분이 가늘어지고 가볍도록 모발 길이 중간, 끝부분에서 틴닝으로 모발량을 조절하고 굵은 롤로 1~1.5컬의 파마를 합니다.
- 헤어 드라이기로 뿌리부터 말리면서 80%를 말린 후 글로스 왁스를 고르게 바르고, 손가락으로 훑어 주듯이 방향을 잡아 주어 자연스러운 움직임을 연출합니다.

Woman Medium Hair Style Design

M-2021-036-1

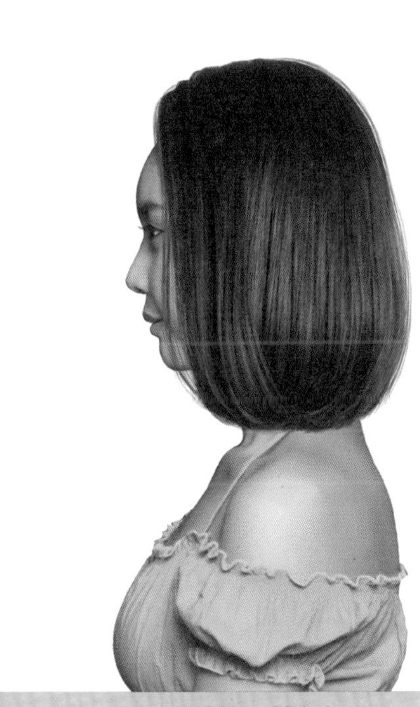
M-2021-036-2

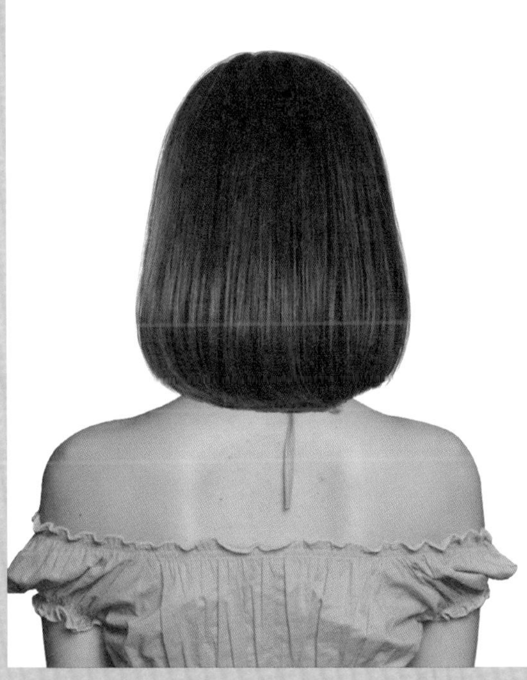
M-2021-036-3

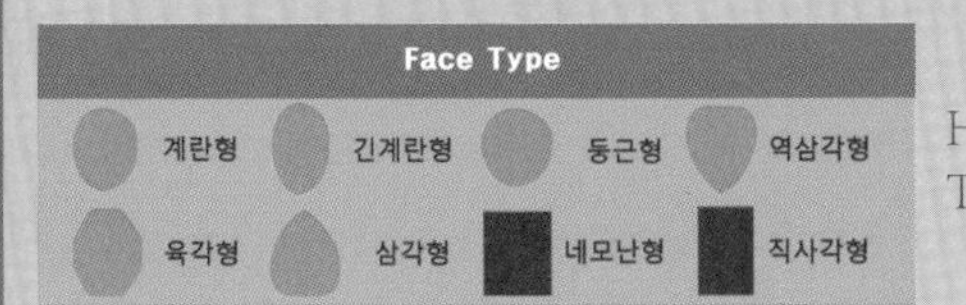

Hair Cut Method-
Technology Manual 083Page 참고

차분하고 단정하면서 지성미를 느끼게 하는 컨서버티브 감성의 헤어스타일!

- 앞머리가 없이 머리를 쓸어 올려 사이드로 내려주어 이마를 시원스럽게 드러내는 둥근 라인의 원랭스 보브 헤어스타일은 전통적이고 품위 있는 이미지를 느끼게 하는 헤어스타일입니다.
- 원랭스의 깨끗한 라인을 만들기 위해 속머리가 길어 보이지 않도록 정교하게 커트를 하여야 합니다.
- 롤 스트레이트 파마를 하면 손질하기 편한 스타일이 됩니다.
- 헤어 드라이기로 뿌리부터 말리면서 80%를 말린 후 롤 브러시나 아이롱으로 연출한 후, 글로스 왁스를 고르게 바르고 빗질하여 스타일링을 합니다.

Woman Medium Hair Style Design

M-2021-037-1

M-2021-037-2

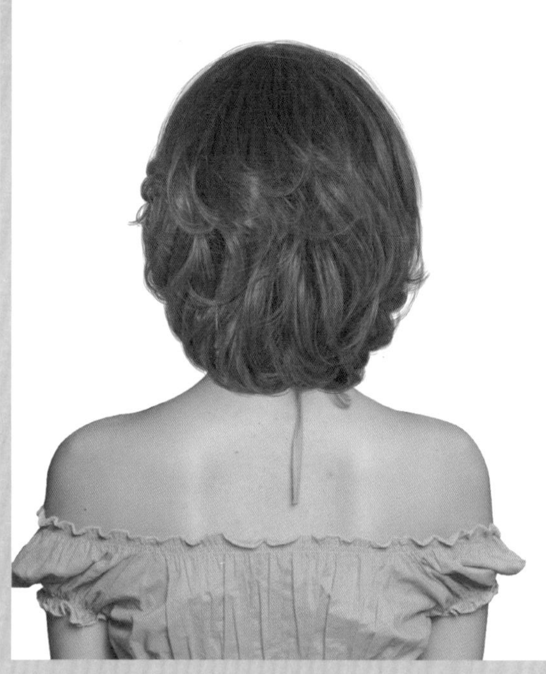

M-2021-037-3

Face Type			
계란형	긴계란형	둥근형	역삼각형
육각형	삼각형	네모난형	직사각형

Hair Cut Method-
Technology Manual 131Page 참고

내추럴하고 율동감을 주는 웨이브의 흐름이 사랑스러운 러블리 헤어스타일!

- 안말음 흐름의 웨이브 파마 그러데이션 보브 헤어스타일은 신비롭고 환상적인 여성의 아름다움을 느끼게 하는 헤어스타일입니다.
- 언더에서 미디엄 그러데이션으로 커트하고, 톱 쪽은 레이어드를 커트하여 베이스를 만듭니다.
- 앞머리를 시스루로 내리고 모발 길이 중간, 끝부분에서 틴닝으로 숱을 쳐주고 슬라이딩 커트를 하여 끝부분이 가늘어지고 가볍도록 질감 커트를 합니다.
- 굵은 롤로 1.3~1.8컬의 웨이브 파마를 해 줍니다.
- 헤어 드라이기로 뿌리부터 말리면서 70%를 말린 후 글로스 왁스를 고르게 바르고, 스크런치 드라이 기법으로 드라이하고 손가락으로 방향을 잡아 주어 자연스러운 컬의 움직임을 연출합니다.

Woman Medium Hair Style Design

M-2021-038-1

M-2021-038-2

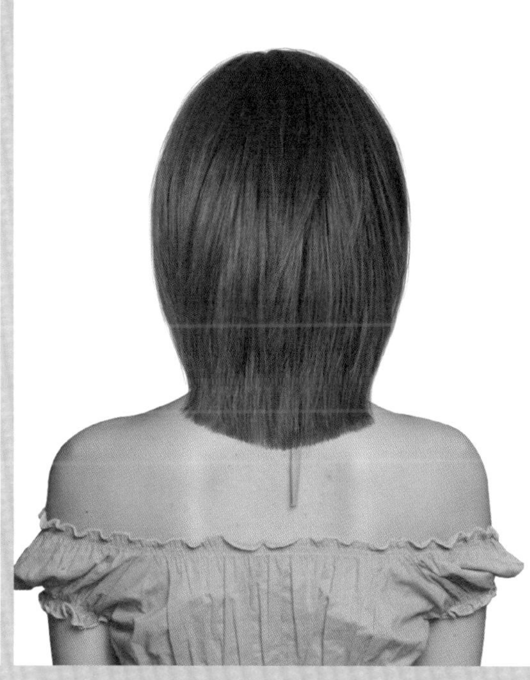

M-2021-038-3

Face Type			
계란형	긴계란형	둥근형	역삼각형
육각형	삼각형	네모난형	직사각형

Hair Cut Method–
Technology Manual 131Page 참고

찰랑찰랑하고 윤기감을 마음껏 즐기고 싶은 스트레이트 헤어스타일!

- 손질하지 않는 듯 자유롭게 털어서 손질하는 스트레이트 헤어스타일은 손질이 쉬운 헤어스타일입니다.
- 언더에서 콘벡스 라인으로 하이 그러데이션 커트를 하고, 톱 쪽으로 레이어드를 넣어서 자연스럽게 움직이는 흐름을 연출합니다.
- 모발 길이 중간, 끝 부분에서 틴닝으로 모발량을 조절하고 슬라이딩 커트로 끝부분을 가늘어지고 가벼운 질감을 만듭니다.
- 곱슬기가 있다면 스트레이트 파마를 해 줍니다.
- 헤어 드라이기로 뿌리부터 말리면서 80%를 말린 후 롤 브러시나 아이롱으로 연출한 후 글로스 왁스를 고르게 바르고 빗질하여 스타일링을 합니다.

Woman Medium Hair Style Design

M-2021-039-1

M-2021-039-2

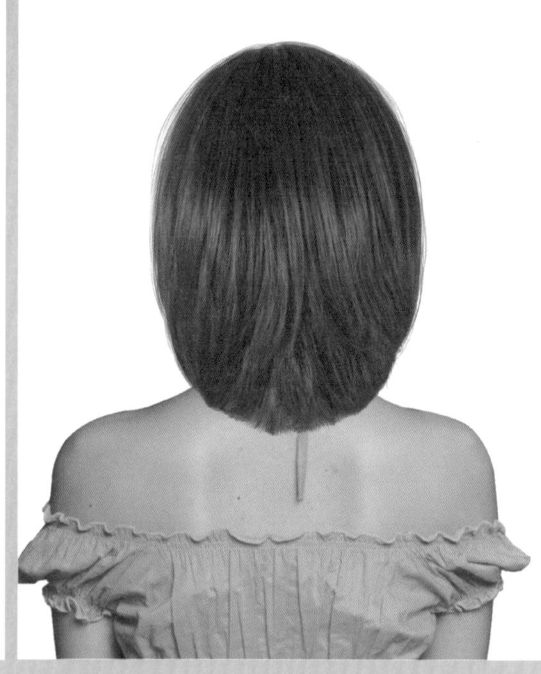

M-2021-039-3

Face Type

계란형	긴계란형	둥근형	역삼각형
육각형	삼각형	네모난형	직사각형

Hair Cut Method-
Technology Manual 139Page 참고

오래도록 사랑받아온, 현재도 트렌디한 느낌을 주는 클래식 그러데이션 보브 헤어스타일!

- 얼굴 방향으로 급격히 짧아지는 둥근 라인의 그러데이션 보브 스타일은 후두에 풍성한 볼륨을 주어 한국 여성들에게 오래도록 사랑받아 왔고 현재도 모드한 느낌을 주는 헤어스타일입니다.
- 언더에서 둥근 라인으로 그러데이션 커트를 하고, 톱 쪽으로 레이어드 커트를 하여 자연스러운 흐름의 실루엣을 연출합니다.
- 모발 길이 중간, 끝부분에서 틴닝으로 모발량을 조절해 주고 롤 스트레이트 파마를 해 줍니다.
- 헤어 드라이기로 뿌리부터 말리면서 80%를 말린 후 글로스 왁스를 고르게 바르고 자유롭게 털어서 스타일링을 합니다.

Woman Medium Hair Style Design

M-2021-040-1

M-2021-040-2

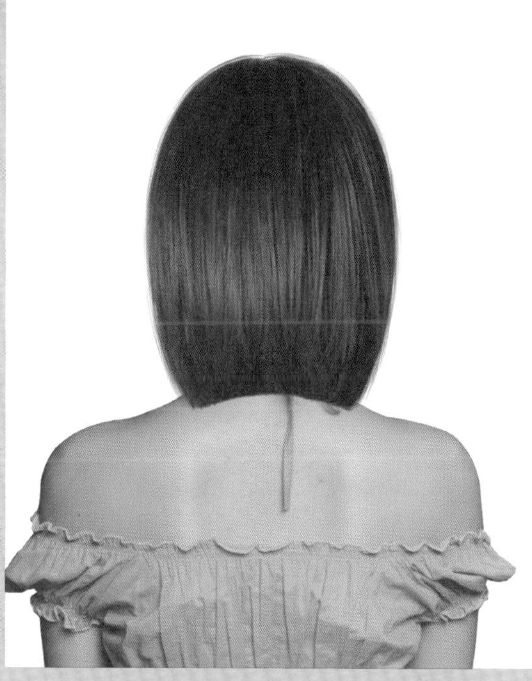
M-2021-040-3

Face Type			
계란형	긴계란형	둥근형	역삼각형
육각형	삼각형	네모난형	직사각형

Hair Cut Method-
Technology Manual 116Page 참고

심플하고 세련된 느낌을 주는 콘케이브 라인의 보브 헤어스타일!

- 콘케이브 라인의 보브 헤어스타일은 깨끗하면서 세련되고 지성미를 느끼게 하는 헤어스타일이어서 오래도록 사랑받아 왔고 현재도 트렌디한 감성을 느끼게 합니다.
- 찰랑찰랑하고 심플한 라인이 포인트이므로 세밀하게 커트를 합니다.
- 언더에서 그러데이션 커트를 하고, 톱 쪽으로 레이어드를 커트하여 부드러운 안말음 흐름을 연출한니다.
- 틴닝으로 모발량을 조절하고, 롤 스트레이트 파마를 합니다.
- 헤어 드라이기로 뿌리부터 말리면서 80%를 말린 후 글로스 왁스를 고르게 바르고 자유롭게 털어서 스타일링을 합니다.

Woman Medium Hair Style Design

M-2021-041-1

M-2021-041-2

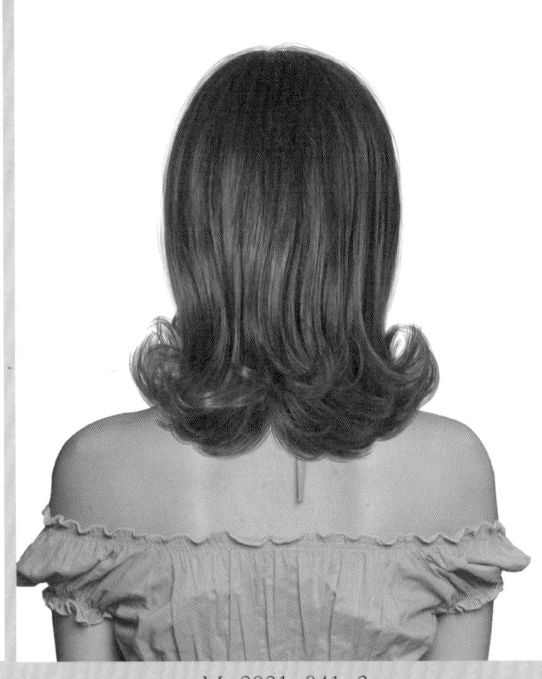

M-2021-041-3

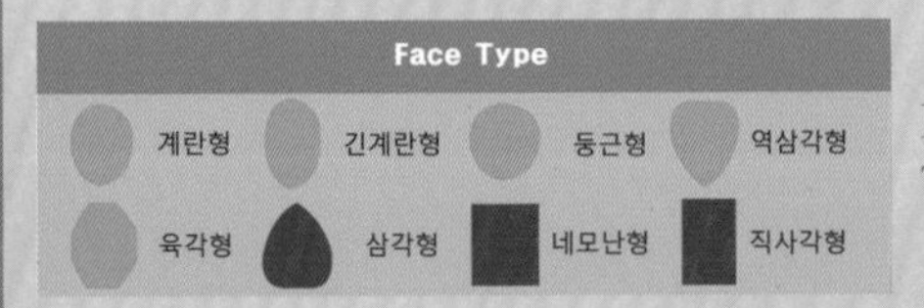

Hair Cut Method-
Technology Manual 116Page 참고

모선에서 통통 튀는 듯 내추럴한 웨이브의 율동감이 여성스러움의 향기가 피어나는 헤어스타일!

- 언더에서 무게감을 주면서 레이어드로 층지게 커트합니다.
- 프런트와 사이드에서 층지게 커트하고 슬라이딩 커트로 가늘어지고 가벼운 흐름의 페이스 라인의 표정을 연출합니다.
- 모발 길이 뿌리, 중간, 끝부분에서 틴닝으로 모발량을 조절합니다.
- 모선에서 바깥말음의 1.5컬의 파마를 해 줍니다.
- 헤어 드라이기로 뿌리부터 말리면서 70%를 말린 후 글로스 왁스를 고르게 바르고, 스크런치 드라이 기법으로 드라이하고 손가락으로 방향을 잡아 주어 자연스러운 컬의 움직임을 연출합니다.

Woman Medium Hair Style Design

M-2021-042-1

M-2021-042-2

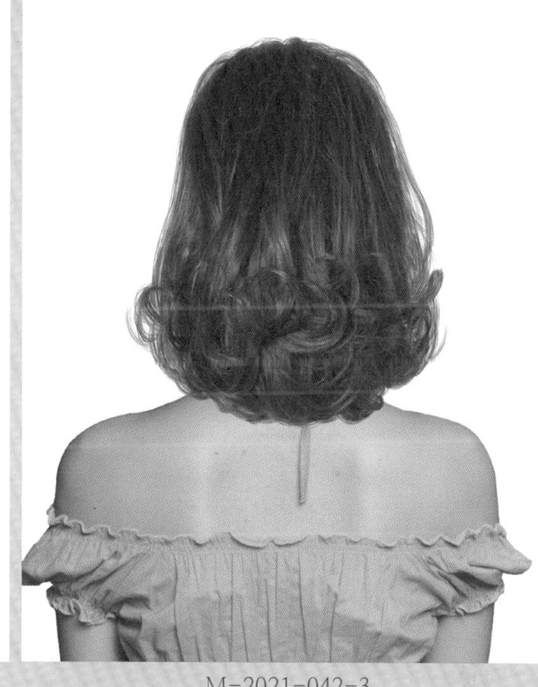

M-2021-042-3

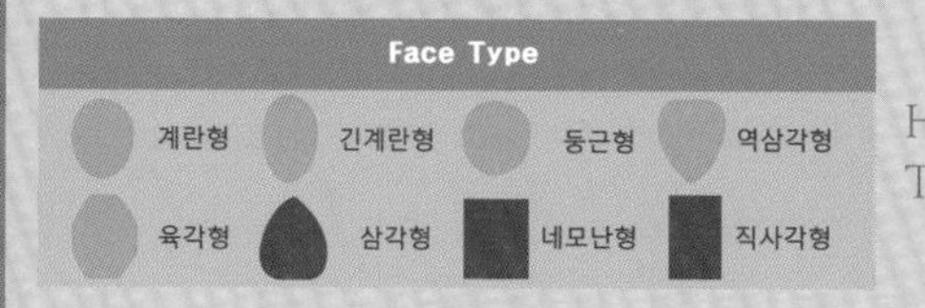

Hair Cut Method-
Technology Manual 131Page 참고

모션에서 풍성하고 자유롭게 움직이는 컬이 사랑스럽고 성숙한 이미지의 페미닌 헤어스타일!

- 쇄골선보다 약간 내려오는 길이의 그러데이션 보보 헤어스타일로 끝부분만 풍성한 컬의 파마를 하여 우아하고 세련된, 성숙한 여성의 아름다운 이미지를 주는 스타일입니다.
- 언더에서 약간만 층이 나는 그러데이션을 커트하고 톱에서 레이어를 넣어서 부드러운 층을 만듭니다.
- 모발 길이의 뿌리, 중간, 끝부분에서 틴닝으로 모발량을 조절하고, 굵은 롤로 1.5컬의 파마를 합니다.
- 헤어 드라이기로 뿌리부터 말리면서 70%를 말린 후 글로스 왁스를 고르게 바르고, 스크런치 드라이 기법으로 드라이하고 손가락으로 방향을 잡아 주어 자연스러운 컬의 움직임을 연출합니다.

Woman Medium Hair Style Design

M-2021-043-1

M-2021-043-2

M-2021-043-3

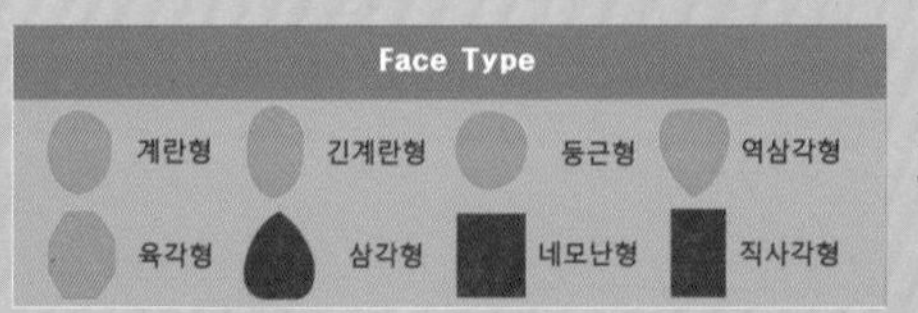

Hair Cut Method-
Technology Manual 100Page 참고

윤기를 머금은 듯 찰랑거리는 스트레이트 질감이 경쾌하고 시원한 느낌을 주는 헤어스타일!

- 앞머리를 두정부 방향으로 쓸어 올려 볼륨을 만들고 양 사이드로 내려서 바람에 흩날리 듯 흐르는 움직임이 시원하고 편안함과 자유로움을 주는 헤어스타일입니다.
- 원랭스 커트로 베이스를 만들고 레이어드를 커트하고 모발 길이 중간, 끝부분에서 틴닝으로 모발량을 조절하여 가볍고 경쾌한 움직임을 연출합니다.
- 슬라이딩 커트를 전체적으로 세밀하게 하여 스타일의 표정을 만듭니다.
- 헤어 드라이기로 뿌리부터 말리면서 80%를 말린 후 롤 브러시나 아이롱으로 연출한 후 글로스 왁스를 고르게 바르고, 손가락으로 빗질하여 스타일링을 합니다.

Woman Medium Hair Style Design

M-2021-044-1

M-2021-044-2

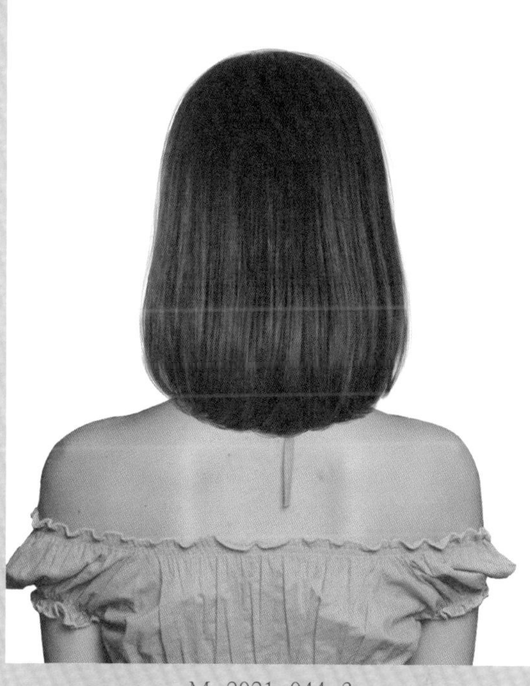
M-2021-044-3

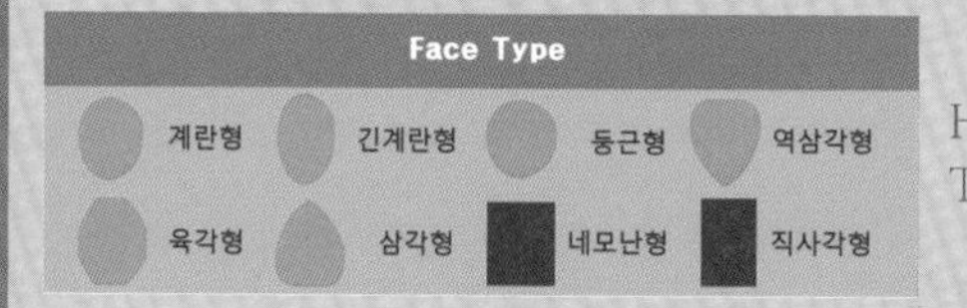

Hair Cut Method-
Technology Manual 131Page 참고

세련되면서 지적인 이미지가 느껴지는 트래디셔널, 매니시 감성이 믹싱된 헤어스타일!

- 둥근 라인이면서 풍성하게 안말음 되는 보브 헤어스타일은 오래도록 사랑받아온 클래식 감각의 헤어스타일입니다.
- 앞머리를 쓸어 올려서 시원히게 이마를 드러내는 흐름은 격조와 품위 있는 인상을 주는 헤어스타일입니다.
- 언더에서 약간만 층이 나는 그러데이션 커트를 하고 톱에서 레이어드를 살짝 넣어서 부드러운 윤곽 라인을 만듭니다.
- 롤 스트레이트 파마를 하면 손질이 쉬워지는 스타일이 됩니다.
- 헤어 드라이기로 뿌리부터 말리면서 80%를 말린 후 롤 브러시나 아이롱으로 연출한 후 글로스 왁스를 고르게 바르고 빗질하여 스타일링을 합니다.

Woman Medium Hair Style Design

M-2021-045-1

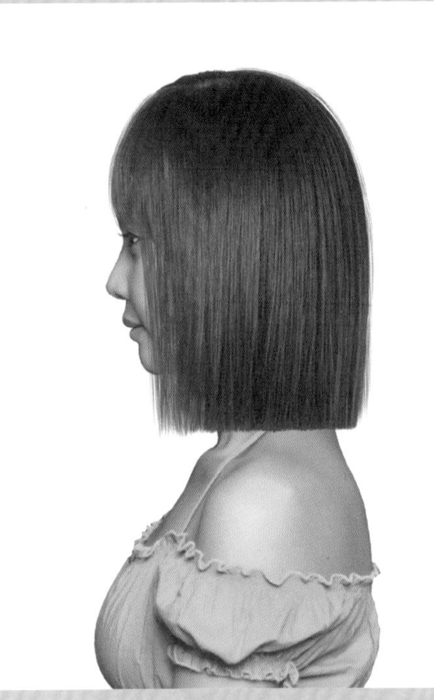

M-2021-045-2

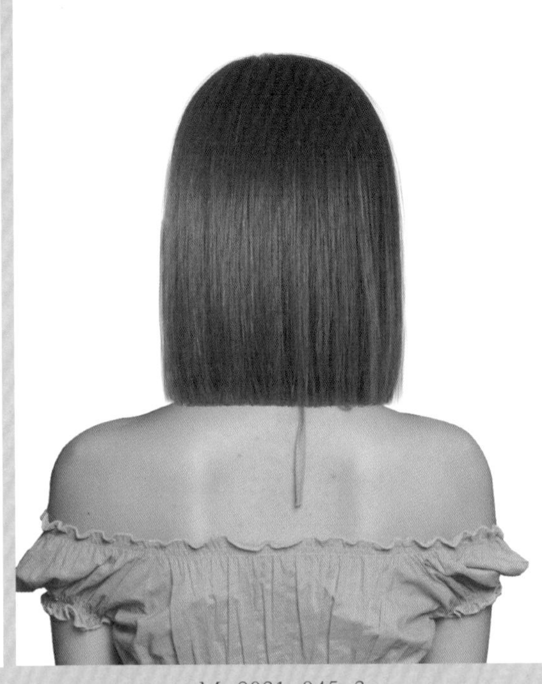

M-2021-045-3

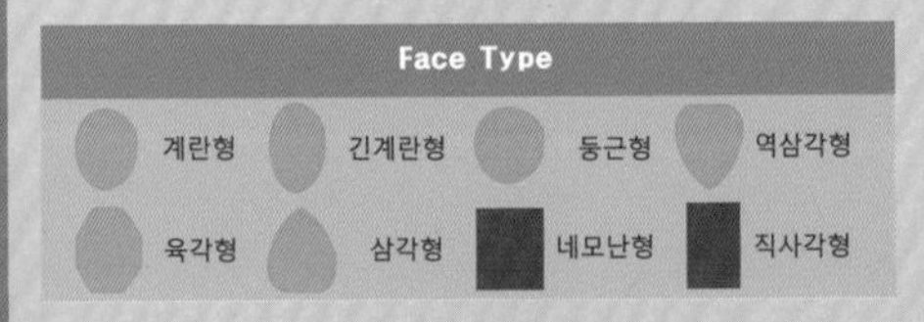

Hair Cut Method-
Technology Manual 071Page 참고

직선으로 떨어지는 수직 흐름이 경쾌하면서 자유로운 개성을 표출해 주는 헤어스타일!

- 스트레이트 파마를 하여 굽힘이 없는 수직 흐름이 강렬한 캐릭터를 반영하는 헤어스타일입니다.
- 속머리가 길지 않도록 세밀하게 커트하여 심플한 수평 라인의 원랭스 커트를 합니다.
- 모발 길이 뿌리, 중간, 끝부분에서 틴닝으로 모발량을 조절하여 가볍고 찰랑찰랑한 질감을 연출해 줍니다.
- 헤어 드라이기로 뿌리부터 말리면서 80%를 말린 후 아이롱으로 직선의 흐름을 연출한 후 글로스 왁스를 고르게 바르고 빗질하여 스타일링을 합니다.

Woman Medium Hair Style Design

M-2021-046-1

M-2021-046-2

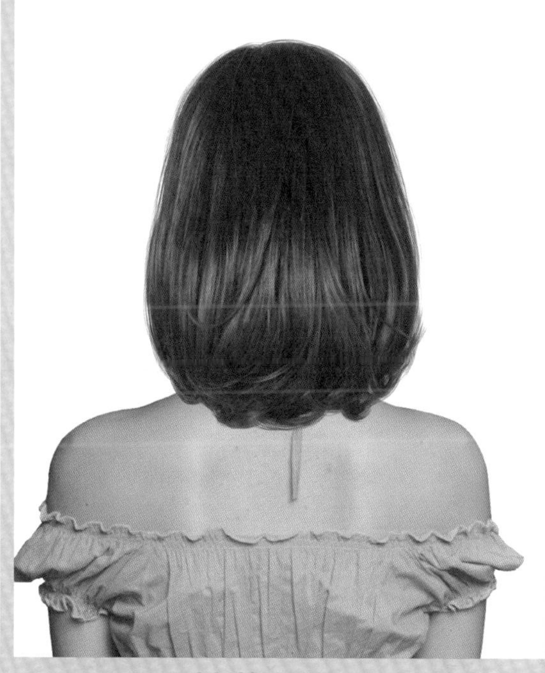

M-2021-046-3

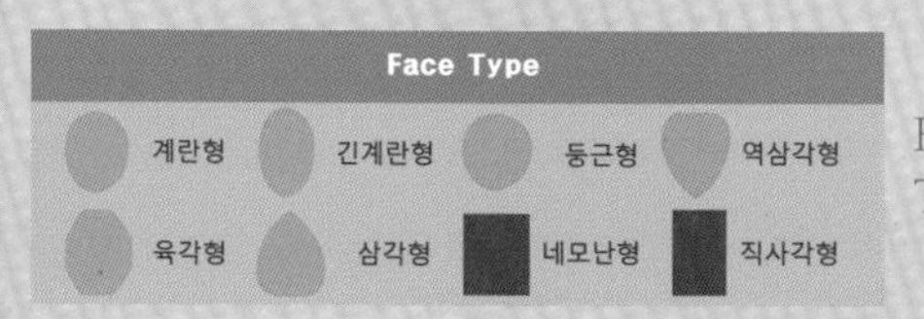

Hair Cut Method-
Technology Manual 131Page 참고

우아하고 품격이 느껴지는 페미닌 감각의 헤어스타일!

- 앞머리는 이마를 시원스럽게 드러내고 세워서 사이드로 빗어 내리는 흐름, 공기감이 느껴지는 풍성한 컬이 안말음 되는 헤어스타일은 우아함과 격조 높은 이미지를 주는 헤어스타일입니다.
- 언더에서 무게감 있는 그러데이션 커트를 하고, 톱 쪽으로 레이어드 커트를 하여 부드러운 윤곽을 만듭니다.
- 프론트와 사이드에서 앞머리와 사이드의 표정을 만들고 무거운 느낌이 들지 않도록 슬라이딩 커트로 가벼운 질감을 만들고, 굵은 롤로 1~1.7컬의 파마를 해 줍니다.
- 헤어 드라이기로 뿌리부터 말리면서 70%를 말린 후 글로스 왁스를 고르게 바르고 스크런치 드라이 기법으로 드라이하고, 손가락으로 방향을 잡아 주어 자연스러운 컬의 움직임을 연출합니다.

Woman Medium Hair Style Design

M-2021-047-1

M-2021-047-2

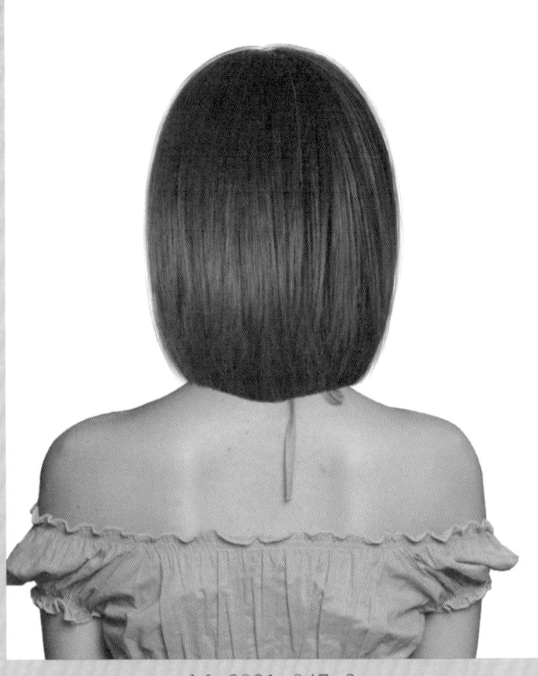

M-2021-047-3

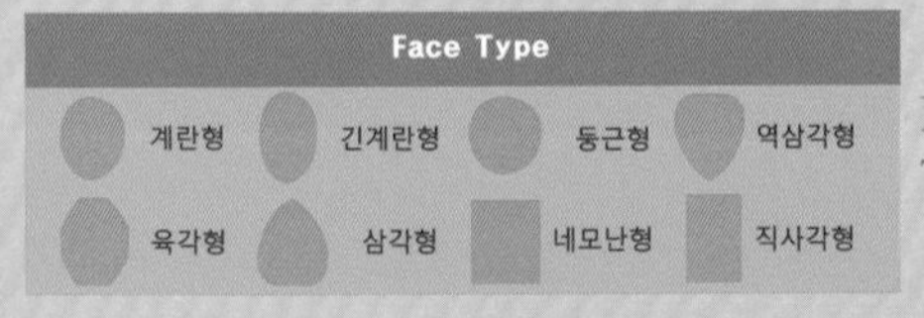

Hair Cut Method-
Technology Manual 123Page 참고

윤기를 머금은 찰랑거리는 스트레이트 질감이 귀엽고 발랄한 로맨틱 감성의 헤어스타일!

- 손질하지 않는 듯 찰랑거리는 둥근 라인의 그러데이션 보브 헤어스타일이 청순하고 발랄한 소녀 감성을 느끼게 하는 헤어스타일입니다.
- 언더에서 그러데이션, 톱 쪽으로 레이어드의 콤비네이션 기법으로 커트하여 부드럽고 찰랑거리는 흐름을 연출합니다.
- 앞머리는 더 짧은 길이를 하면 큐트하고 특별한 개성을 연출할 수 있습니다.
- 헤어 드라이기로 뿌리부터 말리면서 80%를 말린 후 롤 브러시나 아이롱으로 연출한 후 글로스 왁스를 고르게 바르고 빗질하여 스타일링을 합니다.

Woman Medium Hair Style Design

M-2021-048-1

M-2021-048-2

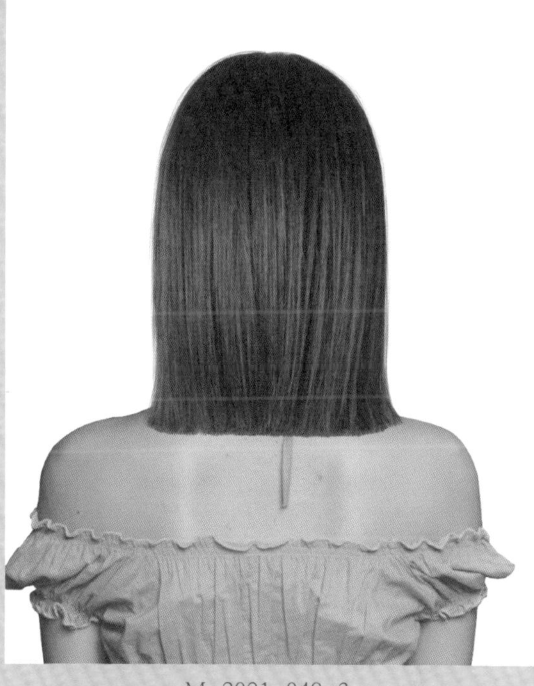

M-2021-048-3

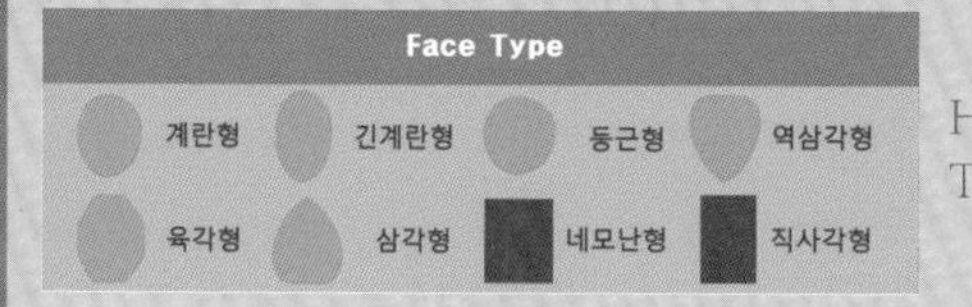

Hair Cut Method-
Technology Manual 071Page 참고

손질하지 않는 듯 자유롭게 찰랑거림이 시원스럽고 깨끗한 이미지를 주는 헤어스타일!

- 쇄골 라인보다 약간 긴 길이로 원랭스 커트를 하고 스타일이 가볍고 움직이는 흐름이 되도록 뿌리, 중간, 끝부분에서 틴닝으로 모발량을 조절하여 줍니다.
- 스트레이트 파마를 하여 찰랑거리는 질감을 연출합니다.
- 헤어 드라이기로 뿌리부터 말리면서 80%를 말린 후 롤 아이롱으로 직선의 흐름을 연출한 후 글로스 왁스를 고르게 바르고 빗질하여 스타일링을 합니다.

Woman Medium Hair Style Design

M-2021-049-1

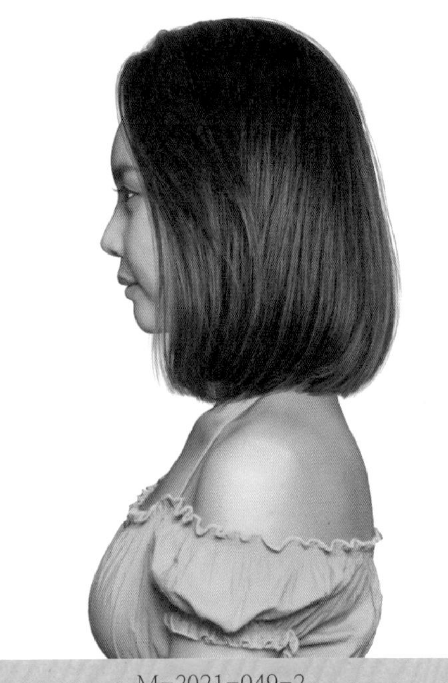

M-2021-049-2

M-2021-049-3

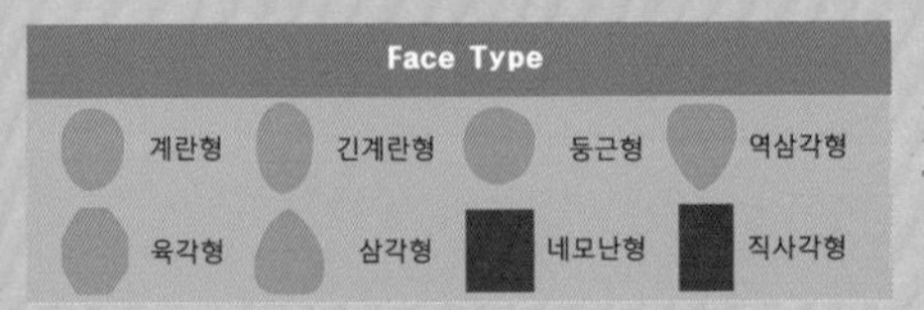

Hair Cut Method-
Technology Manual 108Page 참고

차분하고 세련된 지성미가 느껴지는 트래디셔널 감각의 보브 헤어스타일!

- 뻗치지 않고 안말음 되는, 앞머리를 쓸어 올려 이마를 드러내어 시원스럽고 자신감까지 느껴지는 헤어스타일은 전문직 여성들에게 오래도록 사랑받아온 헤어스타일입니다.
- 언더에서 무게감을 주기 위해 살짝 층을 주는 그러데이션으로 커트하고 톱에서 레이어드를 넣어 둥근 실루엣을 연출합니다.
- 앞머리는 긴 길이로 층지게 커트하여 바람머리 흐름이 될 수 있도록 가늘어지고 가볍게 커트합니다.
- 모발 길이 끝부분에서 틴닝으로 모발량을 조절하고 롤 스트레이트 파마를 해 줍니다.
- 헤어 드라이기로 뿌리부터 말리면서 80%를 말린 후 롤 브러시나 아이롱으로 연출한 후 글로스 왁스를 고르게 바르고 빗질하여 스타일링을 합니다.

Woman Medium Hair Style Design

M-2021-050-1

M-2021-050-2

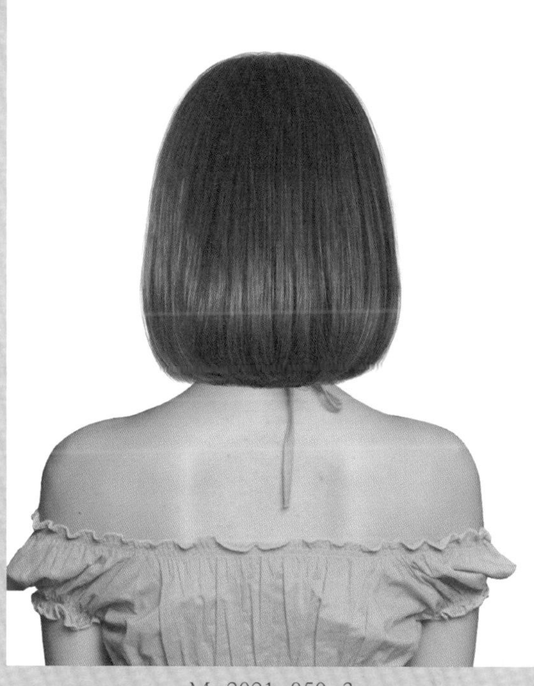

M-2021-050-3

Face Type			
계란형	긴계란형	둥근형	역삼각형
육각형	삼각형	네모난형	직사각형

Hair Cut,Permament Wave Method-
Technology Manual 35Page 참고

순수하고 청순함과 발랄한 이미지가 느껴지는 소녀 감성의 헤어스타일!

- 둥근 라인의 안말음 되는 원랭스 보브 헤어스타일은 언제나 여성들에게 사랑받고 현재에도 트랜디한 감각을 느끼게 하는 정통 클래식 감성의 헤어스타일입니다.
- 특히 앞머리에 변화를 주면 늘 새로운 느낌을 주는 스타일입니다.
- 속머리가 길지 않도록 정교하게 커트를 하고 1컬 스트레이트를 합니다.
- 헤어 드라이기로 뿌리부터 말리면서 80%를 말린 후 롤 브러시나 아이롱으로 연출한 후 글로스 왁스를 고르게 바르고 빗질하여 스타일링을 합니다.

Woman Medium Hair Style Design

M-2021-051-1

M-2021-051-2

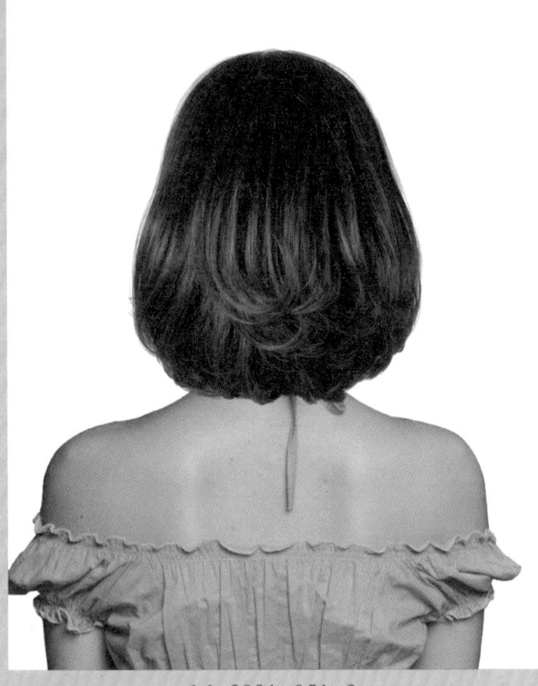

M-2021-051-3

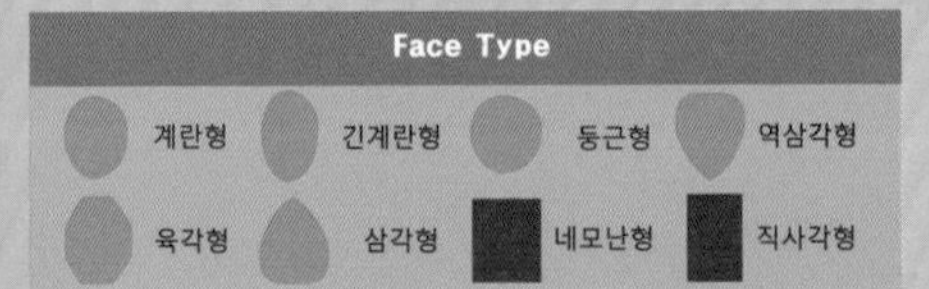

Hair Cut,Permament Wave Method-
Technology Manual 131Page 참고

단정하면서 지적인 여성스러운 이미지를 주는 클래식 감각의 헤어스타일!

- 끝부분에 굵은 컬의 파마를 하여 구불거리고 율동감을 주는 그러데이션 보브 헤어스타일은 세련되고 품위를 느끼게 하는 헤어스타일이어서 많은 여성에게 사랑받아 왔습니다.
- 언더에서 둥근 라인으로 그러데이션 커트를 하고, 톱 쪽으로 레이어드를 넣어서 부드러운 윤곽 라인을 만듭니다.
- 앞머리는 긴 길이로 층지게 커트하고 모발 길이 중간, 끝부분에서 틴닝으로 모발량을 조절합니다.
- 헤어 드라이기로 뿌리부터 말리면서 70%를 말린 후 글로스 왁스를 고르게 바르고 스크런치 드라이 기법으로 드라이하고 손가락으로 방향을 잡아 주어 자연스러운 컬의 움직임을 연출합니다.

Woman Medium Hair Style Design

M-2021-052-1

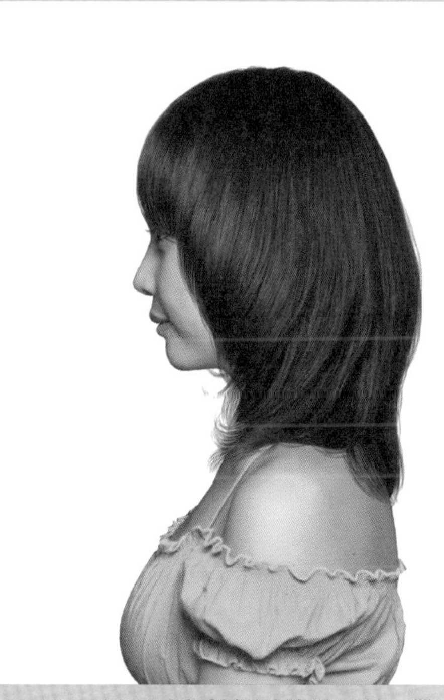

M-2021-052-2

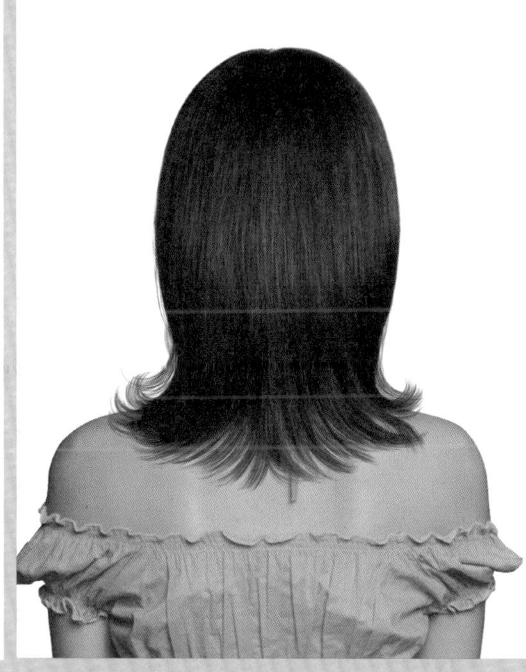

M-2021-052-3

Face Type			
계란형	긴계란형	둥근형	역삼각형
육각형	삼각형	네모난형	직사각형

Hair Cut Method-
Technology Manual 166Page 참고

여성스러움을 강조한 곡선 라인의 그러데이션 레이어드!

- 백 포인트의 상부는 그러데이션, 하부는 레이어드 커트 기법으로 곡선의 실루엣을 강조한 스타일입니다.
- 뺨을 감싼 듯한 포워드 흐름은 얼굴형을 작아 보이게 하고, 부드러운 브이 라인 턱선을 느끼게 해 주는 시각적 효과를 줍니다.
- 세밀하고 정교하게 커트하여 안말음 되는 그러데이션을, 길어지는 레이어드로 목선, 어깨선을 타고 흐르는 모발 흐름을 만들어 줍니다.
- 글로스 왁스를 고르게 바르고 윤기 나는 질감을 표현하여 스타일링합니다.

Woman Medium Hair Style Design

M-2021-053-1

M-2021-053-2

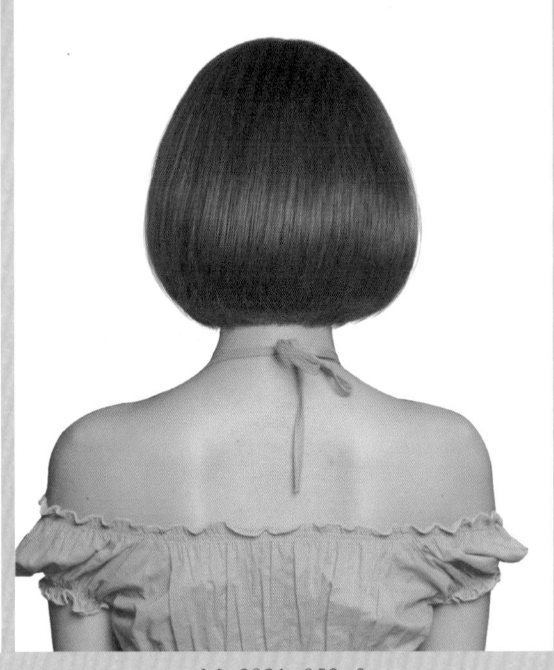

M-2021-053-3

Face Type			
계란형	긴계란형	둥근형	역삼각형
육각형	삼각형	네모난형	직사각형

Hair Cut Method-
Technology Manual 139Page 참고

따뜻한 색감이 가지는 부드러운 윤기감이 돋보이는 풍성한 그러데이션 보브 헤어스타일!

- 오래도록 여성들이 사랑한 클래식 보브 헤어스타일로, 네이프에서 얼굴 방향으로 곡선으로 길어진 흐름이 세련된 느낌에 큐트함을 더해 줍니다.
- 하부의 그러데이션 연결을 세밀하게 커트하여 안말음 흐름이 잘 되는 모발 흐름을 만들고, 보브 스타일은 찰랑찰랑 윤기 나는 질감을 표현하는 것이 포인트이므로 건강한 모발 관리를 해야 합니다.

Woman Medium Hair Style Design

M-2021-054-1

M-2021-054-2

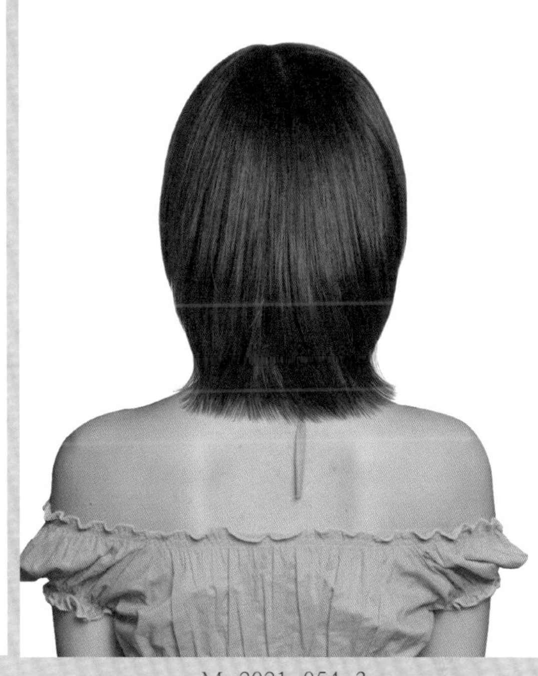

M-2021-054-3

Face Type

계란형 긴계란형 둥근형 역삼각형

육각형 삼각형 네모난형 직사각형

Hair Cut Method-
Technology Manual 131Page 참고

여성스러움, 지성미를 감각적으로 표현한 트래디셔널 헤어스타일!

- 오랫동안 사랑해온 가치와 보편성을 지닌 정통 클래식 헤어스타일 그러데이션 보브 스타일입니다.
- 세계 모든 사람이 공통적으로 좋아하는 느낌은 깨끗함, 건강함, 순수함에 지성미를 갖춘 이미지이며, 누구에게나 사랑받고 싶은 여성스러움과 섹시한 감각도 느껴지는 스타일입니다.
- 어깨선을 닿아서 자연스럽게 뻗치는 흐름은 오히려 안말음의 강박관념에서 자유로워져서 손질하기 편하게 해주는 스타일입니다.
- 베이스는 디테일한 그러데이션 흐름을, 모발량을 가볍게 해 주는 커트를 하고,
- 글로스 왁스를 고르게 바르고 손질하지 않는 느낌으로 털어 주고 손가락 빗질하여 내추럴하게 스타일링을 합니다.

Woman Medium Hair Style Design

M-2021-055-1

M-2021-055-2

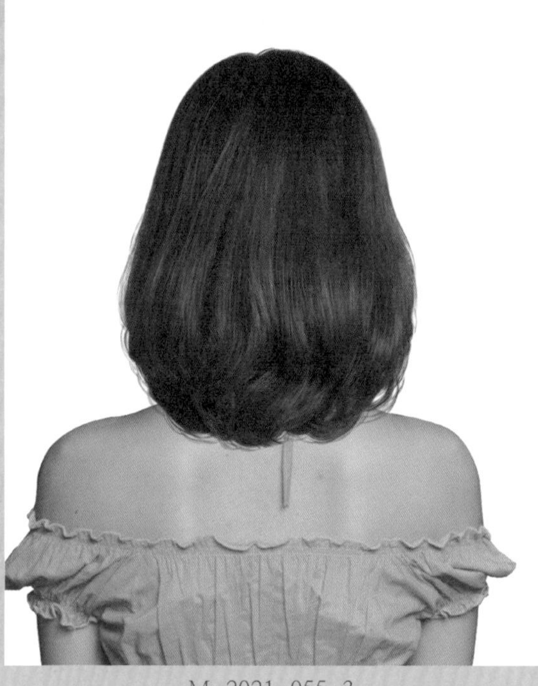

M-2021-055-3

Face Type			
계란형	긴계란형	둥근형	역삼각형
육각형	삼각형	네모난형	직사각형

Hair Cut Wave Method-
Technology Manual 131Page 참고

여성이라면 누구나 선호하고 사랑받아온 클래식 보브 헤어스타일!

- 어깨선과 쇄골 라인에 닿을 듯 길이의 그러데이션 보브 스타일입니다.
- 웨이트를 무겁게 해 주는 그러데이션 커트를 세밀하게 연결하고 안말음 운동을 할 수 있도록 롤 파마를 해 줍니다.
- 뻗치지 않고 안말음 흐름이 잘 돼서 손질하기 편한 스타일이 되려면 건강한 머릿결을 유지하는 것이 포인트입니다.
- 글로스 왁스를 고르게 도포하여 윤기 나는 표면의 질감을 연출해 줍니다.

Woman Medium Hair Style Design

M-2021-056-1

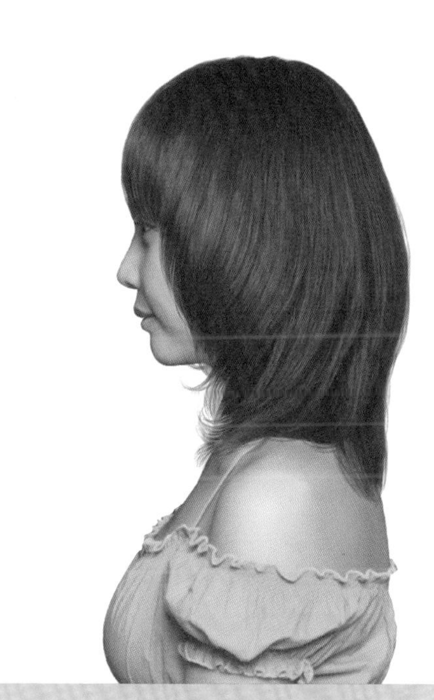

M-2021-056-2

M-2021-056-3

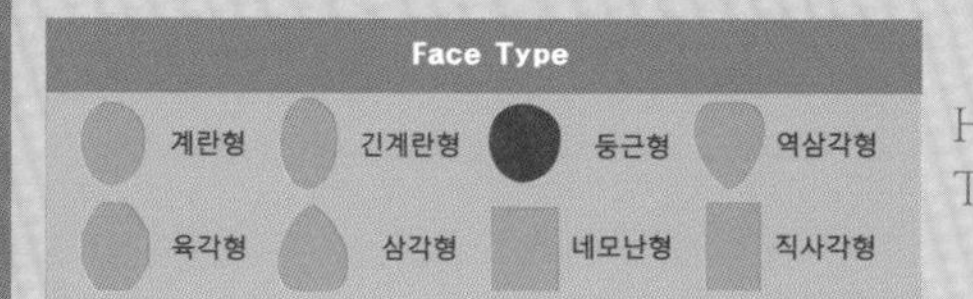

Hair Cut Method-
Technology Manual 154Page 참고

여성스러움을 강조한 러블리 헤어스타일!

- 어깨선과 쇄골 라인을 타고 자연스럽게 뻗치는 흐름의 그러데이션 레이어드의 콤비네이션 스타일입니다.
- 백 포인트의 상부는 그러데이션을, 하부는 인크리스 레이어로 곡선 라인의 실루엣을 만들고 페이스 라인, 목선 라인은 얼굴을 감싼 듯한 포워드 흐름을 연출합니다.
- 슬라이딩 커트 기법으로 끝부분을 가늘어지고 가볍게 커트하여 움직임을 좋게 하여 자연스럽게 뻗치고 안말음 되는 흐름을 연출해 줍니다.
- 글로스 왁스를 고르게 바르고 털어 주고 손가락 빗질하여 러프하게 스타일링합니다.

Woman Medium Hair Style Design

M-2021-057-1

M-2021-057-2

M-2021-057-3

Face Type			
계란형	긴계란형	둥근형	역삼각형
육각형	삼각형	네모난형	직사각형

Hair Cut Method-
Technology Manual 131Page 참고

자유자재로 움직이는 웨이브 컬이 유연해 보이는 그러데이션, 레이어드 콤비네이션 스타일!

- 언더에서 무게감을 주기 위해 그러데이션으로 커트하고, 톱 쪽으로 부드럽고 가볍게 하기 위해 레이어드로 커트한 후 모발량을 솎아 주고 슬라이딩 커트로 끝부분을 가늘어지게 커트하여 자연스럽게 움직이는 모발 흐름을 만듭니다.
- 굵은 롯드로 모선에서 2바퀴 와인당하는 파마를 해 주고 공기감을 넣으면서 오일 왁스를 고르게 바르고 손가락 빗으로 방향을 잡아 주면서 스타일링합니다.

Woman Medium Hair Style Design

M-2021-058-1

M-2021-058-2

M-2021-058-3

Face Type

계란형	긴계란형	둥근형	역삼각형
육각형	삼각형	네모난형	직사각형

Hair Cut Method-
Technology Manual 196Page 참고

대담하게 가늘어지고 가볍게 커트하여 울프컷 느낌을 주는 큐트한 헤어스타일!

- 베이스는 레이어드로 커트하여 목선에서 가늘어지고 가벼운 움직임으로 어깨선을 타고 내추럴하게 뻗치는 흐름을 만들고, 페이스 라인은 포워드 흐름을 연출하여 얼굴이 작게 보이도록 합니다.
- 슬라이딩 커트 기법으로 깃털처럼 가벼운 질감을 표현합니다.
- 글로스 왁스를 바르고 손질하지 않는 느낌을 주기 위해 손가락으로 털어서 러프하게 마무리합니다.

Woman Medium Hair Style Design

M-2021-059-1

M-2021-059-2

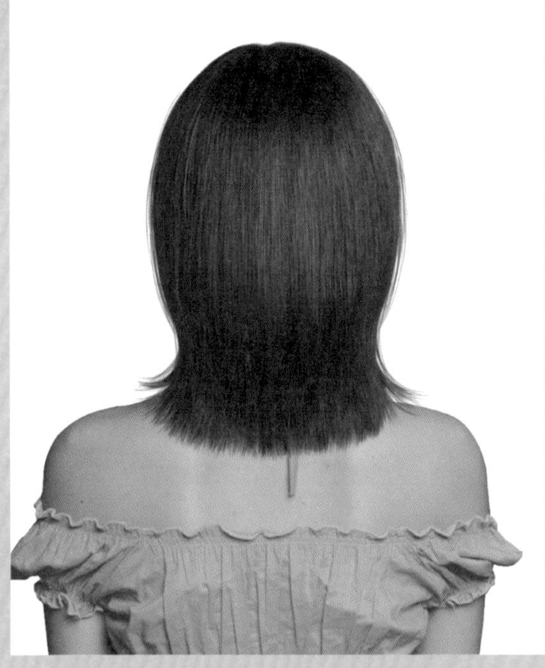

M-2021-059-3

Face Type

계란형 긴계란형 둥근형 역삼각형

육각형 삼각형 네모난형 직사각형

Hair Cut,Permament Wave Method-
Technology Manual 35Page 참고

어깨선을 타고 흐르는 스트레이트 헤어가 섹시함과 지성미를 느끼게 해 주는 헤어스타일!

- 쇄골 라인에 닿는 길이로 베이스를 하고 그러데이션과 레이어드의 콤비네이션 커트를 합니다.
- 스타일 하부에서 끝부분을 가늘어지고 가벼운 질감을 만들기 위해 틴닝과 슬라이딩 커트를 하여 어깨선을 타고 자연스럽게 뻗치는 흐름이 손질하기 편한 자유로움을 주는 헤어스타일입니다.
- 글로스 왁스를 바르고 표면에 윤기를 주면서 자연스럽게 스타일링합니다.

Woman Medium Hair Style Design

M-2021-060-1

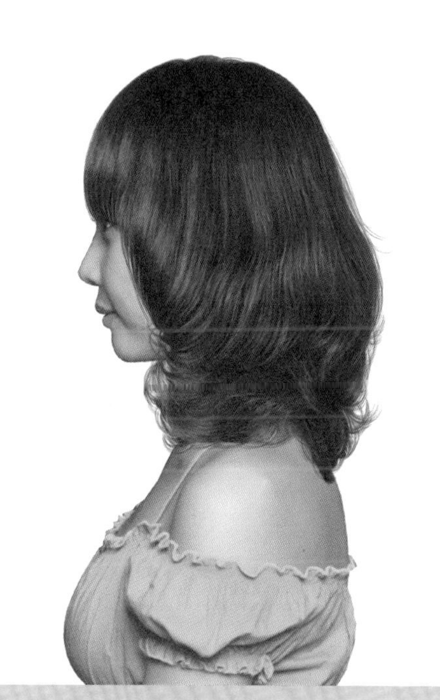

M-2021-060-2

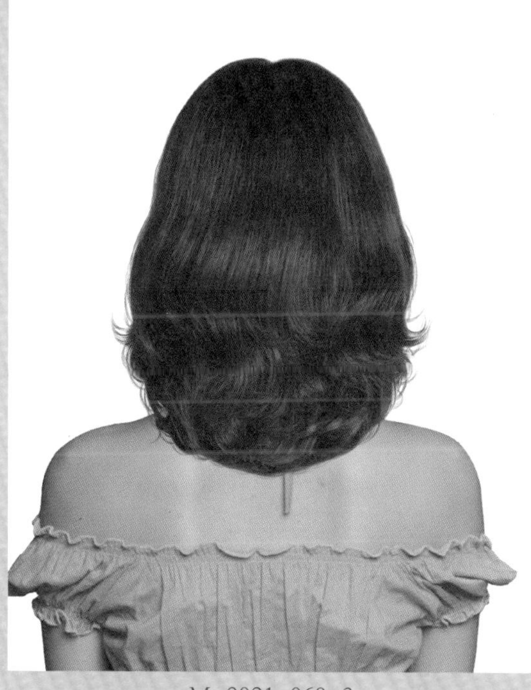

M-2021-060-3

Face Type

계란형	긴계란형	둥근형	역삼각형
육각형	삼각형	네모난형	직사각형

Hair Cut Method-
Technology Manual 131Page 참고

물결치는 웨이브의 흔들거리는 율동감이 스위트함을 더해 주는 로맨틱 헤어스타일!

- 그러데이션, 레이어드로 베이스를 만들고 움직임을 좋게 하기 위해 틴닝으로 모발 흐름을 가볍게 해 줍니다.
- 아주 굵은 롯드를 사용하여 모발 길이의 중간까지 와인딩을 하는 파마를 합니다.
- 헤어 드라이기로 뿌리부터 말리면서 스크런치 기법으로 방향을 잡아 주면서 80%를 드라이하고, 오일 왁스로 공기감을 주면서 바르고 손가락으로 웨이브를 펴 주듯이 스타일링하여 자연스럽게 마무리합니다.

Woman Medium Hair Style Design

M-2021-061-1

M-2021-061-2

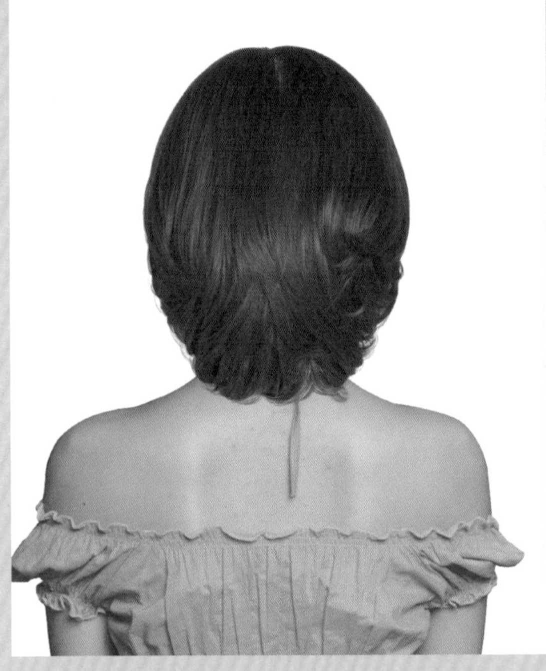

M-2021-061-3

Face Type			
계란형	긴계란형	둥근형	역삼각형
육각형	삼각형	네모난형	직사각형

Hair Cut Method-
Technology Manual 131Page 참고

여성들이 동경하고 좋아하는 사랑스러운 둥근 라인의 안말음 헤어스타일!

- 둥근 라인의 보브 헤어스타일은 목선을 가늘고 길어 보이는 착시 효과를 주므로 한국인에게 잘 어울리는 스타일입니다.
- 스타일 하부에서 뻗치지 않고 안말음 운동이 잘 될 수 있도록 세밀하게 연결이 잘되는 그러데이션 기법으로 커트를 하고 스타일의 표면을 부드러운 질감이 만들기 위해 레이어드로 커트합니다.
- 틴닝은 모발 중간, 끝부분에서 하여 가벼운 흐름을 만들고 롤 파마를 해 줍니다.
- 글로스 왁스를 바르고 손가락 빗으로 자연스럽게 방향을 잡아 주며 스타일링합니다.

Woman Medium Hair Style Design

M-2021-062-1

M-2021-062-2

M-2021-062-3

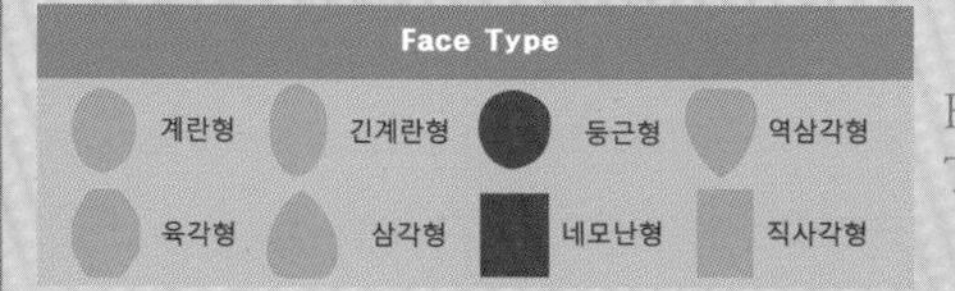

Hair Cut Method-
Technology Manual 131Page 참고

물결치는 웨이브 컬이 부드럽고 여성스러운 내추럴 헤어스타일!

- 물결치는 듯 웨이브의 율동감이 성숙한 여성의 아름다움을 느끼게 하는 헤어스타일입니다.
- 그러데이션 레이어드 커트 기법으로 볼륨감과 가벼운 층을 만들고 굵은 롯드로 와인딩하여 파마를 합니다.
- 헤어 드라이기로 뿌리부터 말리면서 스크런치 기법으로 방향을 잡아 주면서 80%를 말립니다.
- 글로스 오일을 고르게 펴 바르고 풍성한 볼륨과 윤기를 주면서 스타일링합니다.

Woman Medium Hair Style Design

M-2021-063-1

M-2021-063-2

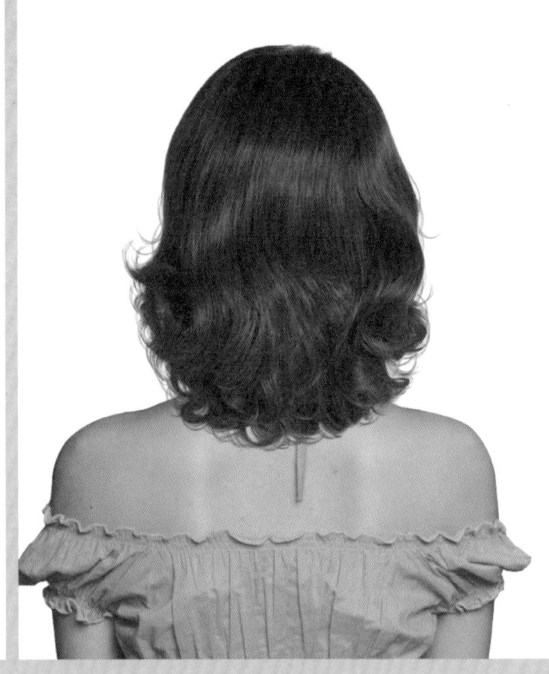

M-2021-063-3

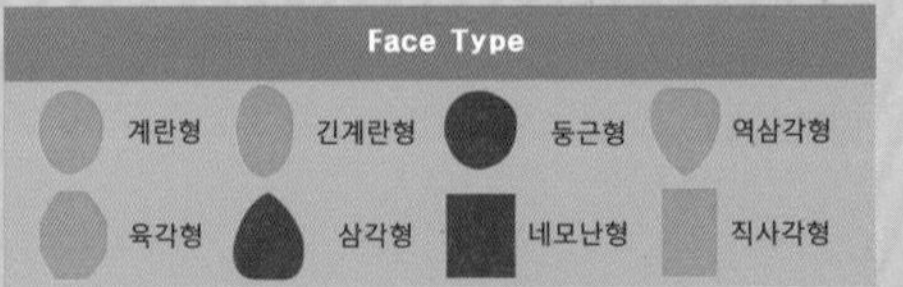

Hair Cut,Permament Wave Method-
Technology Manual 35Page 참고

공기를 머금은 보송보송함과 모선이 자유롭게 움직이는 로맨틱 헤어스타일!

- 스타일 하부에 풍성한 볼륨감을 주기 위해 그러데이션 보브 스타일을 베이스로 커트를 하고, 모발 길이 중간, 모발 끝 틴닝을 하여 가벼운 질감을 만듭니다.
- 굵은 롯드로 모선에서 1.5~2컬의 와인딩을 하여 파마를 해 줍니다.
- 헤어 드라이기로 뿌리부터 말리면서 스크런치 기법으로 방향을 잡아 주면서 80%를 말립니다.
- 글로스 오일을 바르고 손가락으로 움켜쥐고 펴 주듯이 방향을 잡아 주며 마무리합니다.

Woman Medium Hair Style Design

M-2021-064-1

M-2021-064-2

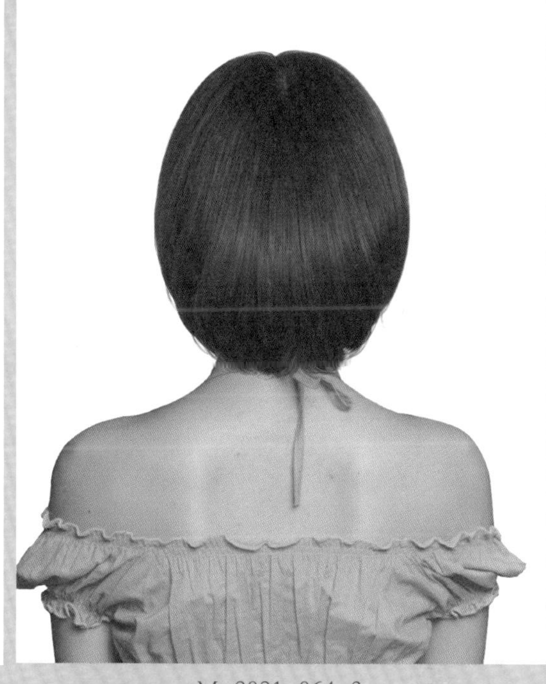

M-2021-064-3

Face Type

계란형 긴계란형 둥근형 역삼각형
육각형 삼각형 네모난형 직사각형

Hair Cut Method-
Technology Manual 131Page 참고

여성스럽고 발랄하며 사랑스러운 소녀 감성이 느껴지는 그러데이션 보브 스타일!

- 턱선보다 긴 길이의 보브 스타일은 턱선을 부드럽게 하고 얼굴을 작아 보이게 하는 효과를 줍니다.
- 얼굴형에 따라서 길이를 조절하여 디자인합니다.
- 사각형, 둥근형의 얼굴형이라면 턱선보다 짧은 디자인은 하지 마십시요.
- 그러데이션 보브 스타일로 커트하여 안말음 되는 깨끗한 실루엣을 만듭니다.
- 글로스 왁스를 고르게 바르고 찰랑찰랑한 윤기 나는 헤어스타일을 연출합니다.

Woman Medium Hair Style Design

M-2021-065-1

M-2021-065-2

M-2021-065-3

Face Type			
계란형	긴계란형	둥근형	역삼각형
육각형	삼각형	네모난형	직사각형

Hair Cut Method-
Technology Manual 131Page 참고

물결치는 듯 출렁이는 핑크 웨이브 컬이 스위트함이 느껴지는 러블리 헤어스타일!

- 베이스는 쇄골 라인 길이의 그러데이션 레이어드의 콤비네이션으로 커트하고 모발 길이의 중간, 끝부분에서 틴닝을 하여 가벼운 흐름을 만듭니다.
- 굵은 롯드로 2컬의 파마를 합니다.
- 헤어 드라이기로 뿌리부터 말리면서 스크런치 기법으로 방향을 잡아 주면서 80%를 말린 후 글로스 오일을 바르고 손가락으로 움켜쥐고 펴 주듯이 방향을 잡아 주며 스타일링합니다.

Woman Medium Hair Style Design

M-2021-066-1

M-2021-066-2

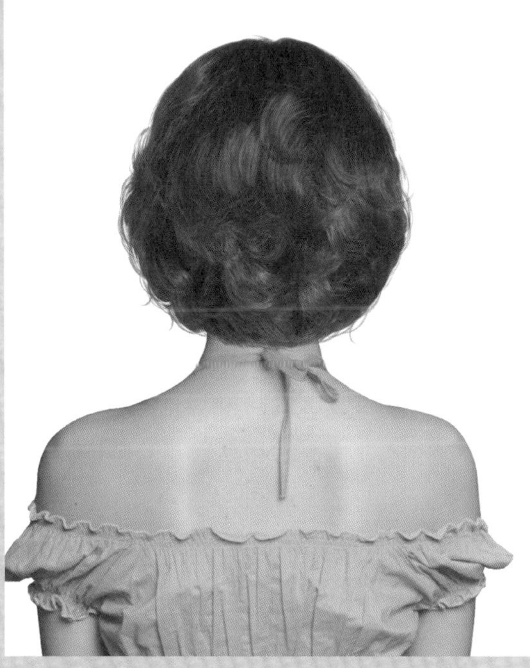

M-2021-066-3

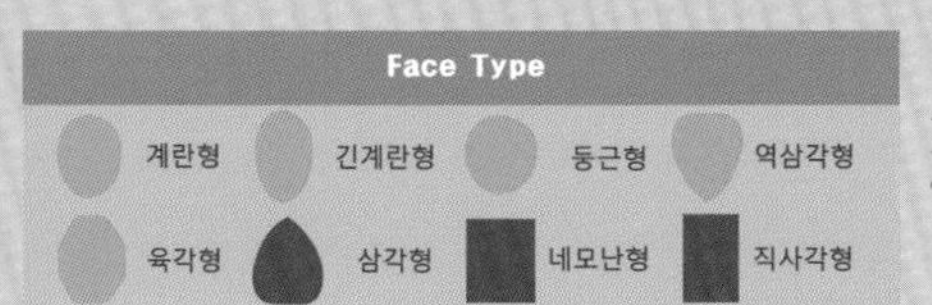

Hair Cut Method-
Technology Manual 100Page 참고

앞머리를 쓸어 올려 시원하게 이마를 드러낸 클래식한 이미지의 비대칭 헤어스타일

- 베이스는 그러데이션 보브 스타일 형태로 커트를 하고, 모발 길이의 중간, 끝에서 틴닝을 하여 풍성하고 가벼운 질감의 흐름을 만듭니다.
- 굵은 롯드로 방향성을 만드는 파마를 해 줍니다.
- 헤어 드라이기로 뿌리부터 말리면서 스크런치 기법으로 볼륨감을 만들고 페이스 라인은 펴 주듯이 방향을 잡아 주면서 80%를 말린 후 글로스 왁스를 고르게 바르면서 손가락 빗질을 하여 스타일을 완성합니다.

Woman Medium Hair Style Design

M-2021-067-1

M-2021-067-2

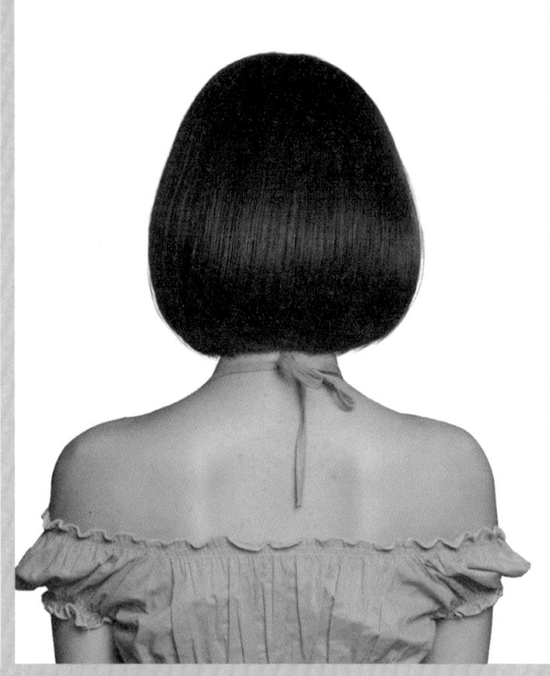

M-2021-067-3

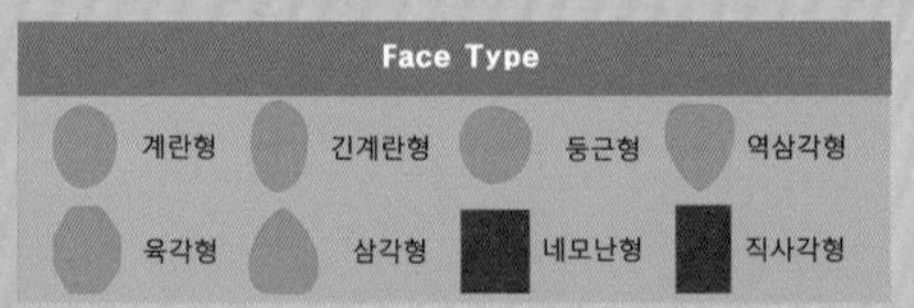

Hair Cut,Permament Wave Method-
Technology Manual 139Page 참고

스트레이트 헤어에 핑크 브라운 컬러의 윤기가 입혀져서 섹시한 여성스러움이 느껴지는 헤어스타일!

- 윤곽 라인이 얼굴 방향의 곡선으로 길어지는 비대칭 라인의 그러데이션 보브 스타일로 커트합니다.
- 뻗치지 않고 찰랑찰랑한 느낌으로 안말음이 잘 되도록 세밀하고 원컬 스트레이트 파마를 합니다.
- 윤기를 주는 소프트 오일을 바르고 곱게 빗질하여 스타일을 완성합니다.

Woman Medium Hair Style Design

M-2021-068-1

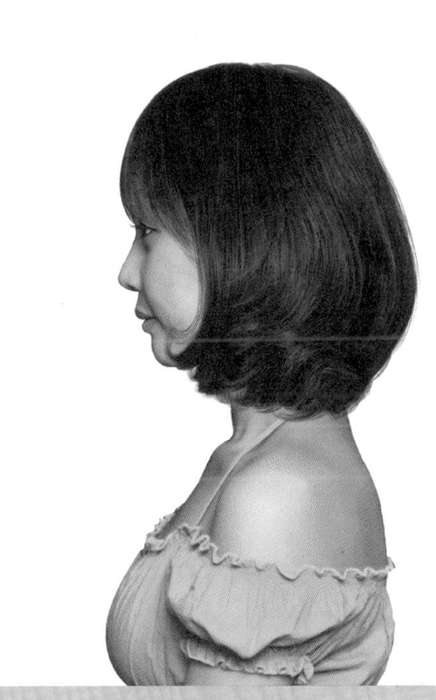

M-2021-068-2

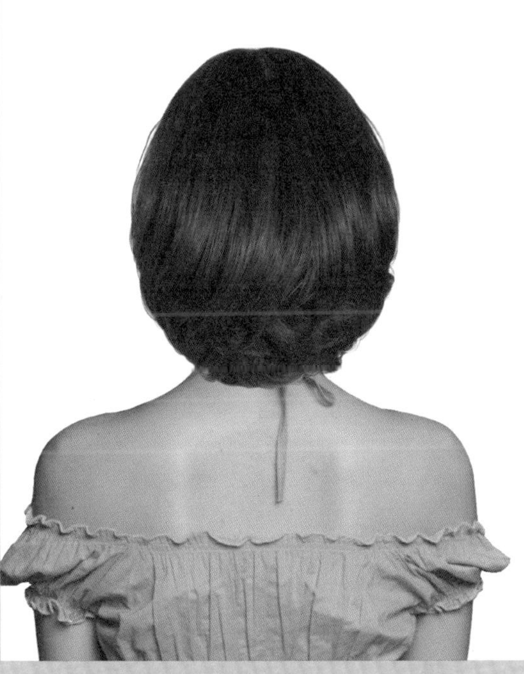

M-2021-068-3

Face Type			
계란형	긴계란형	둥근형	역삼각형
육각형	삼각형	네모난형	직사각형

Hair Cut,Permament Wave Method-
Technology Manual 35Page 참고

여성이라면 한 번쯤은 했거나, 하고 싶은 사랑스럽고 달콤한 느낌의 러블리 헤어스타일!

- 네이프에서 턱선보다 10cm 길이의 가이드 라인으로 얼굴 방향으로 약간 둥근 라인으로 그러데이션 보브 스타일을 커트한 후 모발 길이의 중간, 끝에서 틴닝으로 가벼운 율동감을 만듭니다.
- 굵은 롯드로 네이프, 백에서는 1컬, 윗부분과 사이드는 1.5컬로 웨이브 펌을 해 줍니다.
- 헤어 드라이기로 뿌리부터 말리면서 손가락으로 펴 주듯이 안말음 방향을 잡아 주면서 80%를 말린 후 글로스 왁스를 바르고 손가락 빗질을 하면서 스타일을 완성합니다.

Woman Medium Hair Style Design

M-2021-069-1

M-2021-069-2

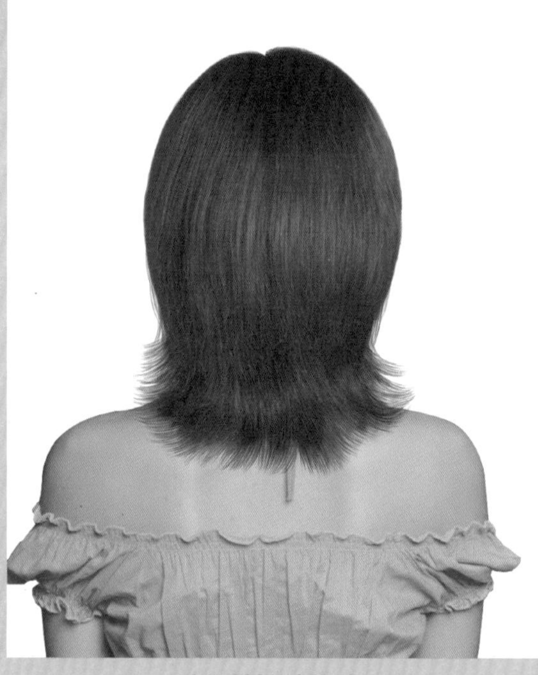

M-2021-069-3

Face Type			
계란형	긴계란형	둥근형	역삼각형
육각형	삼각형	네모난형	직사각형

Hair Cut Method-
Technology Manual 204Page 참고

고정된 느낌은 싫다! 발랄하고 섹시함과 자유로움이 느껴지는 헤어스타일!

- 그러데이션, 인크리스 레이어드가 결합된 콤비네이션 기법으로 커트를 합니다.
- 백 포인트에서 네이프, 사이드는 인크리스 레이어드로 어깨선으로 길어지는 층의 모발 흐름을 만들고, 페이스 라인은 얼굴을 감싸는 포워드 스타일의 흐름을 만듭니다.
- 틴닝, 슬라이딩 커트 기법으로 끝부분이 가늘어지고 가볍도록 질감 처리해 주고, 굵은 롤로 1~1.5컬의 롤 펌을 해 주면 손질하기 편해집니다.
- 스트레이트 헤어인 경우 아이롱으로 부드러운 흐름을 연출합니다.
- 글로스 왁스을 바르고 손가락으로 훑어 주면서 손질하지 않는 듯 러프하게 스타일링합니다.

Woman Medium Hair Style Design

M-2021-070-1

M-2021-070-2

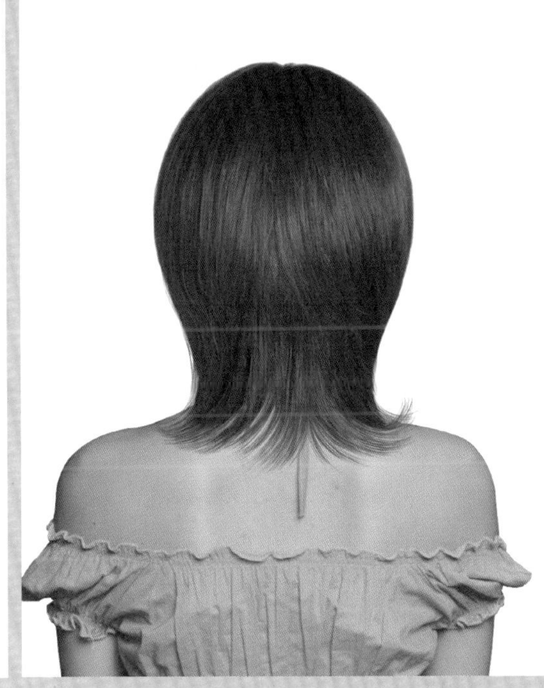
M-2021-070-3

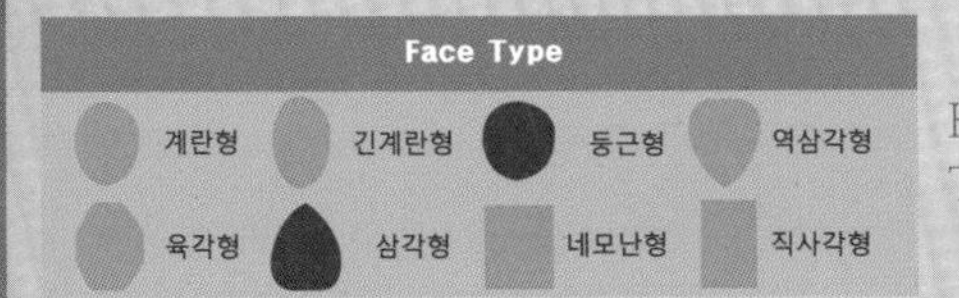

Hair Cut Method-
Technology Manual 196Page 참고

나만의 개성을 추구한다! 은근슬쩍 섹시함을 자아내는 발랄하고 귀여움 감성의 헤어스타일!

- 백 포인트의 하부와 사이드에서는 어깨선 쇄골 라인을 타고 깃털처럼 가벼운 흐름을 만들기 위해 대담하게 가늘어지고 길어지도록 인크리스 레이어드 커트를 합니다.
- 이마를 가리는 둥근 라인의 앞머리를 만들고, 양쪽 페이스 라인은 얼굴을 감싸는 포워드 흐름으로 커트를 합니다.
- 소프트 왁스를 고르게 바르고 손가락 빗질로 훑어 주고 털어 주면서 스타일을 완성합니다.

Woman Medium Hair Style Design

M-2021-071-1

M-2021-071-2

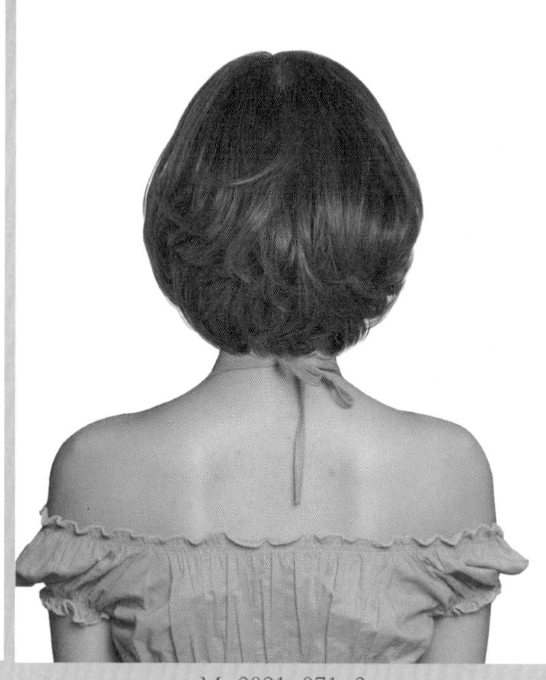

M-2021-071-3

Face Type			
계란형	긴계란형	둥근형	역삼각형
육각형	삼각형	네모난형	직사각형

Hair Cut Method–
Technology Manual 100Page 참고

여성스럽고 발랄함이 느껴지고 자유롭고 활동적인 액티브 감각의 헤어스타일!

- 긴 길이의 그러데이션 헤어스타일입니다.
- 언더에서 섬세하게 쌓이는 층이 되도록 세밀하게 그러데이션 커트를 하고, 모발 끝에서 틴닝으로 가벼운 질감 처리를 해 줍니다.
- 네이프, 백은 1컬, 크라운, 사이드는 1.5컬의 롤 파마를 해 줍니다.
- 헤어 드라이기로 뿌리부터 말리면서 손가락으로 펴 주듯이 안말음 방향을 잡아 주면서 80%를 말린 후 글로스 왁스, 글로스 오일을 고르게 바르고 손가락으로 훑어 주고 방향을 잡아 주면서 스타일링합니다.

Woman Medium Hair Style Design

M-2021-072-1

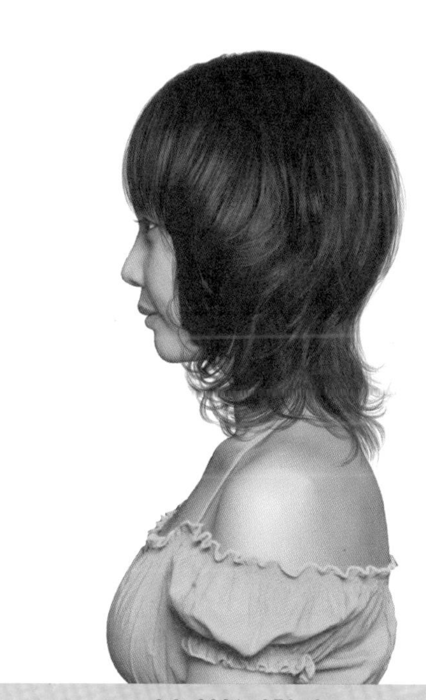

M-2021-072-2

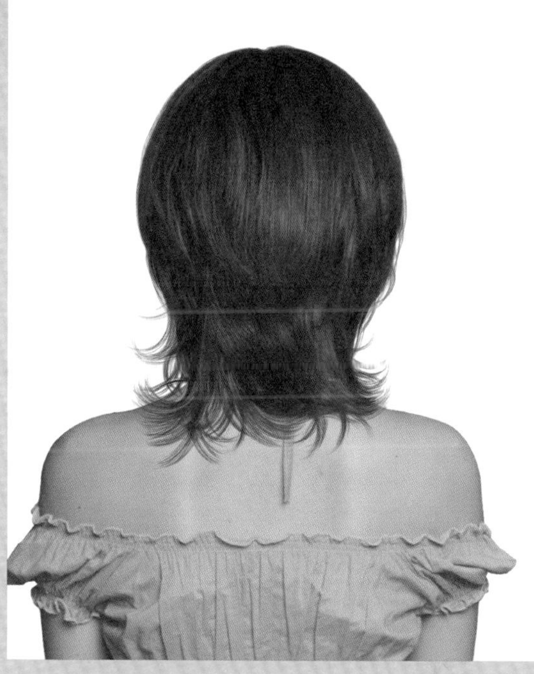

M-2021-072-3

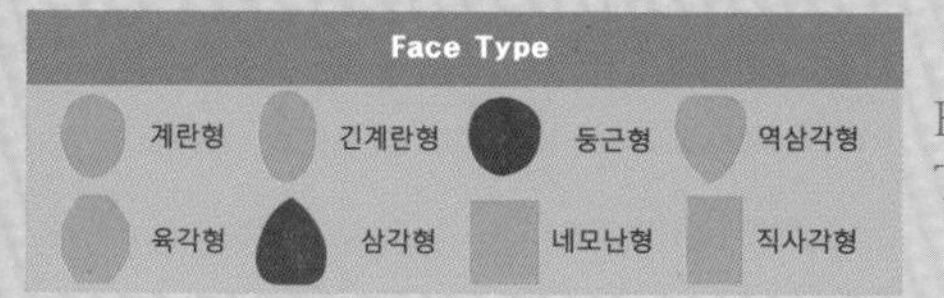

Hair Cut Method-
Technology Manual 204Page 참고

안말음, 뻗치는 흐름이 혼합되어 자유로운 율동감을 표현하는 신비롭고 달콤한 로맨틱 헤어스타일!

- 백 포인트의 상부는 그러데이션, 하부와 사이드는 층이 급격히 길어지도록 인크리스 레이어드 기법으로 커트하고, 모발 길이의 중간, 끝부분은 틴닝과 슬라이딩 커트 기법으로 가늘어지고 가볍도록 커트합니다.
- 굵은 롯드로 1.5컬로 안말음, 뻗치는 방향으로 교차하여 와인딩을 하는 파마를 합니다.
- 헤어 드라이기로 뿌리부터 말리면서 손가락으로 펴 주듯이 안말음 바깥 흐름으로 훑어 주며 방향을 잡아 주면서 80%를 말린 후 소프트 왁스를 바르고 손가락으로 공기감을 주면서 손질하지 않는 듯 러프하게 스타일링합니다.

Woman Medium Hair Style Design

M-2021-073-1

M-2021-073-2

M-2021-073-3

Face Type			
계란형	긴계란형	둥근형	역삼각형
육각형	삼각형	네모난형	직사각형

Hair Cut Method-
Technology Manual 146Page 참고

여성들이 동경하고 좋아하는 클래식 느낌의 페미닌 헤어스타일!

- 롱 그러데이션 커트로 베이스를 만들고 모선에서 무게감이 느껴지고 볼륨 있는 안말음 흐름이 되도록 틴닝은 모발 끝에서 합니다.
- 1.5~2컬을 와인딩하여 웨이브 파마를 해 줍니다.
- 헤어 드라이기로 뿌리부터 말리면서 스크런치 드라이하여 70%를 말린 후 글로스 왁스나 에센스를 바르고 손가락으로 안말음 방향을 잡아 주면서 스타일을 완성합니다.

Woman Medium Hair Style Design

M-2021-074-1

M-2021-074-2

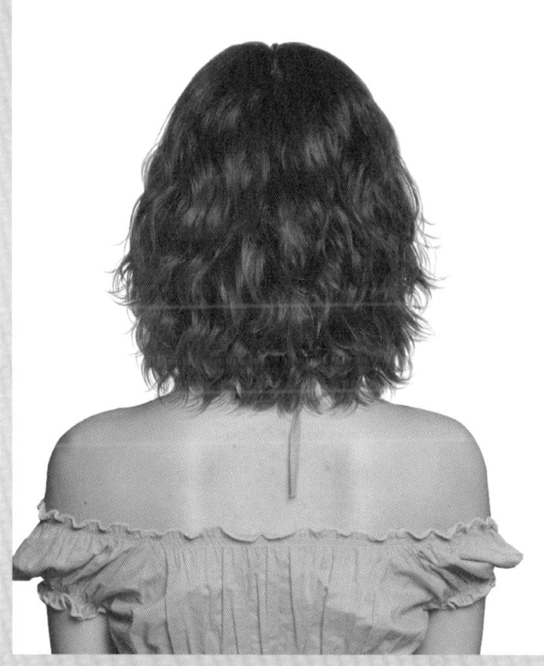

M-2021-074-3

Face Type

계란형 · 긴계란형 · 둥근형 · 역삼각형 · 육각형 · 삼각형 · 네모난형 · 직사각형

Hair Cut Method-
Technology Manual 131Page 참고

자유자재로 움직이는 웨이브 컬의 흐름이 자유롭고 사랑스러움이 느껴지는 헤어스타일!

- 베이스는 긴 그러데이션 형태로 디자인을 하고 모발 길이의 중간 끝에서 가볍고 가늘어지게 틴닝 커트를 하여 율동감을 주는 텍스처를 만듭니다.
- 굵은 롯드로 전체 파마를 해 줍니다.
- 헤어 드라이기로 뿌리부터 말리면서 70%를 말린 후 글로스 오일을 고르게 바르고 손질하지 않는 듯 러프하게 털어 주면서 마무리합니다.

Woman Medium Hair Style Design

M-2021-075-1

M-2021-075-2

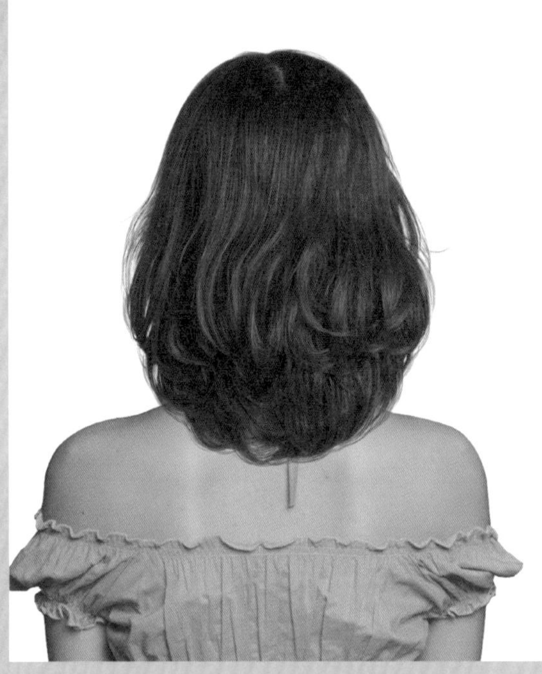

M-2021-075-3

Face Type			
계란형	긴계란형	둥근형	역삼각형
육각형	삼각형	네모난형	직사각형

Hair Cut Method-
Technology Manual 146Page 참고

물결치듯 부드러운 웨이브의 움직임이 사랑스럽고 섹시한 러블리 헤어스타일!

- 긴 길이의 그러데이션 커트로 형태를 만들고 모발 길이의 중간, 끝에서 틴닝을 하여 가벼운 질감 처리를 합니다.
- 굵은 롤로 1~2컬을 와인딩하여 파마를 해 줍니다.
- 헤어 드라이기로 뿌리부터 말리면서 손가락으로 움켜쥐어 안말음 방향을 잡아 주면서 70%를 말린 후 글로스 왁스를 바르고 모발 속에 공기감을 넣어 주면서 손가락 빗으로 율동감을 표현하여 스타일링합니다.

Woman Medium Hair Style Design

M-2021-076-1

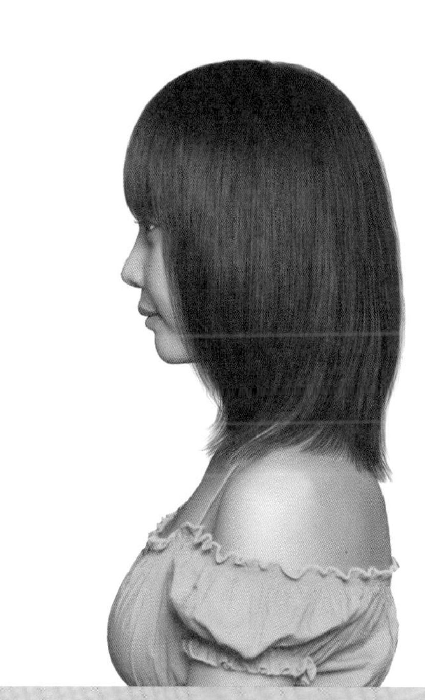

M-2021-076-2

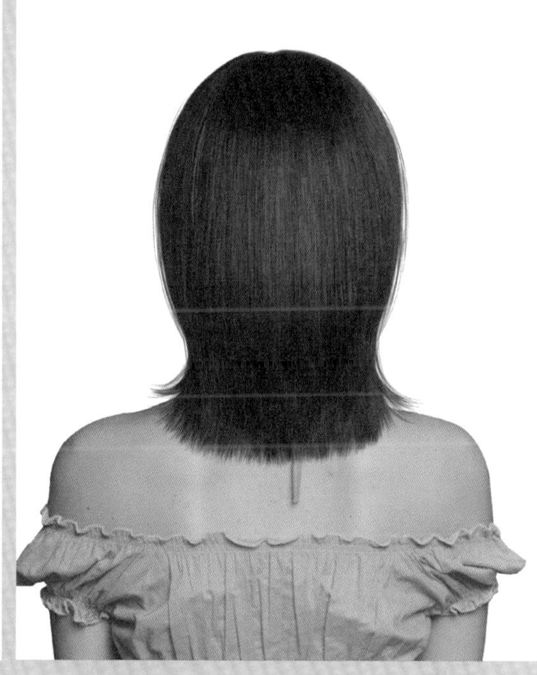

M-2021-076-3

Face Type			
계란형	긴계란형	둥근형	역삼각형
육각형	삼각형	네모난형	직사각형

Hair Cut Method-
Technology Manual 146age 참고

윤기 있고 찰랑거리는 질감! 비치는 컬러가 스트레이트 헤어에 세련미를 입히다!

- 롱 그러데이션 보브 스타일 형태로 가벼운 층을 만들고 모발 길이 중간, 끝에서 틴닝을 하여 모발량을 줄여서 움직임을 표현합니다.
- 앞머리는 약간 둥글고 두껍게 내려서 시스루 앞머리와는 다른 개성을 표현합니다.
- 글로스 왁스를 고르게 바르고 윤기 나는 질감으로 스타일링합니다.

Woman Medium Hair Style Design

M-2021-077-1

M-2021-077-2

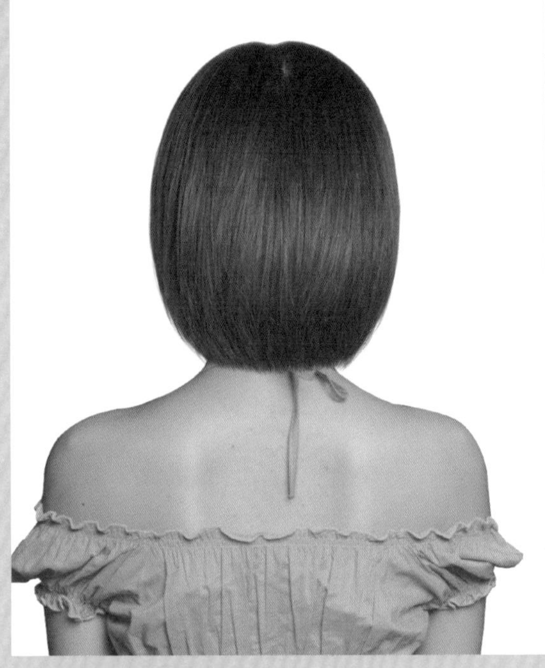

M-2021-077-3

Face Type			
계란형	긴계란형	둥근형	역삼각형
육각형	삼각형	네모난형	직사각형

Hair Cut Method-
Technology Manual 108Page 참고

심플한 형태의 윤기 나는 스트레이트 질감이 세련되고 지성미가 느껴지는 헤어스타일!

- 오랫동안 여성들에게 사랑받아온 심플한 수평 라인의 보브 헤어스타일입니다.
- 언더에서 그러데이션으로 커트하고, 톱 쪽으로 레이어드 커트를 하여 부드럽게 움직임이 좋고 뻗치지 않는 층을 만듭니다.
- 틴닝은 헤어스타일 표면은 하지 않고 모발 속에서 적당량을 해 주어 겉면이 거칠어 보이지 않도록 질감 처리합니다.
- 스트레이트 파마를 해 주고 글로스 왁스, 에센스를 바르고 손가락 빗으로 결을 만들면서 스타일링합니다.

Woman Medium Hair Style Design

M-2021-078-1

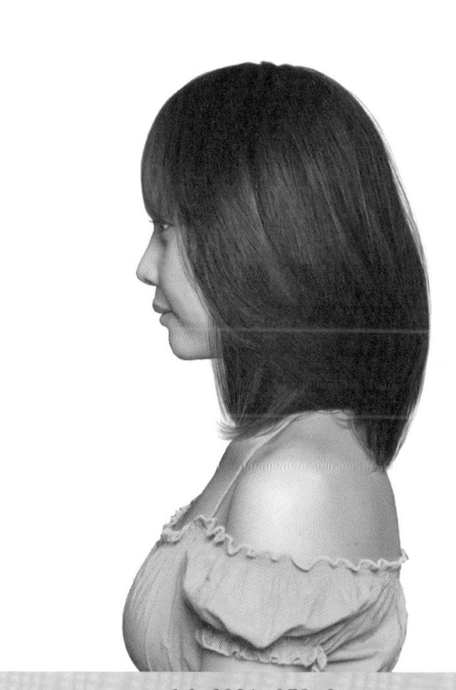
M-2021-078-2

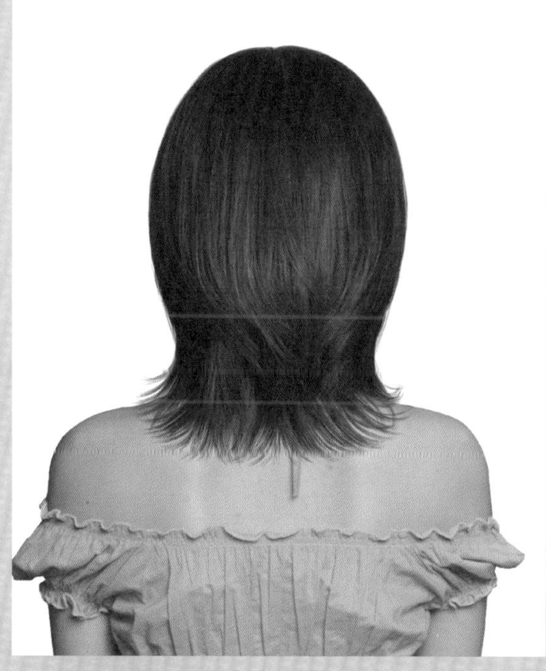
M-2021-078-3

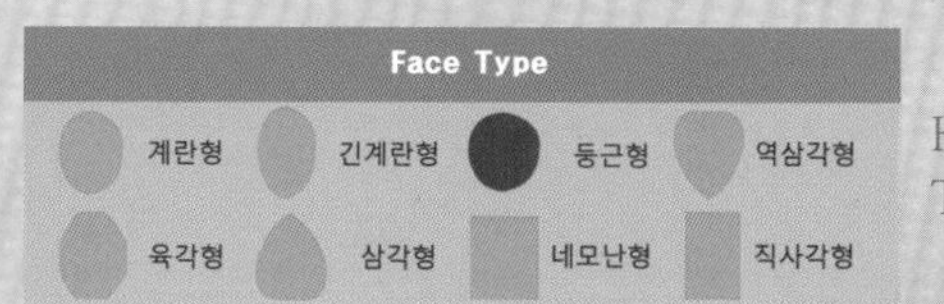

Hair Cut Method-
Technology Manual 146Page 참고

스트레이트 롱 보브에 따뜻한 색감이 가지는 부드러운 윤기감이 돋보이는 사랑스런 헤어스타일!

- 쇄골 라인을 약간 가리는 길이로 그러데이션, 레이어드의 콤비네이션 커트 기법으로 끝부분을 가볍게 커트하여 어깨선에서 자연스럽게 뻗치는 부드러운 실루엣을 표현합니다.
- 모발 길이의 중간, 끝부분에서 틴닝, 슬라이딩 커트로 가늘어지고 가벼워서 부드럽게 움직이는 질감을 만듭니다.
- 앞머리는 무겁게 내려서 개성 있는 여성스러움을 만듭니다.
- 에센스, 글로스 왁스를 바르고 손가락으로 뒤 방향 흐름이 되도록 교차로 빗겨 주어 스타일링합니다.

Woman Medium Hair Style Design

M-2021-079-1

M-2021-079-2

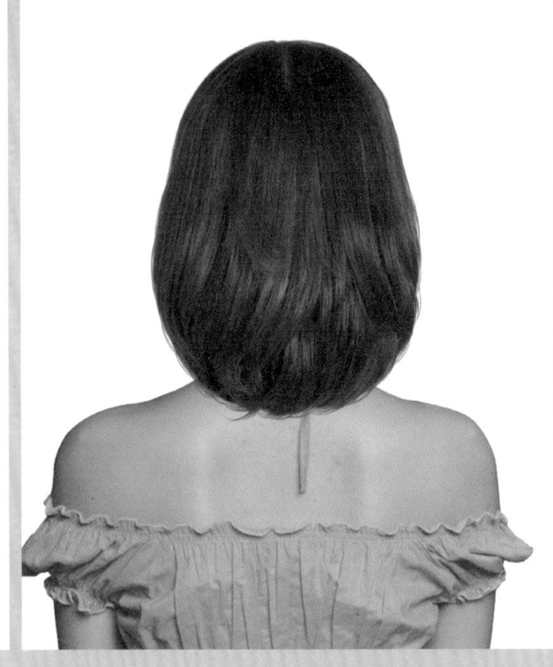

M-2021-079-3

Face Type			
계란형	긴계란형	둥근형	역삼각형
육각형	삼각형	네모난형	직사각형

Hair Cut Method-
Technology Manual 131Page 참고

시대를 초월하는 가치와 보편성을 지닌, 오랫동안 사랑받아온 안말음 헤어스타일!

- 여성들은 기본적으로 안말음 되는 헤어스타일을 선호하는 경향이 있습니다.
- 하지만 안말음 스타일은 손질이 많이 가는 스타일이기도 합니다.
- 커트와 파마의 밸런스가 잘 맞아야 안말음 운동이 일어나서 손질하기 편한 스타일이 됩니다.
- 둥근 라인의 형태로 그러데이션, 레이어드가 세밀하게 연결되는 부드러운 층을 만들고 굵은 롤로 원컬의 파마를 해 줍니다.
- 헤어 드라이기로 뿌리부터 말리면서 손가락으로 펴 주듯이 안말음 방향을 잡아 주면서 70%를 말린 후 약간 세팅력 있는 글르스 왁스나 에센스를 고르게 바르고 스타일링합니다.

Woman Medium Hair Style Design

M-2021-080-1

M-2021-080-2

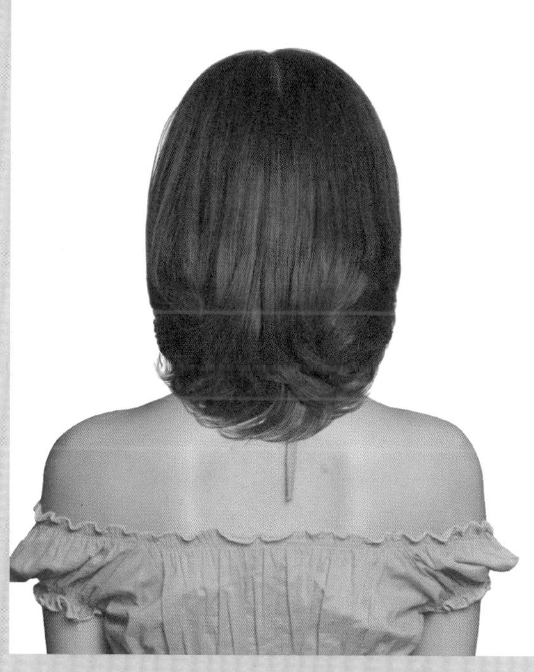

M-2021-080-3

Face Type

계란형	긴계란형	둥근형	역삼각형
육각형	삼각형	네모난형	직사각형

Hair Cut Method-
Technology Manual 131Page 참고

사랑스럽고 여성스러운 느낌과 지성미를 표현하는 트래디셔널 헤어스타일!

- 과거와 현재에도 여성들의 로망은 안말음 헤어스타일입니다.
- 쇄골 라인에 닿는 길이의 롱 그러데이션 보브 스타일로 스타일의 하부는 그러데이션, 상부는 레이어드로 섬세하게 연결되는 부드러운 층을 만듭니다.
- 모발 끝에서 원컬의 롤 파마를 해 주어 탄력 있는 안말음 컬을 만듭니다.
- 헤어 드라이기로 뿌리부터 말리면서 손가락으로 펴 주듯이 안말음 방향을 잡아 주면서 70%를 말린 후 글로스 왁스, 에센스를 바르고 손가락 빗으로 방향을 잡아 주면서 스타일링합니다.

Woman Medium Hair Style Design

M-2021-081-1

M-2021-081-2

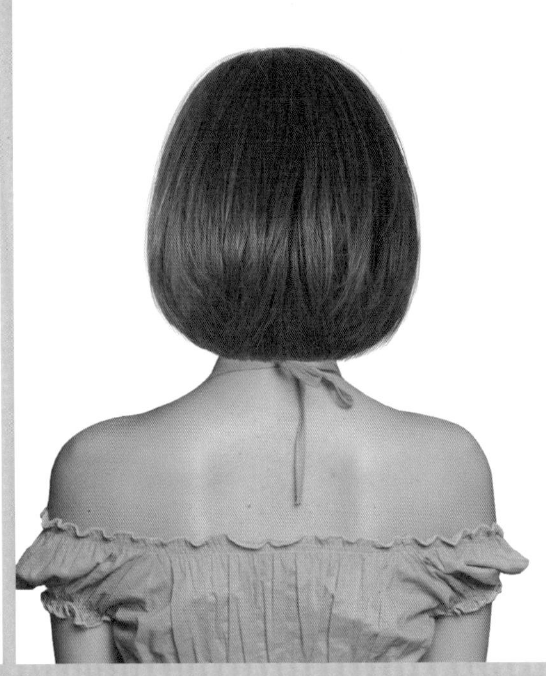

M-2021-081-3

Face Type

계란형 · 긴계란형 · 둥근형 · 역삼각형
육각형 · 삼각형 · 네모난형 · 직사각형

Hair Cut Method-
Technology Manual 108Page 참고

차분하고 여성스러우며 지적인 이미지의 그러데이션 보브 헤어스타일!

- 심플하고 단정한 느낌의 그러데이션 보브 스타일은 많은 여성에게 오래도록 사랑받아온 헤어스타일입니다.
- 언더에서 로우 그러데이션, 톱 쪽으로 레이어드를 연결하여 부드러운 윤곽 라인을 만듭니다.
- 롤 스트레이트 파마를 하면 손질이 쉬워집니다.
- 헤어 드라이기로 뿌리부터 말리면서 80%를 말린 후 롤 브러시나 아이롱으로 연출한 후 글로스 왁스를 고르게 바르고 빗질하여 스타일링을 합니다.

Woman Medium Hair Style Design

M-2021-082-1

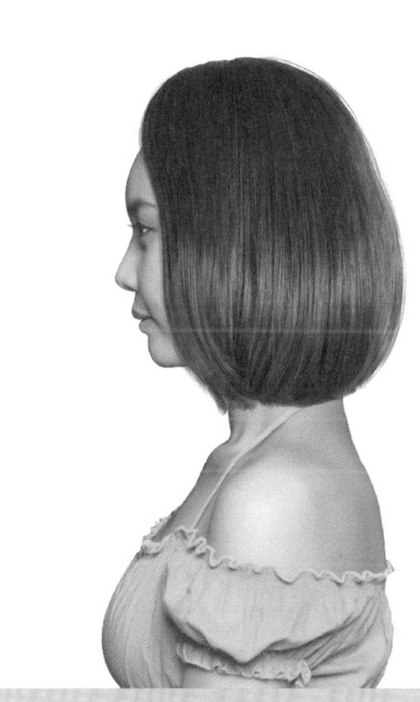

M-2021-082-2

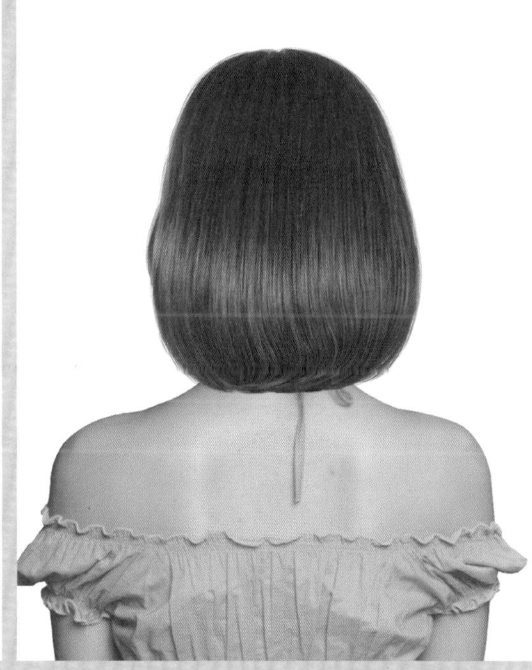

M-2021-082-3

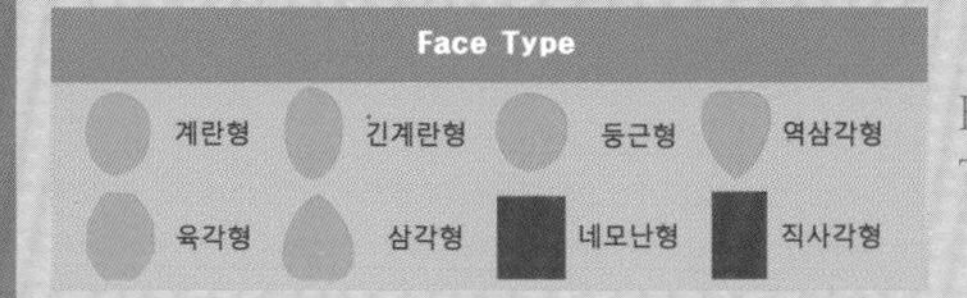

Hair Cut Method-
Technology Manual 108age 참고

윤기 있고 찰랑찰랑한 스트레이트 질감이 차분하고 지적인 이미지를 주는 헤어스타일!

- 이마를 드러내고 양 사이드로 빗겨 내린 안말음의 그러데이션 보브 헤어스타일은 시원스럽고 지적인 이미지를 주는 헤어스타일입니다.
- 언더에서 로우 그러데이션을, 톱 쪽으로 약간 층을 주는 레이어드 커트를 하고 모발 길이 중간, 끝부분에서 틴닝으로 모발량을 조절해 줍니다.
- 롤 스트레이트 파마를 하면 손질이 쉬워집니다.
- 헤어 드라이기로 뿌리부터 말리면서 80%를 말린 후 롤 브러시나 아이롱으로 연출한 후 글로스 왁스를 고르게 바르고 빗질하여 스타일링을 합니다.

Woman Medium Hair Style Design

M-2021-083-1

M-2021-083-2

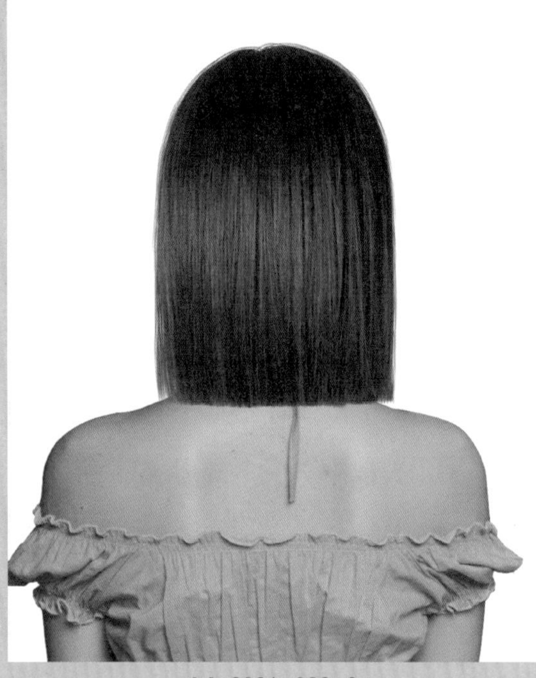

M-2021-083-3

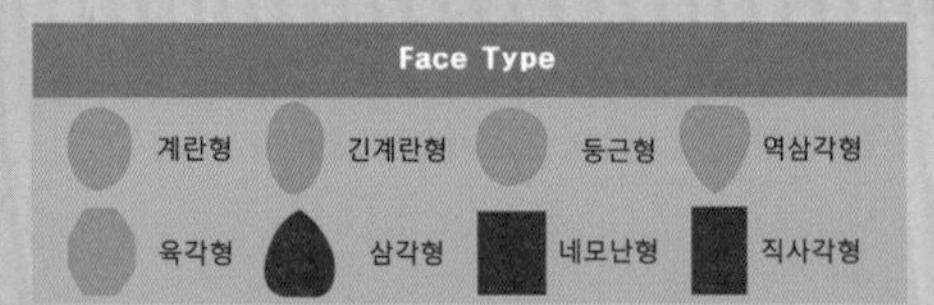

Hair Cut Method-
Technology Manual 071Page 참고

손질하지 않는 듯 직선으로 찰랑거리는 스트레이트 흐름이 자유로운 느낌의 개성 헤어스타일!

- 안말음 되지 않는 스트레이트의 찰랑거리는 헤어스타일은 손질하기도 편하지만 자유로운 개성의 이미지를 주는 헤어스타입니다.
- 층이 나지 않고 심플하고 깨끗한 라인의 원랭스 커트를 하고, 모발 길이의 뿌리, 중간, 끝부분에서 틴닝으로 모발량을 조절하여 찰랑거리면서 가벼운 율동감을 표현해 줍니다.
- 스트레이트 파마를 하면 손질이 쉬워집니다.
- 헤어 드라이기로 뿌리부터 말리면서 80%를 말린 후 롤 브러시나 아이롱으로 연출한 후 글로스 왁스를 고르게 바르고 자유롭게 털어서 스타일링을 합니다.

Woman Medium Hair Style Design

M-2021-084-1

M-2021-084-2

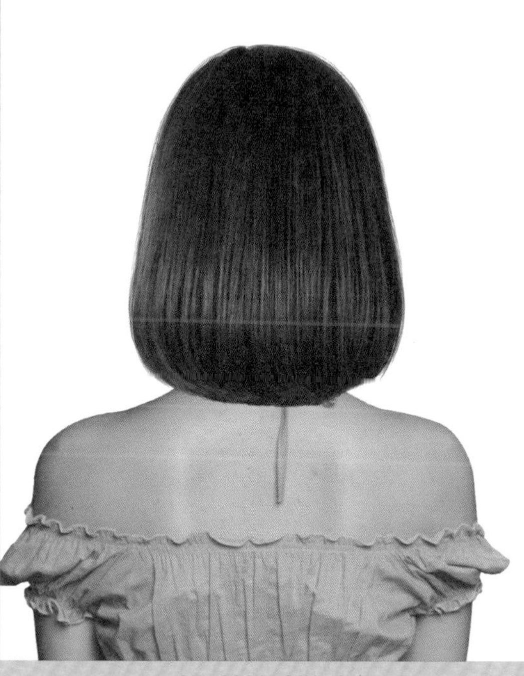

M-2021-084-3

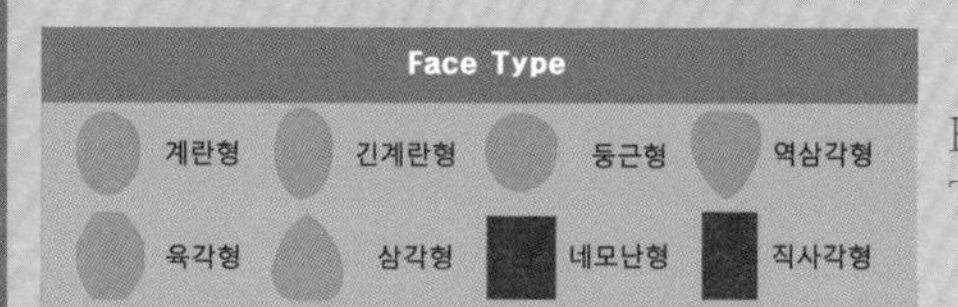

Hair Cut Method-
Technology Manual 071Page 참고

차분한 여성스러움에 지성미를 더해 주는 트래디셔널 감각의 정통 보브 헤어스타일!

- 이마를 시원스럽게 드러내고 안말음 흐름의 정통 보브 헤어스타일은 여성스러우면서 지적인 이미지를 주어서 전문직 등 커리어 우먼에게 잘 어울려서 오래도록 사랑받아온 헤어스타일입니다.
- 수평 라인으로 원랭스 커트를 하고 앞머리는 약간 층을 주고 슬라이딩 커트로 가볍고 가늘어지게 커트합니다.
- 틴닝으로 모발, 길이의 중간, 끝부분에서 모발량을 조절하고 롤 스트레이트 파마를 해 줍니다.
- 헤어 드라이기로 뿌리부터 말리면서 80%를 말린 후 롤 브러시나 아이롱으로 연출한 후 글로스 왁스를 고르게 바르고 빗질하여 스타일링을 합니다.

Woman Medium Hair Style Design

M-2021-085-1

M-2021-085-2

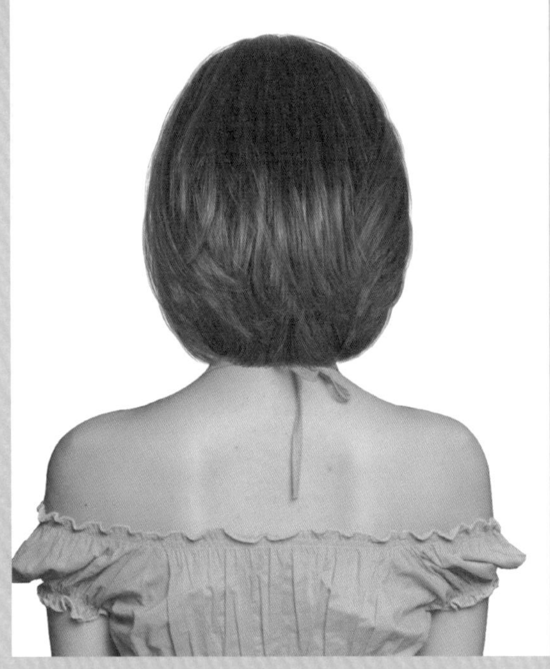

M-2021-085-3

Face Type			
계란형	긴계란형	둥근형	역삼각형
육각형	삼각형	네모난형	직사각형

Hair Cut Method-
Technology Manual 108Page 참고

바람에 흩날리는 듯 흐름이 자연스럽고 여성스러운 그러데이션 보브 헤어스타일!

- 안말음 흐름의 보브 헤어스타일은 얼굴형에 대부분 잘 어울리는 스타일이어서 오래도록 사랑받아 왔고 단차의 흐름의 변화를 주면 트렌디한 느낌을 주는 헤어스타일입니다.
- 언더에서 로우 그러데이션으로 커트하고, 톱 쪽으로 레이어드를 커트하여 부드러운 층을 만듭니다.
- 틴닝으로 중간, 끝부분에서 모발량을 조절하고 슬라이딩 커트 기법으로 끝부분에 가늘어지고 가볍도록 질감 커트를 하고 원컬 스트레이트 파마를 해 줍니다.
- 헤어 드라이기로 뿌리부터 말리면서 80%를 말린 후 롤 브러시나 아이롱으로 연출한 후, 글로스 왁스를 고르게 바르고 빗질하여 스타일링을 합니다.

Woman Medium Hair Style Design

M-2021-086-1

M-2021-086-2

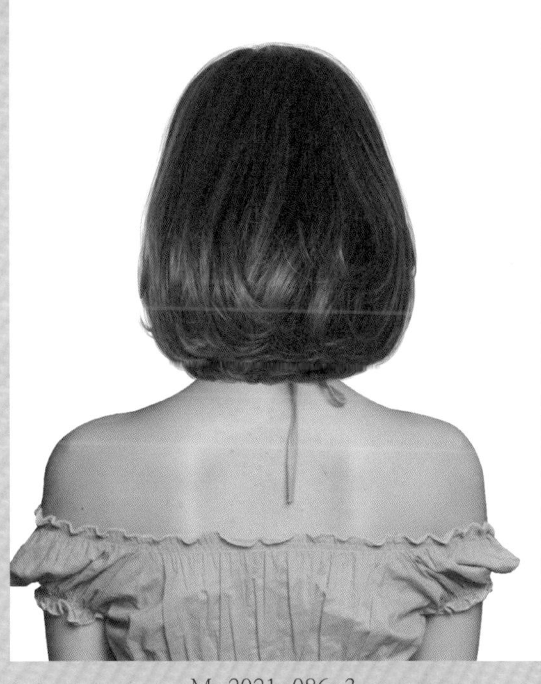

M-2021-086-3

Face Type			
계란형	긴계란형	둥근형	역삼각형
육각형	삼각형	네모난형	직사각형

Hair Cut Method-
Technology Manual 108Page 참고

공기를 머금은 듯 원컬의 율동감이 멋스러운 그러데이션 보브 헤어스타일!

- 원컬 웨이브 파마로 풍성하고 움직임이 좋아서 멋스러운 스타일로 손질하기 편하고 여성스러워서 오래도록 사랑받아온 러블리 헤어스타일입니다.
- 언더에서 무게감을 주는 로우 그러데이션 커트를 하고, 톱 쪽으로 레이어드 커트를 하여 둥근 흐름의 형태를 만듭니다.
- 앞머리는 층을 주고 슬라이딩 커트로 가늘어지고 가벼운 흐름을 만들고 중간, 끝부분에서 틴닝으로 모발량을 조절합니다.
- 굵은 롤로 1~1.3컬의 웨이브 파마를 합니다.
- 헤어 드라이기로 뿌리부터 말리면서 70%를 말린 후 글로스 왁스를 고르게 바르고 스크런치 드라이 기법으로 드라이하고, 손가락으로 방향을 잡아 주어 자연스러운 컬의 움직임을 연출합니다.

Woman Medium Hair Style Design

M-2021-087-1

M-2021-087-2

M-2021-087-3

Face Type			
계란형	긴계란형	둥근형	역삼각형
육각형	삼각형	네모난형	직사각형

Hair Cut Method-
Technology Manual 071Page 참고

평범한 느낌은 싫다… 트렌드를 선도하고 싶은 개성파들의 선택, 나만의 헤어스타일!

- 가벼우면서 찰랑거리는 직선의 스트레이트 흐름이 도시적이고 강렬한 개성의 이미지를 주는 헤어스타일입니다.
- 수평 라인으로 속머리가 길어지지 않도록 깨끗한 라인의 커트를 하고 뿌리, 중간, 끝부분에서 틴닝으로 모발량을 조절하여 가벼운 흐름을 연출합니다.
- 휘어짐이 없는 직선 흐름의 스트레이트를 해 줍니다.
- 헤어 드라이기로 뿌리부터 말리면서 80%를 말린 후 롤 브러시나 아이롱으로 연출한 후 글로스 왁스를 고르게 바르고 자유롭게 털어서 스타일링을 합니다.

Woman Medium Hair Style Design

M-2021-088-1

M-2021-088-2

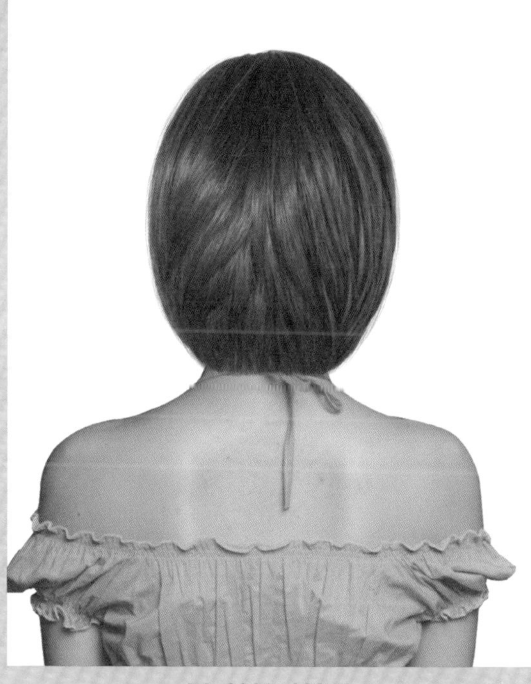
M-2021-088-3

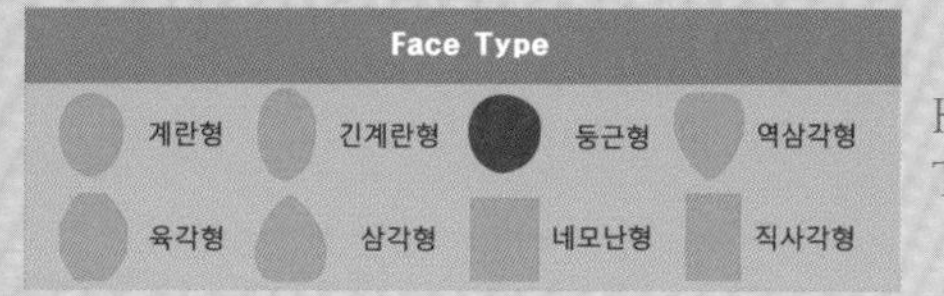

Hair Cut,Permament Wave Method-
Technology Manual 35Page 참고

귀엽고 사랑스러운 소녀 감성의 미디엄 그러데이션 보브 헤어스타일!

- 층이 많이 나면서 뻗치지 않고 안말음 흐름이 좋으려면 그러데이션과 레이어드의 연결성의 밸런스를 유지하여 연결이 잘 되어야 합니다.
- 언더에서 미디엄 그러데이션 커트를, 톱 쪽으로 레이어드 커트를 하여 가볍고 부드러운 움직임을 연출합니다.
- 모발 길이 중간, 끝부분에서 틴닝으로 모발량을 조절합니다.
- 원컬의 스트레이트 파마를 합니다.
- 헤어 드라이기로 뿌리부터 말리면서 80%를 말린 후 롤 브러시나 아이롱으로 연출한 후 글로스 왁스를 고르게 바르고 자유롭게 털어서 스타일링을 합니다.

Woman Medium Hair Style Design

M-2021-089-1

M-2021-089-2

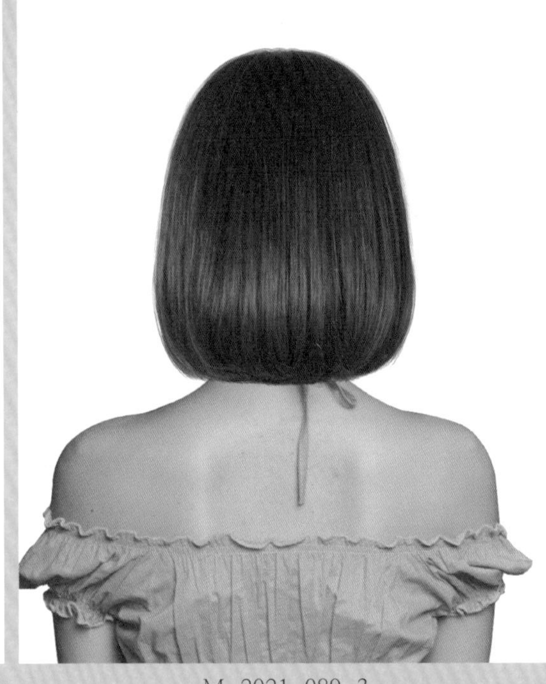

M-2021-089-3

Face Type

계란형 긴계란형 둥근형 역삼각형

육각형 삼각형 네모난형 직사각형

Hair Cut Method-
Technology Manual 108Page 참고

차분하고 단정한 느낌의 여성스러우면서 소녀 감성이느껴지는 큐트 헤어스타일!

- 차분하게 안말음 되는 보브 헤어스타일은 청순하고 소녀 감성을 주는 스타일이어서 여성들이 좋아하는 헤어스타일입니다.
- 언더에서 무게감을 주는 로우 그러데이션 커트를 하고 톱 쪽으로 레이어드를 넣어서 부드러운 둥근 형태를 조형합니다.
- 모발 길이 중간, 끝부분에서 틴닝으로 모발량을 조절하고 원컬 스트레이트 파마를 합니다.
- 헤어 드라이기로 뿌리부터 말리면서 80%를 말린 후 롤 브러시나 아이롱으로 연출한 후 글로스 왁스를 고르게 바르고 자유롭게 털어서 스타일링을 합니다.

Woman Medium Hair Style Design

M-2021-090-1

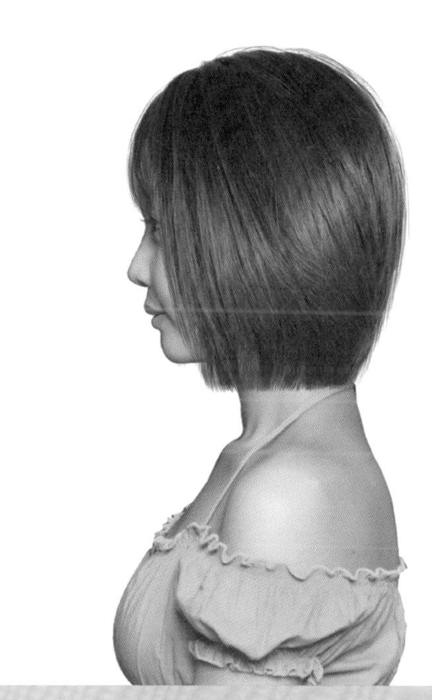
M-2021-090-2

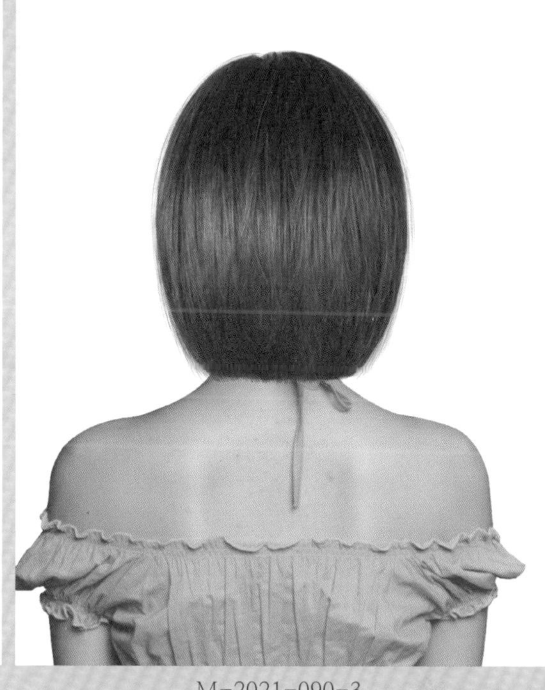
M-2021-090-3

Face Type			
계란형	긴계란형	둥근형	역삼각형
육각형	삼각형	네모난형	직사각형

Hair Cut Method-
Technology Manual 108Page 참고

자유롭게 흩날리듯 움직이는 흐름이 자연스러운 하이 그러데이션 보브 헤어스타일!

- 윤기감을 마음껏 즐기고 싶다면 스트레이트 헤어를 추천합니다.
- 품격 있는 차분한 인상을 주기 때문에 전문직, 사무실에서도 잘 어울리는 헤어스타일입니다.
- 언더에서 미디엄 그러데이션으로 커트를 시작하여 톱 쪽으로 레이어드를 넣어서 가볍과 율동감이 있는 모류를 연출합니다.
- 모발 길이 중간, 끝부분에서 틴닝으로 모발량을 조절하고 곱슬기가 있을 경우 스트레이트 파마를 합니다.
- 헤어 드라이기로 뿌리부터 말리면서 80%를 말린 후 롤 브러시나 아이롱으로 연출한 후 글로스 왁스를 고르게 바르고 자유롭게 털어서 스타일링을 합니다.

Woman Medium Hair Style Design

M-2021-091-1

M-2021-091-2

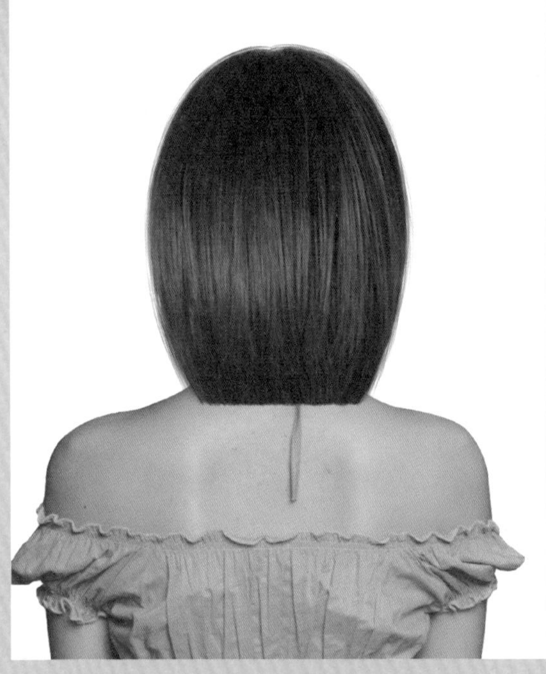

M-2021-091-3

Face Type			
계란형	긴계란형	둥근형	역삼각형
육각형	삼각형	네모난형	직사각형

Hair Cut Method-
Technology Manual 108Page 참고

차분하고 품격 있는 이미지를 주는 트래디셔널 감성의 그러데이션 보브 헤어스타일!

- 찰랑찰랑하고 윤기감이 빛나는 스트레이트 흐름이 깨끗하고 차분하면서 지적인 이미지를 더해 주는 헤어스타일입니다.
- 언더에서 미디엄 그러데이션으로 커트를 하고 톱 쪽으로 레이어드를 연결하여 찰랑거리며 부드러운 흐름을 연출합니다.
- 모발 길이 중간, 끝부분에서 적당량의 모발량을 조절합니다.
- 헤어 드라이기로 뿌리부터 말리면서 80%를 말린 후 롤 브러시나 아이롱으로 연출한 후 글로스 왁스를 고르게 바르고 자유롭게 털어서 스타일링을 합니다.

Woman Medium Hair Style Design

M-2021-092-1

M-2021-092-2

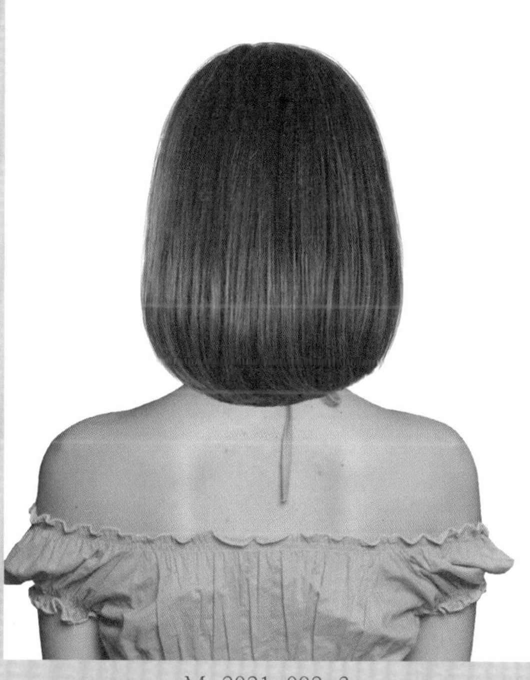

M-2021-092-3

Face Type			
계란형	긴계란형	둥근형	역삼각형
육각형	삼각형	네모난형	직사각형

Hair Cut Method-
Technology Manual 131Page 참고

부드럽게 안말음 되는 그러데이션 보브 헤어스타일은 언제나 인기 헤어스타일!

- 이마를 드러내고 모근을 세어서 볼륨을 만들어 사이드로 내리는 안말음 되는 보브 헤어스타일은 차분하면서 굳은 심지가 있으면서 여성스러운 이미지를 주는 스타일로 전문직, 사무직 등 오래도록 사랑받아온 인기 헤어스타일입니다.
- 언더에서 무게감을 주기 위해 로우 그러데이션으로, 톱 쪽은 레이어드를 살짝 넣어서 부드럽고 둥근감 있는 형태를 만듭니다.
- 모발 끝부분에서 틴닝으로 모발량을 조절하고 원컬 스트레이트 파마를 해 줍니다.
- 헤어 드라이기로 뿌리부터 말리면서 80%를 말린 후 롤 브러시나 아이롱으로 연출한 후 글로스 왁스를 고르게 바르고 자유롭게 털어서 스타일링을 합니다.

Woman Medium Hair Style Design

M-2021-093-1

M-2021-093-2

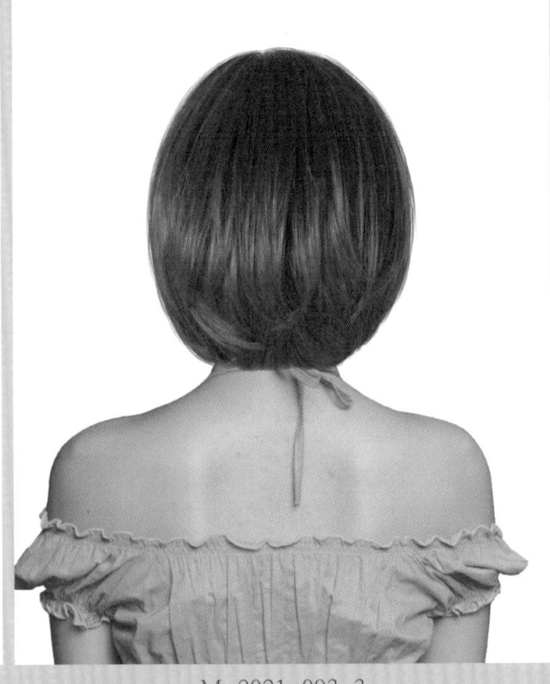

M-2021-093-3

Face Type			
계란형	긴계란형	둥근형	역삼각형
육각형	삼각형	네모난형	직사각형

Hair Cut Method-
Technology Manual 131Page 참고

풍성하면서 부드럽게 움직이는 컬의 흐름이 멋스럽고 아름다운 큐트 감성의 헤어스타일!

- 둥근 라인의 안말음 되는 그러데이션 보브 헤어스타일은 누구나 좋아하는 소녀 감성의 헤어스타일입니다.
- 언더에서 미디엄 그러데이션으로 커트를 시작하여 톱 쪽으로 레이어드를 연결하여 후두부에 풍성하고 율동감 있는 실루엣을 연출합니다.
- 모발 길이 중간, 끝부부에서 틴닝으로 모발량을 조절하고 원컬 스트레이트 파마를 해 줍니다.
- 헤어 드라이기로 뿌리부터 말리면서 80%를 말린 후 롤 브러시나 아이롱으로 연출한 후 글로스 왁스를 고르게 바르고 자유롭게 털어서 스타일링을 합니다.

Woman Medium Hair Style Design

M-2021-094-1

M-2021-094-2

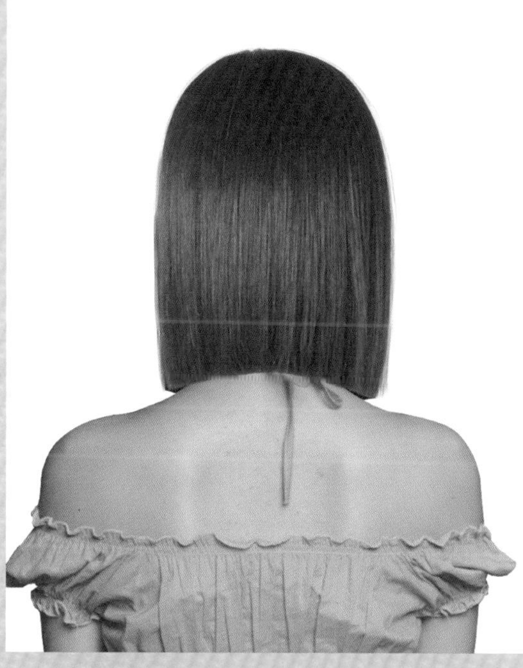

M-2021-094-3

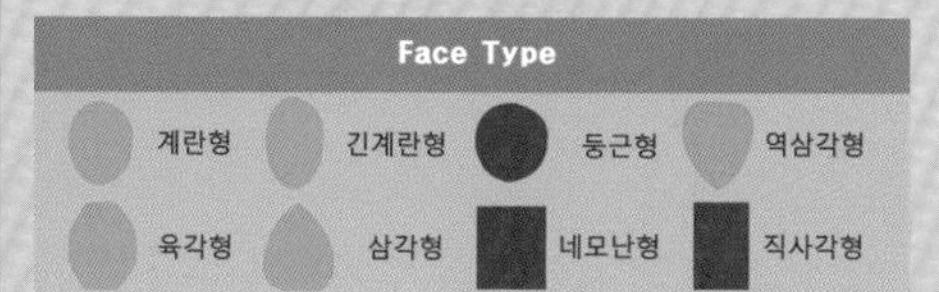

Hair Cut Method-
Technology Manual 074Page 참고

찰랑찰랑하고 윤기감이 돋보이는 발랄하고 큐트함을 주는 개성파 헤어스타일!

- 얼굴 방향으로 급격히 길어지는 콘케이브 라인의 헤어스타일은 도회적인 감성과 트렌드를 앞서가고픈 개성의 캐릭터가 느껴지는 헤어스타일입니다.
- 층이 나지 않도록 깨끗한 라인의 원랭스 커트를 하고, 모발 길이 뿌리, 중간, 끝부분에서 틴닝으로 모발량을 조절합니다.
- 휘어짐이 없는 직선의 스트레이트 흐름이 매력 포인트이므로 차분한 스트레이트 파마를 합니다.
- 헤어 드라이기로 뿌리부터 말리면서 80%를 말린 후 아이롱으로 연출한 후 글로스 왁스를 고르게 바르고 자유롭게 털어서 스타일링을 합니다.

Woman Medium Hair Style Design

M-2021-095-1

M-2021-095-2

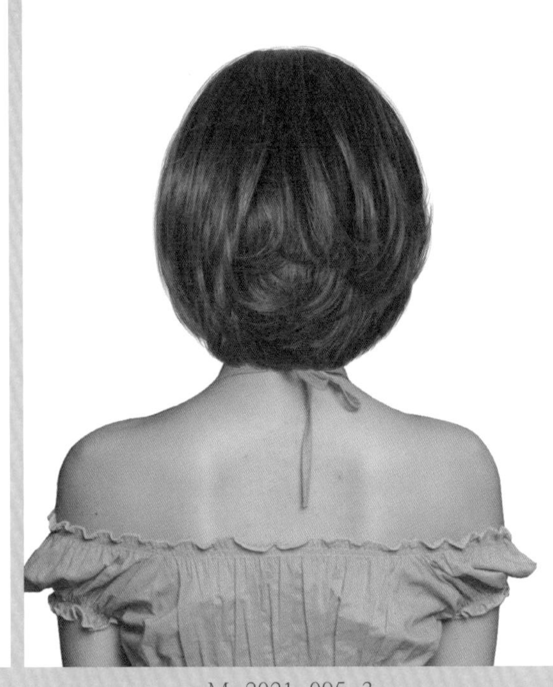

M-2021-095-3

Face Type			
계란형	긴계란형	둥근형	역삼각형
육각형	삼각형	네모난형	직사각형

Hair Cut Method-
Technology Manual 131Page 참고

공기를 머금은 듯 풍성하고 율동감이 멋스럽고 아름다운 로맨틱 헤어스타일!

- 웨이브 컬이 풍성하고 자유롭게 움직이며 안말음 되는 언밸런스 스타일이 트렌디한 감각을 주는 그러데이션 보브 헤어스타일입니다.
- 언더에서 미디엄 그러데이션으로 커트를 하고, 톱 쪽으로 레이어드를 넣어서 풍성하고 부드러운 텍스처를 연출합니다.
- 굵은 롤로 1~1.5컬의 웨이브 파마를 해 줍니다.
- 헤어 드라이기로 뿌리부터 말리면서 80%를 말린 후 롤 브러시나 아이롱으로 연출한 후 글로스 왁스를 고르게 바르고 자유롭게 털어서 스타일링을 합니다.

Woman Medium Hair Style Design

M-2021-096-1

M-2021-096-2

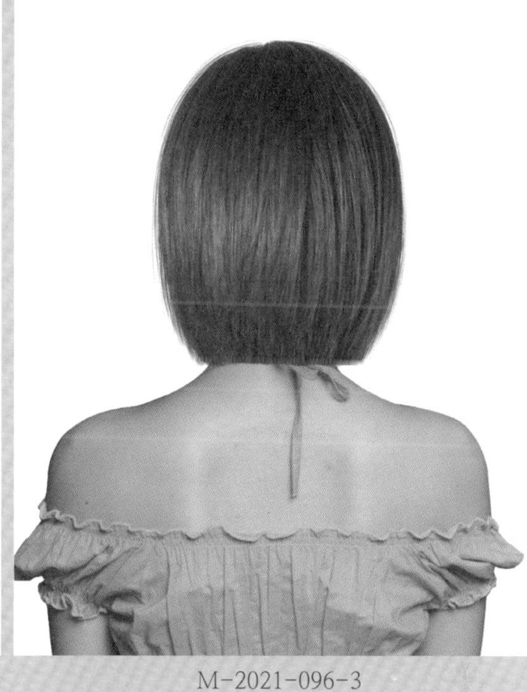

M-2021-096-3

Face Type			
계란형	긴계란형	둥근형	역삼각형
육각형	삼각형	네모난형	직사각형

Hair Cut Method-
Technology Manual 108Page 참고

차분하면서 세련된 느낌과 도회적인 개성미를 주는 클래식 감성의 헤어스타일!

- 앞머리를 무겁게 내려주고 찰랑찰랑한 질감과 층이 나는 그러데이션 보브 헤어스타일은 오래도록 사랑받아온 정통 클래식 감성의 헤어스타일입니다.
- 언더에서 미디엄 그러데이션으로 커트하고, 톱 쪽으로 레이어드를 연결하여 부드럽고 가벼운 흐름을 연출합니다.
- 모발 길이 중간, 끝부분에서 틴닝으로 모발량을 조절하고 곱슬기가 있으면 스트레이트 파마를 합니다.
- 헤어 드라이기로 뿌리부터 말리면서 80%를 말린 후 글로스 왁스를 고르게 바르고 브러싱하여 자연스러운 움직임을 연출합니다.

Woman Medium Hair Style Design

M-2021-097-1

M-2021-097-2

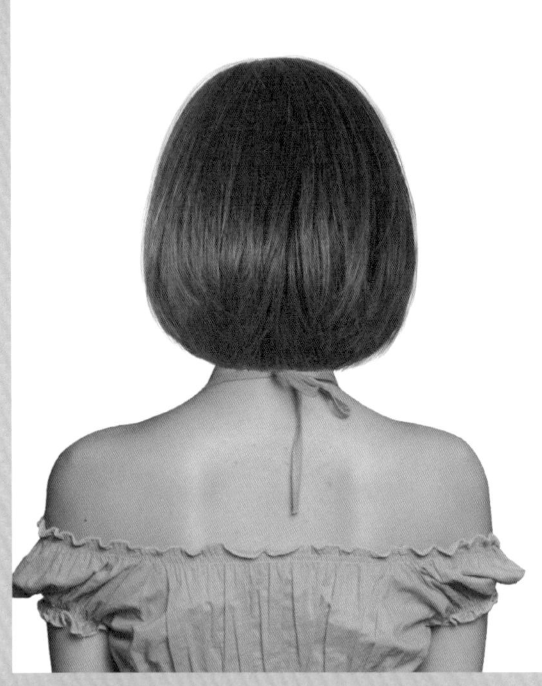

M-2021-097-3

Face Type

계란형 긴계란형 둥근형 역삼각형

육각형 삼각형 네모난형 직사각형

Hair Cut Method-
Technology Manual 131Page 참고

단정하면서 여성스럽고 소녀 감성이 느껴지는 클래식 감성의 헤어스타일!

- 뻗치지 않고 안말음 흐름이 좋은 헤어스타일은 여성들이 기본적으로 선호하고 좋아하는, 그래서 오래도록 사랑받아온 인기 헤어스타일입니다.
- 언더에서 무게감을 주는 그러데이션 커트를 하고, 톱 쪽으로 레이어드를 넣어서 풍성하고 둥근 형태를 만듭니다.
- 모발 길이 중간, 끝부분에서 틴닝로 모발량을 조절하고 원컬 스트레이트 펌을 해 줍니다.
- 헤어 드라이기로 뿌리부터 말리면서 80%를 말린 후 롤 브러시나 아이롱으로 연출한 후 글로스 왁스를 고르게 바르고 자유롭게 털어서 스타일링을 합니다.

Woman Medium Hair Style Design

M-2021-098-1

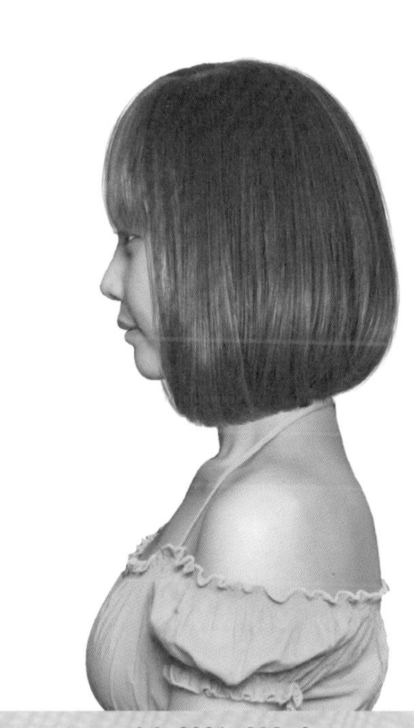

M-2021-098-2

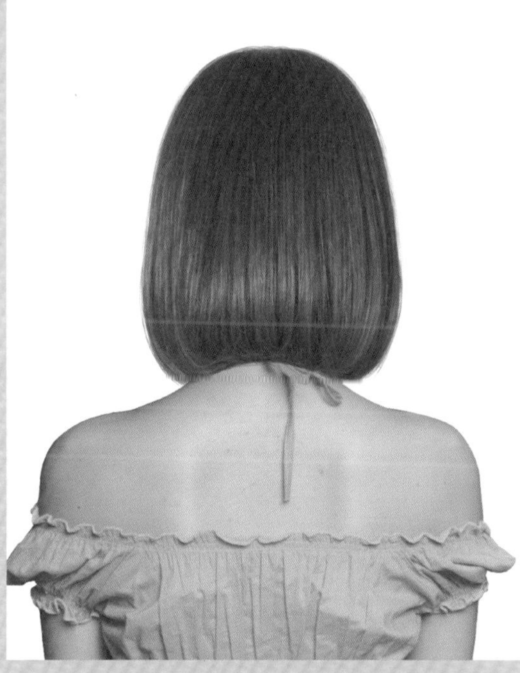

M-2021-098-3

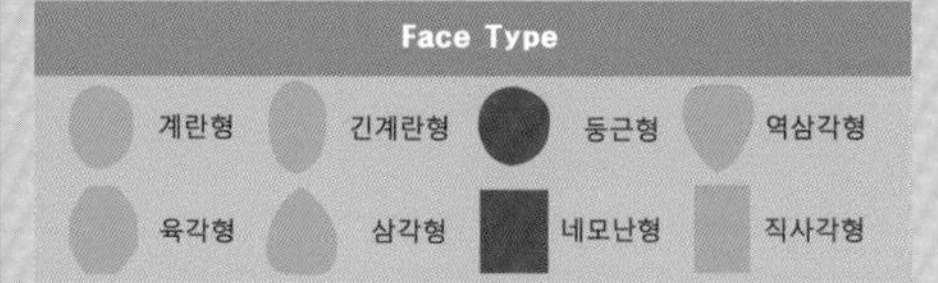

Hair Cut Method-
Technology Manual 39Page 참고

찰랑찰랑하고 윤기감이 감도는 원컬의 스트레이트 흐름이 멋스로운 클래식 감성의 헤어스타일!

- 찰랑찰랑하면서 빛나는 윤기감이 돋보이는 그러데이션 보브 헤어스타일은 오래도록 사랑받아 왔고 현재도 모드한 느낌을 주는 개성파 여성들의 헤어스타일입니다.
- 콘케이브 라인으로 살짝 층을 주는 그러데이션 커트를 하고, 톱 쪽으로 레이어드를 넣어서 부드러운 흐름을 연출합니다.
- 모발 끝부분에서 틴닝으로 가벼운 흐름을 만들고 원컬 스트레이트 파마를 해 줍니다.
- 헤어 드라이기로 뿌리부터 말리면서 80%를 말린 후 롤 브러시나 아이롱으로 연출한 후 글로스 왁스를 고르게 바르고 자유롭게 털어서 스타일링을 합니다.

Woman Medium Hair Style Design

M-2021-099-1

M-2021-099-2

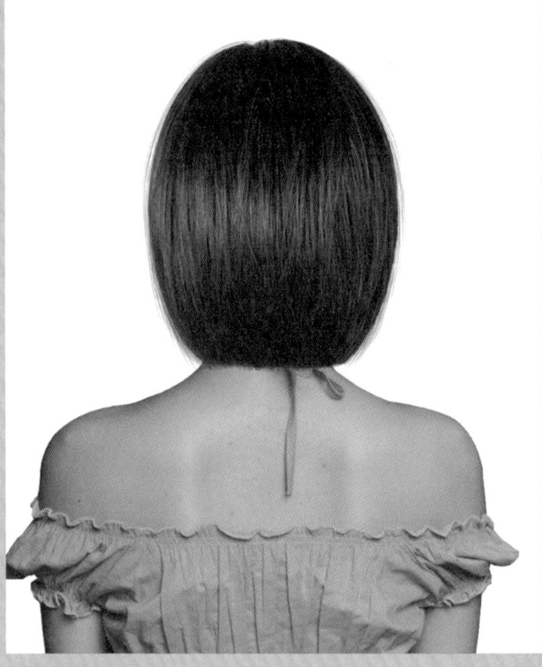

M-2021-099-3

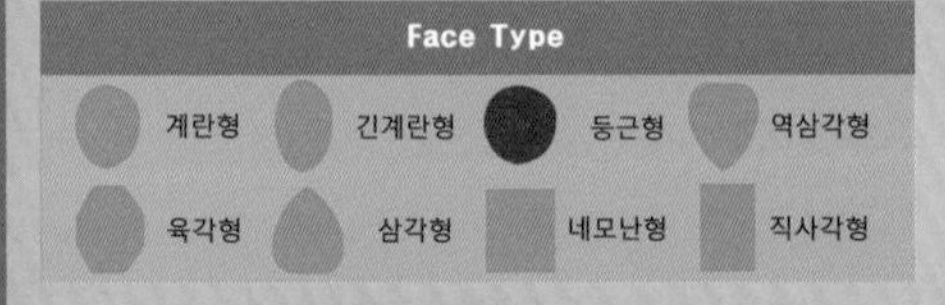

Hair Cut Method-
Technology Manual 108Page 참고

차분하고 단정하면서 자유롭게 움직이는 스트레이트 흐름이 청순하고 여성스러운 큐트 헤어스타일!

- 가벼운 층이 자연스러운 움직임을 주는 흐름이 발랄하고 큐트한 이미지를 주는 헤어스타일입니다.
- 언더에서 미디엄 그러데이션으로 커트를 하고, 톱 쪽으로 레이어드를 연결하여 부드럽고 자연스러운 움직임을 연출합니다.
- 모발 중간, 끝부분에서 틴닝으로 모발량을 조절하고 슬라이딩 커트 기법으로 가늘어지고 가벼운 질감 커트를 합니다.
- 곱슬기가 있을 경우 스트레이트 파마를 합니다.
- 헤어 드라이기로 뿌리부터 말리면서 80%를 말린 후 롤 브러시나 아이롱으로 연출한 후 글로스 왁스를 고르게 바르고 자유롭게 털어서 스타일링을 합니다.

Woman Medium Hair Style Design

M-2021-100-1

M-2021-100-2

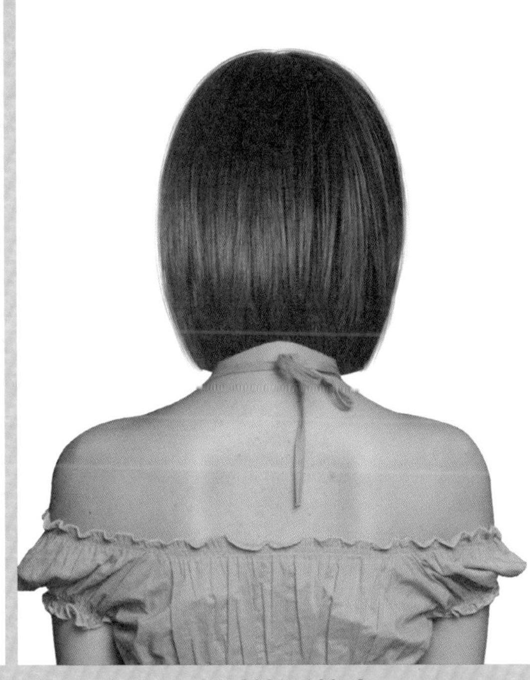
M-2021-100-3

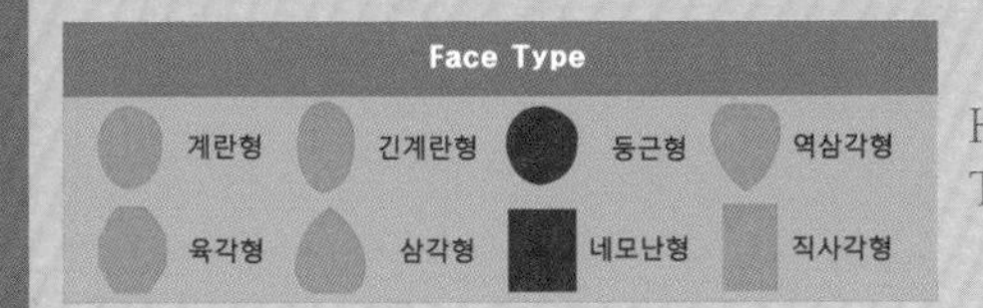

Hair Cut Method-
Technology Manual 139Page 참고

윤기를 머금은 듯 찰랑찰랑하게 움직이는 흐름이 아름다운 소녀 감성의 큐트 헤어스타일!

- 머릿결이 빛나고 찰랑찰랑한 질감이 되려면 건강한 모발이 핵심입니다.
- 얼굴 쪽으로 길어지는 콘케이브 라인의 보브 헤어스타일로 청순하고 여성스러운 이미지에 지성의 아름다운 느낌이 드는 헤어스타일입니다.
- 언더에서 미디엄 그러데이션으로 커트하고 언더 쪽에서 레이어드를 넣어서 가볍고 부드러운 흐름을 연출합니다.
- 끝부분이 가늘어지고 가벼운 흐름이 되도록 모발 길이 중간, 끝부분에서 틴닝으로 모발량을 조절하고 슬라이딩 커트로 스타일의 표정을 연출합니다.
- 원컬 스트레이트 파마를 해 줍니다.
- 헤어 드라이기로 뿌리부터 말리면서 80%를 말린 후 롤 브러시나 아이롱으로 연출한 후 글로스 왁스를 고르게 바르고 자유롭게 털어서 스타일링을 합니다.

Woman Medium Hair Style Design

M-2021-101-1

M-2021-101-2

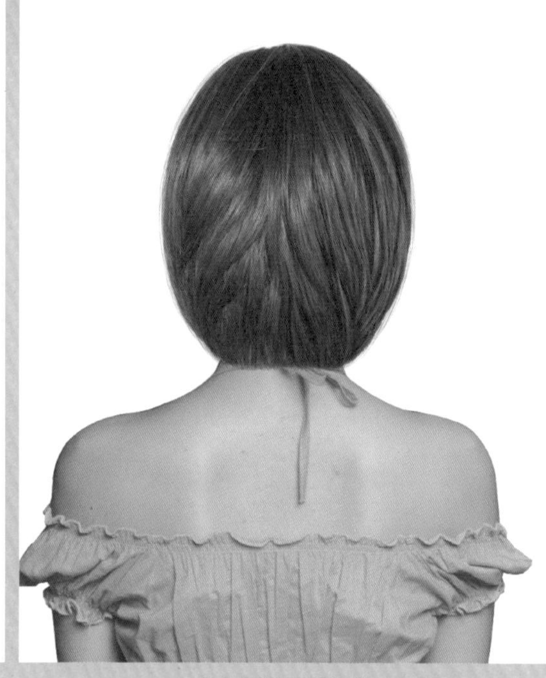

M-2021-101-3

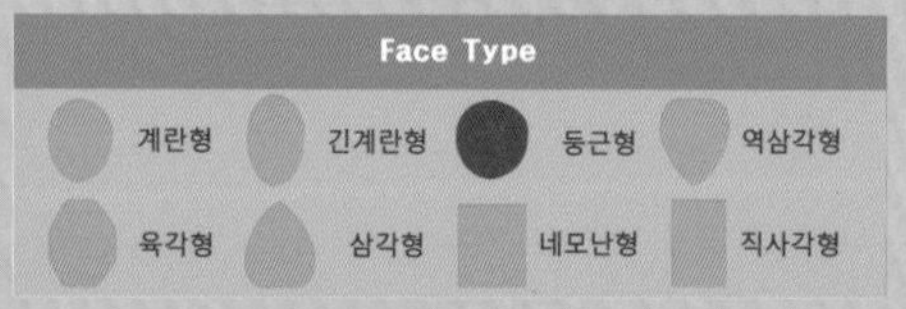

Hair Cut Method-
Technology Manual 108Page 참고

청순하고 단정한 느낌을 주는 그러데이션 보브 헤어스타일!

- 바람에 흩날리는 듯 가벼운 모발 흐름이 청순하면서 여성스러운 이미지를 주는 로맨틱 감성의 헤어스타일입니다.
- 언더에서 미디엄 그러데이션으로 커트를 하고, 톱 쪽으로 레이어드를 연결하여 가볍고 부드러운 형태를 만듭니다.
- 모발 길이 중간, 끝부분에서 모발량을 조절하고 슬라이딩 커트로 스타일의 표정을 연출합니다.
- 원컬 스트레이트 파마를 합니다.
- 헤어 드라이기로 뿌리부터 말리면서 80%를 말린 후 롤 브러시나 아이롱으로 연출한 후 글로스 왁스를 고르게 바르고 자유롭게 털어서 스타일링을 합니다.

Woman Medium Hair Style Design

M-2021-102-1

M-2021-102-2

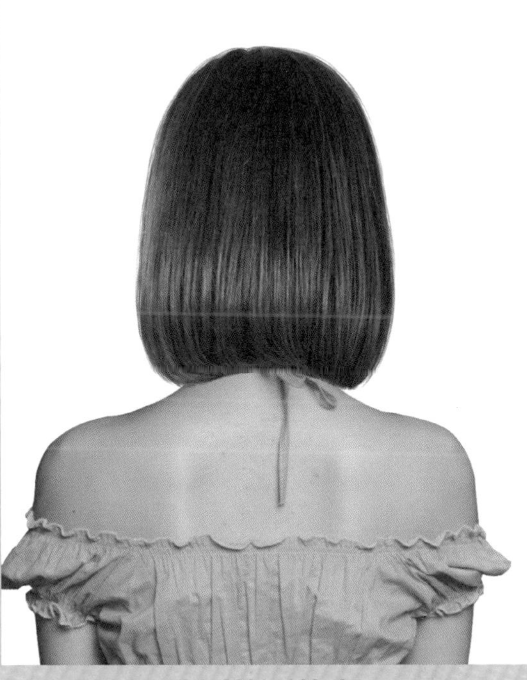
M-2021-102-3

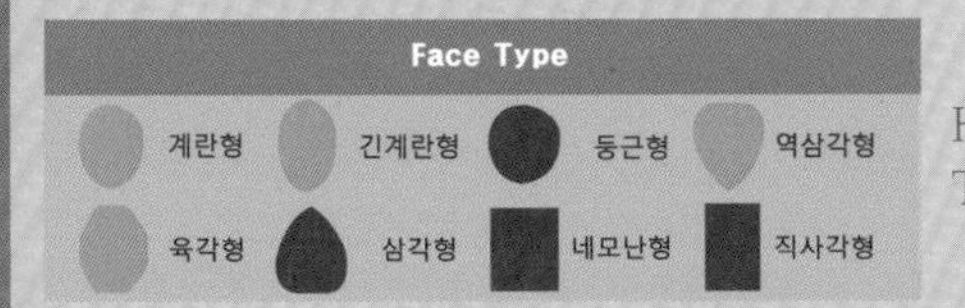

Hair Cut Method-
Technology Manual 077Page 참고

차분하고 여성스럽고 지적인 아름다움을 주는 트래디셔널 감성의 헤어스타일!

- 이마를 시원하게 드러내어 모근에서 볼륨을 주면서 사이드로 빗어 내려 자연스럽게 안말음 되는 보브 헤어스타일은 세련된 이미지를 주어 전문직 여성들에게 사랑받아온 헤어스타일입니다.
- 콘케이브 라인의 원랭스 커트를 하고, 모발 길이 중간, 끝부분에서 틴닝으로 모발량을 조절하고 페이스 라인은 슬라이딩 커트로 가늘어지고 가볍도록 커트를 하여 자연스러운 움직임을 연출합니다.
- 원컬의 스트레이트 파마를 해 주면 손질하기 편해집니다.
- 헤어 드라이기로 뿌리부터 말리면서 80%를 말린 후 롤 브러시나 아이롱으로 연출한 후 글로스 왁스를 고르게 바르고 자유롭게 털어서 스타일링을 합니다.

Woman Medium Hair Style Design

M-2021-103-1

M-2021-103-2

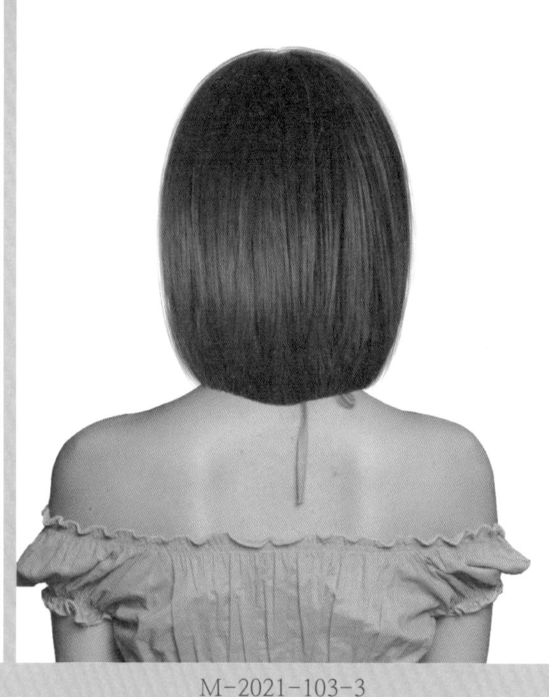

M-2021-103-3

Face Type			
계란형	긴계란형	둥근형	역삼각형
육각형	삼각형	네모난형	직사각형

Hair Cut Method-
Technology Manual 123Page 참고

윤기를 머금은 듯 찰랑찰랑하고 빛나는 스트레이트 흐름이 멋스러운 나만의 개성 연출!

- 얼굴 방향으로 급격히 짧아지는 콘벡스 라인의 형태가 독특한 캐릭터의 이미지를 주는 스타일로 귀엽고 스위트한 이미지를 줍니다.
- 언더에서 미디엄 그러데이션으로 커트를 하고, 톱 쪽으로 레이어드를 넣어서 들뜨지 않는 차분한 질감을 표현합니다.
- 모발 길이 중간, 끝부분에서 모발량을 조절하고 원컬 스트레이트 파마를 하여 부드러운 안말음 흐름을 연출합니다.
- 헤어 드라이기로 뿌리부터 말리면서 80%를 말린 후 롤 브러시나 아이롱으로 연출한 후 글로스 왁스를 고르게 바르고 자유롭게 털어서 스타일링을 합니다.

Woman Medium Hair Style Design

M-2021-104-1

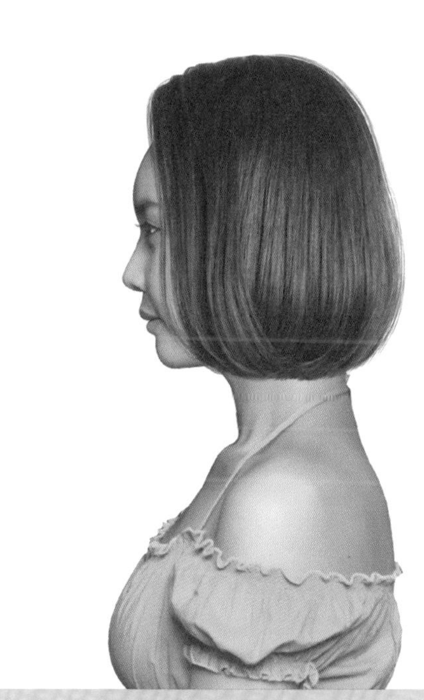

M-2021-104-2

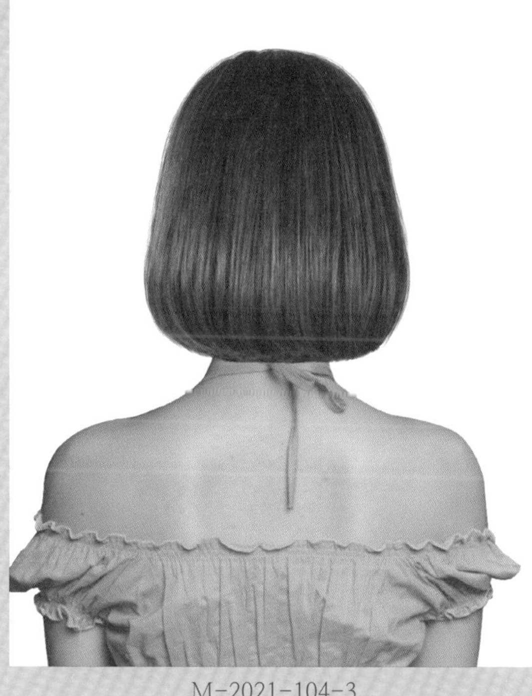

M-2021-104-3

Face Type			
계란형	긴계란형	둥근형	역삼각형
육각형	삼각형	네모난형	직사각형

Hair Cut,Permament Wave Method-
Technology Manual 071Page 참고

청순하고 단정하면서 지적인 이미지를 주는 소녀 감성의 헤어스타일!

- 앞머리가 없이 이마를 드러내고 안말음 되는 보브 헤어스타일은 차분하면서 청순하고 여성스러운 느낌을 주어 언제나 사랑받는 소녀 감성의 헤어스타일입니다.
- 수평 라인의 원랭스 커트를 하고, 모발 길이 중간, 끝부분에서 틴닝으로 모발량을 조절합니다.
- 원컬의 스트레이트 파마를 하면 손질하기 쉬워집니다.
- 헤어 드라이기로 뿌리부터 말리면서 80%를 말린 후 롤 브러시나 아이롱으로 연출한 후 글로스 왁스를 고르게 바르고 자유롭게 털어서 스타일링을 합니다.

Woman Medium Hair Style Design

M-2021-105-1

M-2021-105-2

M-2021-105-3

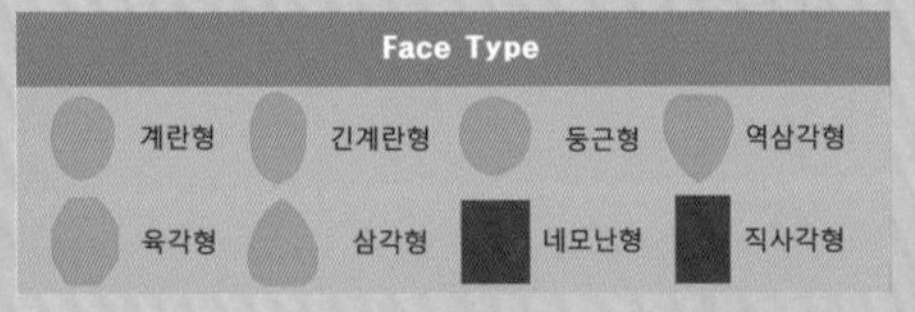

Hair Cut Method-
Technology Manual 077Page 참고

평범한 것은 싫다. 내 생에 내가 처음으로 선택한 나만의 개성 연출!

- 윤기를 머금은 듯 찰랑거리는 스트레이트 질감이 멋스럽고 매력적인 느낌을 주고, 특히 콘벡스 라인으로 얼굴 쪽으로 급격히 짧아지는 라인이 심플하면서 독특한 캐릭터 이미지를 주는 헤어스타일입니다.
- 콘벡스 라인의 원랭스 커트를 하고, 숱이 많을 경우 모발 길이 뿌리, 중간, 끝부분에서 틴닝으로 모발량을 조절하여 주고
- 세밀한 스트레이트 파마를 하여 줍니다.
- 헤어 드라이기로 뿌리부터 말리면서 80%를 말린 후 아이롱으로 연출한 후 글로스 왁스를 고르게 바르고 자유롭게 털어서 스타일링을 합니다.

Woman Medium Hair Style Design

M-2021-106-1

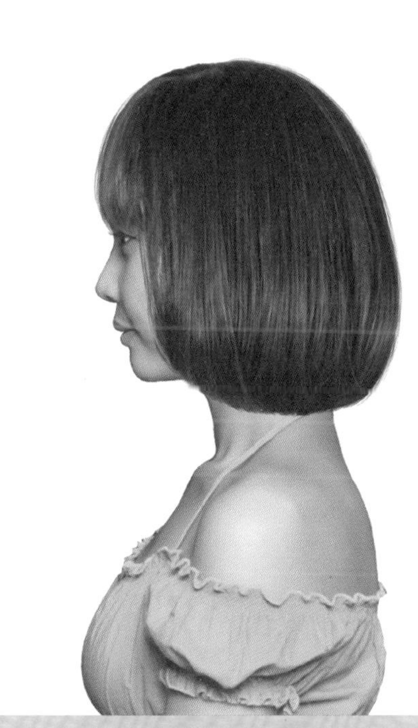

M-2021-106-2

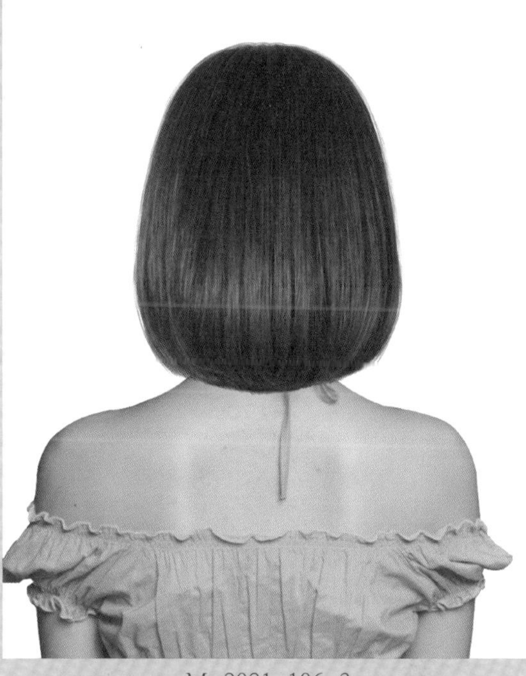

M-2021-106-3

Face Type			
계란형	긴계란형	둥근형	역삼각형
육각형	삼각형	네모난형	직사각형

Hair Cut Method-
Technology Manual 080Page 참고

두둥실 안말음 컬의 흐름이 자연스럽고 율동감을 주어 청순하고 여성스러운 이미지의 헤어스타일!

- 보브 헤어스타일은 라인과 길이에 따라서 다양한 느낌을 주고, 특히 둥근 라인은 후두부에 풍성한 볼륨감을 주어 동양인에게 잘 어울리는 헤어스타일로 언제나 사랑받아온 인기 헤어스타일입니다.
- 둥근 라인으로 원랭스 커트를 하고, 숱이 많을 경우 모발 길이 중간 끝부분에서 틴닝으로 모발량을 조절하고 원컬의 스트레이트 파마를 합니다.
- 헤어 드라이기로 뿌리부터 말리면서 80%를 말린 후 롤 브러시나 아이롱으로 연출한 후 글로스 왁스를 고르게 바르고 자유롭게 털어서 스타일링을 합니다.

Woman Medium Hair Style Design

M-2021-107-1

M-2021-107-2

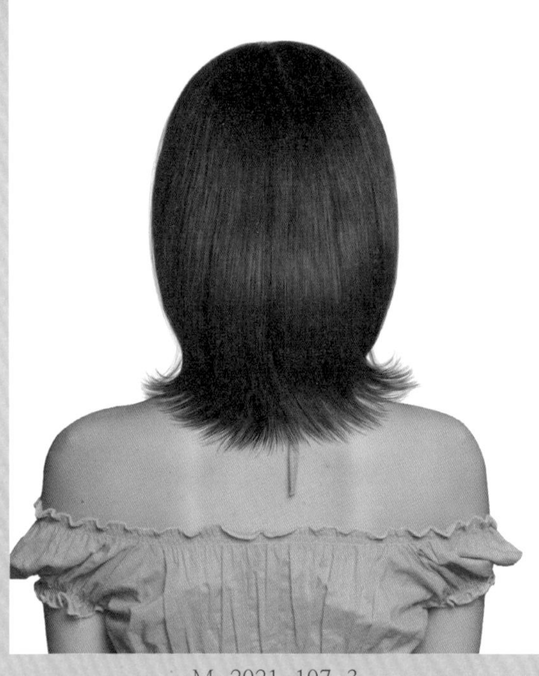

M-2021-107-3

Face Type

계란형 · 긴계란형 · 둥근형 · 역삼각형

육각형 · 삼각형 · 네모난형 · 직사각형

Hair Cut Method-
Technology Manual 146Page 참고

투명감 있는 윤기와 누디한 스트레이트로 섹시함과 지성미를 느끼게 하는 헤어스타일!

- 어깨선에서 자연스럽게 뻗치는 흐름의 헤어스타일은 부드럽고 자연스러우며 손질하기 편한함을 줍니다.
- 현대 사회에서 아침에 머리 손질하는 번거러움을 피하고 손질하지 않는 듯 자유롭고 편하게 손질이 되는 스타일을 선호하는 경향이 있습니다.
- 긴 길이의 롱 그러데이션 보브 형태로 커트를 하고 모발량을 줄여 주는 틴닝으로 부드럽게 움직이는 흐름을 만듭니다.
- 에센스 소프트한 글로스 왁스를 바르고 윤기 있고 자연스러운 흐름으로 완성합니다.

Woman Medium Hair Style Design

M-2021-108-1

M-2021-108-2

M-2021-108-3

Face Type			
계란형	긴계란형	둥근형	역삼각형
육각형	삼각형	네모난형	직사각형

Hair Cut Method-
Technology Manual 204Page 참고

곡선의 헤어스타일 실루엣과 웨이브 컬이 물결이 어우러지는 사랑스러운 헤어스타일!

- 그러데이션, 레이어드의 콤비네이션 커트 기법으로 부드럽고 율동감을 주는 흐름을 만듭니다.
- 모발 길이의 중간, 끝부분에서 틴닝으로 모발량을 조절해 줍니다.
- 굵은 롯드로 뿌리 부분을 제외한 전체 웨이브 파마를 해 줍니다.
- 헤어 드라이기로 뿌리부터 말리면서 70%를 말린 후 글로스 오일을 고르게 바르고 손질하지 않는 듯 러프하게 털어 주면서 마무리합니다.

Woman Medium Hair Style Design

M-2021-109-1

M-2021-109-2

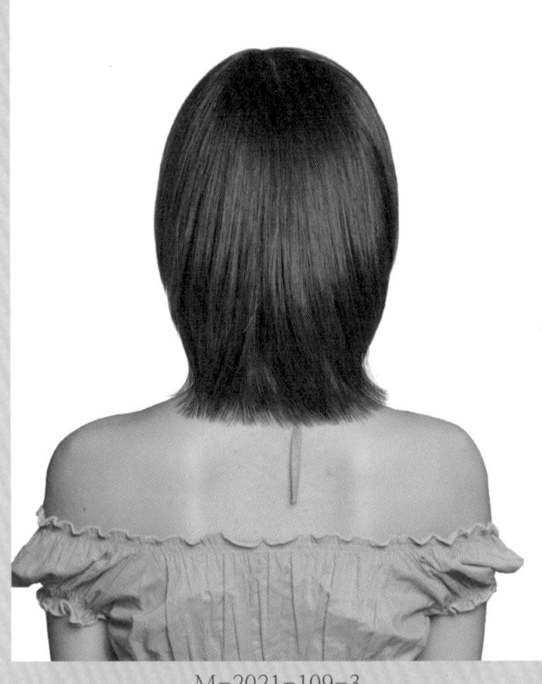

M-2021-109-3

Face Type			
계란형	긴계란형	둥근형	역삼각형
육각형	삼각형	네모난형	직사각형

Hair Cut Method-
Technology Manual 154Page 참고

신비롭고 달콤하고 환상적인 소녀 감성의 로맨틱 헤어스타일!

- 둥근 라인의 머시룸 형태의 발랄하고 큐트한 보브 헤어스타일입니다.
- 페이스 라인이 둥근 형태가 되도록 앞머리를 무겁고 둥글게 커트하고, 헤어스타일의 언더는 그러데이션, 톱 쪽으로 레이어드 커트 기법으로 부드럽게 연결되는 커트를 하고 모발 길이의 중간, 끝에서 틴닝을 하여 부드럽게 떨어지는 율동감의 흐름을 연출합니다.
- 뻗치지 않게 자연스럽게 안말음 되는 흐름을 만드는 파마를 하거나, 아이롱 기기로 방향을 잡아 줍니다.
- 에센스, 소프트 글로스 왁스를 바르고 찰랑거리고 윤기 나는 질감으로 마무리합니다.

Woman Medium Hair Style Design

M-2021-110-1

M-2021-110-2

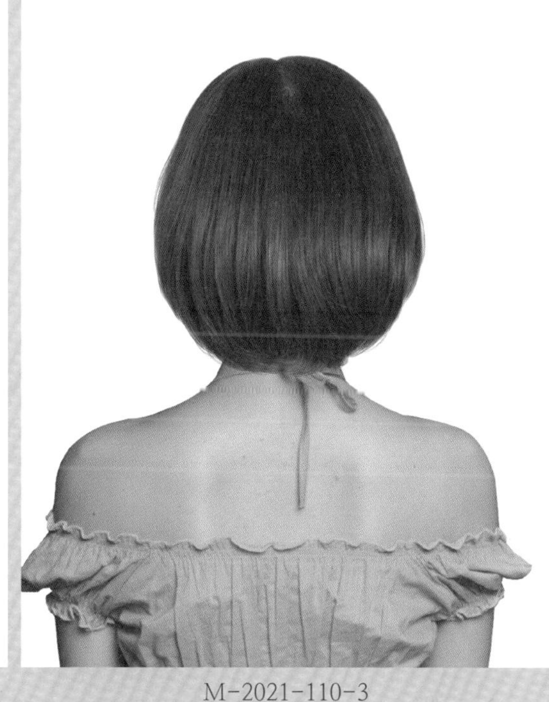

M-2021-110-3

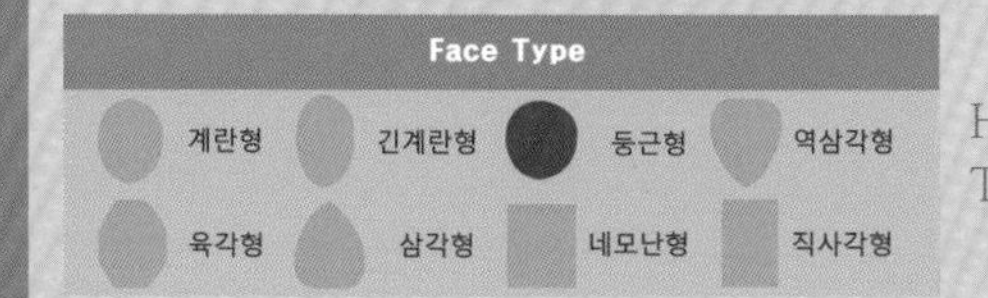

Hair Cut Method-
Technology Manual 123Page 참고

청순하고 발랄함에 큐트함이 더해지는 소녀 감성의 로맨틱 헤어스타일!

- 둥근 라인의 정통 그러데이션 보브 헤어스타일입니다.
- 보브 스타일의 포인트는 뻗치지 않고 안말음이 잘 되는 스타일 조형입니다.
- 모발의 끝부분의 연결이 들쭉날쭉하여 탄력 관계의 힘이 밸런스를 잃으면 모발 끝 흐름이 자유롭게 되어 차분하게 찰랑거리는 안말음 흐름이 안 되어 손질이 어렵습니다.
- 그러데이션과 레이어드의 콤비네이션 커트 기법으로 섬세하고 부드럽게 연결되는 층을 만들고 롤 스트레이트 파마를 해 줍니다.
- 에센스를 고르게 바르고 윤기 나는 질감으로 스타일링합니다.

Woman Medium Hair Style Design

M-2021-111-1

M-2021-111-2

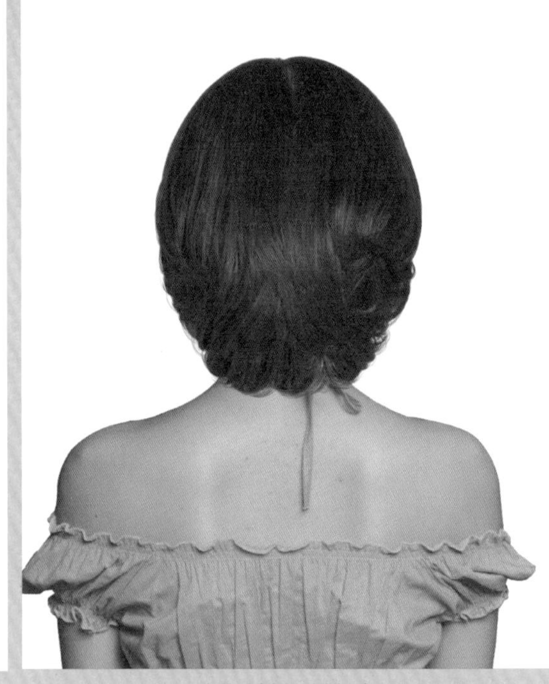

M-2021-111-3

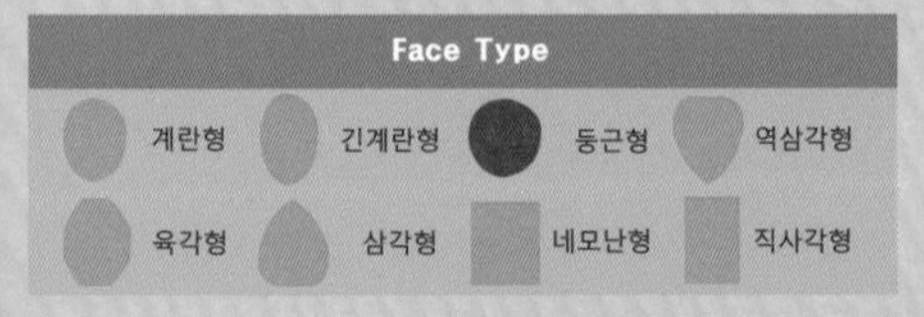

Hair Cut Method-
Technology Manual 131Page 참고

소프트한 컬의 부드러운 움직임이 청순하고 발랄한 감성을 주는 이노센트 헤어스타일!

- 맑고 청순한 소녀 감성의 헤어스타일은 세대를 아우르는 누구에게나 잘 어울리는 헤어스타일입니다.
- 그러데이션, 레이어드의 콤비네이션 커트 기법으로 부드러운 층의 둥근 라인의 보브 스타일 커트를 합니다.
- 굵은 롤로 원컬의 안말음 파마를 해 줍니다.
- 헤어 드라이기로 뿌리부터 말리면서 80%를 말린 후 글로스 오일을 고르게 바르고, 손질하지 않는 듯 손가락 빗으로 훑어 주고 방향을 잡으면서 러프하게 털어주면서 마무리합니다.

Woman Medium Hair Style Design

M-2021-112-1

M-2021-112-2

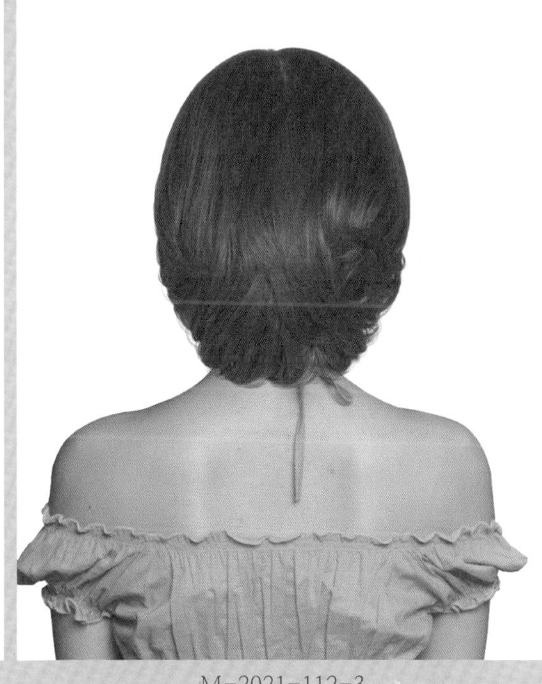

M-2021-112-3

Face Type			
계란형	긴계란형	둥근형	역삼각형
육각형	삼각형	네모난형	직사각형

Hair Cut Method-
Technology Manual 131Page 참고

유행에 좌우되지 않으면서 오래도록 사랑받아온 크래식 헤어스타일!

- 청순하면서 깨끗한 이미지의 헤어스타일은 시대를 초월해서 사랑받습니다.
- 세계 모든 여성이 좋아하는 이미지는 건강함, 깨끗함, 청순하고 지적인 이미지입니다.
- 둥근 라인의 그러데이션 보브스타일의 형태로 커트를 하고 굵은 롤로 원컬 웨이브 파마를 해 줍니다.
- 헤어 드라이기로 뿌리부터 말리면서 80%를 말린 후 글로스 오일을 고르게 바르고, 뒤 방향 사선으로 손가락으로 빗질하여 바무리합니다.

Woman Medium Hair Style Design

M-2021-113-1

M-2021-113-2

M-2021-113-3

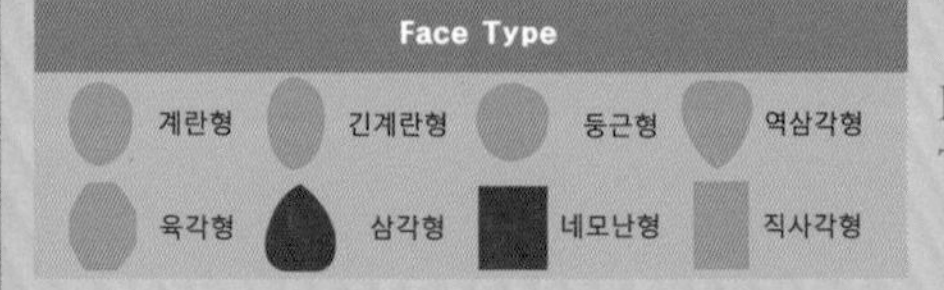

Hair Cut Method-
Technology Manual 196Page 참고

여성스럽고 귀여움이 매력적으로 보이는 러블리 헤어스타일!

- 그러데이션, 인크리스 레이어드 기법으로 어깨선을 타고 자연스럽게 뻗치는 흐름의 실루엣을 표현합니다.
- 백 포인트, 네이프, 사이드에서 층이 길어지고 가늘어지는 인크리스 레이어드로 커트하고, 크라운 톱은 그러데이션, 레이어드 기법으로 부드러운 볼륨의 흐름을 구성합니다.
- 그러데이션 부분은 안말음, 인크리스 부분은 바깥말음으로 롤을 와인딩합니다.
- 헤어 드라이기로 뿌리부터 말리면서 70%를 말린 후 소프트 왁스를 고르게 바르고, 손가락으로 방향을 잡아 주고 훑어 주면서 스타일링합니다.

Woman Medium Hair Style Design

M-2021-114-1

M-2021-114-2

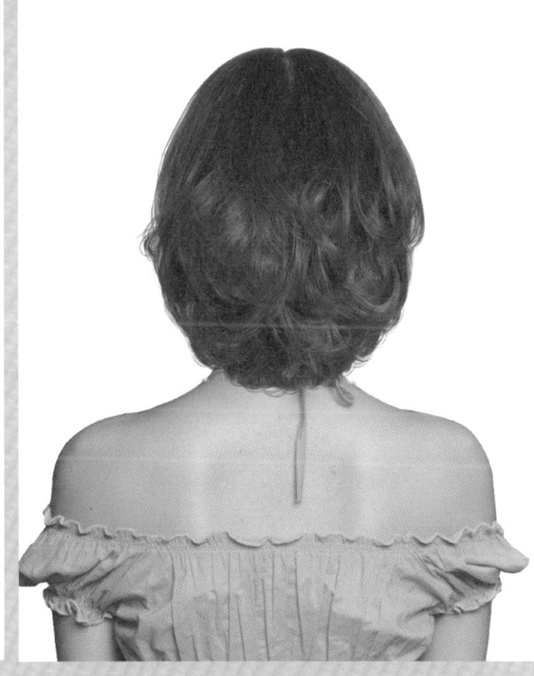

M-2021-114-3

Face Type

계란형 긴계란형 둥근형 역삼각형
육각형 삼각형 네모난형 직사각형

Hair Cut Method-
Technology Manual 131Page 참고

여성스럽고 상냥한 핑크 보브의 러블리 헤어스타일!

- 둥근 라인의 그러데이션 보브 스타일로 오랫동안 여성들에게 사랑받아온 헤어스타일입니다.
- 그러데이션과 레이어드 콤비네이션 커트 기법으로 부드러운 실루엣을 연출합니다.
- 굵은 롤로 1~1.5컬의 부드러운 웨이브 파마를 해 줍니다.
- 헤어 드라이기로 뿌리부터 말리면서 70%를 말린 후 소프트 왁스를 고르게 바르고, 손가락으로 방향을 잡아 주고 훑어 주면서 스타일링합니다.

Woman Medium Hair Style Design

M-2021-115-1

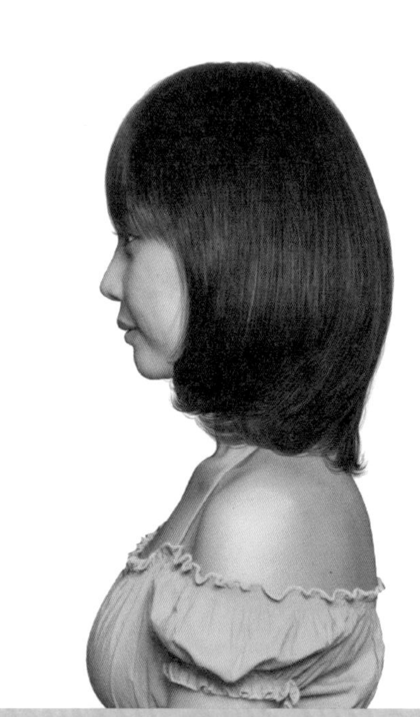

M-2021-115-2

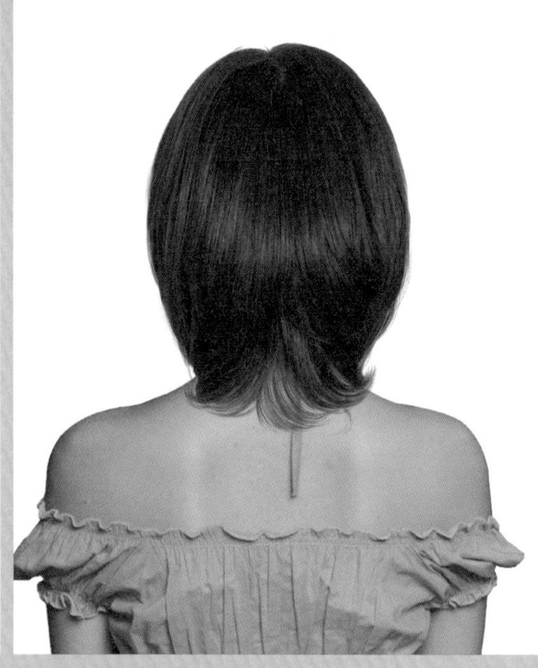

M-2021-115-3

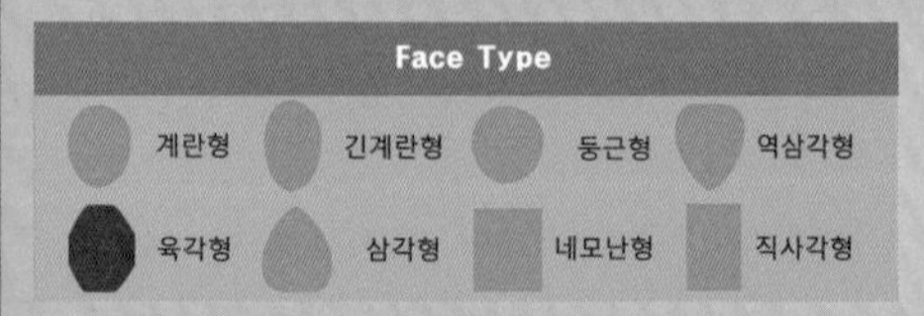

Hair Cut Method-
Technology Manual 146Page 참고

자연스럽고 청순한 이미지의 에콜로지 감각의 헤어스타일!

- 어깨선에 닿아서 자연스럽게 뻗칠 수 있도록 길이를 조절한 둥근 라인의 그러데이션, 레이어드의 콤비네이션 기법으로 디자인합니다.
- 모발 흐름을 부드럽고 가볍게 하기 위해 모발 길이 중간, 끝부분에서 틴닝, 슬라이딩 커트를 하여 질감을 표현합니다.
- 모선 부분에 굵은 롤로 원컬 파마를 해 줍니다.
- 스트레이트 헤어일 경우 아이롱으로 스타일 형태를 잡아 줍니다.
- 헤어 드라이기로 뿌리부터 말리면서 80%를 말린 후 에센스, 글로스 왁스를 고르게 바르고, 손가락으로 방향을 잡아 주고 훑어 주면서 스타일링합니다.

Woman Medium Hair Style Design

M-2021-116-1

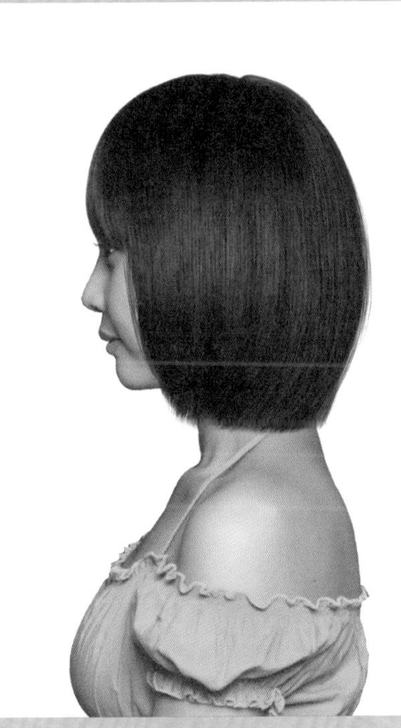
M-2021-116-2

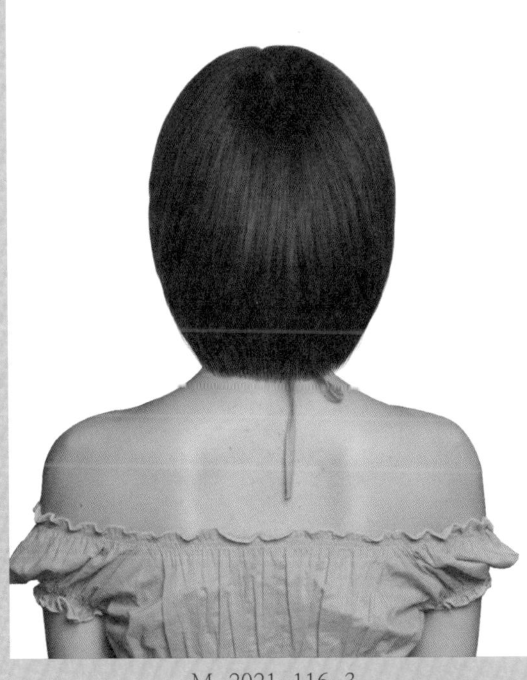
M-2021-116-3

Face Type			
계란형	긴계란형	둥근형	역삼각형
육각형	삼각형	네모난형	직사각형

Hair Cut Method-
Technology Manual 131Page 참고

귀엽고 사랑스러운 소녀 감성의 로맨틱 감각의 헤어스타일!

- 맑고 청순한 이미지를 주는 발랄하고 사랑스러운 둥근 라인의 보브 헤어스타일입니다.
- 전체적으로 가벼운 느낌의 흐름이 되도록 언더 쪽에서 가벼운 층을 만들고, 탑 쪽은 차분하고 찰랑거리는 질감을 표현합니다.
- 앞머리를 둥근 라인으로 길게 하여 페이스 라인이 계란형의 실루엣을 표현합니다.
- 헤어 드라이기로 뿌리부터 말리면서 80%를 말린 후 에센스, 글로스 왁스를 고르게 바르고 곱게 빗질하여 스타일링합니다.

Woman Medium Hair Style Design

M-2021-117-1

M-2021-117-2

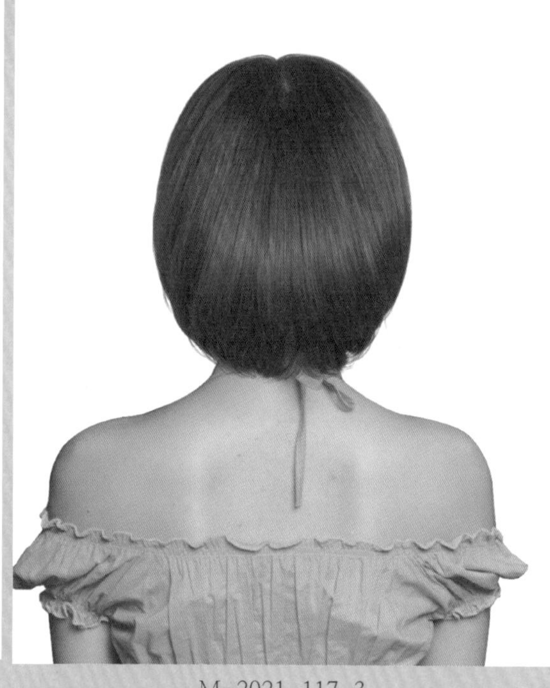

M-2021-117-3

Face Type

계란형 · 긴계란형 · 둥근형 · 역삼각형
육각형 · 삼각형 · 네모난형 · 직사각형

Hair Cut Method-
Technology Manual 154Page 참고

천진난만하고 순수함과 발랄함이 어울어지는 표정의 큐트 감각의 헤어스타일!

- 둥근 라인의 짧은 그러데이션 보브 헤어스타일입니다.
- 언더 쪽에서 약간 무거운 느낌으로 그러데이션 커트를 하고, 탑 쪽으로 부드럽게 층을 연결합니다.
- 앞머리는 무겁게 내리고 페이스 라인이 둥근 라인을 잘 표현될 수 있도록 세밀하게 라인을 다듬습니다.
- 헤어 드라이기로 뿌리부터 말리면서 80%를 말린 후 에센스, 오일 왁스를 고르게 바르고 곱게 브러싱하여 스타일링합니다.

Woman Medium Hair Style Design

M-2021-118-1

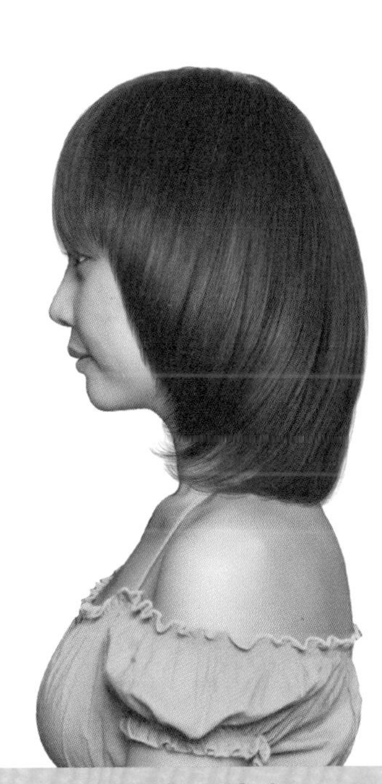

M-2021-118-2

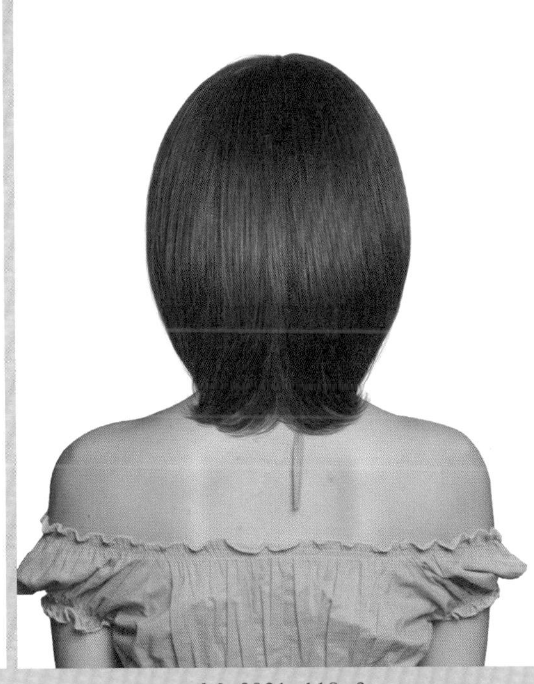

M-2021-118-3

Face Type			
계란형	긴계란형	둥근형	역삼각형
육각형	삼각형	네모난형	직사각형

Hair Cut Method-
Technology Manual 154Page 참고

여성스러우면서 깨끗하고 세련된 느낌과 지성미가 느껴지는 트래디셔널 감각의 헤어스타일!

- 그러데이션과 레이어드 콤비네이션 커트로 가벼운 흐름의 베이스를 만들고, 목선과 어깨선을 타고 흐르는 실루엣을 표현합니다.
- 앞머리는 양쪽으로 흐르는 시스루 뱅을 만들고, 사이드의 얼굴 라인은 사선으로 포워드 흐름을 표현하여 얼굴 윤곽이 갸름한 느낌이 되도록 합니다.
- 헤어 드라이기로 뿌리부터 말리면서 80%를 말린 후 소프트 왁스를 고르게 바르고 곱게 브러싱하여 스타일링합니다.

Woman Medium Hair Style Design

M-2021-119-1

M-2021-119-2

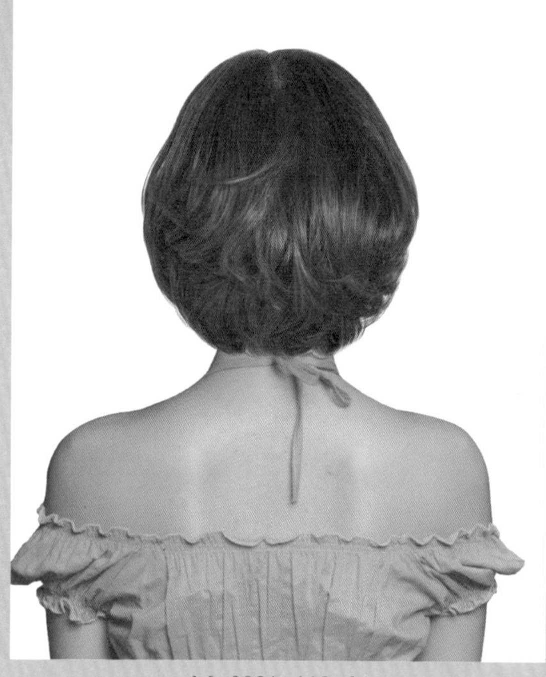

M-2021-119-3

Face Type			
계란형	긴계란형	둥근형	역삼각형
육각형	삼각형	네모난형	직사각형

Hair Cut Method-
Technology Manual 100Page 참고

여성들에게 오래도록 사랑받아온 고급스러운 느낌이 더해지는 클래식한 감각의 헤어스타일!

- 둥근 라인으로 그러데이션 보브 스타일의 형태를 디자인합니다.
- 가볍고 풍성한 볼륨을 만들기 위해 모발 길이 중간, 끝에서 틴닝으로 질감 처리를 합니다.
- 굵은 롤로 언더 쪽은 1컬, 톱 쪽으로 1.5~2컬 와인딩을 하여 웨이브 파마를 해 줍니다.
- 앞머리는 양쪽으로 가벼운 흐름의 뱅을 만듭니다.
- 헤어 드라이기로 뿌리부터 말리면서 80%를 말린 후 소프트 왁스를 고르게 바르고, 손가락으로 방향을 잡아 주고 움켜쥐는 스크런칭 기법으로 스타일링합니다.
- 한 쪽은 귀 뒤로 넘겨 주어 비대칭 흐름의 스타일 형태로 마무리합니다.

Woman Medium Hair Style Design

M-2021-120-1

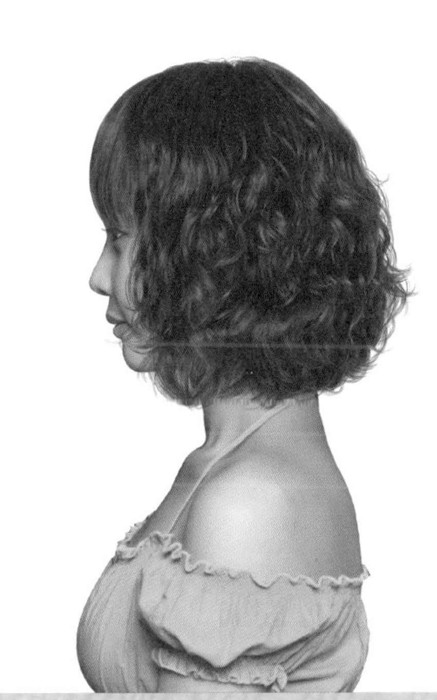

M-2021-120-2

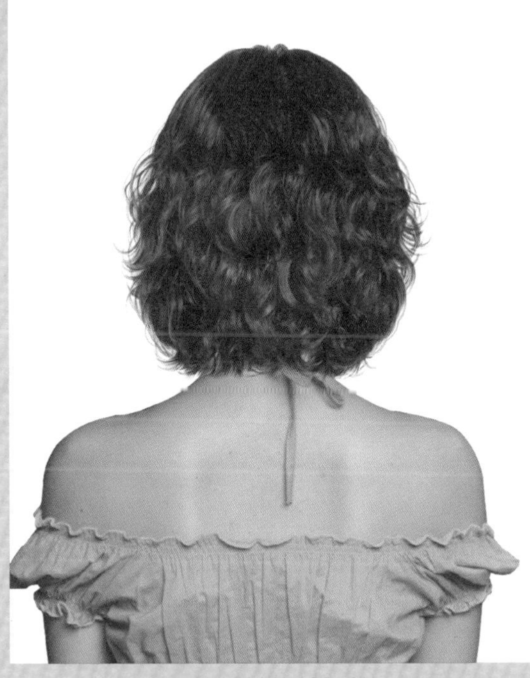

M-2021-120-3

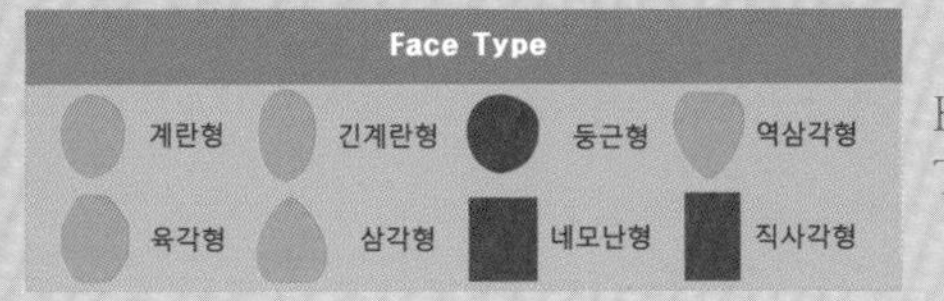

Hair Cut,Permament Wave Method-
Technology Manual 35Page 참고

꿈틀거리는 웨이브 흐름이 여성스럽고 싱그러움을 주는 에콜로지 감각의 헤어스타일!

- 수평 라인의 그러데이션 보브 스타일로 베이스를 만들고, 모발 길이에서 중간, 끝에서 틴닝을 하여 가벼운 움직임을 만듭니다.
- 전체를 웨이브 파마를 해 주고 앞머리는 굵은 롤로 뱅 흐름을 만듭니다.
- 헤어 드라이기로 뿌리부터 말리면서 70%를 말린 후 에센스, 오일 왁스, 소프트 왁스를 고르게 바르고, 손가락으로 방향을 잡아 주고 훑어 주면서 털어 주어 스타일링합니다.

Woman Medium Hair Style Design

M-2021-121-1

M-2021-121-2

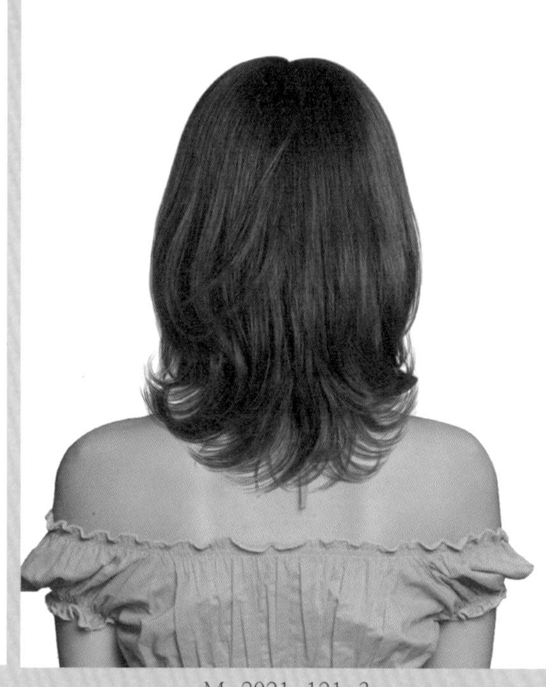

M-2021-121-3

Face Type			
계란형	긴계란형	둥근형	역삼각형
육각형	삼각형	네모난형	직사각형

Hair Cut Method-
Technology Manual 146Page 참고

청순하고 여성스러움이 느껴지는 클래식 감각의 헤어스타일!

- 그러데이션, 레이어드의 콤비네이션 기법으로 디자인된 롱 보브 스타일입니다.
- 많은 여성이 과거와 현재에도 기본적으로 선호하는 헤어스타일입니다.
- 언더 쪽에 무게감을 주고 안말음 운동을 위해 그러데이션으로 층을 연결하고, 탑 쪽으로 세밀하게 층을 연결하여 부드러운 모류를 연출합니다.
- 모발 길이 중간, 끝부분에서 틴닝을 하고 페이스 라인은 슬라이딩 커트로 가늘어지고 가벼운 흐름을 만들고, 모선에서 1.3컬의 파마를 합니다.
- 헤어 드라이기로 뿌리부터 말리면서 70%를 말린 후 글로스 오일, 소프트 왁스를 고르게 바르고 손가락으로 빗어서 방향을 잡아 주고, 안말음 흐름으로 스타일링을 합니다.

Woman Medium Hair Style Design

M-2021-122-1

M-2021-122-2

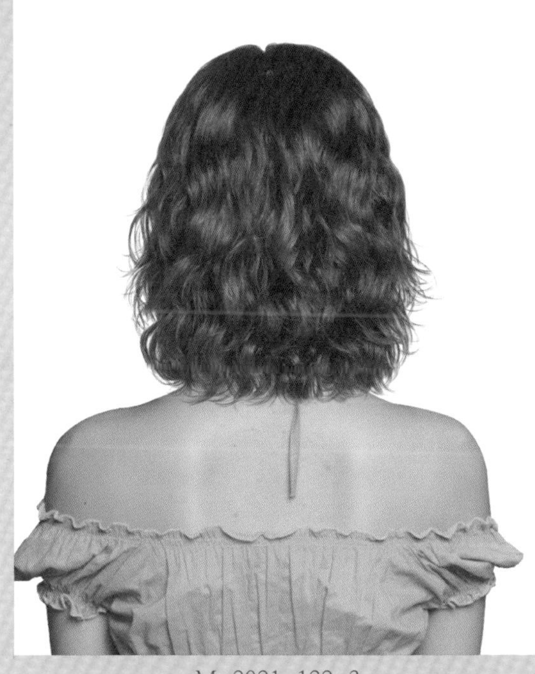

M-2021-122-3

Face Type			
계란형	긴계란형	둥근형	역삼각형
육각형	삼각형	네모난형	직사각형

Hair Cut Method-
Technology Manual 108Page 참고

자유자재로 움직이는 물결 웨이브가 사랑스러움을 더해 주는 에콜로지 감각의 헤어스타일!

- 수평 라인의 그러데이션 보브 스타일로 디자인 커트를 합니다.
- 부드러운 율동감을 주기 위해 모발 길이 중간, 끝부분에서 틴닝 커트를 하고, 굵은 롯드로 전체를 와인딩하여 파마를 해 줍니다.
- 헤어 드라이기로 뿌리부터 말리면서 80%를 말린 후 소프트 왁스를 고르게 바르고, 손가락으로 방향을 잡아 주고 모발 속에 공기감을 넣어 주고 털어 주면서 러프하게 스타일링합니다.

Woman Medium Hair Style Design

M-2021-123-1

M-2021-123-2

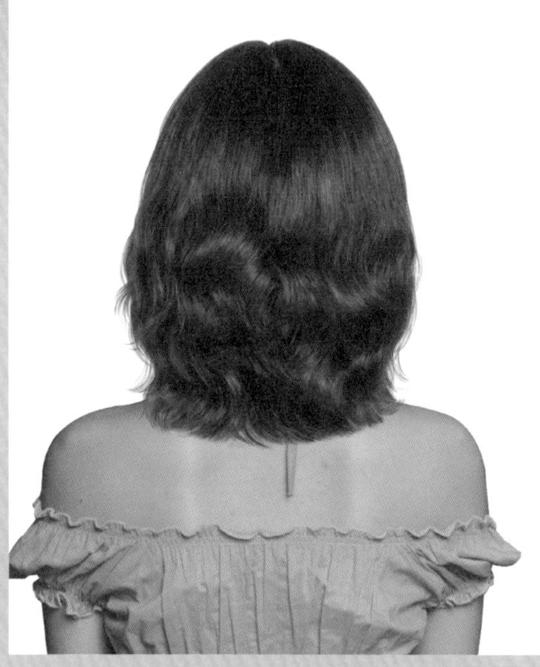

M-2021-123-3

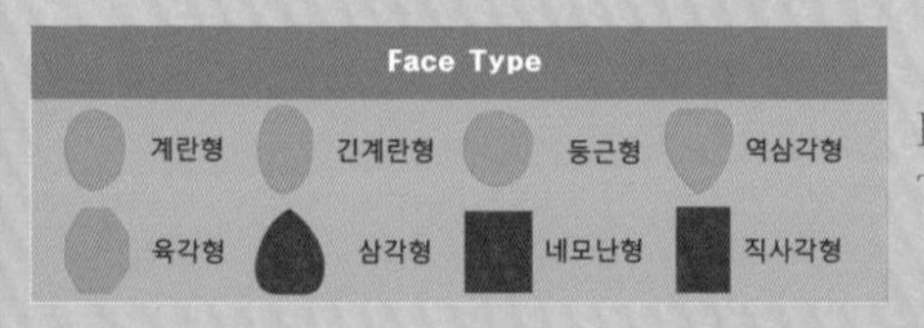

Hair Cut Method-
Technology Manual 146Page 참고

물결치는 웨이브가 솜사탕처럼 큐트한 롱 보브 헤어스타일!

- 센터 파트로 시원하게 이마가 드러나는 롱 그러데이션 보브 스타일로 디자인하여 커트합니다.
- 페이스 라인에서 짧아지는 층을 만들어 얼굴을 작아 보이게 연출합니다.
- 모발 길이의 중간 부분까지 굵은 롤로 와인딩하여 물결 웨이브를 만듭니다.
- 헤어 드라이기로 뿌리부터 말리면서 70%를 말린 후 글로스 오일, 소프트 왁스를 고르게 바르고, 손가락으로 방향을 잡아 주고 훑어 주면서 스타일링합니다.

Woman Medium Hair Style Design

M-2021-124-1

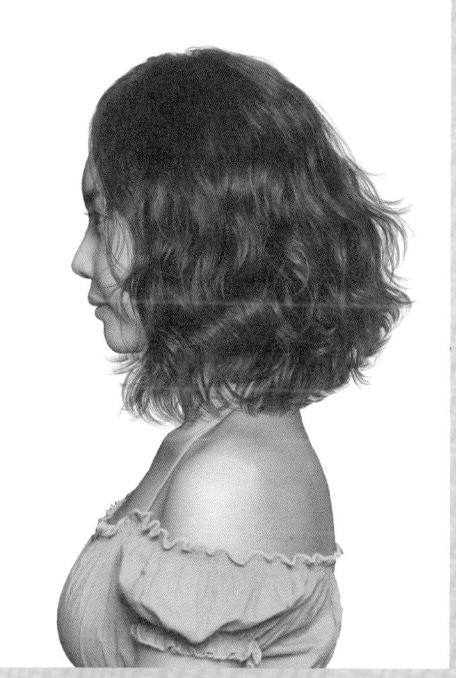

M-2021-124-2

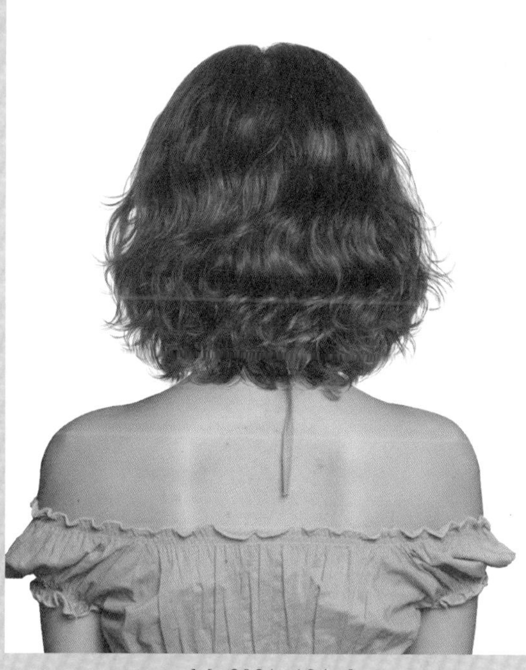

M-2021-124-3

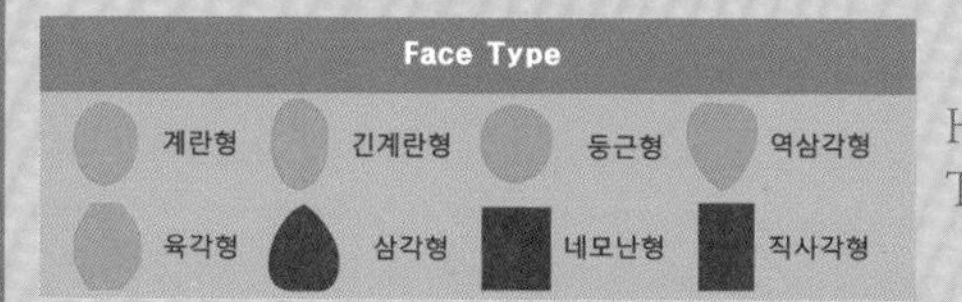

Hair Cut Method-
Technology Manual 077Page 참고

두둥실 부풀어지고 자유롭게 움직이는 컬이 사랑스러움과 개성적인 어드밴스드 감각의 헤어스타일!

- 원랭스 라인으로 앞으로 급격하게 길어지는 커트를 하고, 탑 쪽에서 레이어드 커트를 하고, 모발 길이에서 뿌리, 중간, 끝부분에서 적당량의 틴닝 커트를 하여 움직임을 주는 질감 표현을 합니다.
- 앞머리는 굵을 롤로 뱅을 만들고 전체를 웨이브 파마를 해 줍니다.
- 헤어 드라이기로 뿌리부터 말리면서 80%를 말린 후 소프트 왁스를 고르게 바르고, 스크런칭 드라이 기법(손가락으로 방향을 잡아 주고 움켜쥐고 펴 주기를 반복하면서 부풀리는 기법) 부풀리면서 자유롭게 움직이는 흐름을 연출해 주고 헤어 스프레이로 고정하여 스타일을 완성합니다.

Woman Medium Hair Style Design

M-2021-125-1

M-2021-125-2

M-2021-125-3

Face Type			
계란형	긴계란형	둥근형	역삼각형
육각형	삼각형	네모난형	직사각형

Hair Cut,Permament Wave Method-
Technology Manual 35Page 참고

심플함과 청순함을 중시하면서 산뜻 발랄한 원컬 헤어스타일!

- 둥근 라인의 그러데이션 보브 스타일로 형태를 디자인하고, 모발 길이 중간, 끝부분에서 틴닝, 슬라이딩 커트 기법으로 모발량을 조절하여 부드러운 움직임을 표현합니다.
- 굵은 롤로 1.3컬의 파마를 해 줍니다.
- 헤어 드라이기로 뿌리부터 말리면서 70%를 말린 후 소프트 왁스를 고르게 바르고, 손가락으로 방향을 잡아 주고 훑어 주면서스타일링합니다.

Woman Medium Hair Style Design

M-2021-126-1

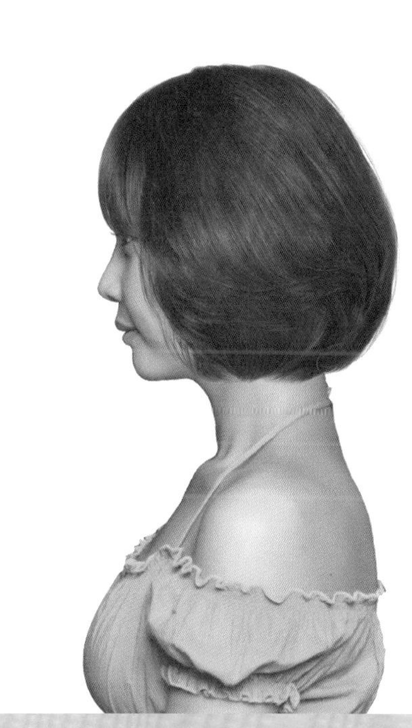

M-2021-126-2

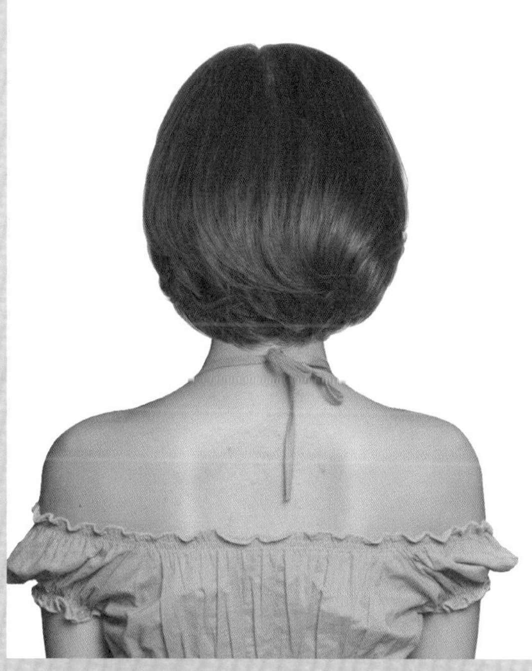

M-2021-126-3

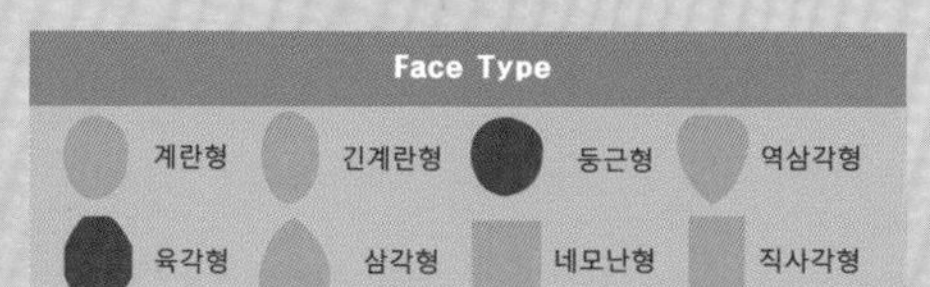

Hair Cut Method-
Technology Manual 131Page 참고

스위트하고 발랄한 느낌이지만 성숙한 매력이 살짝살짝 느껴지는 그러데이션 보브 헤어스타일!

- 턱선 라인과 길이가 비슷한 짧은 그러데이션 보브 스타일입니다.
- 턱선이 둥글거나 각진 라인이라면 턱선보다 길이를 길게 하는 것이 얼굴을 부드럽고 작아 보이게 합니다.
- 언도 부분에서는 그러데이션을 세밀하게 연결하여 안말음 흐름이 잘 되게 하고, 톱 부분에서 레이어드 커트로 백 부분에 부드럽고 풍성한 볼륨을 연출해 줍니다.
- 굵은 롤로 1.3컬의 파마를 해서 부드러운 모류를 만듭니다.
- 헤어 드라이기로 뿌리부터 말리면서 70%를 말린 후 글로스 오일, 소프트 왁스를 고르게 바르고, 손가락으로 뒤 방향 사선으로 빗겨 주고 헤어 스프레이로 고정하여 완성합니다.

Woman Medium Hair Style Design

M-2021-127-1

M-2021-127-2

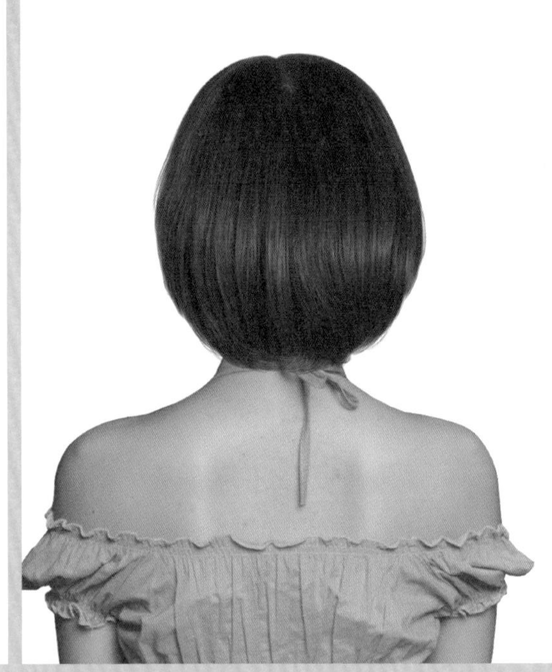

M-2021-127-3

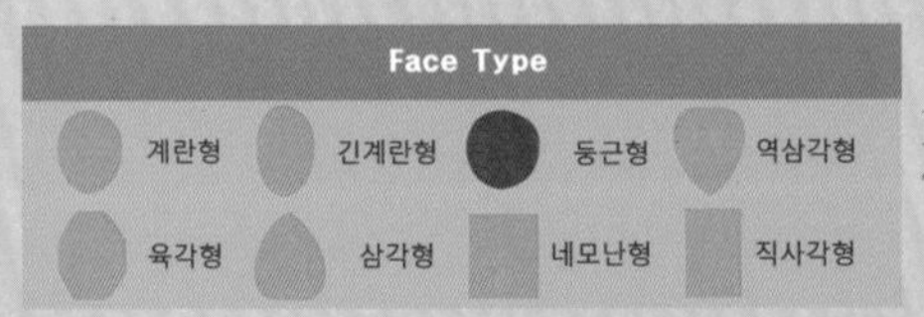

Hair Cut Method-
Technology Manual 131Page 참고

청순하고 지적이면서 꾸밈없이 발랄해 보이는 그러데이션 보브 헤어!

- 둥근 라인의 그러데이션 보브 스타일로 베이스를 만들고 앞머리는 시스루 뱅을 만듭니다.
- 모발의 흐름을 가볍게 하고 뻗치지 않고 안말음이 잘 되도록 끝부분을 뾰족하고 세밀하게 연결하여 부드러운 모류를 만듭니다.
- 롤 스트레이트 파마를 하면 손질이 쉬워집니다.
- 헤어 드라이기로 뿌리부터 말리면서 80%를 말린 후 글로스 오일, 소프트 왁스를 고르게 바르고, 손가락으로 빗어서 방향을 잡아 주고, 머릿결 흐름을 만들어 주고 한쪽 사이드는 귀 뒤로 넘겨서 성숙하고 개성 있는 비대칭 스타일링을 합니다.

Woman Medium Hair Style Design

M-2021-128-1

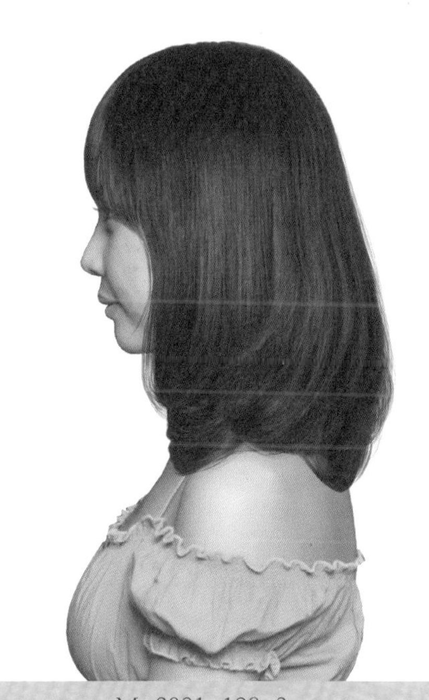

M-2021-128-2

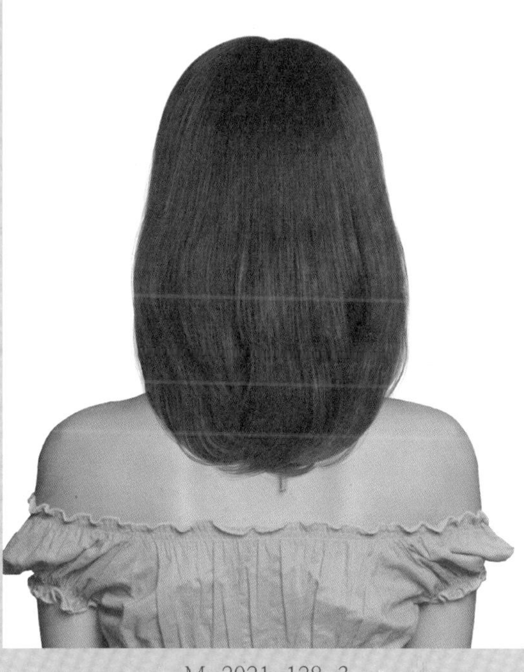

M-2021-128-3

Face Type			
계란형	긴계란형	둥근형	역삼각형
육각형	삼각형	네모난형	직사각형

Hair Cut Method-
Technology Manual 146Page 참고

시대를 초월하는 가치와 보편성을 갖는 스타일로 오랫동안 사랑받아온 헤어스타일!

- 쇄골 라인을 덮는 길이의 롱 그러데이션 레이어드 스타일은 언더에서 그러데이션, 톱 쪽은 레이어드로 연결하여 언더 부분에 무게감을 주고 뻗치지 않게 안말음 흐름을 연출하는 청순하고 여성스러운 느낌의 스타일로 누구나 좋아하고 사랑받아온 헤어스타일입니다.
- 안말음 흐름의 헤어스타일은 지나치게 층을 많이 주거나 들쭉날쭉 길이에서는 뻗치는 흐름이 되므로 주의합니다.
- 모선에 1.3컬의 웨이브 파마를 하면 더욱 손질하기 편한 스타일이됩니다.
- 헤어 드라이기로 뿌리부터 말리면서 80%를 말린 후 글로스 오일을 고르게 바르고, 손가락으로 빗어서 방향을 잡아 주며 스타일링을 합니다.

Woman Medium Hair Style Design

M-2021-129-1

M-2021-129-2

M-2021-129-3

Face Type

계란형 / 긴계란형 / 둥근형 / 역삼각형 / 육각형 / 삼각형 / 네모난형 / 직사각형

Hair Cut Method-
Technology Manual 204Page 참고

여성스러운 상냥함과 사랑스러운 느낌을 주는 러블리 헤어스타일!

- 그러데이션, 레이어드, 인크리스 레이어드가 혼합된 콤비네이션 기법의 헤어스타일입니다.
- 백 포인트와 입술선으로 이어지는 언더 쪽은 인크리스 레이어드로 층이 길어지는 흐름을 만들고, 백 부분 크라운은 그러데이션으로 후두부의 풍성한 볼륨을 연출하고, 톱 쪽에서 레이어드로 부드러운 층을 연결합니다.
- 길이의 중간, 끝부분에서 틴닝과 슬라이딩 커트로 끝부분의 길이를 들쭉날쭉한 흐름을 만들고 앞머리는 무겁게 내려주어 시스루 뱅 헤어와 다른 귀여운 개성을 연출하고, 굵은 롤로 1.5컬의 웨이브 파마를 합니다.
- 헤어 드라이기로 뿌리부터 말리면서 70%를 말린 후 글로스 오일, 소프트 왁스를 고르게 바르고 손가락으로 빗어서 방향을 잡아 주고 안말음, 바깥 흐름으로 스타일링을 합니다.

Woman Medium Hair Style Design

M-2021-130-1

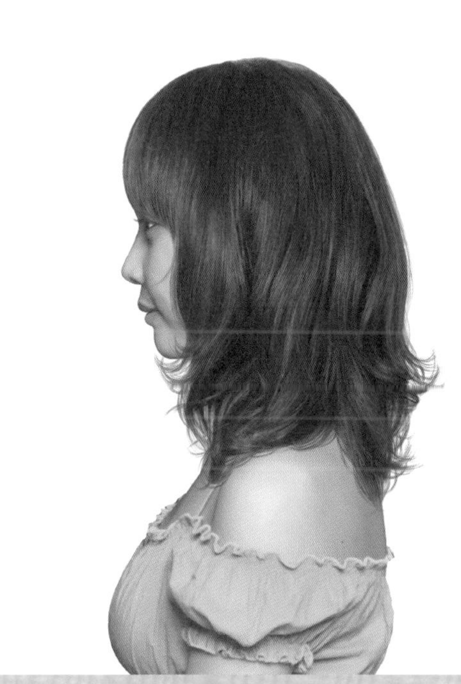

M-2021-130-2

M-2021-130-3

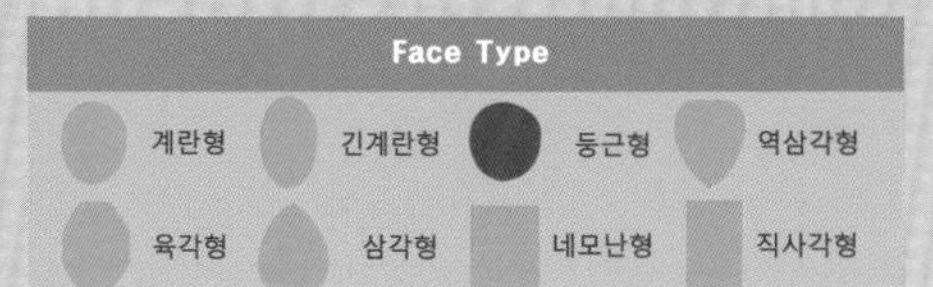

Hair Cut Method-
Technology Manual 186Page 참고

자유롭게 출렁이는 웨이브의 흐름이 여성스럽고 귀여움을 주는 페미닌 헤어스타일!

- 톱 쪽의 길이가 너무 짧아지지 않도록 주의하면서 베이스는 가벼운 층의 커트를 합니다.
- 끝부분을 뾰족하고 깊은 바이어스 브란트 커트를 하여 들쑥날쑥한 흐름을 만들고 가벼운 흐름을 연출하기 위해 틴닝으로 모발량을 조절합니다.
- 굵은 롤로 1.5~2.5컬의 웨이브 파마를 하여 자유로운 흐름을 연출합니다.
- 헤어 드라이기로 뿌리부터 말리면서 70%를 말린 후 소프트 왁스를 고르게 바르고, 손가락으로 빗어서 방향을 잡아 주고 안말음, 뻗치는 흐름으로 스타일링을 합니다.

Woman Medium Hair Style Design

M-2021-131-1

M-2021-131-2

M-2021-131-3

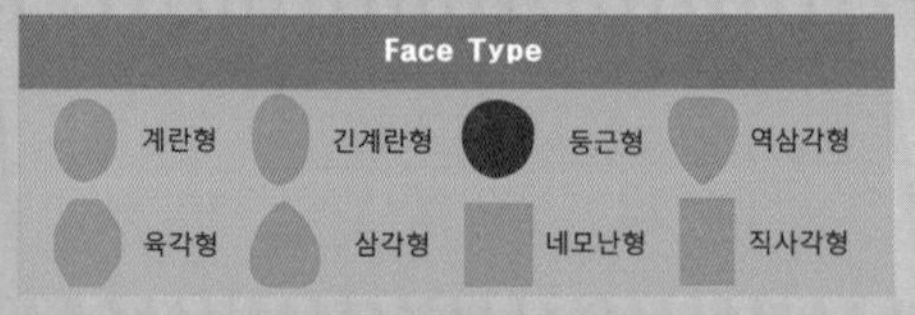

Hair Cut Method-
Technology Manual 204Page 참고

목선을 타고 뻗치는 컬의 흐름과 후두부의 풍성한 둥근감이 여성스러움을 강조!

- 백 포인트와 사이드에서 수평으로 연결되는 스타일의 언더 쪽은 인크리스 레이어드로 끝부분을 깊고 예리한 바이어스 블런트 커트를 하고, 윗부분은 그러데이션과 레이어드로 둥근 실루엣의 풍성함을 연출합니다.
- 틴닝과 슬라이딩 커트로 깃털처럼 가벼운 질감을 만들고, 굵은 롤로 바깥말음을, 윗부분은 안말음의 웨이브 파마를 합니다.
- 헤어 드라이기로 뿌리부터 말리면서 70%를 말린 후 소프트 왁스를 고르게 바르고, 손가락으로 빗어서 방향을 잡아 주고, 안말음, 뻗치는 흐름으로 스타일링을 합니다.

Woman Medium Hair Style Design

M-2021-132-1

M-2021-132-2

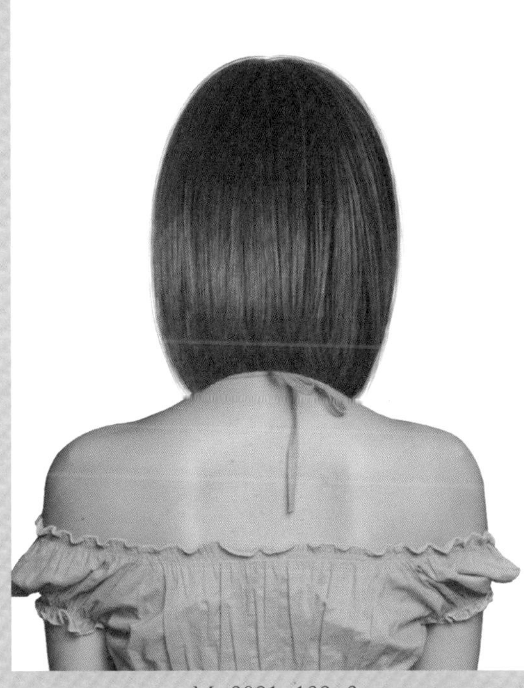

M-2021-132-3

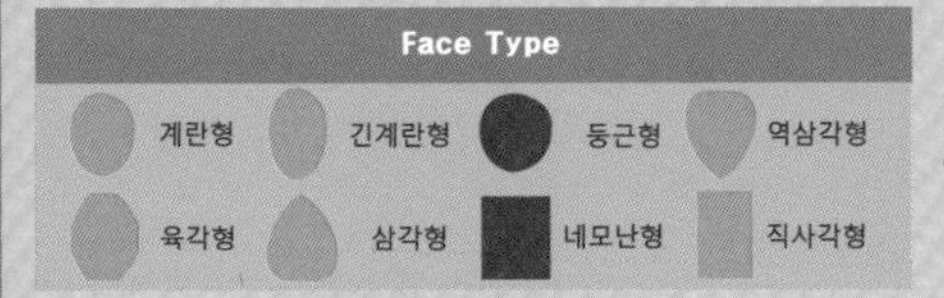

Hair Cut Method-
Technology Manual 139Page 참고

언제나 사랑받고 주목받고 싶은 여성들의 소망, 나만의 개성 연출!

- 라운드 라인으로 얼굴 쪽으로 급격히 길어지는 보브 헤어스타일은 목선을 아름답게 하고 세련되고 트렌디한 느낌을 주는 헤어스타일입니다.
- 그러데이션 보브 헤어스타일은 자연스럽고 안말음이 잘 되는 흐름을 연출하려면 언더에서 미디엄 그러데이션 커트와 톱 쪽으로 연결되는 레이어드의 세밀한 연결과 밸런스가 잘 맞아야 들뜨지 않고 자연스러운 안말음이 됩니다.
- 모발 길이 중간, 끝부분에서 틴닝으로 모발량을 조절하고 원컬의 스트레이트 파마를 해 줍니다.
- 헤어 드라이기로 뿌리부터 말리면서 80%를 말린 후 롤 브러시나 아이롱으로 연출한 후 글로스 왁스를 고르게 바르고 자유롭게 털어서 스타일링을 합니다.

Woman Medium Hair Style Design

M-2021-133-1

M-2021-133-2

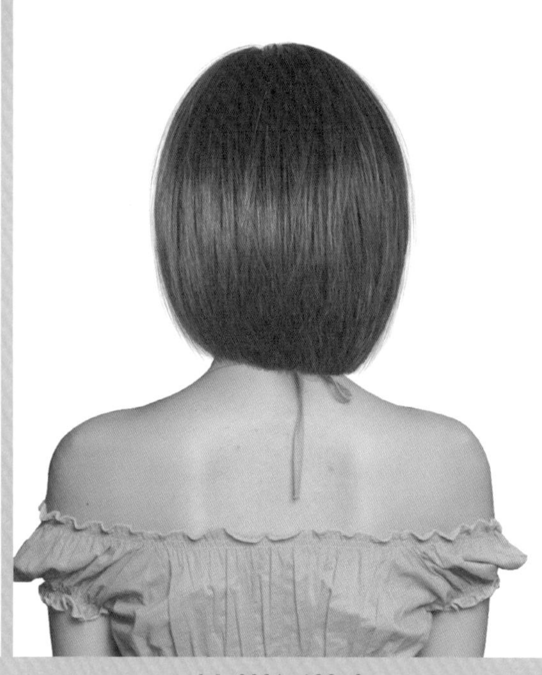

M-2021-133-3

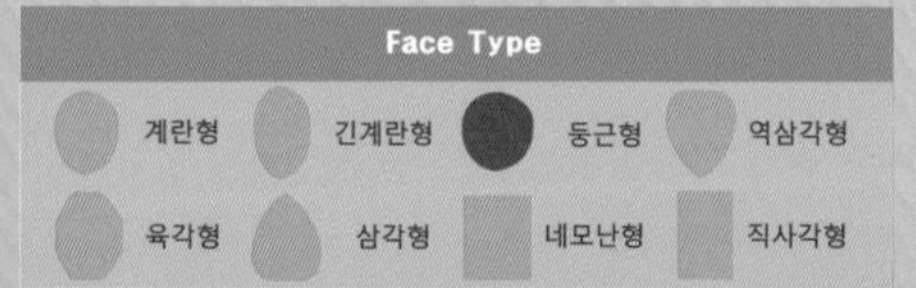

Hair Cut Method-
Technology Manual 116 .139Page 참고

나만의 개성을 추구하고 싶은 개성파 멋쟁이들의 감성 비대칭 보브 헤어스타일!

- 비대칭 보브 헤어스타일은 과거에도 유행을 했었지만 현재에도 라인의 변화를 주면 얼굴의 표정 변화를 주어 독특하고 개성적인 아름다움을 주는 헤어스타일입니다.
- 비대칭 라인으로 디자인을 설정하고 언더에서 그러데이션 커트를 시작하여 톱 쪽으로 레이어드를 세밀하게 연결하여 부드럽게 비대칭되는 모류를 연출합니다.
- 모발 길이 중간, 끝부분에서 틴닝으로 가벼운 흐름을 연출하고 원컬의 스트레이트 파마를 합니다.
- 헤어 드라이기로 뿌리부터 말리면서 80%를 말린 후 롤 브러시나 아이롱으로 연출한 후 글로스 왁스를 고르게 바르고 자유롭게 털어서 스타일링을 합니다.

Woman Medium Hair Style Design

M-2021-134-1

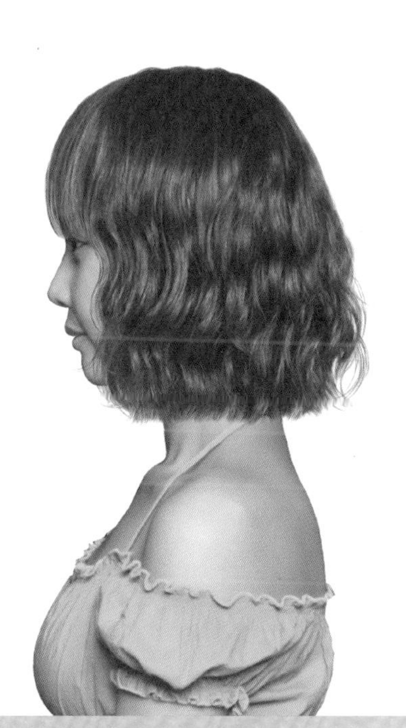

M-2021-134-2

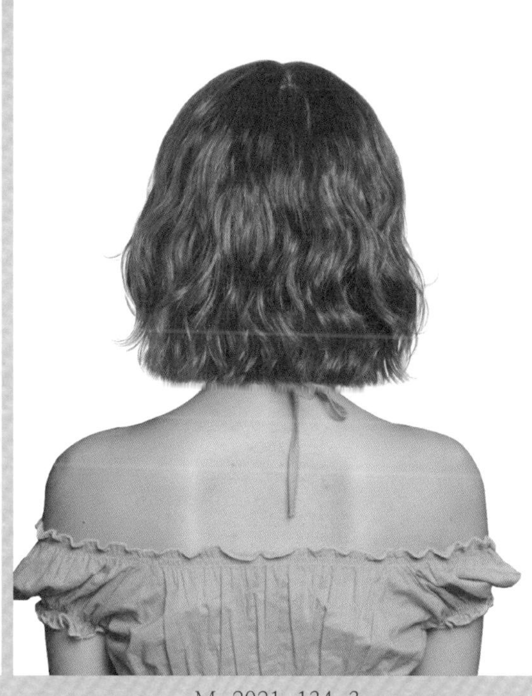

M-2021-134-3

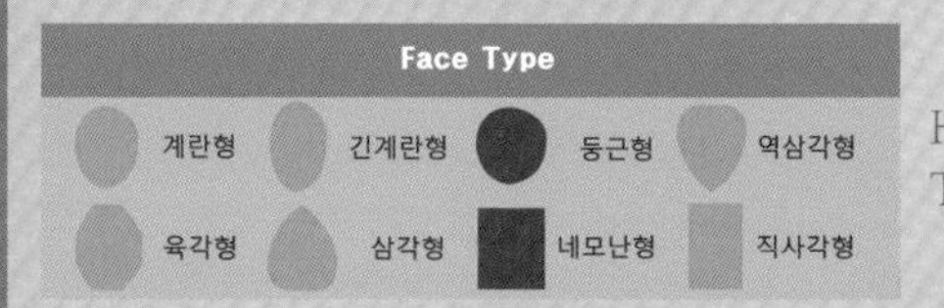

Hair Cut Method-
Technology Manual 108Page 참고

바닷물결처럼 출렁이는 율동감 있는 웨이브 흐름이 달콤하고 여성스러움을 주는 큐트 헤어스타일!

- 수분을 머금은 듯 굽실거리는 웨이브 흐름이 여성스럽고 섹시한 이미지를 주는 로맨틱 헤어스타일입니다.
- 언더에서 살짝 층을 주는 그러데이션 커트를 하고, 톱 쪽에서 약간 층을 주는 레이어드 커트를 연결합니다.
- 모발 길이 중간, 끝부분에서 틴닝으로 모발량을 조절하고 슬라이딩 커트로 가늘어지고 가벼운 질감의 커트를 합니다.
- 굵은 롤로 전체를 웨이브 파마를 해 줍니다.
- 헤어 드라이기로 뿌리부터 말리면서 70%를 말린 후 글로스 왁스를 고르게 바르고, 스크런치 드라이 기법으로 드라이하고 손가락으로 방향을 잡아 주어 자연스러운 컬의 움직임을 연출합니다.

Woman Medium Hair Style Design

M-2021-135-1

M-2021-135-2

M-2021-135-3

Face Type			
계란형	긴계란형	둥근형	역삼각형
육각형	삼각형	네모난형	직사각형

Hair Cut Method-
Technology Manual 071Page 참고

살랑거리듯 춤추는 물결 웨이브가 멋스럽고 아름다운 러블리 헤어스타일!

- 부드럽게 출렁이는 물결 웨이브는 여성스럽고 스위트한 분위기를 느끼게 합니다.
- 수평 라인의 원랭스를 커트하고 모발 길이 뿌리, 중간, 끝부분에서 틴닝으로 모발량을 조절하고, 슬라이딩 커트로 가늘어지고 가벼운 스타일의 표정을 만듭니다.
- 굵은 롤로 전체를 웨이브 파마를 해 줍니다.
- 헤어 드라이기로 뿌리부터 말리면서 70%를 말린 후 글로스 왁스를 고르게 바르고, 스크런치 드라이 기법으로 드라이하고 손가락으로 방향을 잡아 주어 자연스러운 컬의 움직임을 연출합니다.

Woman Medium Hair Style Design

M-2021-136-1

M-2021-136-2

M-2021-136-3

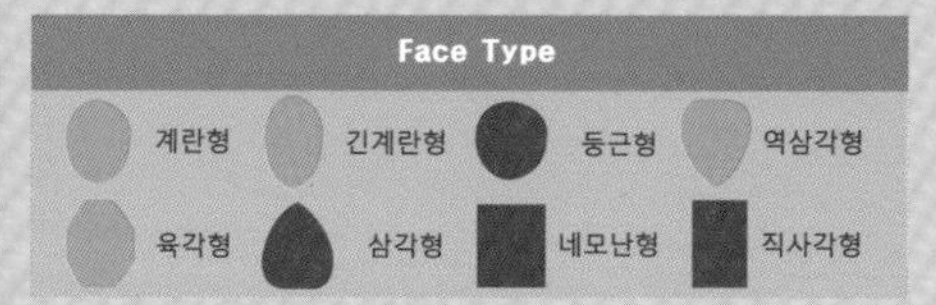

Hair Cut Method-
Technology Manual 131Page 참고

미묘하게 굽실거리는 곱슬머리풍의 질감이 자유롭고 독특한 개성미를 느끼게 하는 헤어스타일!

- 이마를 시원스럽게 드러내고 두정부로 올려 빗은 곱슬머리 스타일이 자유로운 개성을 연출해 주는 헤어스타일입니다.
- 언더에서 무게감을 주는 그러데이션 커트를 하고, 톱 쪽으로 레이어드를 넣어서 풍성하고 부드러운 흐름을 연출합니다.
- 숱이 많으면 모발 길이 중간, 끝부분에서 틴닝으로 모발량을 조절하고 전체 웨이브 파마를 합니다.
- 헤어 드라이기로 뿌리부터 말리면서 70%를 말린 후 글로스 왁스를 고르게 바르고, 스크런치 드라이 기법으로 드라이하고 손가락으로 방향을 잡아 주어 자연스러운 컬의 움직임을 연출합니다.

Woman Medium Hair Style Design

M-2021-137-1

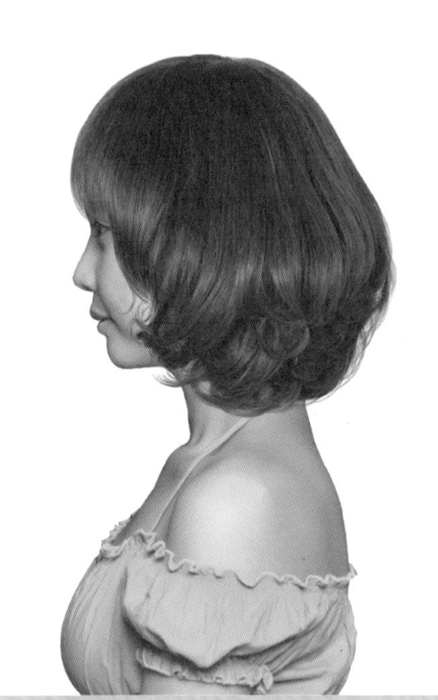

M-2021-137-2

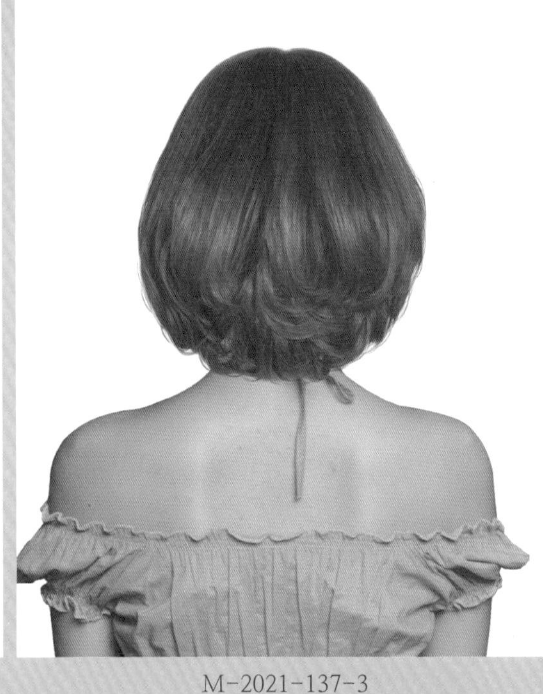

M-2021-137-3

Face Type			
계란형	긴계란형	둥근형	역삼각형
육각형	삼각형	네모난형	직사각형

Hair Cut Method-
Technology Manual 131Page 참고

모선에서 공기를 머금은 듯 두둥실 춤을 추는 컬의 흐름이 여성스럽고 달콤한 러블리 헤어스타일!

- 둥근 라인으로 언더에서 그러데이션 커트를 하고, 톱 쪽에서 레이어드를 넣어서 풍성하고 부드러운 볼륨의 형태를 만듭니다.
- 끝부분에서 틴닝으로 끝부분을 가볍게 해 주고 모선에서 1~1.5컬의 웨이브 펌을 해 줍니다.
- 끝부분만 웨이브 파마를 하면 손질하기가 편해지고 자연스러운 느낌을 줍니다.
- 헤어 드라이기로 뿌리부터 말리면서 70%를 말린 후 글로스 왁스를 고르게 바르고, 스크런치 드라이 기법으로 드라이하고 손가락으로 방향을 잡아 주어 자연스러운 컬의 움직임을 연출합니다.

Woman Medium Hair Style Design

M-2021-138-1

M-2021-138-2

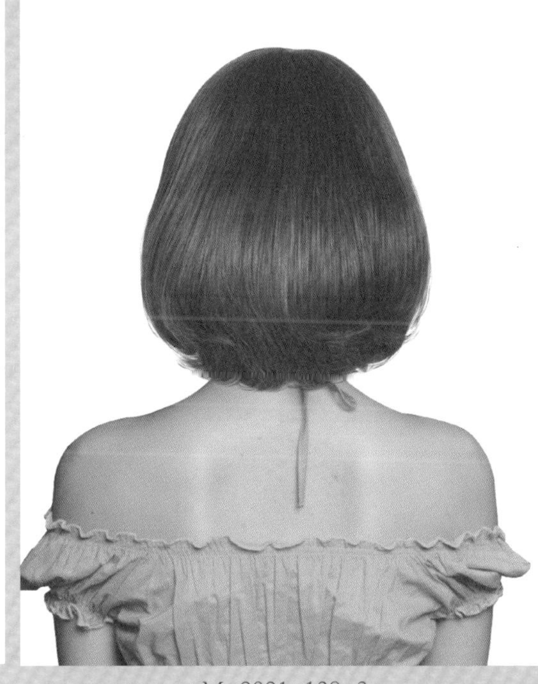

M-2021-138-3

Face Type			
계란형	긴계란형	둥근형	역삼각형
육각형	삼각형	네모난형	직사각형

Hair Cut Method-
Technology Manual 154Page 참고

둥근 라인으로 풍성하게 안말음 흐름이 청순하고 여성스러운 이미지를 주는 머시룸 헤어스타일!

- 뺨을 감싸듯 급격하게 둥그러진 라인의 머시룸 스타일은 여성스럽고 톡톡한 매력을 주는 헤어스타일입니다.
- 언더에서 무게감을 주면서 그러데이션 커트를 하고, 페이스 라인은 뺨을 감싸듯 사선으로 둥근 라인의 그러데이션 층을 만듭니다.
- 톱 쪽에서 레이어드를 넣어서 베이스를 라운드 형태로 커트합니다.
- 끝부분에서 틴닝으로 가벼움을 주고 굵은 롤로 1~1.5컬의 웨이브 펌을 합니다.
- 헤어 드라이기로 뿌리부터 말리면서 70%를 말린 후 글로스 왁스를 고르게 바르고, 스크런치 드라이 기법으로 드라이하고 손가락으로 방향을 잡아 주고 빗질하여 자연스러운 컬의 움직임을 연출합니다.

Woman Medium Hair Style Design

M-2021-139-1

M-2021-139-2

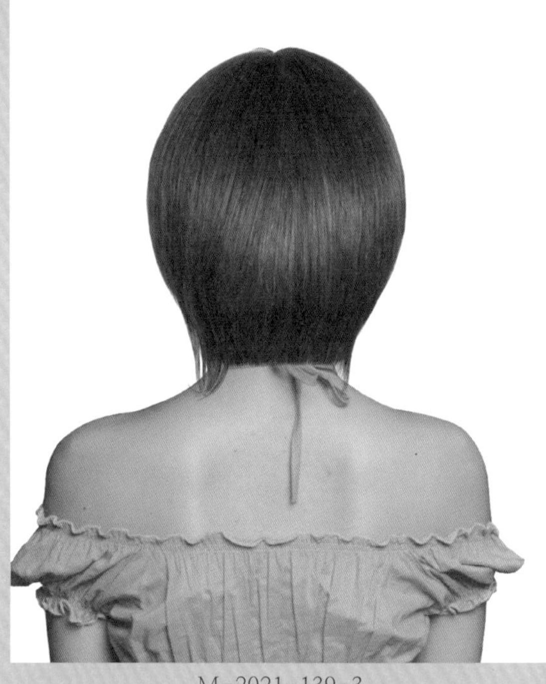

M-2021-139-3

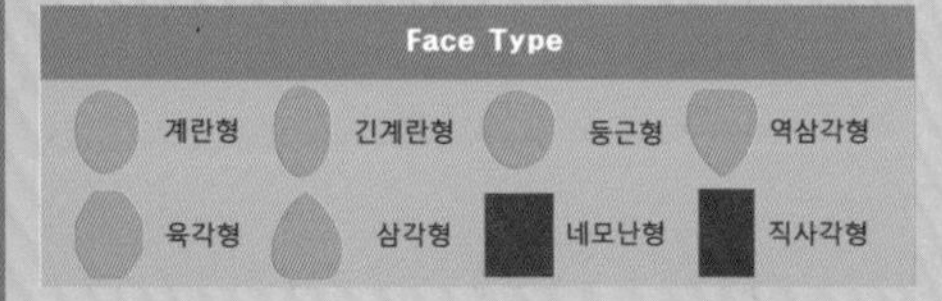

Hair Cut,Permament Wave Method-
Technology Manual 35Page 참고

나만의 개성을 추구하고 싶은 개성파 여성들의 선택, 개성 연출!

- 그러데이션 보브 형태를 디자인하고, 사이드 듬성듬성 길어지는 여러 가닥의 흐름이 자유롭고 개성적인 이미지를 주는 헤어스타일입니다.
- 언더에서 미디엄 그러데이션으로 커트하고, 톱에서 레이어드를 넣어서 들뜨지 않고 차분한 머릿결을 연출합니다.
- 사이드에서 부분을 길게 하여 톡특한 개성과 목선, 턱선을 아름답게 연출합니다.
- 안말음 흐름의 스트레이트 파마를 해 줍니다.
- 모발 길이 중간, 끝부분에서 틴닝으로 가벼운 흐름을 연출하고 원컬의 스트레이트 파마를 합니다.
- 헤어 드라이기로 뿌리부터 말리면서 80%를 말린 후 롤 브러시나 아이롱으로 연출한 후 글로스 왁스를 고르게 바르고 자유롭게 털어서 스타일링을 합니다.

Woman Medium Hair Style Design

M-2021-140-1

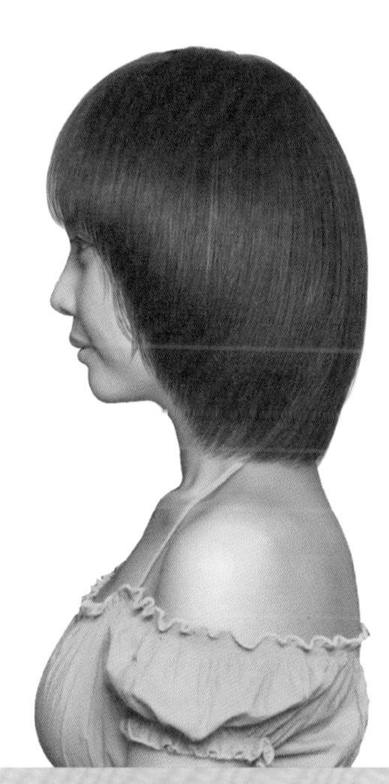
M-2021-140-2

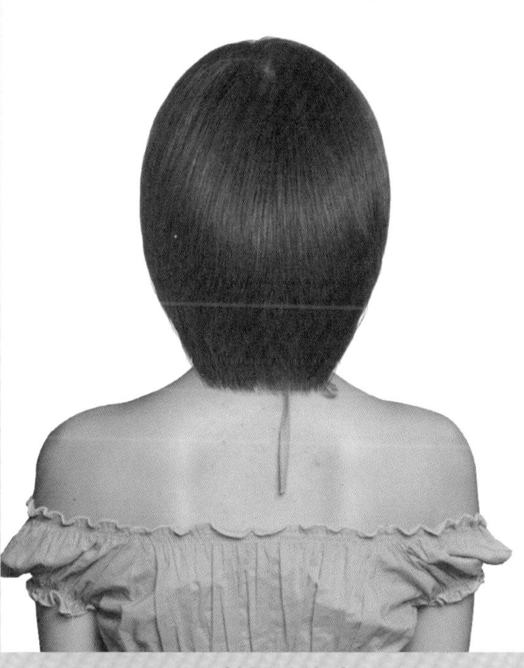
M-2021-140-3

Face Type			
계란형	긴계란형	둥근형	역삼각형
육각형	삼각형	네모난형	직사각형

Hair Cut Method-
Technology Manual 154Page 참고

차분하고 깨끗한 스트레이트 질감이 청순한 이미지를 주는 큐트 감성의 헤어스타일!

- 차분하고 깨끗한 느낌으로 얼굴을 감싸는 듯한 포워드 흐름이 얼굴을 작아 보이게 하고 달콤하고 발랄한 이미지를 주는 헤어스타일입니다.
- 언더에서 하이 그러데이션으로 가벼움 층을 만들고 톱 쪽에서 레이어드를 세밀하게 연결하여 들뜨지 않고 깨끗한 흐름을 연출합니다.
- 페이스 라인에서 둥근 라인의 층을 만들고 슬라이딩 커트 기법으로 끝부분을 가늘어지고 가벼운 흐름을 연출합니다.
- 헤어 드라이기로 뿌리부터 말리면서 80%를 말린 후 롤 브러시나 아이롱으로 연출한 후 글로스 왁스를 고르게 바르고 자유롭게 털어서 스타일링을 합니다.

Woman Medium Hair Style Design

M-2021-141-1

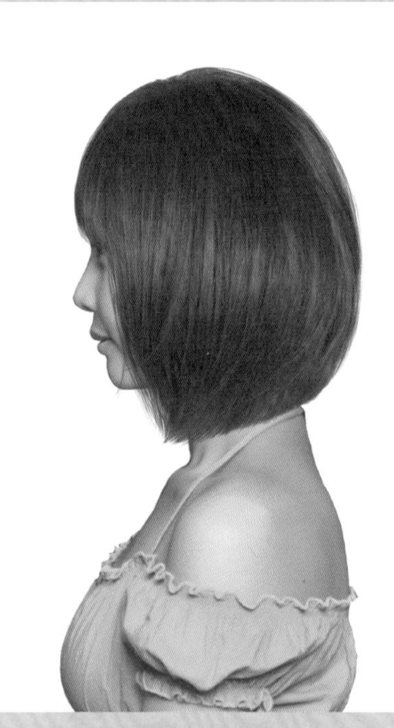

M-2021-141-2

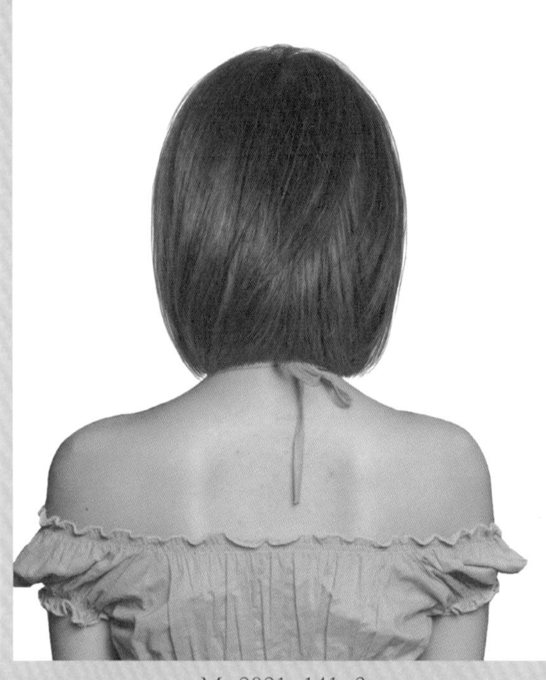

M-2021-141-3

Face Type			
계란형	긴계란형	둥근형	역삼각형
육각형	삼각형	네모난형	직사각형

Hair Cut Method-
Technology Manual 116Page 참고

윤기감을 더해 주어 스위트한 느낌을 주는 사랑스러운 보브 헤어스타일의 개성 표현!

- 얼굴 쪽으로 급격히 길어지고 부드러운 머릿결이 얼굴을 감싸듯 부드럽게 움직이는 실루엣이 사랑스럽고 섹시한 아름다움을 주는 헤어스타일입니다.
- 언더에서 미디엄 그러데이션 커트를 하고, 톱 쪽에서 레이어드를 세밀하기 연결하여 뻗치지 않고 부드럽게 안말음 되는 실루엣을 연출합니다.
- 모발 길이 중간, 끝부분에서 틴닝으로 가볍게 해주고 원컬 스트레이트 파마를 해 줍니다.
- 헤어 드라이기로 뿌리부터 말리면서 80%를 말린 후 롤 브러시나 아이롱으로 연출하고 글로스 왁스를 고르게 바르고 자유롭게 털어서 스타일링을 합니다.

Woman Medium Hair Style Design

M-2021-142-1

M-2021-142-2

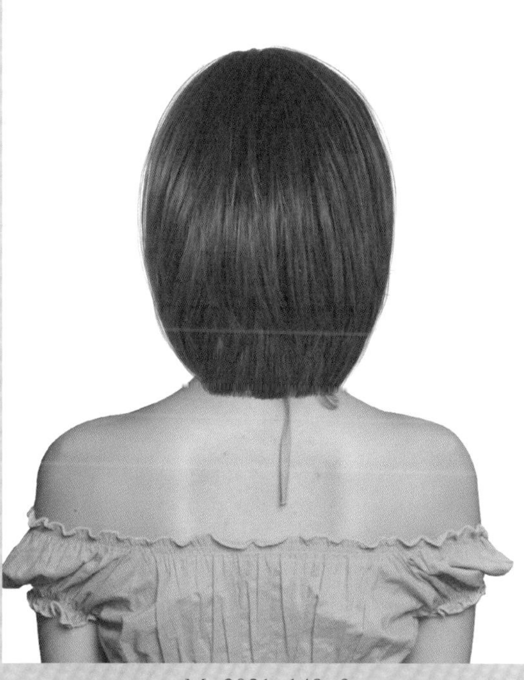
M-2021-142-3

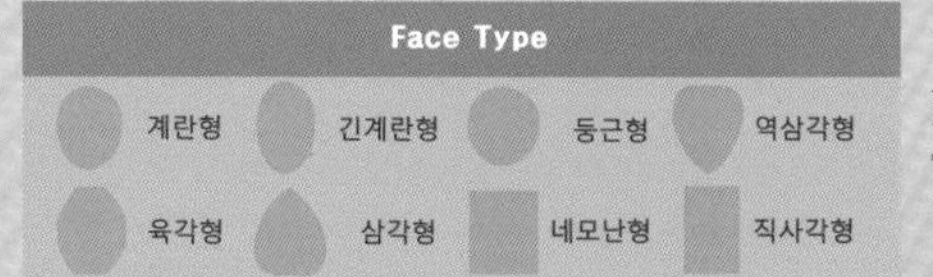

Hair Cut,Permament Wave Method–
Technology Manual 35Page 참고

섹시함과 큐트함이 혼합되어 발랄하고 사랑스러운 러블리 헤어스타일!

- 얼굴을 감싸듯 포워드의 율동감 있는 텍스처의 흐름이 자연스럽고 사랑스러운 큐트 감성의 헤어스타일입니다.
- 언더에서 미디엄 그러데이션으로 커트하고, 톱 쪽에서 세밀하게 레이어드를 연결하여 부드러운 안말음의 흐름을 연출합니다.
- 중간, 끝부분에서 틴닝으로 질감 처리를 하고 원컬 스트레이트 파마를 합니다.
- 헤어 드라이기로 뿌리부터 말리면서 80%를 말린 후 롤 브러시나 아이롱으로 연출한 후 글로스 왁스를 고르게 바르고 자유롭게 털어서 스타일링을 합니다.

Woman Medium Hair Style Design

M-2021-143-1

M-2021-143-2

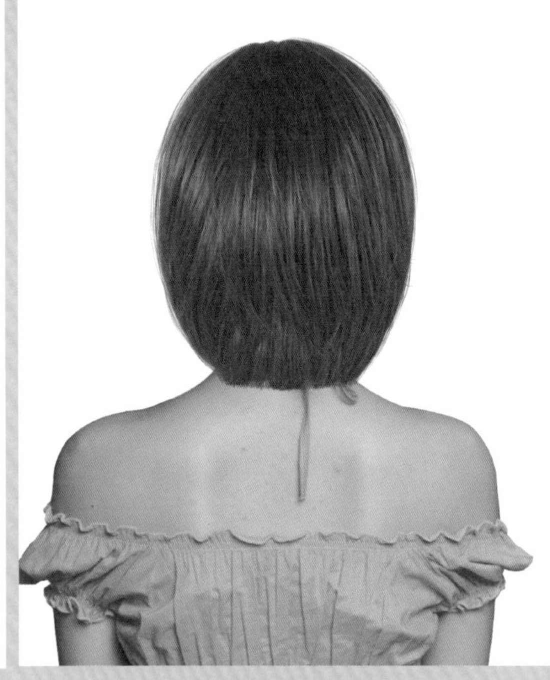
M-2021-143-3

Face Type			
계란형	긴계란형	둥근형	역삼각형
육각형	삼각형	네모난형	직사각형

Hair Cut Method-
Technology Manual 131Page 참고

바람에 흩날리듯 자유롭게 찰랑거리는 스트레이트 모류가 멋스러운 페미닌 감성의 헤어스타일!

- 부드럽고 내추럴하게 안말음 흐름의 보브 헤어스타일은 섹시한 여성스러움과 매력을 듬뿍 주는 아름다운 헤어스타일입니다.
- 언더에서 가벼운 층의 그러데이션 커트를 하고, 톱 쪽에서 레이어드를 세밀하게 연결하여 부드러운 안말음의 질감을 연출합니다.
- 모발 중간, 끝부분에서 틴닝 커트를 하고 슬라이딩 기법으로 페이스 라인의 가늘어지고 가벼운 표정을 연출합니다.
- 원컬 스트레이트 파마를 하면 손질이 편해집니다.
- 헤어 드라이기로 뿌리부터 말리면서 80%를 말린 후 롤 브러시나 아이롱으로 연출한 후 글로스 왁스를 고르게 바르고 자유롭게 털어서 스타일링을 합니다.

Woman Medium Hair Style Design

M-2021-144-1

M-2021-144-2

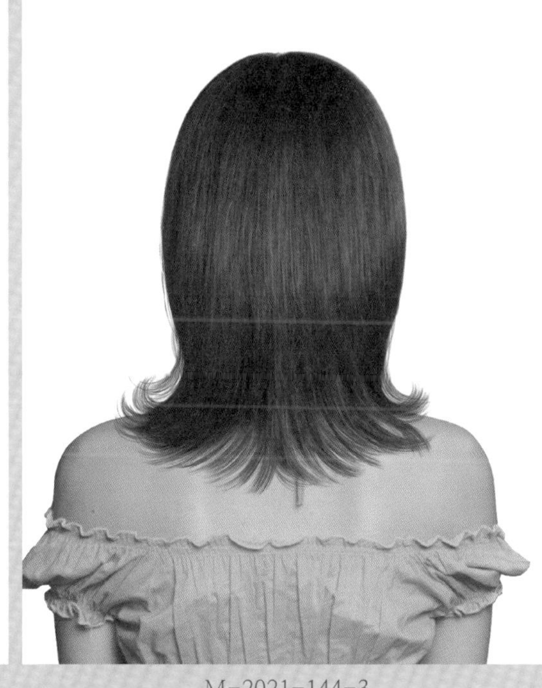

M-2021-144-3

Face Type

계란형 · 긴계란형 · 둥근형 · 역삼각형
육각형 · 삼각형 · 네모난형 · 직사각형

Hair Cut Method-
Technology Manual 196Page 참고

얼굴 방향으로 바람에 흩날리듯 포워드의 흐름이 내추럴하고 청순한 느낌의 러블리 헤어스타일!

- 헤어스타일의 흐름은 디자인에서 바깥으로 뻗치는 흐름은 얼굴형이 확장되어 보이고, 안말음 흐름의 스타일은 축소되어 보이는 착시 현상을 주어 작아 보이게 합니다.
- 쇄골 라인보다 긴 길이의 안말음 스타일은 목선, 어깨선을 부드럽고 아름답게 보이는 실루엣입니다.
- 언더에서 하이 레이어, 톱 쪽으로 그러데이션, 레이어드의 콤비네이션 기법으로 커트하여 헤어스타일의 형태가 곡선의 실루엣을 연출합니다.
- 모발 중간, 끝부분에서 틴닝으로 가벼운 질감을 만들고 원컬 스트레이트 파마를 해 줍니다.
- 헤어 드라이기로 뿌리부터 말리면서 80%를 말린 후 롤 브러시나 아이롱으로 연출한 후 글로스 왁스를 고르게 바르고 자유롭게 털어서 스타일링을 합니다.

Woman Medium Hair Style Design

M-2021-145-1

M-2021-145-2

M-2021-145-3

Face Type

계란형	긴계란형	둥근형	역삼각형
육각형	삼각형	네모난형	직사각형

Hair Cut Method-
Technology Manual 146Page 참고

두둥실 춤을 추듯 자유롭게 율동하는 컬의 흐름이 여성스럽고 발랄한 느낌의 러블리 헤어스타일!

- 쇄골 라인에 닿는 길이의 롱 그러데이션 웨이브 스타일은 여성스러우면서도 손질하기 편한 스타일입니다.
- 언더에서 미디엄 그러데이션 커트를 하고, 톱 쪽으로 레이어드를 연결하여 후두부의 풍성한 볼륨을 만들고, 모발 길이 중간, 끝부분에서 틴닝으로 모발량을 조절합니다.
- 모발 끝에서 1.2~1.8컬의 웨이브 파마를 해 줍니다.
- 헤어 드라이기로 뿌리부터 말리면서 70%를 말린 후 글로스 왁스를 고르게 바르고, 스크런치 드라이 기법으로 드라이하고 손가락으로 방향을 잡아 주고 빗질하여 자연스러운 컬의 움직임을 연출합니다.

Woman Medium Hair Style Design

M-2021-146-1

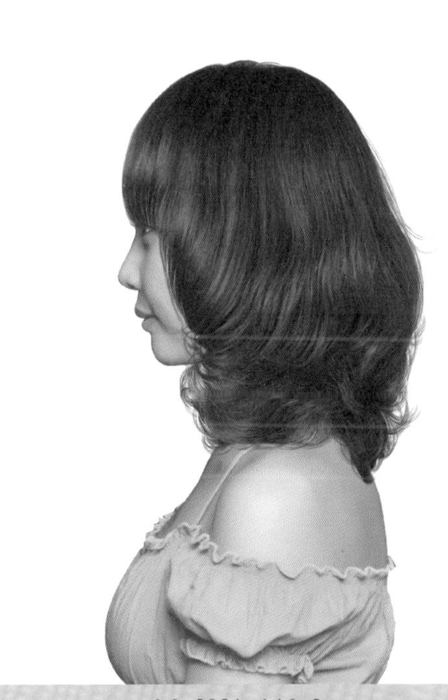

M-2021-146-2

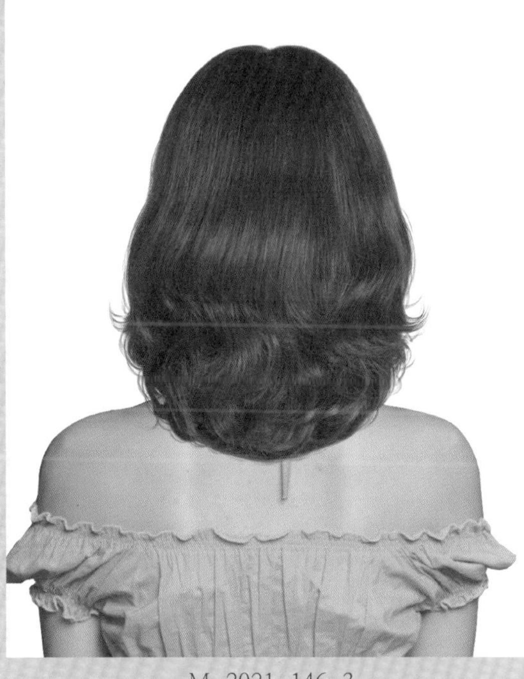

M-2021-146-3

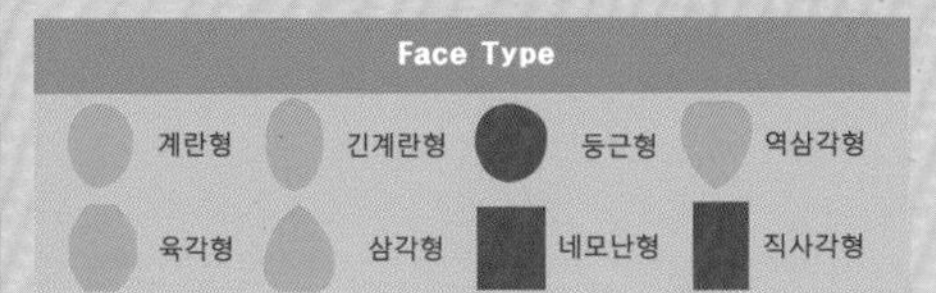

Hair Cut Method-
Technology Manual 146Page 참고

손질하지 않은 듯 흔들거리는 율동감의 물결 웨이브가 멋스러운 로맨틱 감성의 헤어스타일!

- 안말음 뻗치는 흐름이 믹싱되어 자유롭게 움직이는 웨이브의 흐름이 신비롭고 스위트한 느낌을 주는 헤어스타일입니다.
- 언더에서 미디엄 그러데이션으로 커트를 하고, 톱 쪽으로 레이어드를 커트하여 부드러운 형태를 만들고 끝부분에서 틴닝으로 가벼운 질감을 연출합니다.
- 굵은 롤로 1.5~1.8컬의 웨이브 파마를 합니다.
- 헤어 드라이기로 뿌리부터 말리면서 70%를 말린 후 글로스 왁스를 고르게 바르고, 스크런치 드라이 기법으로 드라이하고 손가락으로 방향을 잡아 주고 빗질하여 자연스러운 컬의 움직임을 연출합니다.

Woman Medium Hair Style Design

M-2021-147-1

M-2021-147-2

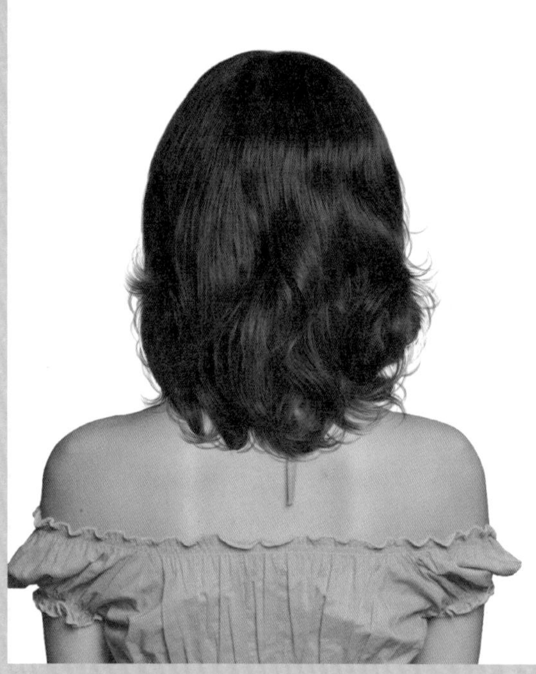

M-2021-147-3

Face Type			
계란형	긴계란형	둥근형	역삼각형
육각형	삼각형	네모난형	직사각형

Hair Cut Method-
Technology Manual 146Page 참고

손질하지 않은 듯 흔들거리는 율동감의 물결 웨이브가 멋스러운 로맨틱 감성의 헤어스타일!

- 안말음 뻗치는 흐름이 믹싱되어 자유롭게 움직이는 웨이브의 흐름이 신비롭고 스위트한 느낌을 주는 헤어스타일입니다.
- 언더에서 미디엄 그러데이션으로 커트를 하고, 톱 쪽으로 레이어드를 커트하여 부드러운 형태를 만들고 끝부분에서 틴닝으로 가벼운 질감을 연출합니다.
- 굵은 롤로 1.5~1.8컬의 웨이브 파마를 합니다.
- 헤어 드라이기로 뿌리부터 말리면서 70%를 말린 후 글로스 왁스를 고르게 바르고, 스크런치 드라이 기법으로 드라이하고 손가락으로 방향을 잡아 주고 빗질하여 자연스러운 컬의 움직임을 연출합니다.

Woman Medium Hair Style Design

M-2021-148-1

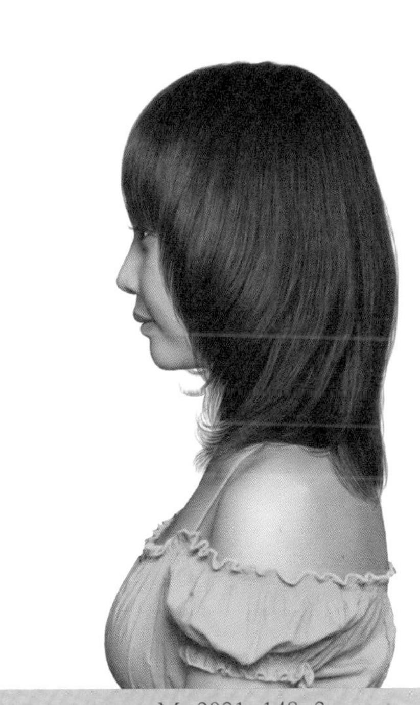

M-2021-148-2

M-2021-148-3

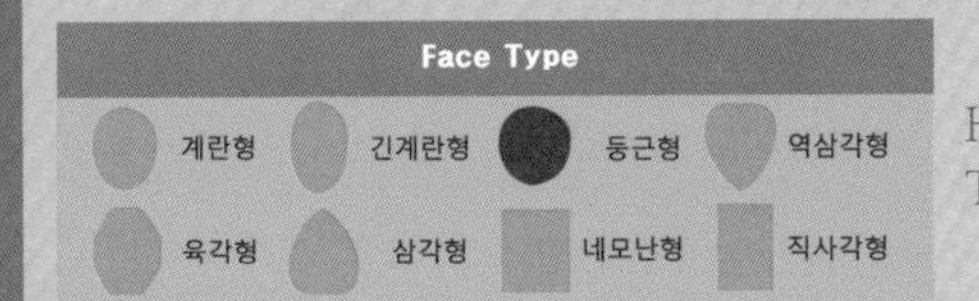

Hair Cut Method-
Technology Manual 186Page 참고

얼굴을 감싸듯 흐름이 싱그럽고 큐트한 감성을 주는 포워드 헤어스타일!

- 안말음 되는 포워드 흐름은 얼굴형을 작아 보이게 하는 헤어스타일니다.
- 언더에서 인크리스 레이어드로 커트를 하고, 톱 쪽으로 그러데이션과 레이어드의 콤비네이션 기법으로 커트하여 가볍고 부드러운 흐름을 연출합니다.
- 모발 길이 중간, 끝부분에서 틴닝으로 모발량을 조절하고 원컬 스트레이트 파마를 해 줍니다.
- 헤어 드라이기로 뿌리부터 말리면서 70%를 말린 후 글로스 왁스를 고르게 바르고, 스크런치 드라이 기법으로 드라이하고 손가락으로 방향을 잡아 주어 자연스러운 컬의 움직임을 연출합니다.

Woman Medium Hair Style Design

M-2021-149-1

M-2021-149-2

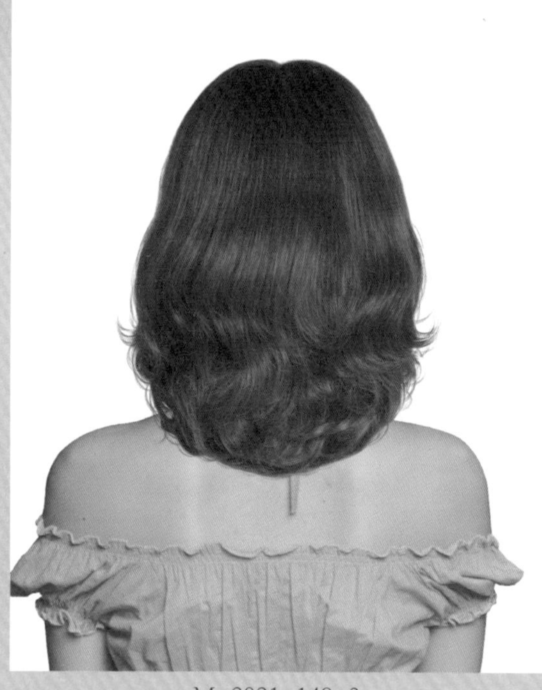

M-2021-149-3

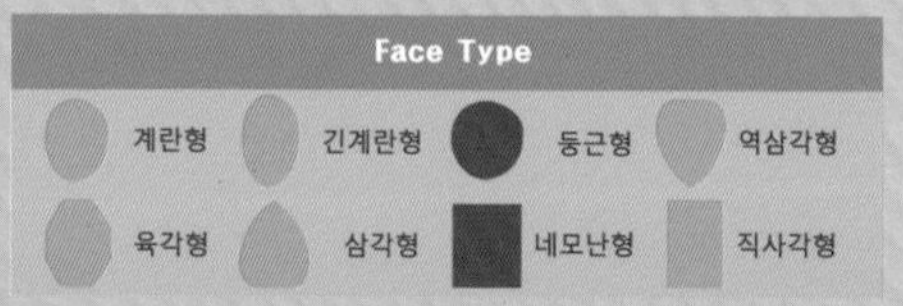

Hair Cut Method-
Technology Manual 146Page 참고

흔들거리는 율동감, 보송보송 공기감으로 스위트함을 더해 주는 페미닌 감성의 헤어스타일!

- 앞머리의 무거운 느낌과 출렁이는 물결 웨이브가 조화되어 도시적인 여성스러움을 주는 헤어스타일입니다.
- 언더에서 미디엄 그러데이션으로 커트하고, 톱 쪽으로 레이어드를 넣어서 부드러운 층을 연출합니다.
- 모발 길이 끝부분에서 틴닝으로 가벼운 질감을 만들고, 굵은 롤로 1.3~1.7컬의 웨이브 파마를 해 줍니다.
- 헤어 드라이기로 뿌리부터 말리면서 70%를 말린 후 글로스 왁스를 고르게 바르고, 스크런치 드라이 기법으로 드라이하고 손가락으로 방향을 잡아 주어 자연스러운 컬의 움직임을 연출합니다.

Woman Medium Hair Style Design

M-2021-150-1

M-2021-150-2

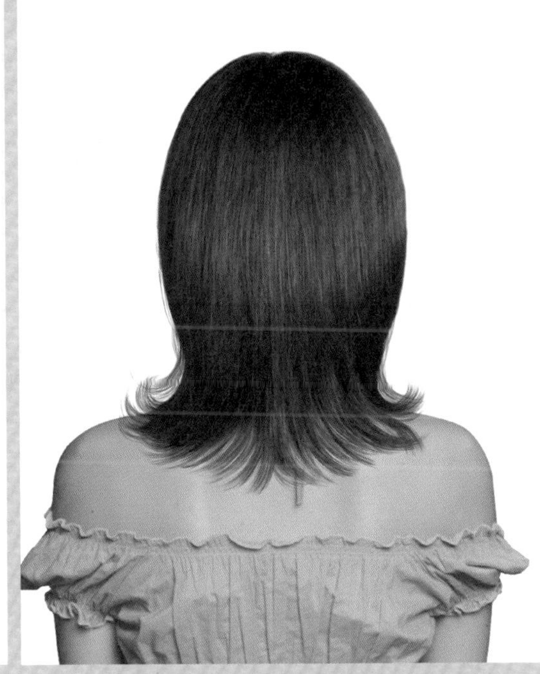

M-2021-150-3

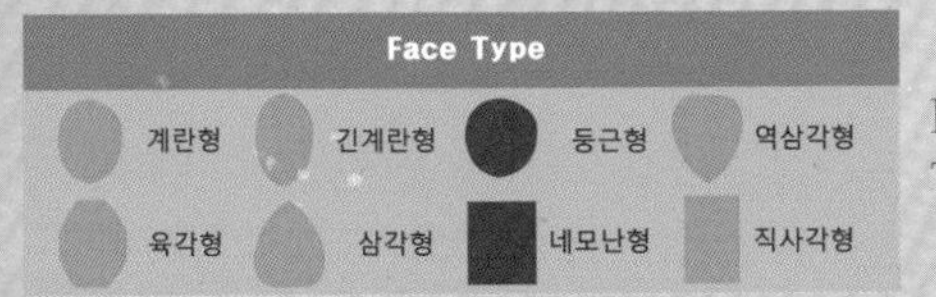

Hair Cut,Permament Wave Method-
Technology Manual 204Page 참고

맑고 청순한 패션 감각, 발랄하고 깜찍한 감성이 느껴지는 이노센트 감각의 헤어스타일!

- 바람에 흩날리듯 자유롭게 얼굴을 감싸는 흐름이 발랄하고 큐트한 감성이 느껴지는 헤어스타일입니다.
- 언더에서 인크리스 레이어드 커트로 가늘어지고 가벼운 흐름을 만들고, 톱 쪽으로 그러데이션, 레이어드의 콤비네이션 기법으로 풍성하고 부드러운 층을 연결합니다.
- 모발 길이 중간, 끝부분에서 틴닝으로 모발을 가볍게 하고 원컬의 스트레이트 파마를 합니다.
- 헤어 드라이기로 뿌리부터 말리면서 80%를 말린 후 롤 브러시나 아이롱으로 연출한 후 글로스 왁스를 고르게 바르고 자유롭게 털어서 스타일링을 합니다.

Woman Medium Hair Style Design

M-2021-151-1

M-2021-151-2

M-2021-151-3

Face Type			
계란형	긴계란형	둥근형	역삼각형
육각형	삼각형	네모난형	직사각형

Hair Cut Method-
Technology Manual 196Page 참고

풍성함과 가벼운 흐름이 연결되는 곡선의 실루엣이 얼굴을 작아 보이게 하는 효과 극대화!

- 목선과 어깨선으로 연결되는 언더 쪽은 인크리스 레이어로, 중간, 윗부분은 그러데이션과 레이어드로 풍성하고 부드러운 둥근감의 실루엣을 연출합니다.
- 단차가 조금씩 길러지는 그러데이션은 안말음 흐름이 좋고 층이 길어지고 들쑥날쑥한 길이는 뻗치고 자유로운 흐름이 좋습니다.
- 굵은 롤로 1.5~2컬의 파마를 합니다.
- 헤어 드라이기로 뿌리부터 말리면서 70%를 말린 후 글로스 오일, 소프트 왁스를 고르게 바르고, 손가락으로 빗어서 방향을 잡아 주고, 안말음 흐름으로 스타일링을 합니다.

Woman Medium Hair Style Design

M-2021-152-1

M-2021-152-2

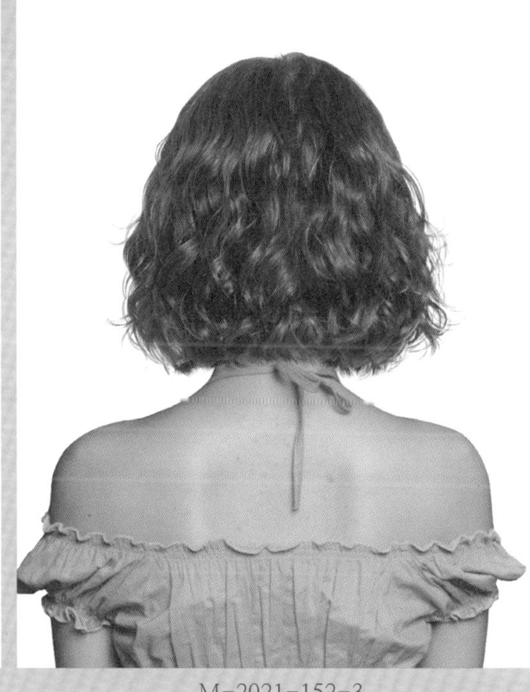
M-2021-152-3

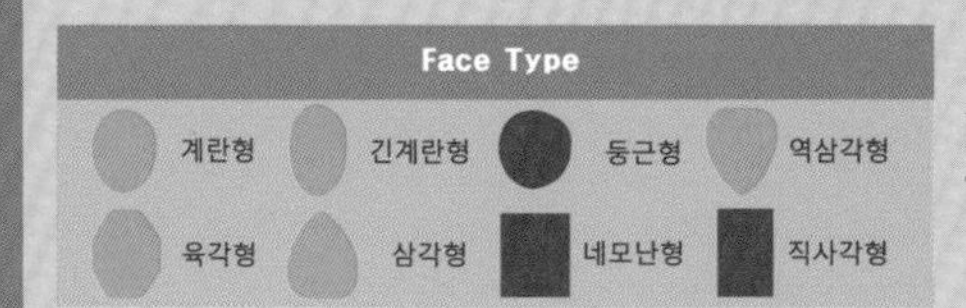

Hair Cut Method-
Technology Manual 074Page 참고

톡톡 튀고 싶은 욕망과 개성의 자유로움을 만끽하고 싶은 어드밴스드 감각의 헤어스타일!

- 페이스 방향으로 길이가 길어지는 콘케이브 라인의 원랭스 보브 스타일입니다.
- 가벼운 흐름을 만들기 위해 모발 길이의 중간, 끝부분에서 틴닝으로 모발량을 조절합니다.
- 중간 크기의 롯드로 전체 웨이브 파마를 합니다.
- 헤어 드라이기로 뿌리부터 말리면서 70%를 말린 후 글로스 오일, 소프트 왁스를 고르게 바르고, 스크런치 드라이 기법으로 부풀리게 하여 풍성한 컬의 움직임을 연출합니다.

Woman Medium Hair Style Design

M-2021-153-1

M-2021-153-2

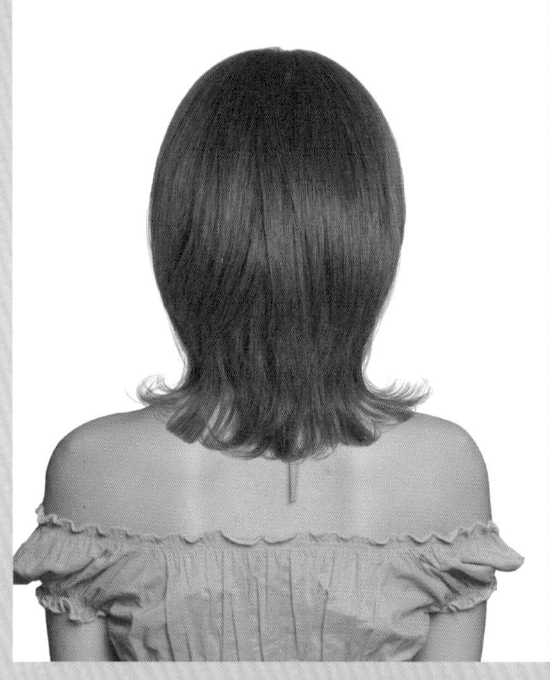
M-2021-153-3

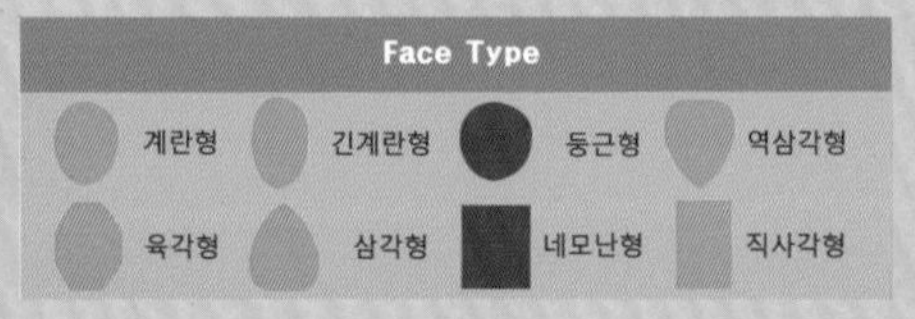

Hair Cut Method-
Technology Manual 196Page 참고

목선과 어깨선을 타고 뻗치는 컬의 운동이 S라인의 실루엣을 표현해 주는 헤어스타일!

- 백 포인트의 얼굴 쪽으로 수평이 되게 연결되는 스타일의 언더 부분은 급격히 길어지고 가늘어지는 흐름이 되도록 인크리스 레이어드로 커트하고, 베이스의 중간, 윗부분은 그러데이션과 레이어드로 부드럽고 둥근 윤곽 라인을 만듭니다.
- 모발 길이의 중간, 끝부분에서 틴닝과 슬라이딩 커트 기법으로 질감 커트를 합니다.
- 롤 파마를 하거나. 아이롱으로 방향을 잡아 주고 뻗치는 흐름을 연출합니다.
- 헤어 드라이기로 뿌리부터 말리면서 80%를 말린 후 글로스 오일, 소프트 왁스를 고르게 바르고, 손가락으로 빗어 주고 훑어 주어 안말음 흐름으로 스타일링을 합니다.

Woman Medium Hair Style Design

M-2021-154-1

M-2021-154-2

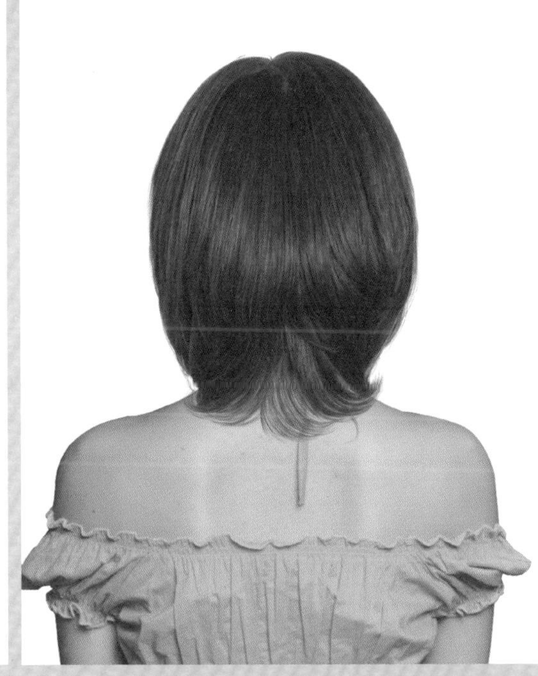

M-2021-154-3

Face Type

계란형	긴계란형	둥근형	역삼각형
육각형	삼각형	네모난형	직사각형

Hair Cut Method-
Technology Manual 146Page 참고

온화하고 부드러우면서 세련된 느끼을 주는 소녀 감성의 헤어스타일!

- 네이프와 목선 부분에서 어깨선에 닿아 뻗치는 흐름이 되도록 길이를 길게 하면서 가벼운 층의 그러데이션 커트를 하고 중간, 윗부분을 완만한 층의 그러데이션과 레이어드로 부드러운 둥근감의 윤곽 라인을 만듭니다.
- 모발 길이의 중간, 끝부분에서 틴닝으로 모발량을 조절합니다.
- 헤어 드라이기로 뿌리부터 말리면서 80%를 말린 후 글로스 오일, 소프트 왁스를 고르게 바르고, 손가락으로 빗어서 방향을 잡아 주고, 안말음 흐름으로 스타일링을 합니다.

Woman Medium Hair Style Design

M-2021-155-1

M-2021-155-2

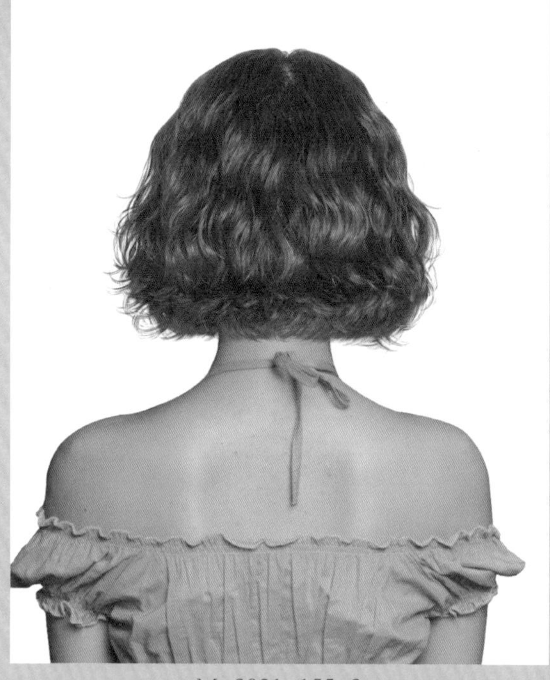

M-2021-155-3

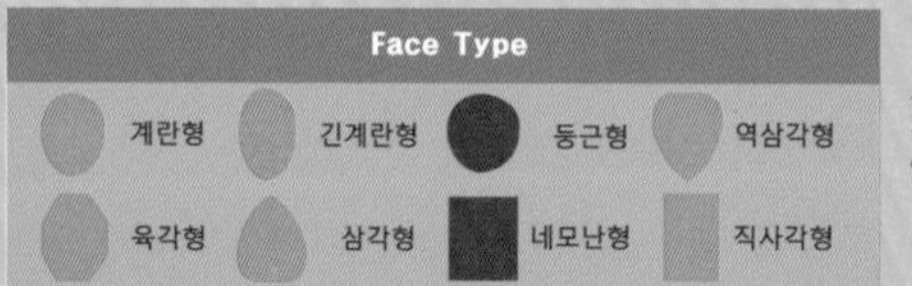

Hair Cut Method-
Technology Manual 108Page 참고

자유롭게 움직이는 컬의 움직임이 사랑스럽고 귀여운 러블리 헤어스타일!

- 수평 라인으로 언더 부분에서 약간 층을 주는 그러데이션 보브 스타일입니다.
- 1, 2, 3호 롯드로 전체 웨이브 파마를 합니다.
- 헤어 드라이기로 뿌리부터 말리면서 70%를 말린 후 글로스 오일, 소프트 왁스를 고르게 바르고, 스크런치 드라이 기법으로 부풀리게 하여 풍성한 컬의 움직임을 연출합니다.

Woman Medium Hair Style Design

M-2021-156-1

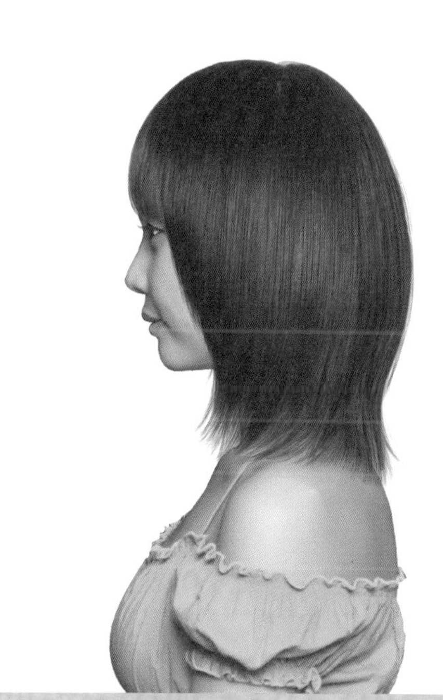

M-2021-156-2

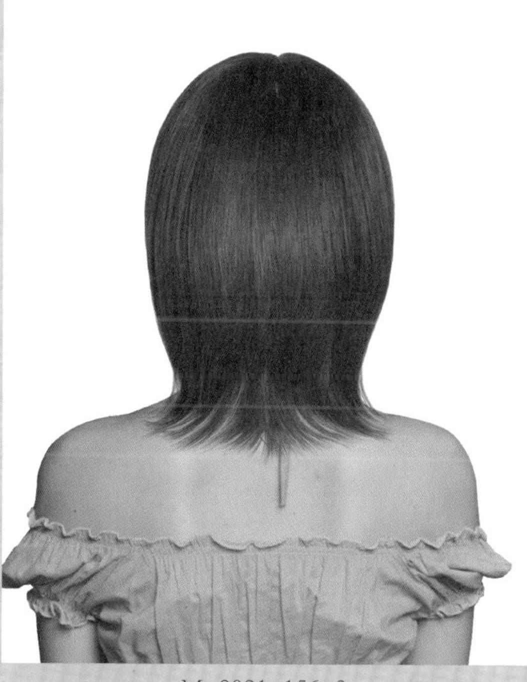

M-2021-156-3

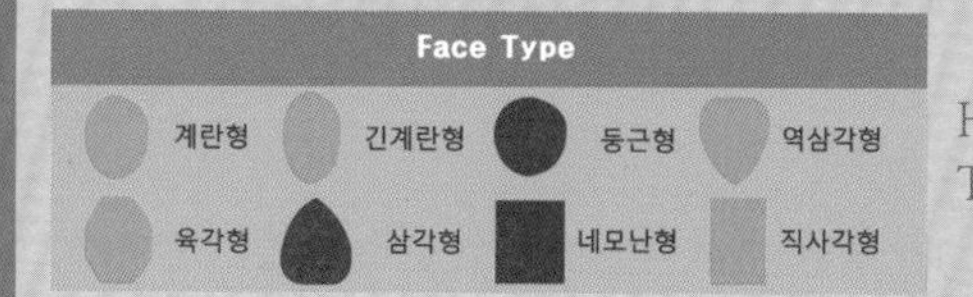

Hair Cut Method-
Technology Manual 196Page 참고

편하게 손질하지 않는 듯 살짝 뻗치는 흐름이 청초하고 깨끗한 느낌을 주는 헤어스타일!

- 스타일의 언더 쪽은 인크리스 레이어드, 윗 부분은 그러데이션과 레이어드로 섬세하게 가볍고 깨끗한 층의 실루엣을 연출합니다.
- 표면의 거칠은 질감이 되지 않도록 끝부분을 바이어스 블런트 커트로 예리하게 커트하고 모발 길이 중간, 끝부분에서 틴닝과 슬라이딩 커트를 하여 부드러운 움직입을 연출합니다.
- 안말음의 고정된 생각을 바꾸어 자유롭게 손질하는 생각의 전환은 머리 손질하는 번거로움으로부터 해방시켜 줍니다.
- 어깨선에 닿아서 부드럽게 뻗치는 스타일은 곡선의 아름다움을 느끼게 하고 손질하기 편해집니다.
- 글로스 오일을 바르고 손질하지 않는 듯 스타일링합니다.

Woman Medium Hair Style Design

M-2021-157-1

M-2021-157-2

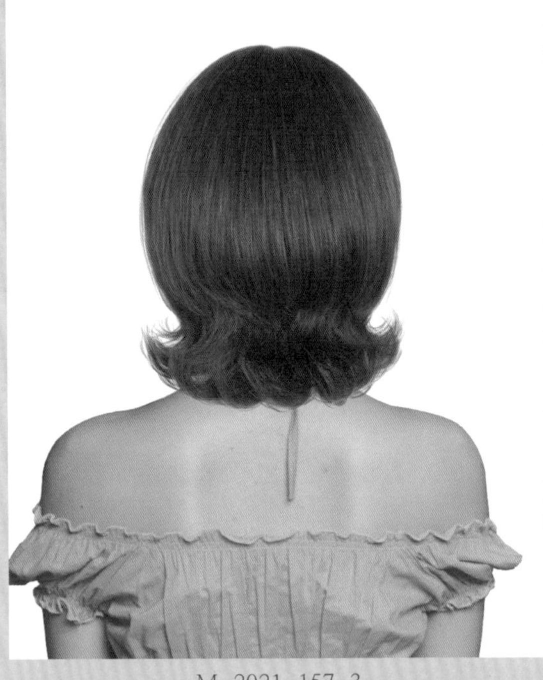

M-2021-157-3

Face Type

계란형	긴계란형	둥근형	역삼각형
육각형	삼각형	네모난형	직사각형

Hair Cut Method-
Technology Manual 196Page 참고

뻗치는 스타일의 흐름이 여성스럽고 청순함을 느끼게 하는 트렌디한 복고 헤어스타일!

- 헤어스타일이든 의상이든 과거의 스타일이 현재에 다시 유행되고 순환됩니다.
- 과거의 모드를 보지 못했던 Z세대에게는 뉴모드로 느껴지고, 기성세대에게는 과거가 그리워집니다.
- 그래서 유행은 순환됩니다.
- 언더에서는 인크리스 레이어드로 윗부분은 그러데이션의 형태로 커트합니다.
- 바이어스 블런트 커트와 틴닝, 슬라이드 커트로 끝부분을 가늘어지고 가볍게 커트합니다.
- 헤어 드라이기로 뿌리부터 말리면서 80%를 말린 후 글로스 오일, 소프트 왁스를 고르게 롤 브러시 드라이하여 방향을 잡아 주고, 바깥 흐름으로 스타일링을 합니다.

Woman Medium Hair Style Design

M-2021-158-1

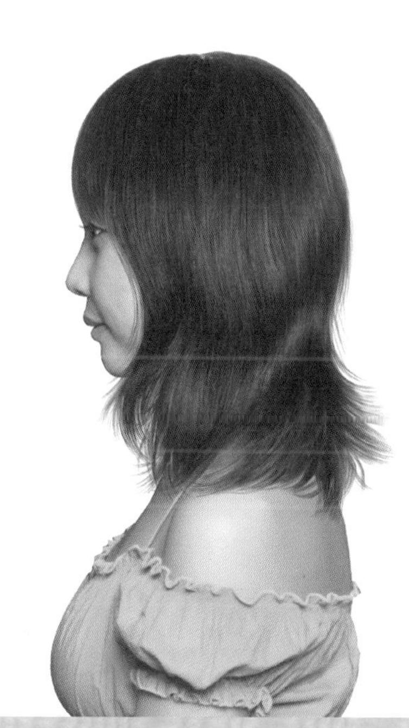

M-2021-158-2

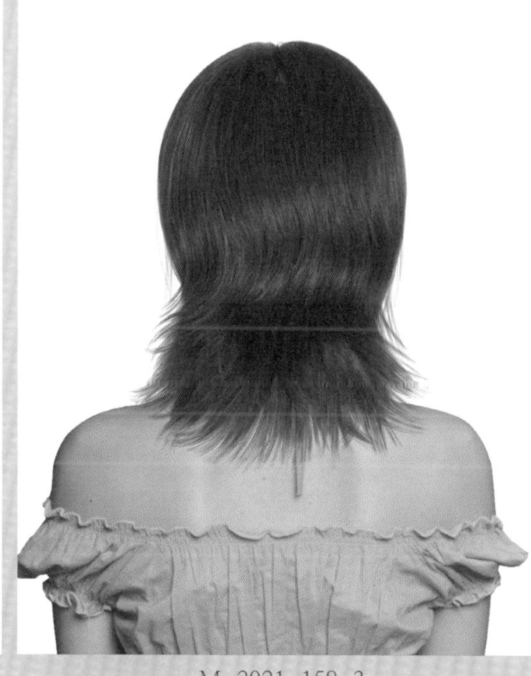

M-2021-158-3

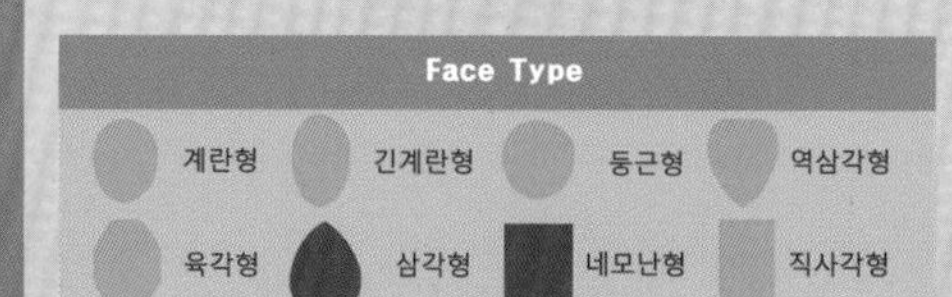

Hair Cut Method-
Technology Manual 204Page 참고

아침에 머리 손질하는 번거로움으로부터 해방, 슬리핑 헤어스타일!

- 1980년대 중반 유럽에서 아침에 머리 손질하는 번거로움으로부터의 해방되자는 발상에서 슬리핑 스타일을 하기 시작했습니다.
- 잠자다 일어난 듯한 스타일입니다.
- 삔치더라도 신경 쓰이지 않는 자유로운, 그래서 더 개성 있어 보이는 스타일입니다.
- 레이어드로 베이스를 만들고 끝부분을 대담하게 가늘어지고 가볍게 커트합니다.
- 곱슬머리라면 좋은 조건이며 직모라면 굵은 롤로 풀린 듯한 파마를 해 줍니다.
- 헤어 드라이기로 뿌리부터 말리면서 80%를 말린 후 글로스 오일, 소프트 왁스를 고르게 바르고 자유롭게 털어서 스타일링을 합니다.

Woman Medium Hair Style Design

M-2021-159-1

M-2021-159-2

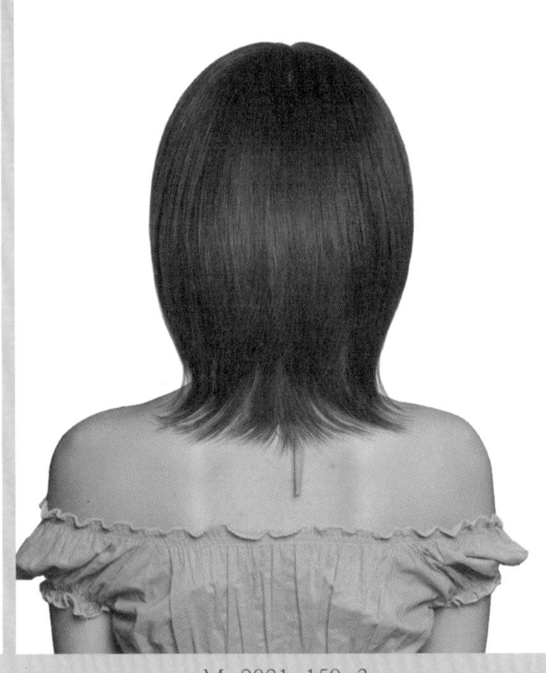

M-2021-159-3

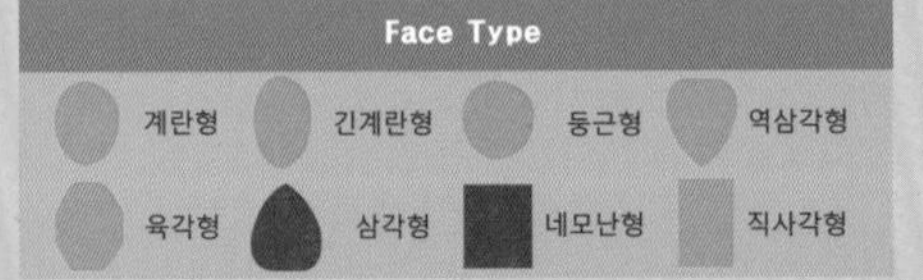

Hair Cut Method-
Technology Manual 154Page 참고

얼굴을 작아 보이게 하는 깨끗하고 청순하게 느껴지는 포워드 헤어스타일!

- 어깨선을 타고 자연스럽게 뻗칠 수 있도록 쇄골 라인 길이로 베이스를 설정하고, 언더에서는 인크리스 레이어드, 미들, 톱으로 이어지는 부분은 그러데이션, 레이어드로 부드러운 층을 연결하고 페이스 라인은 사선으로 포워드 흐름을 연출하여 얼굴을 작아 보이도록 연출합니다.
- 틴닝과 슬라이딩 커트로 가볍고 자연스러운 질감을 만듭니다.
- 헤어 드라이기로 뿌리부터 말리면서 80%를 말린 후 글로스 오일, 소프트 왁스를 고르게 바르고 손가락으로 빗어서 방향을 잡아 주며 스타일링을 합니다.

Woman Medium Hair Style Design

M-2021-160-1

M-2021-160-2

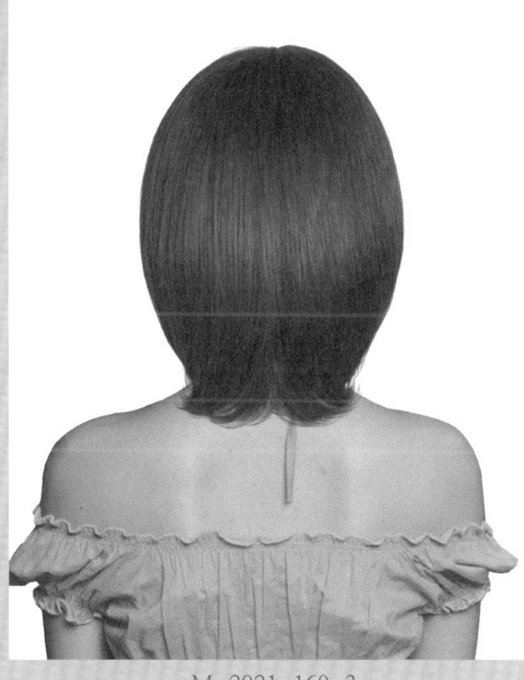

M-2021-160-3

Face Type

계란형 긴계란형 둥근형 역삼각형

육각형 삼각형 네모난형 직사각형

Hair Cut Method–
Technology Manual 154Page 참고

포워드로 흐르는 스트레이트 헤어가 깨끗하고 청순함을 주는 트래디셔널 감각의 헤어스타일!

- 포워드 헤어스타일은 얼굴을 작아 보이는 효과가 있고 부드러운 여성미와 큐티함을 선사합니다.
- 페이스에서 사선의 레이어드로 가벼운 모발흐름의 형태로 커트 합니다.
- 모발 길이의 중간, 끝부분에서 틴닝, 슬라이딩 커트로 가벼운 움직임을 연출합니다.
- 헤어 드라이기로 뿌리부터 말리면서 80%를 말린 후 글로스 오일, 소프트 왁스를 고르게 바르고 손가락으로 빗어서 방향을 잡아 주고, 안말음 사선 흐름으로 스타일링을 합니다.

Woman Medium Hair Style Design

M-2021-161-1

M-2021-161-2

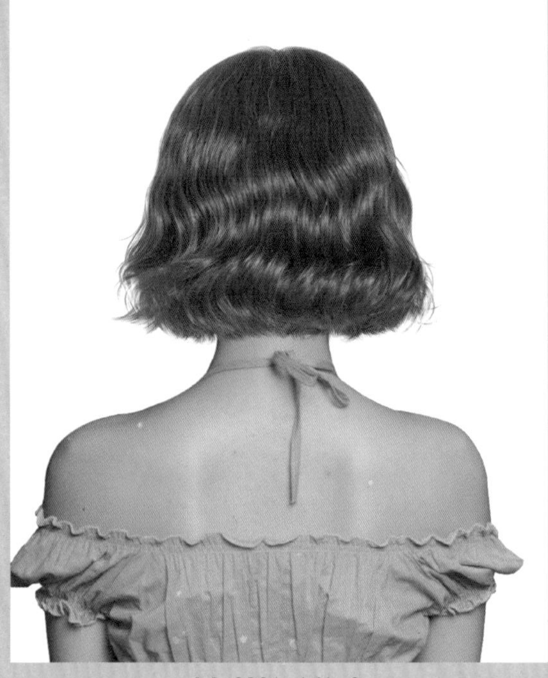

M-2021-161-3

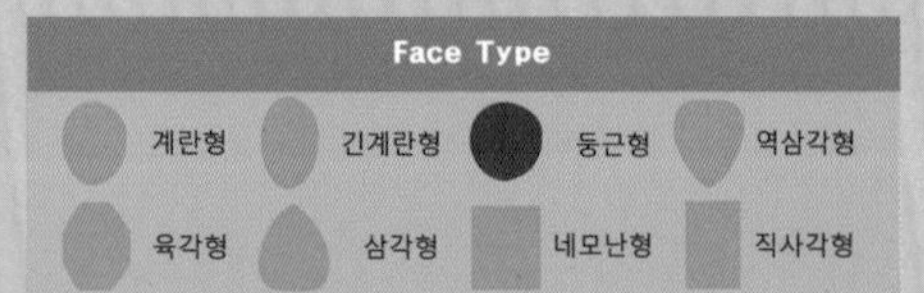

Hair Cut Method-
Technology Manual 071Page 참고

파도처럼 출렁이는 물결 웨이브가 발랄함과 귀여움이 느껴지는 러블리 헤어스타일!

- 수평 라인으로 원랭스 커트를 하고, 모발 길이 중간 끝부분에서 틴닝으로 모발량을 조절합니다.
- 굵은 롤로 전체 웨이브 파마를 하여 발랄하고 귀여운 이미지를 연출합니다.
- 헤어 드라이기로 뿌리부터 말리면서 70%를 말린 후 글로스 오일, 소프트 왁스를 고르게 바르고, 스크런치 드라이 기법으로 부풀리게 하여 풍성한 컬의 움직임을 연출합니다.

Woman Medium Hair Style Design

M-2021-162-1

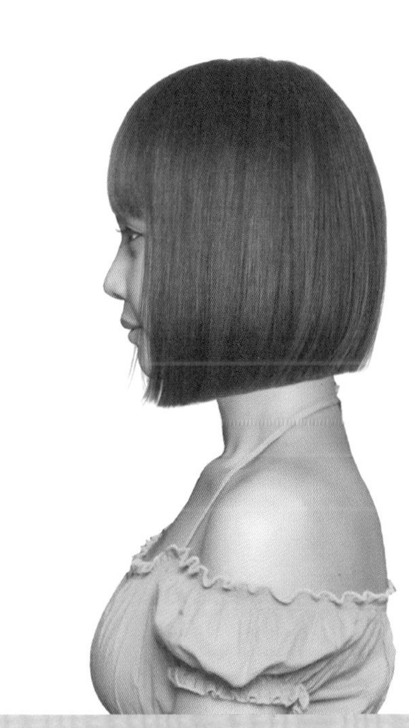
M-2021-162-2

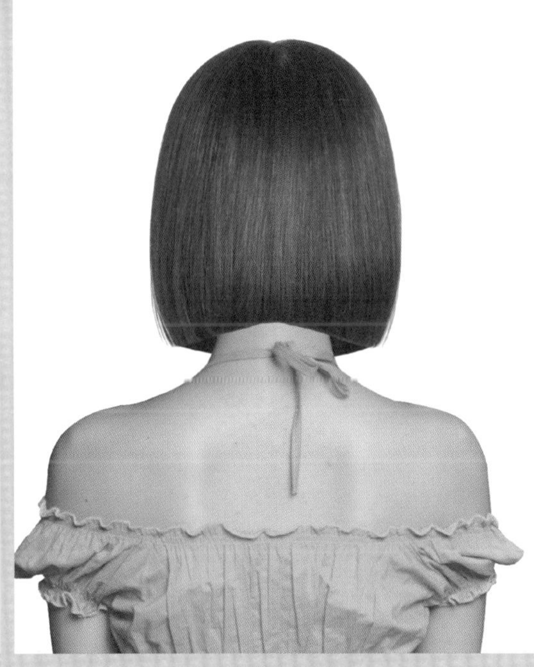
M-2021-162-3

Face Type			
계란형	긴계란형	둥근형	역삼각형
육각형	삼각형	네모난형	직사각형

Hair Cut Method-
Technology Manual 074Page 참고

윤기를 머금은 듯 찰랑거리는 스트레이트 헤어가 사랑스럽고 섹시함을 느끼게 하는 보브 헤어!

- 콘케이브 라인으로 얼굴 쪽으로 길어지는 흐름의 보브 스타일로 앞머리를 무거운 수평 라인으로 내려서 도시적인 섹시한 개성미를 느끼게 합니다.
- 원랭스 커트의 핵심은 자연스럽고 뻗치지 않는 모발 흐름을 만들어 주는 커트 기법입니다.
- 헤어 드라이기로 뿌리부터 말리면서 80%를 말린 후 글로스 오일, 소프트 왁스를 고르게 바르고 자유롭게 털어서 손질하지 않는 듯 스타일링을 합니다.

Woman Medium Hair Style Design

M-2021-163-1

M-2021-163-2

M-2021-163-3

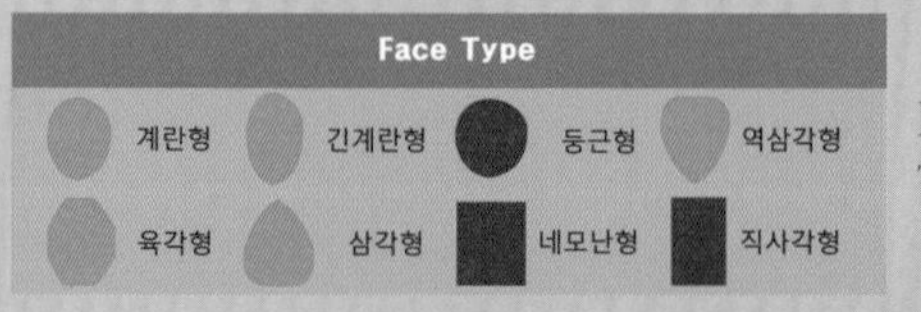

Hair Cut Method-
Technology Manual 186Page 참고

평범함은 싫다. 나만의 개성을 추구하는 아방가르드 감각의 독창적인 헤어스타일!

- 백 포인트에서 사이드의 수평 라인의 언더 쪽은 인크리스 레이어드로, 윗부분은 그러데이션으로 커트합니다.
- 끝부분이 가늘어지고 가볍도록 틴닝으로 모발량을 조절하고, 슬라이딩 기법으로 가늘어지고 가볍게 커트하여 자유로운 율동감을 연출합니다.
- 굵은 롤로 전체 웨이브 파마를 해 줍니다.
- 헤어 드라이기로 뿌리부터 말리면서 70%를 말린 후 글로스 오일, 소프트 왁스를 고르게 바르고 스크런치 드라이 기법으로 부풀리게 하여 풍성한 컬의 움직임을 연출합니다.

Woman Medium Hair Style Design

M-2021-164-1

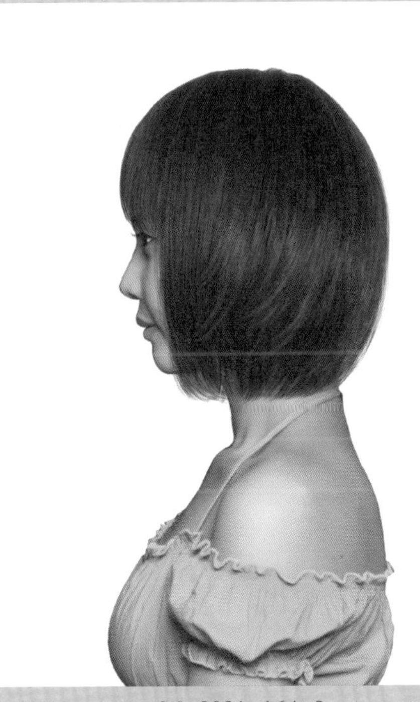

M-2021-164-2

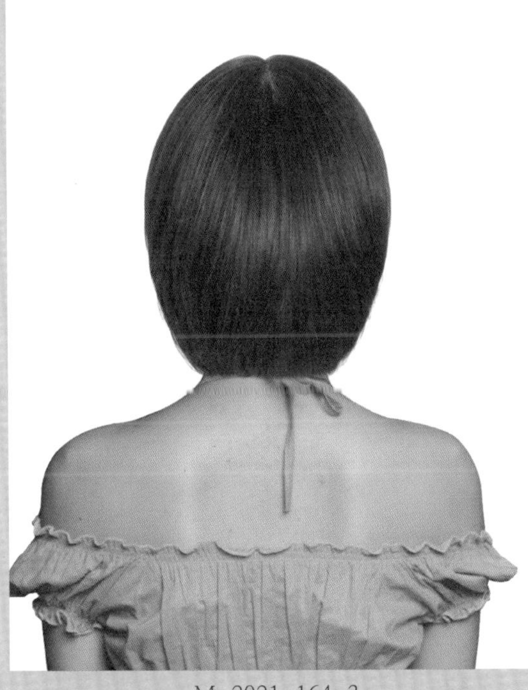

M-2021-164-3

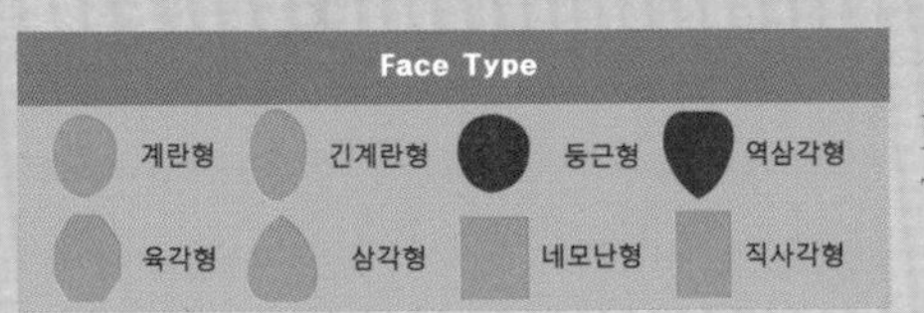

Hair Cut Method-
Technology Manual 108Page 참고

얼굴을 감싸듯 찰랑거리는 모발 흐름이 청순하고 귀여움을 느끼게 해 주는 보브 헤어스타일!

- 그러데이션과 레이어드의 콤비네이션 기법으로 커트한 수평 라인의 보브 헤어스타일입니다.
- 목선을 타고 감싸듯 안말음 될 수 있도록 세밀하게 노취 기법으로, 그러데이션 층을 만들고 윗부분을 레이어드로 부드러운 층을 연결하고 틴닝으로 가벼운 모발 흐름을 만듭니다.
- 롤 스트레이트 파마를 해 주면 손질이 더욱 편해집니다.
- 헤어 드라이기로 뿌리부터 말리면서 80%를 말린 후 글로스 오일, 소프트 왁스를 고르게 바르고 손가락으로 빗어서 방향을 잡아 주며 스타일링을 합니다.

Woman Medium Hair Style Design

M-2021-165-1

M-2021-165-2

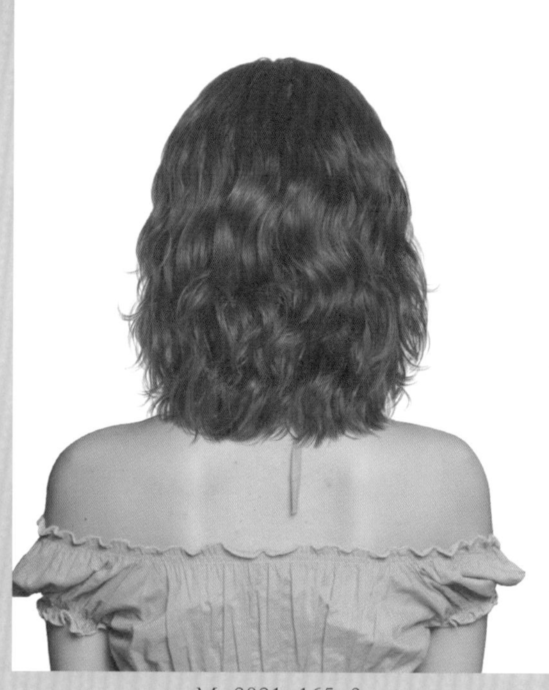
M-2021-165-3

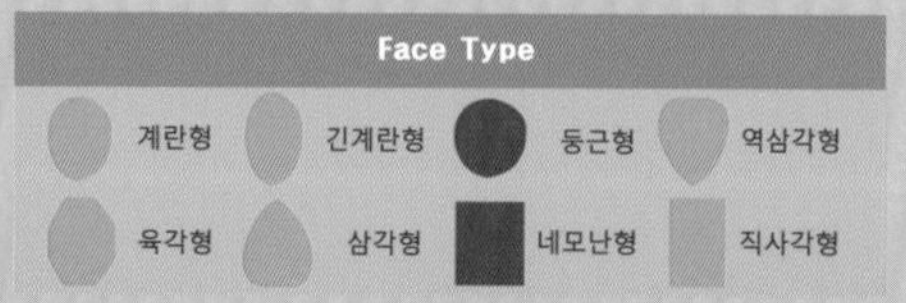

Hair Cut Method-
Technology Manual 146Page 참고

윤기를 머금은 듯 살랑거리는 물결 웨이브가 사랑스러움을 주는 스위트 감각의 헤어스타일!

- 언더 쪽에 무게감을 주면서 그러데이션 기법으로 커트하고, 톱 쪽으로 레이어드 커트를 하여 부드러운 실루엣을 만듭니다.
- 끝부분이 가늘어지고 가벼운 텍스처가 연출되도록 틴닝과 슬라이딩 기법으로 질감 처리합니다.
- 굵은 롤로 전체 웨이브 파마를 해 줍니다.
- 헤어 드라이기로 뿌리부터 말리면서 70%를 말린 후 글로스 오일, 소프트 왁스를 고르게 바르고, 스크런치 드라이 기법으로 부풀리게 하여 풍성한 컬의 움직임을 연출합니다.

Woman Medium Hair Style Design

M-2021-166-1

M-2021-166-2

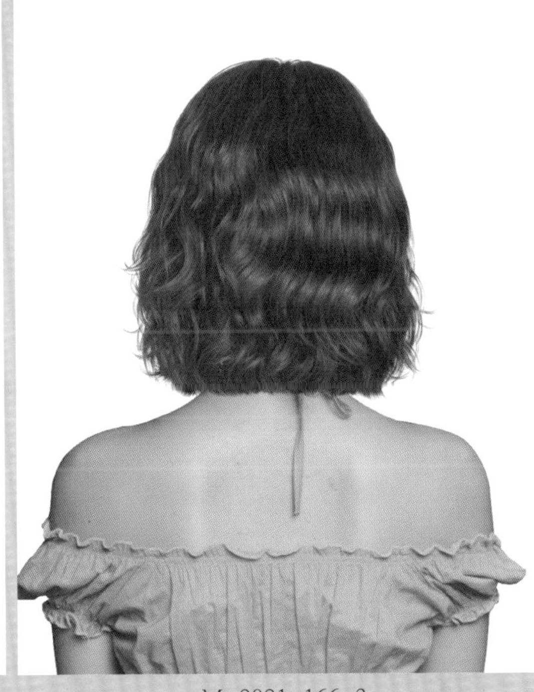

M-2021-166-3

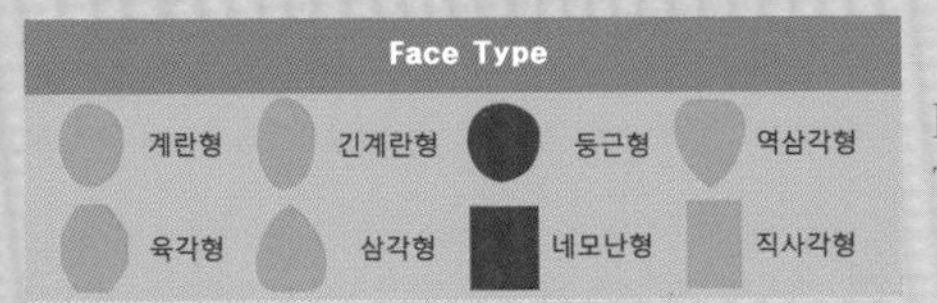

Hair Cut Method-
Technology Manual 071Page 참고

리드미컬한 물결 웨이브의 흐름이 청순하고 사랑스러움이 느껴지는 러블리 헤어스타일!

- 수평 라인의 원랭스 형태로 커트를 하고 언더 부분에서 약간 가볍도록 레이어드로 층지게 커트를 합니다.
- 전체를 굵은 웨이브 파마를 해 주어 출렁이는 물결 웨이브를 연출합니다.
- 헤어 드라이기로 뿌리부터 말리면서 70%를 말린 후 글로스 오일, 소프트 왁스를 고르게 바르고 스크런치 드라이 기법으로 자연스러운 컬의 움직임을 연출합니다.

Woman Medium Hair Style Design

M-2021-167-1

M-2021-167-2

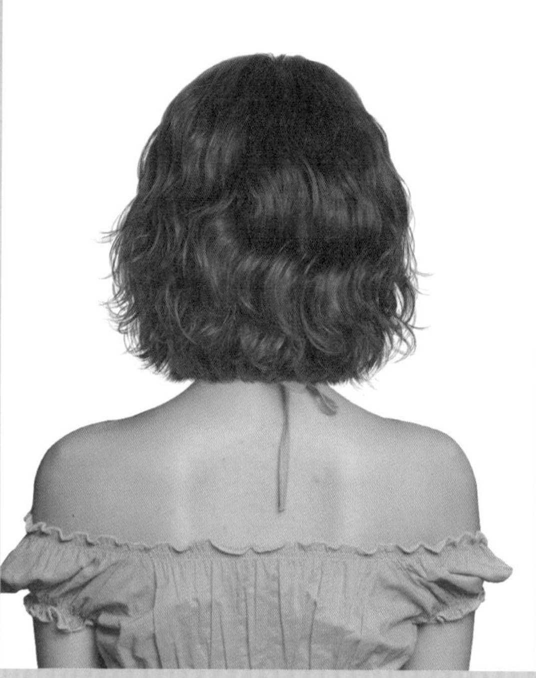
M-2021-167-3

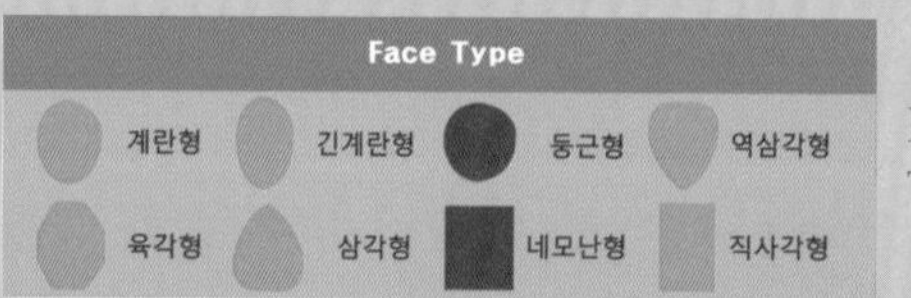

Hair Cut Method-
Technology Manual 131Page 참고

물결치는 듯한 웨이브의 흐름이 인형 같은 귀여움을 담은 로맨틱 보브 헤어스타일!

- 단차가 크지 않도록 언더 부분에 무게감을 주면서 곡선의 움직임을 주기 위해 그러데이션으로 커트하고, 레이어드로 부드러운 층을 연결한 후 틴닝과 슬라이딩 커트 기법으로 끝부분이 가늘어져서 율동감 있는 질감을 연출합니다.
- 전체를 굵은 웨이브 파마를 하여 사랑스럽고 큐티한 여성스러운 이미지를 연출합니다.
- 헤어 드라이기로 뿌리부터 말리면서 70%를 말린 후 글로스 오일, 소프트 왁스를 고르게 바르고 스크런치 드라이 기법으로 자연스러운 컬의 움직임을 연출합니다.

Woman Medium Hair Style Design

M-2021-168-1

M-2021-168-2

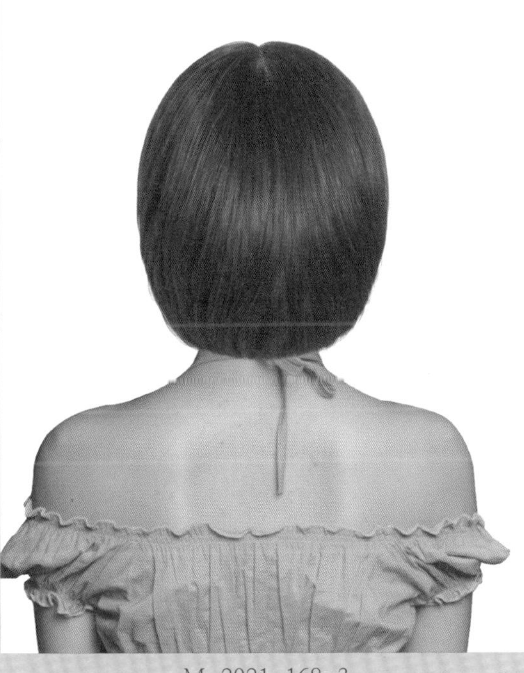

M-2021-168-3

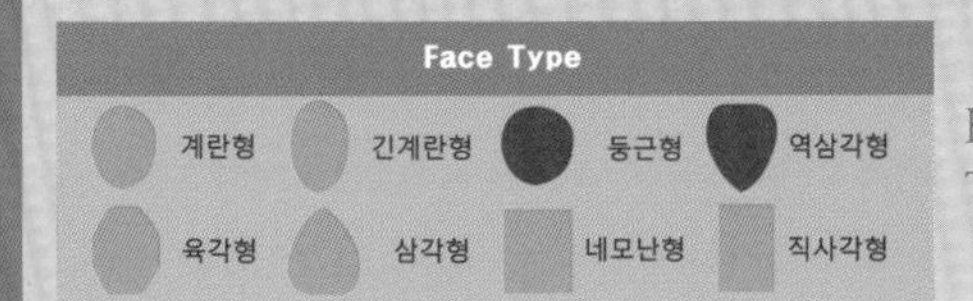

Hair Cut Method-
Technology Manual 123Page 참고

발랄하고 깨끗하고 청순한 느낌을 주는 소녀 감성의 클래식 헤어스타일!

- 둥근 라인의 보브 헤어스타일은 목이 길어 보이는 효과를 주는 오래도록 사랑받아온 정통 클래식 느낌의 헤어스타일입니다.
- 앞머리를 두껍고 길게 수평 라인으로 내려주어 수줍은 듯 청순하고 도시적인 이미지를 연출합니다.
- 차분하고 찰랑거리는 느낌을 주기 위해 롤 스트레이트 파마를 합니다.
- 헤어 드라이기로 뿌리부터 말리면서 80%를 말린 후 글로스 오일 고르게 바르고, 손가락으로 빗어서 방향을 잡아 주며 스타일링을 합니다.

Woman Medium Hair Style Design

M-2021-169-1

M-2021-169-2

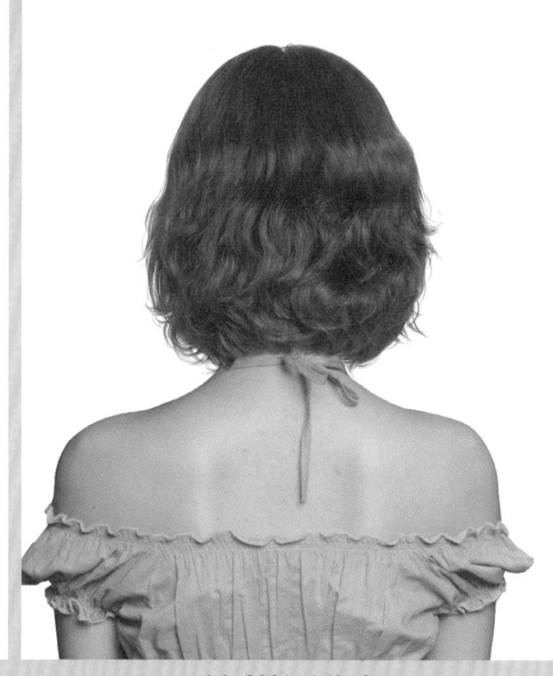

M-2021-169-3

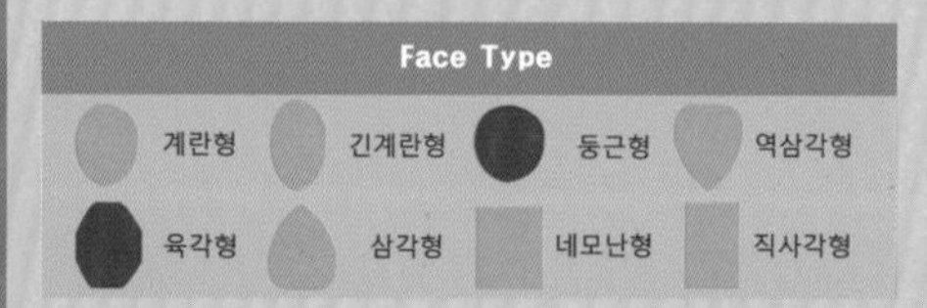

Hair Cut,Permament Wave Method-
Technology Manual 139age 참고

루스한 컬에서부터 사랑스럽고 발랄한 이미지가 풍기는 로맨틱 보브 헤어스타일!

- 앞 방향으로 약간 길어지는 그러데이션 보브 형태로 베이스를 커트하고 모발 길이 중간, 끝부분에서 틴닝을 하여 모발량을 조절하고 슬라이딩 커트 기법으로 끝부분을 가늘어지게 커트하여 움직임 있는 질감을 만듭니다.
- 굵은 롤로 모발 길이의 중간까지 와인딩하는 웨이브 파마를 해 줍니다.
- 헤어 드라이기로 뿌리부터 말리면서 70%를 말린 후 글로스 오일, 소프트 왁스를 고르게 바르고 스크런치 드라이 기법으로 자연스러운 컬의 움직임을 연출합니다.

Woman Medium Hair Style Design

M-2021-170-1

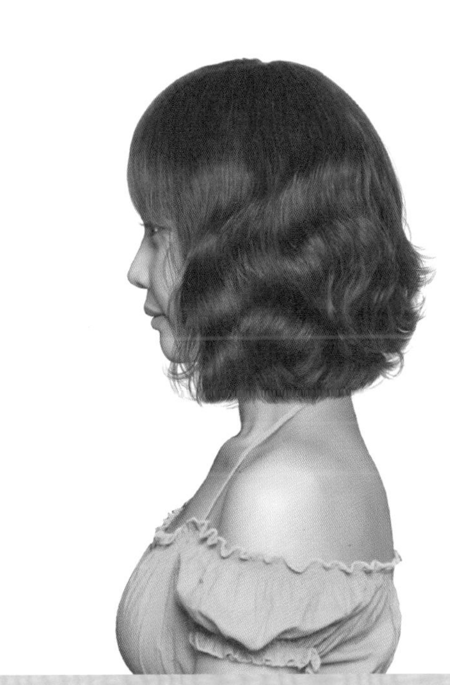

M-2021-170-2

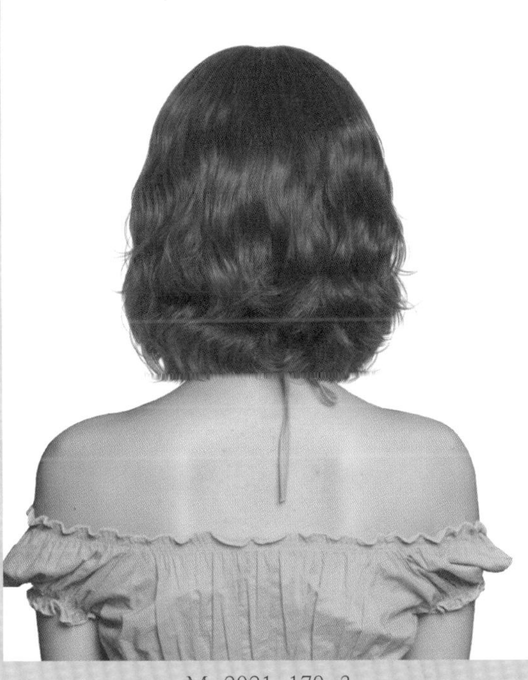

M-2021-170-3

Face Type			
계란형	긴계란형	둥근형	역삼각형
육각형	삼각형	네모난형	직사각형

Hair Cut Method-
Technology Manual 108Page 참고

풀린 듯한 물결 웨이브 흐름이 자연스럽고 시크한 느낌을 주는 로맨틱 헤어스타일!

- 언더에서 웨이트를 주면서 그러데이션 보브 스타일 형태로 베이스를 만들고, 끝부분이 가볍도록 틴닝으로 모발량을 조절합니다.
- 앞머리를 길이를 길게 하여 시스루 느낌으로 내려주어 귀엽고 생기 있는 이미지를 연출합니다.
- 뿌리 부분을 남기고 굵은 롤로 웨이브 파마를 합니다.
- 헤어 드라이기로 뿌리부터 말리면서 70%를 말린 후 글로스 오일, 소프트 왁스를 고르게 바르고 스크런치 드라이 기법으로 드라이하고 손가락으로 풀어 주듯 빗질하여 자연스러운 컬의 움직임을 연출합니다.

Woman Medium Hair Style Design

M-2021-171-1

M-2021-171-2

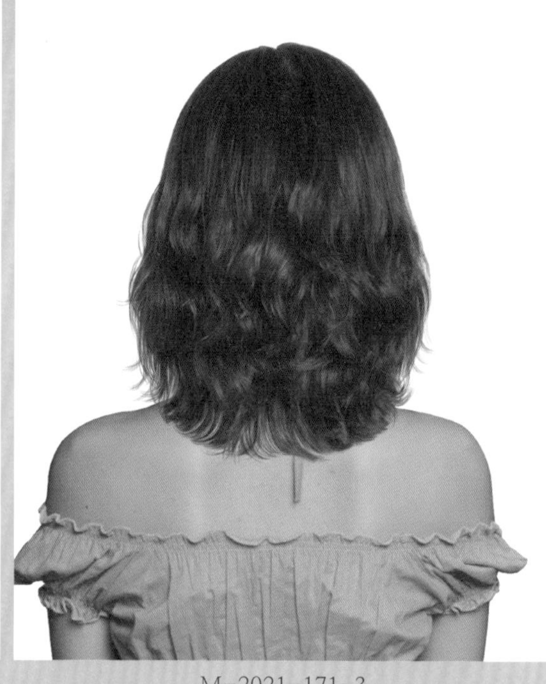

M-2021-171-3

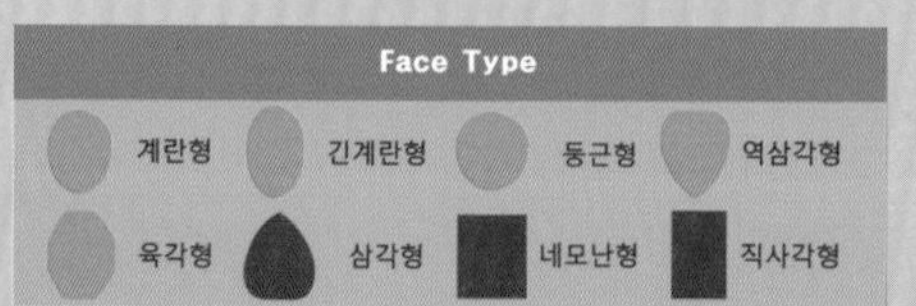

Hair Cut Method-
Technology Manual 146Page 참고

러프하게 출렁이는 컬의 흐름이 사랑스러움과 여성스러운 이미지가 느껴지는 러블리 헤어스타일!

- 가운데 가르마로 앞머리가 없이 시원하게 이마가 드러나는 매력적인 롱 그러데이션 보브 스타일입니다.
- 언더 부분에서 그러데이션으로 층을 만들고, 톱 쪽으로 레이어드 기법으로 부드럽게 층을 연결합니다.
- 끝부분이 가늘어지도록 바이어스 블런트 커트 기법으로 예리하게 커트하고 틴닝과 슬라이딩 기법으로 커트하여 바람에 흩날리는 듯 가벼운 율동을 연출합니다.
- 굵은 롤로 중간 부분까지 와인딩하는 웨이브 파마를 합니다.
- 헤어 드라이기로 뿌리부터 말리면서 70%를 말린 후 글로스 오일, 소프트 왁스를 고르게 바르고, 스크런치 드라이 기법으로 드라이하고 손가락으로 풀어 주듯 빗질하여 자연스러운 컬의 움직임을 연출합니다.

Woman Medium Hair Style Design

M-2021-172-1

M-2021-172-2

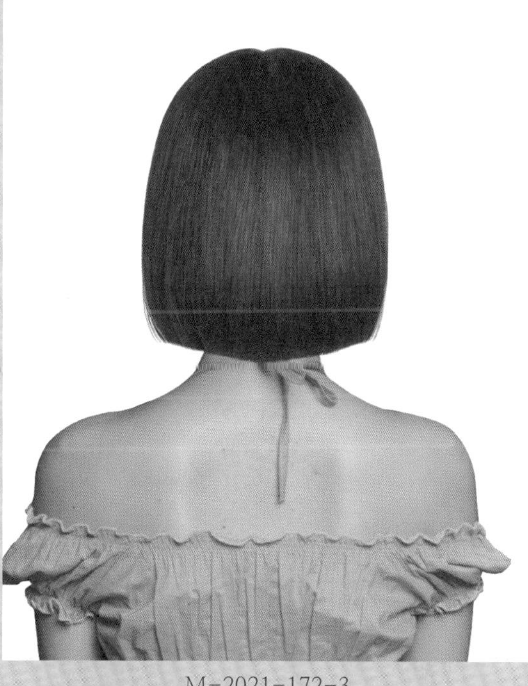

M-2021-172-3

Face Type

계란형 / 긴계란형 / 둥근형 / 역삼각형 / 육각형 / 삼각형 / 네모난형 / 직사각형

Hair Cut,Permament Wave Method-
Technology Manual 077Page 참고

왠지 모를 향수가 느껴지고, 섹시함과 큐트함이 믹스된 분위의 개성 있는 보브 헤어스타일!

- 얼굴 방향으로 대담하고 개성 있는 감각을 주기 위해 콘벡스 라인의 원랭스 커트를 합니다.
- 앞머리는 무거운 수평 라인으로 내려주어 인형 같은 큐트함을 연출합니다.
- 찰랑찰랑하고 윤기 있는 질감을 표현하기 위해 스트레이트 파마를 해 줍니다.
- 헤어 드라이기로 뿌리부터 말리면서 80%를 말린 후 글로스 오일을 고르게 바르고, 빗살이 굵은 빗으로 빗겨 주고 털어서 자연스럽게 스타일링을 합니다.

Woman Medium Hair Style Design

M-2021-173-1

M-2021-173-2

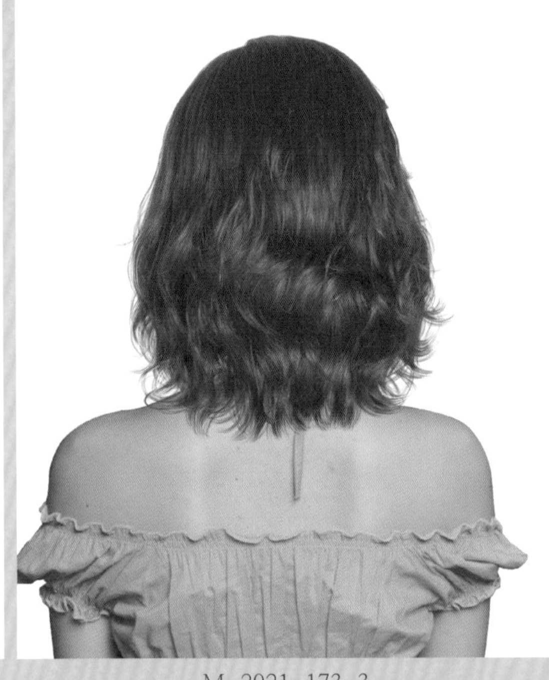

M-2021-173-3

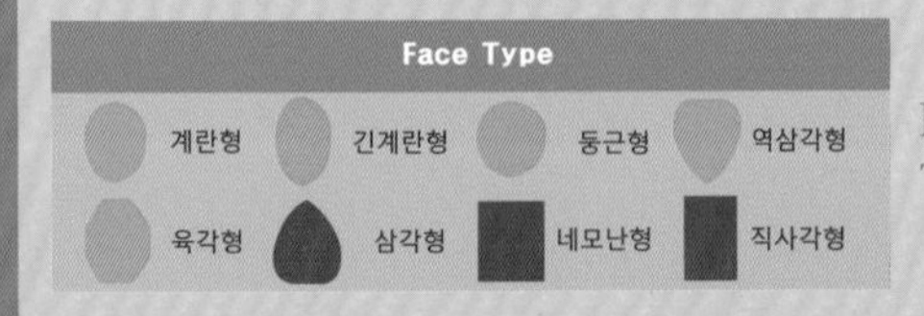

Hair Cut Method-
Technology Manual 146Page 참고

가르마를 바꾸고 앞머리를 쓸어 올려 시원하고 대담하게 이미지 체인지!

- 롱 그러데이션 보브 스타일 형태로 베이스를 만듭니다.
- 언더 부분에서 가벼운 층의 그러데이션 커트를 하고 톱 쪽으로 부드럽게 연결하는 바이어스 블런트 커트를 합니다.
- 모발 길이 중간, 끝부분에서 틴닝으로 모발량을 줄여서 가벼운 흐름을 연출합니다.
- 모발 길이의 중간 부분까지 굵은 웨이브 파마를 해 줍니다.
- 헤어 드라이기로 뿌리부터 말리면서 앞머리는 넘겨주고 사이드로 내려주면서 70%를 말린 후 글로스 오일을 고르게 바르고, 스크런치 드라이 기법으로 드라이하고 손가락으로 풀어 주듯 빗질하여 자연스러운 컬의 움직임을 연출합니다.

Woman Medium Hair Style Design

M-2021-174-1

M-2021-174-2

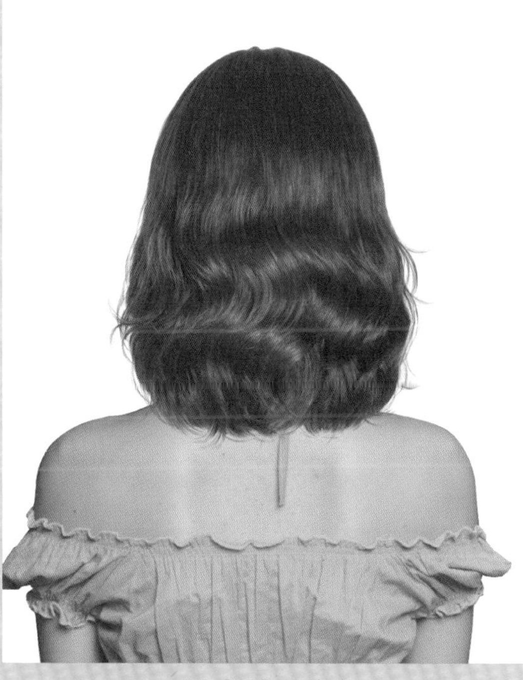
M-2021-174-3

Face Type			
계란형	긴계란형	둥근형	역삼각형
육각형	삼각형	네모난형	직사각형

Hair Cut Method-
Technology Manual 116Page 참고

러프하고 소프트한 율동감이 더해 주어 성숙하고 사랑스러운 느낌의 페미닌 헤어스타일!

- 앞 방향으로 길이가 길어지는, 언더 부분에서 그러데이션으로 층을 만들고, 톱 쪽으로 연결해서 레이어드 커트를 합니다.
- 틴닝과 슬라이드 커트 기법으로 끝부분을 가늘어지고 가벼운 깃털의 텍스처를 만듭니다.
- 끝부분에서 1.5~2컬의 굵은 파마를 합니다.
- 헤어 드라이기로 뿌리부터 말리면서 앞머리는 붙여 주고 사이드로 내려주면서 70%를 말린 후 글로스 오일을 고르게 바르고 스크런치 드라이 기법으로 드라이하고 손가락으로 풀어 주듯 빗질하여 자연스러운 컬의 움직임을 연출합니다.

Woman Medium Hair Style Design

M-2021-175-1

M-2021-175-2

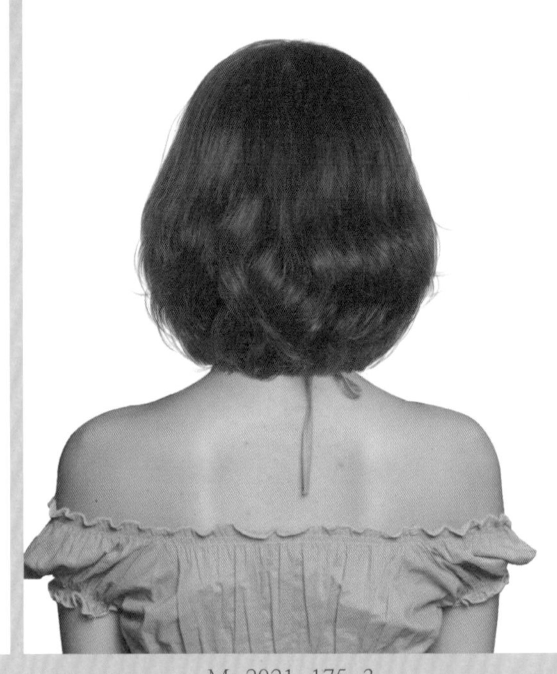

M-2021-175-3

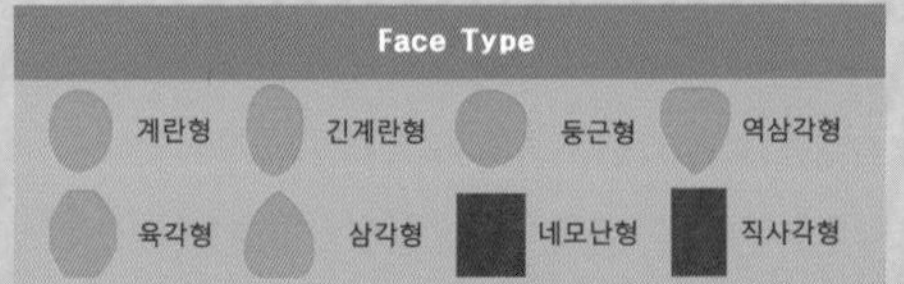

Hair Cut Method-
Technology Manual 131Page 참고

루스한 웨이브 흐름이 성숙한 여성스러움과 현대적인 도시 여성의 감각이 가미된 헤어스타일!

- 둥근 라인의 미디엄 그러데이션 헤어스타일입니다.
- 언더 부분에서 무게감과 풍성함을 주는 단차가 많이 나지 않는 그러데이션 커트를 하고 부드러운 둥근감을 주기 위해 레이어드 커트를 하고 틴닝으로 모발량을 조절합니다.
- 끝부분에서 1~2컬의 굵은 롤로 웨이브 파마를 해 줍니다.
- 헤어 드라이기로 뿌리부터 말리면서 앞머리는 사이드로 내려주면서 70%를 말린 후 글로스 오일을 고르게 바르고, 스크런치 드라이 기법으로 드라이하고 손가락으로 풀어 주듯 빗질하여 자연스러운 컬의 움직임을 연출합니다.

Woman Medium Hair Style Design

M-2021-176-1

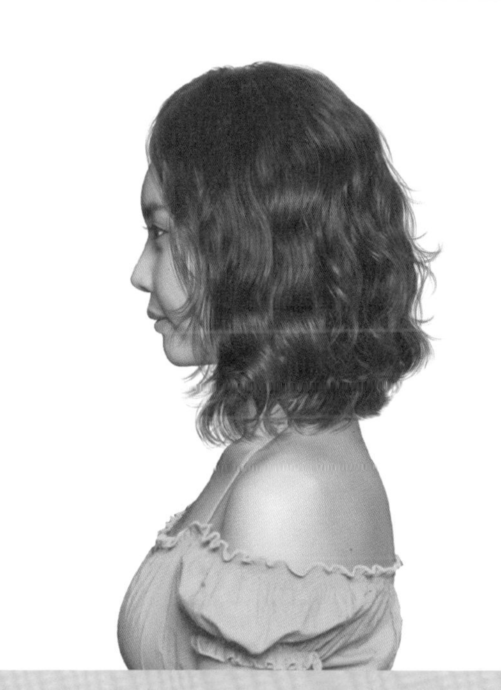
M-2021-176-2

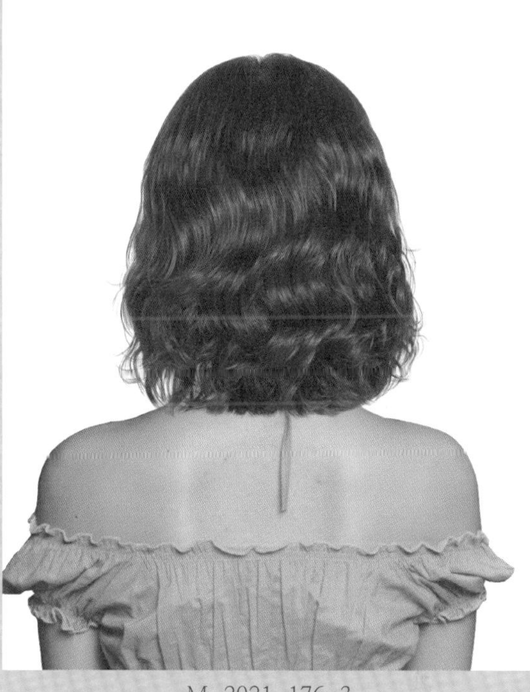
M-2021-176-3

Face Type			
계란형	긴계란형	둥근형	역삼각형
육각형	삼각형	네모난형	직사각형

Hair Cut Method-
Technology Manual 116Page 참고

출렁이는 물결 웨이브가 스타일리시 하고 모드한 분위기가 느껴지는 로맨틱 헤어스타일!

- 율동감이 있으면서 느슨해 보이는 자유로운 분위기가 매력 포인트입니다.
- 앞 방향으로 길어지도록 라인을 설정하고 층이 약간 나는 그러데이션 보브 스타일 형태로 커트를 합니다.
- 모발 길이의 중간 끝부분에서 모발량을 조절하고, 슬라이딩 커트 기법으로 끝부분을 가늘어지고 가벼운 질감을 만듭니다.
- 굵은 롤로 전체를 웨이브 파마를 합니다.
- 헤어 드라이기로 뿌리부터 말리면서 70%를 말린 후 글로스 오일을 고르게 바르고, 스크런치 드라이 기법으로 드라이하고 손가락으로 풀어 주듯 빗질하여 자연스러운 컬의 움직임을 연출합니다.

Woman Medium Hair Style Design

M-2021-177-1

M-2021-177-2

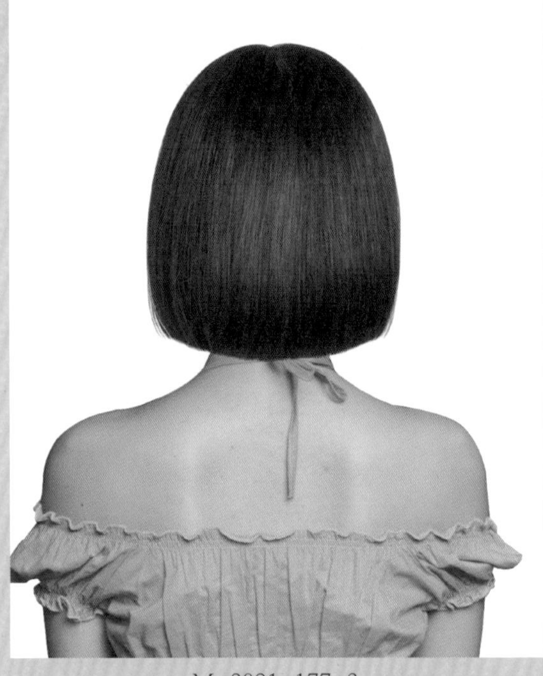

M-2021-177-3

Face Type			
계란형	긴계란형	둥근형	역삼각형
육각형	삼각형	네모난형	직사각형

Hair Cut Method-
Technology Manual 080Page 참고

윤기가 휘감은 듯 찰랑거리는 스트레이트 질감이 발랄함과 귀여움을 더해 주는 보브 헤어스타일!

- 약간 둥근 라인으로 원랭스 커트를 합니다.
- 목이 두껍고 둥근 턱선을 가진 분이라면 길이를 턱선보다 5cm 길게 하는 것이 얼굴을 작아 보이게 합니다.
- 작고 갸름한 얼굴이라면 더 짧은 헤어스타일도 특별한 개성과 큐트함을 선사합니다.
- 앞머리를 무겁게 내려서 시스루 앞머리와 대비되는 색다른 이미지 변신을 할 수 있어서 강력 추천합니다.
- 헤어 드라이기로 뿌리부터 말리면서 80%를 말린 후 글로스 오일을 고르게 바르고, 빗살이 굵은 빗으로 빗겨 주고 털어서 자연스럽게 스타일링을 합니다.

Woman Medium Hair Style Design

M-2021-178-1

M-2021-178-2

M-2021-178-3

Face Type			
계란형	긴계란형	둥근형	역삼각형
육각형	삼각형	네모난형	직사각형

Hair Cut Method-
Technology Manual 146Page 참고

빛과 공기를 머금은 듯 풍성하게 출렁거리는 컬의 움직임이 자유로운 발랄함과 섹시함을 더해 준다!

- 아름답고 귀티나는 이미지를 가지려면 자신만의 개성을 추구해야 합니다.
- 쇄골 라인에 닿는 길이의 그러데이션 보브 스타일은 얼굴을 작아 보이게 하고 목선과 어깨선을 부드럽고 아름답게 해 줍니다.
- 전체를 굵은 롤로 웨이브 파마를 합니다.
- 헤어 드라이기로 뿌리부터 말리면서 70%를 말린 후 글로스 오일을 고르게 바르고 스크런치 드라이 기법으로 드라이하고, 손가락으로 풀어 주듯 빗질하여 자연스러운 컬의 움직임을 연출합니다.

Woman Medium Hair Style Design

M-2021-179-1

M-2021-179-2

M-2021-179-3

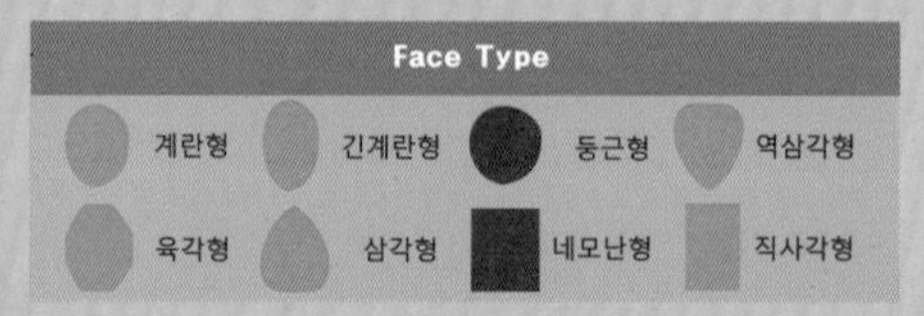

Hair Cut Method-
Technology Manual 146Page 참고

율동감이 있으면서 자유롭고 느슨해 보이는 흐름이 매력적으로 보이는 러블리 헤어스타일!

- 손질하지 않는 듯 자유롭게 스타일링을 하면 손질하는 번거로움도 없어서 관리가 쉬워지고 자연스럽고 여성스런 이미지를 느끼게 합니다.
- 어깨선을 타고 흐르는 길이로 언더 쪽은 그러데이션을, 톱 쪽으로 레이어드를 넣어서 가볍고 부드러운 층을 연결합니다.
- 틴닝과 슬라이딩 커트 기법으로 끝부분이 대담하게 가늘어지도록 커트하여 자유로운 율동감을 연출합니다.
- 중간까지 굵은 롤로 웨이브 파마를 합니다.
- 헤어 드라이기로 뿌리부터 말리면서 70%를 말린 후 글로스 오일을 고르게 바르고 스크런치 드라이 기법으로 드라이하고, 손가락으로 풀어 주듯 빗질하여 자연스러운 컬의 움직임을 연출합니다.

Woman Medium Hair Style Design

M-2021-180-1

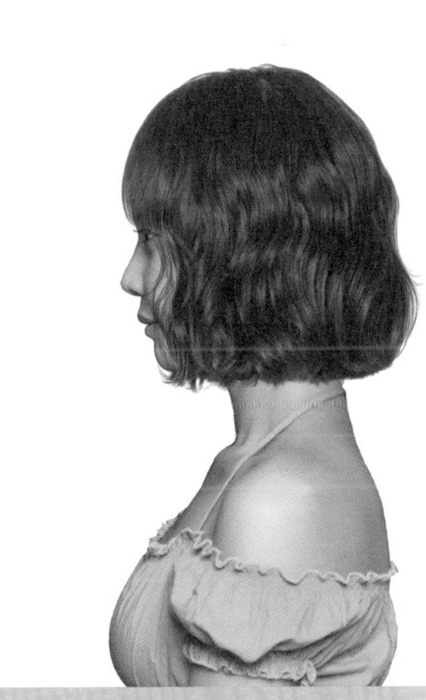

M-2021-180-2

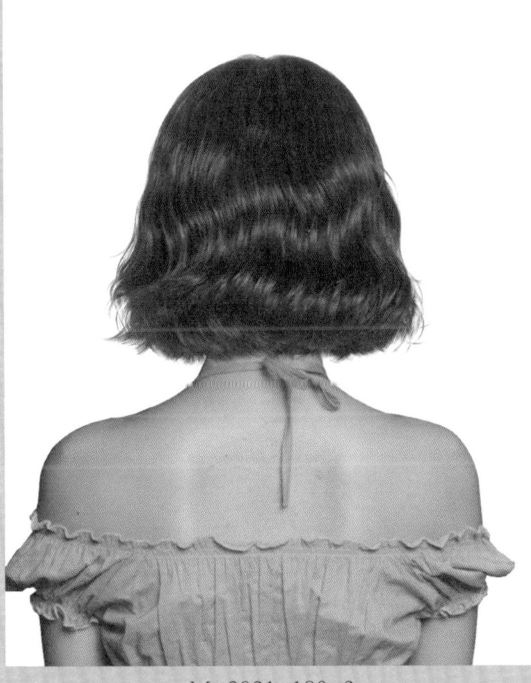

M-2021-180-3

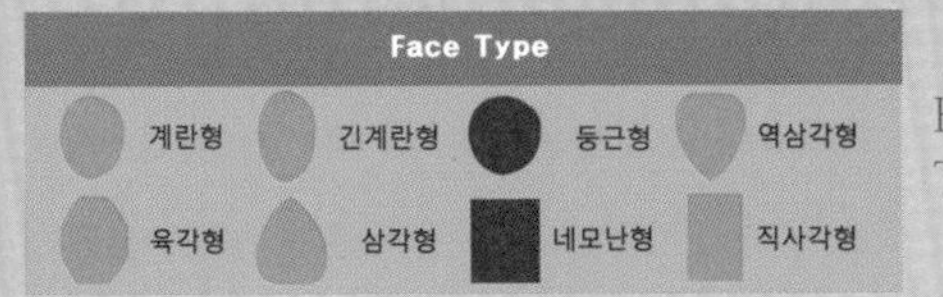

Hair Cut,Permament Wave Method-
Technology Manual 35Page 참고

두둥실 춤추는 듯 출렁이는 물결 웨이브의 향연이 발랄함과 생기를 주는 큐티 감각의 헤어스타일!

- 원랭스 보브 스타일 형태로 청순하고 귀여운 소녀 감성을 느끼게 하는 헤어스타일입니다.
- 조금 커보이는 얼굴형이라면 턱선보다 길게 하거나 어깨선까지 길게 하면 부드러운 목선을 느끼게 합니다.
- 앞머리는 듬성듬성한 시스루 스타일로 길게 내려서 발랄함과 귀여움을 연출합니다.
- 굵은 롤로 전체 웨이브 파마를 하고, 웨이브 파마의 흐름이 자연스럽고 움직임이 좋으려면 모발이 건강해야 합니다.
- 헤어 드라이기로 뿌리부터 말리면서 70%를 말린 후 글로스 오일을 고르게 바르고, 스크런치 드라이 기법으로 드라이하고 손가락으로 풀어 주듯 빗질하여 자연스러운 컬의 움직임을 연출합니다.

Woman Medium Hair Style Design

M-2021-181-1

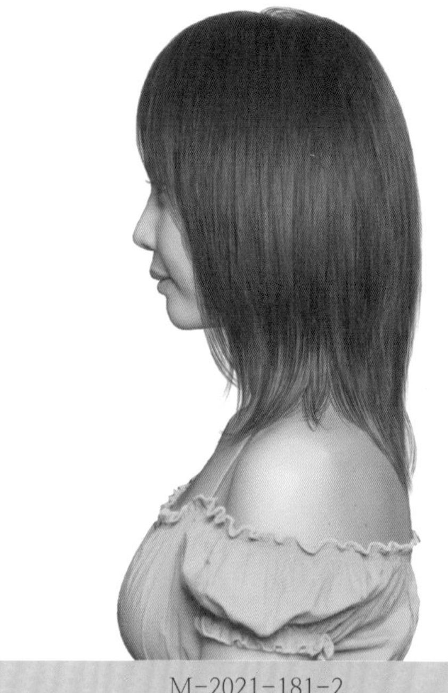

M-2021-181-2

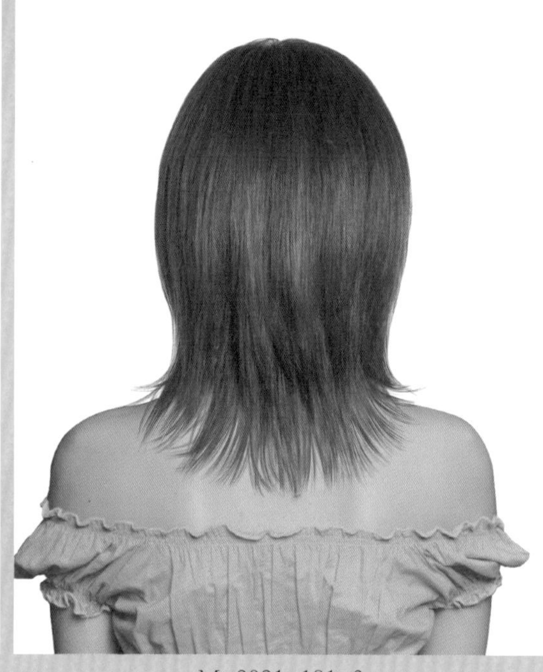

M-2021-181-3

Face Type			
계란형	긴계란형	둥근형	역삼각형
육각형	삼각형	네모난형	직사각형

Hair Cut Method-
Technology Manual 204Page 참고

손가락 빗질로 생머리를 쓸어내려 자연스러운 흐름이 멋스러운 시크한 헤어스타일!

- 어깨선을 타고 자연스럽게 뻗치는 흐름의 헤어스타일은 저자가 1990년대 초부터 디자인했던 스타일이며, 뻗치는 것을 즐기면, 곡선의 흐름이 여성스럽고 시크한 아름다움을 주는 스타일입니다.
- 그러데이션과 인크리스 레이어드 기법으로 커트를 하여 베이스를 만들고 머릿결이 들뜨지 않고 차분하고 부드러우며 가벼운 느낌으로 커트하는 것이 포인트입니다.
- 노취 커트 기법으로 끝부분을 예리하게 커트하고 모발 길이 중간 끝부분에서 틴닝과 슬라이딩 커트로 질감 커트를 합니다.
- 헤어 드라이기로 뿌리부터 말리면서 80%를 말린 후 글로스 오일을 고르게 바르고, 빗살이 굵은 빗으로 빗겨 주고 털어서 자연스럽게 스타일링을 합니다.

Woman Medium Hair Style Design

M-2021-182-1

M-2021-182-2

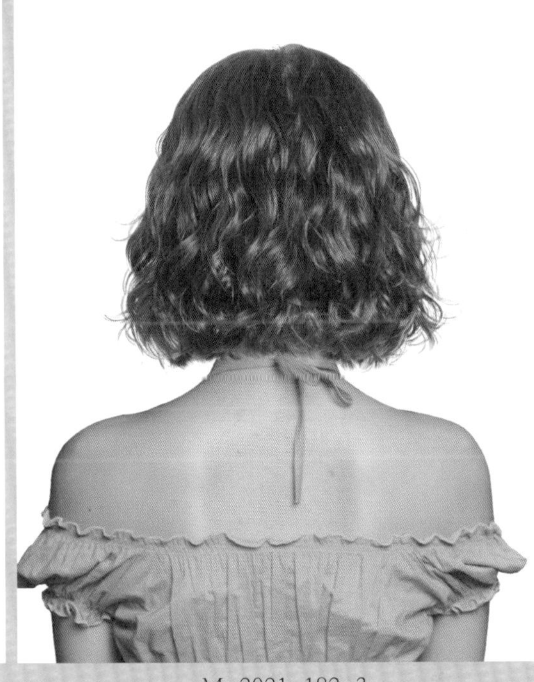
M-2021-182-3

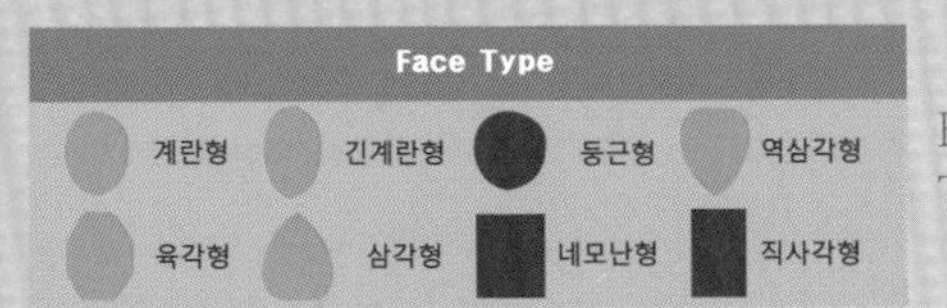

Hair Cut Method-
Technology Manual 074Page 참고

보송보송 여성스러운 컬의 움직임이 귀여움과 개성을 주는 에콜로지 감각의 헤어스타일!

- 손질하지 않는 듯 자유롭게 연출하는 나만의 개성을 추구합니다.
- 트렌디한 감각도 필요하지만 유행에 민감하여 따라쟁이 헤어스타일은 고급스러움, 귀티나는 이미지를 주지 못합니다.
- 얼굴 방향으로 길어지는 길이의 콘케이브 라인으로 원랭스 커트를 합니다.
- 굵은 롤로 전체 웨이브 파마를 해 줍니다.
- 헤어 드라이기로 뿌리부터 말리면서 70%를 말린 후 글로스 오일을 고르게 바르고, 스크런치 드라이 기법으로 드라이하고 손가락으로 풀어 주듯 빗질하여 자연스러운 컬의 움직임을 연출합니다.

Woman Medium Hair Style Design

M-2021-183-1

M-2021-183-2

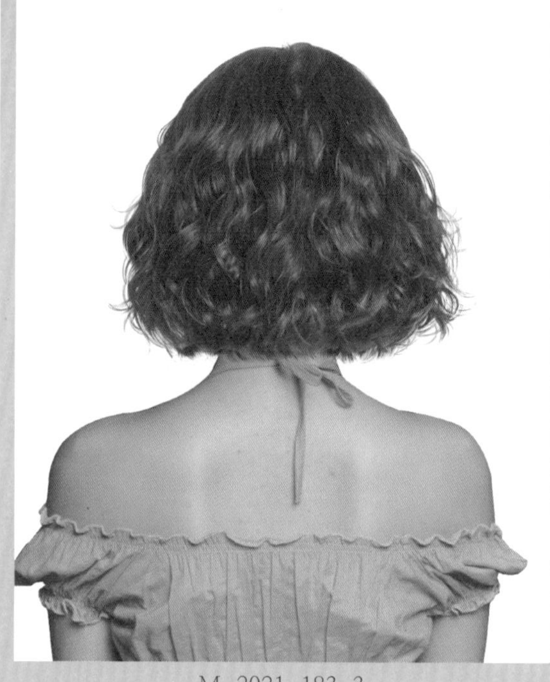

M-2021-183-3

Face Type

계란형 긴계란형 둥근형 역삼각형
육각형 삼각형 네모난형 직사각형

Hair Cut,Permament Wave Method-
Technology Manual 35Page 참고

평범한 헤어스타일은 싫다! 내 생에 내가 처음으로 선택한 나만의 헤어스타일!

- 유행하는 헤어스타일을 따라 하지 않고 자신만의 개성을 추구하여 새로운 유행을 창조하고 싶은 자신만의 스타일을 추구하는 개성파 여성들에게 추천하고 싶은 헤어스타일입니다.
- 탄력 있으면서 굵은 느낌의 웨이브 파마를 하는데 길이를 올라갈 것을 고려하여 원랭스 커트를 합니다.
- 끝부분이 깃털처럼 가벼워지도록 커트하여 움직임을 좋게 합니다.
- 헤어 드라이기로 뿌리부터 말리면서 70%를 말린 후 글로스 오일을 고르게 바르고, 스크런치 드라이 기법으로 풍성하게 부풀려서 러푸하고 자연스러운 컬의 움직임을 연출합니다.

Woman Medium Hair Style Design

M-2021-184-1

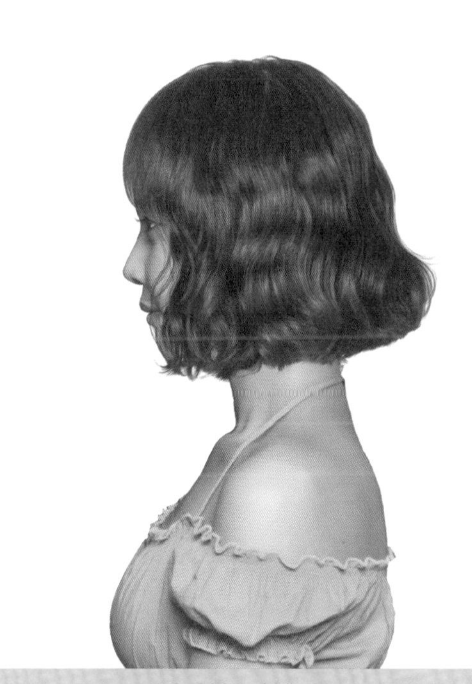

M-2021-184-2

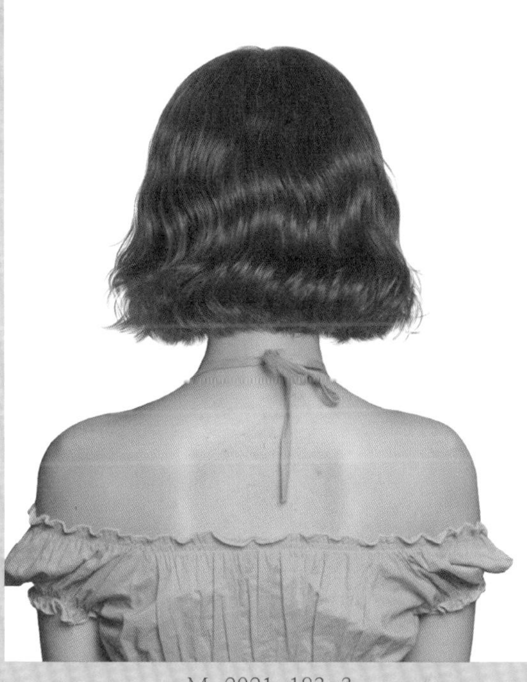

M-2021-183-3

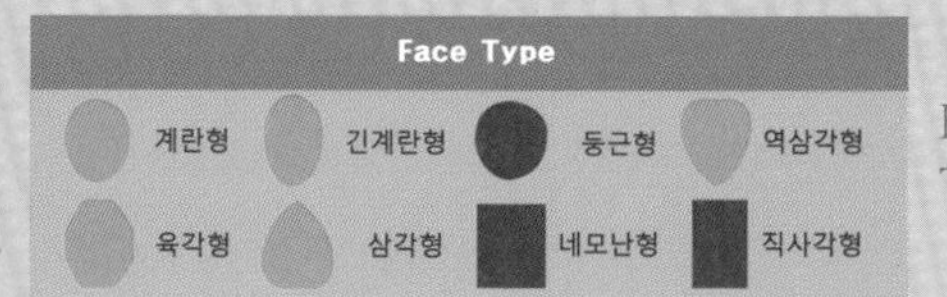

Hair Cut Method-
Technology Manual 074Page 참고

촉촉한 윤기와 공기를 머금은 듯 출렁이는 물결 웨이브가 발랄하고 앙증맞은 큐티 헤어스타일!

- 보브 헤어스타일은 라인의 기울기, 길이, 층이 나는 정도, 질감에 따라서 변화무쌍한 표정 변화를 줍니다.
- 디자인의 아이디어, 감각이 좋으면 다양한 변화를 주는 헤어스타일입니다.
- 앞 방향으로 길어지는 라인의 변화와 앞머리가 차분한 머릿결로 이마를 가려 주는 느낌이 청순함과 앙증맞은 소녀 감성을 느끼게 합니다.
- 헤어 드라이기로 뿌리부터 말리면서 70%를 말린 후 글로스 오일을 고르게 바르고, 스크런치 드라이 기법으로 드라이하고 손가락으로 풀어 주듯 빗질하여 자연스러운 컬의 움직임을 연출합니다.

Woman Medium Hair Style Design

M-2021-185-1

M-2021-185-2

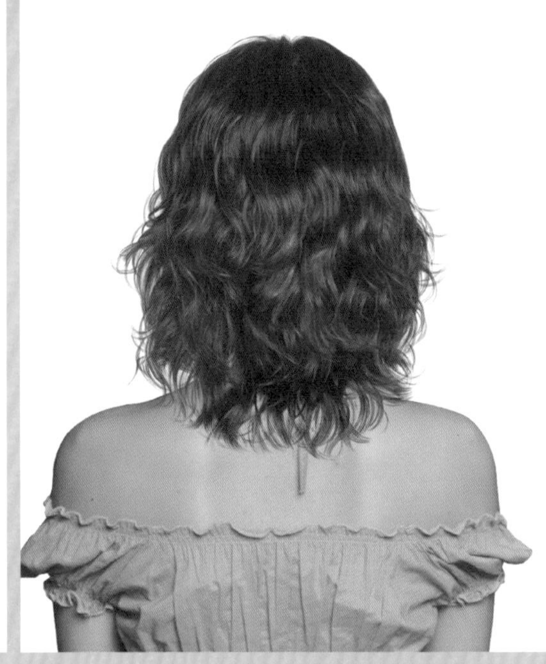

M-2021-185-3

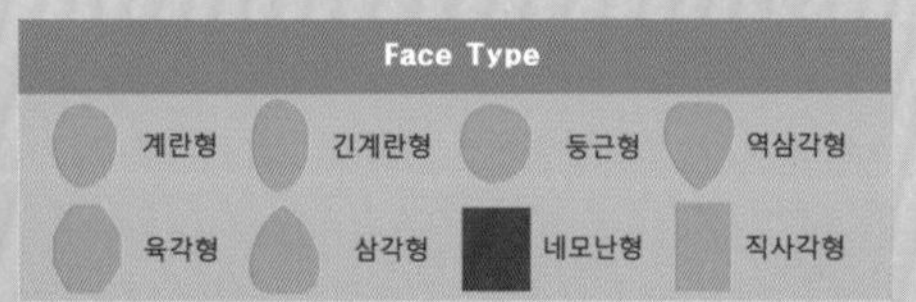

Hair Cut Method-
Technology Manual 186Page 참고

보송보송 여성스러운 컬의 율동감이 섹시함을 담은 페미닌 감각의 헤어스타일!

- 쇄골 라인에 닿는 둥근 라인의 레이어드 헤어스타일입니다.
- 언더 부분에 무게감을 주기 위해 그러데이션 커트를 하고, 톱 쪽으로 레이어드를 넣어 부드러운 형태의 스타일을 만듭니다.
- 모발 길이 중간 끝부분에서 틴닝으로 모발량을 조절하고 굵은 웨이브 파마를 합니다.
- 헤어 드라이기로 뿌리부터 말리면서 70%를 말린 후 글로스 오일을 고르게 바르고, 스크런치 드라이 기법으로 풍성하게 부풀려서 러푸하고 자연스러운 컬의 움직임을 연출합니다.

Woman Medium Hair Style Design

M-2021-186-1

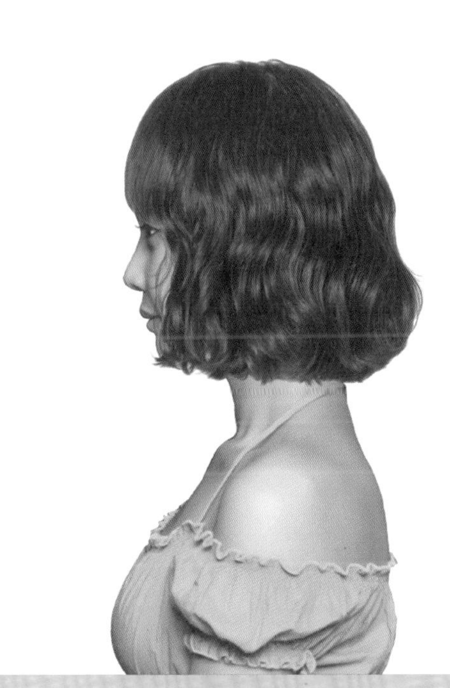

M-2021-186-2

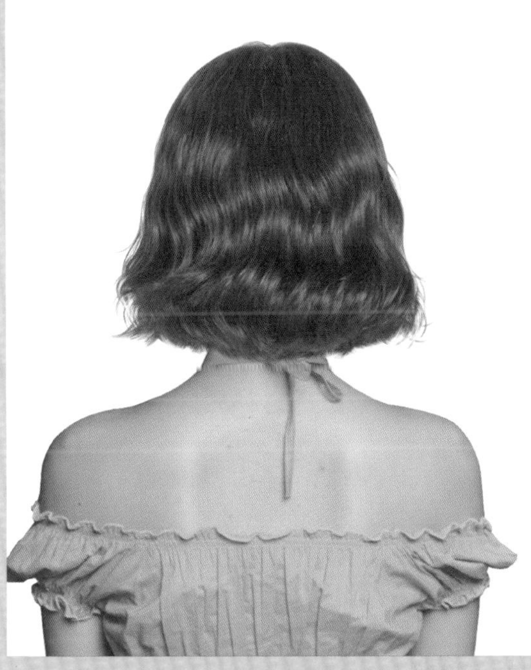

M-2021-186-3

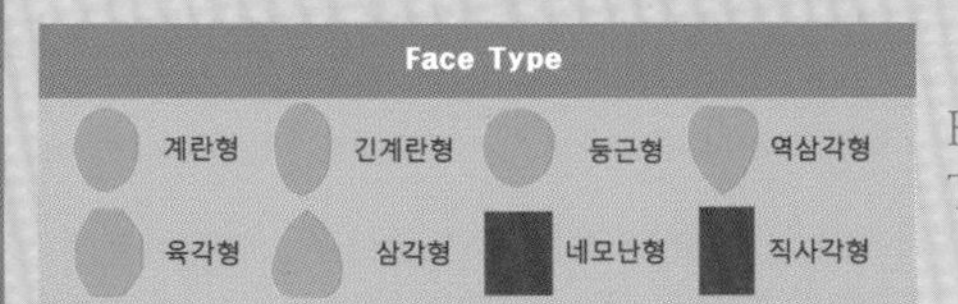

Hair Cut Method-
Technology Manual 077Page 참고

발랄하고 귀여운 느낌을 주는 출렁이는 웨이브의 율동감이 여성스러움도 쑥쑥!

- 바닷물결이 출렁이듯 자연스러운 웨이브 흐름은 모발이 건강하고 자연 파마를 했을 때 흐름이 좋고 손질하기 편해집니다.
- 손상모는 젖었을 때는 웨이브 형태가 있으나 말리면 웨이브가 퍼져서 부스스한 느낌이 되어서 아름다운 헤어스타일 연출이 어렵습니다.
- 보브 스타일 형태로 언더에서 무게감을 줄 수 있도록 조금을 층을 만드는 그러데이션 커트를 합니다.
- 굵은 롤로 전체 웨이브 펌을 하고 헤어 드라이기로 뿌리부터 말리면서 70%를 말린 후 글로스 오일을 고르게 바르고, 스크런치 드라이 기법으로 풍성하게 부풀려서 러푸하고 자연스러운 컬의 움직임을 연출합니다.

Woman Medium Hair Style Design

M-2021-187-1

M-2021-187-2

M-2021-187-3

Face Type			
계란형	긴계란형	둥근형	역삼각형
육각형	삼각형	네모난형	직사각형

Hair Cut Method-
Technology Manual 204Page 참고

물결 웨이브! 섹시함과 큐트함이 물씬 풍겨나는 페미닌 감각의 헤어스타일!

- 건강한 모발의 웨이브 스타일은 손질하기 편해지고 자연스럽고 여성스러움을 느끼게 해 주는 헤어스타일입니다.
- 아름다운 헤어스타일의 최적의 조건은 건강한 모발을 관리하고 유지하는 것입니다.
- 미디움 레이어드 형태로 베이스를 만들고, 틴닝과 슬라이딩 커트 기법으로 끝부분의 흐름을 가늘어지고 가볍게 해 줍니다.
- 굵은 롤로 물결 웨이브 파마를 합니다.
- 헤어 드라이기로 뿌리부터 말리면서 70%를 말린 후 글로스 오일을 고르게 바르고, 스크런치 드라이 기법으로 풍성하게 부풀려서 러푸하고 자연스러운 컬의 움직임을 연출합니다.

Woman Medium Hair Style Design

M-2021-188-1

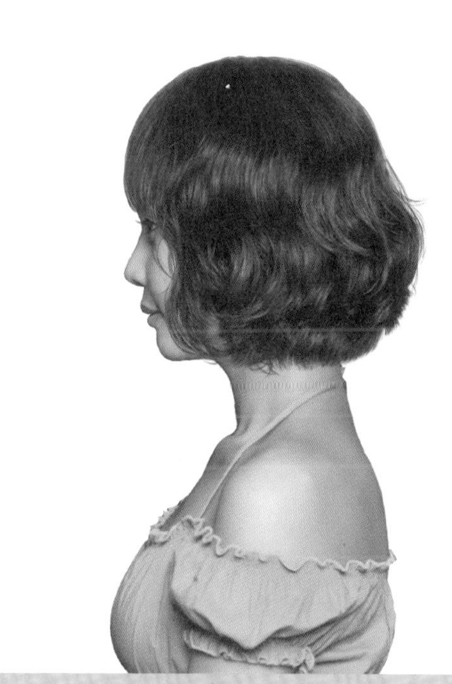
M-2021-188-2

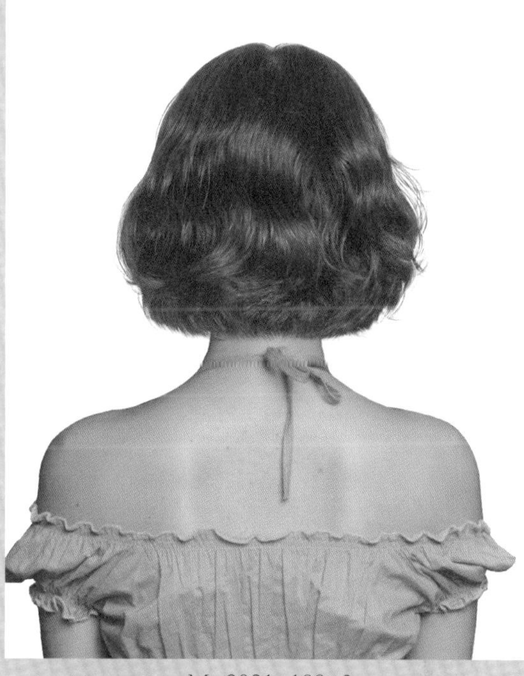
M-2021-188-3

Face Type			
계란형	긴계란형	둥근형	역삼각형
육각형	삼각형	네모난형	직사각형

Hair Cut Method-
Technology Manual 131Page 참고

공기를 머금은 듯 보송보송한 웨이브 흐름이 차분하고 청순한 여성미를 주는 로맨틱 헤어스타일!

- 부드러운 웨이브 흐름의 헤어스타일은 차분하고 청순한 이미지를 주기 때문에 사무실에서도 튀지 않고 자연스럽게 어울려지는 소녀 감성의 헤어스타일입니다.
- 언더 쪽에서 무게감을 주기 위해 약간의 층을 주는 그러데이션 커트를 합니다.
- 굵은 롤로 풀린 듯한 웨이브 파마를 합니다.
- 헤어 드라이기로 뿌리부터 말리면서 70%를 말린 후 글로스 오일을 고르게 바르고, 스크런치 드라이 기법으로 풍성하게 부풀려서 러푸하고 자연스러운 컬의 움직임을 연출합니다.

Woman Medium Hair Style Design

M-2021-189-1

M-2021-189-2

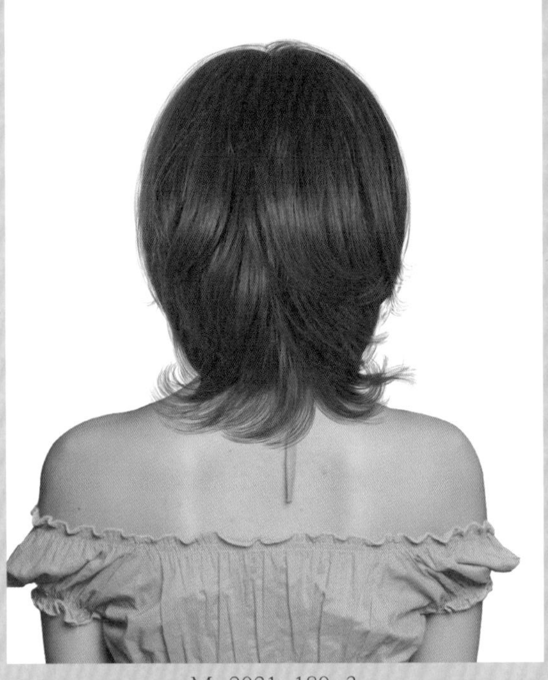

M-2021-189-3

Face Type			
계란형	긴계란형	둥근형	역삼각형
육각형	삼각형	네모난형	직사각형

Hair Cut Method-
Technology Manual 186Page 참고

스위트 느낌이지만 성숙하고 여성스런 아름다움이 느껴지는 페미닌 감각의 헤어스타일!

- 그러데이션과 레이어드의 길이가 조절되는 콤비네이션 기법으로, 언더 쪽에서는 가늘어지고 가볍게 커트하여 목선과 어깨선을 타고 부드럽게 뻗치는 흐름을 연출하고, 베이스는 그러데이션과 레이어드로 부드럽고 풍성한 흐름을 만듭니다.
- 끝부분이 가늘어지고 가볍도록 질감 처리를 하고 굵은 롤로 안말음, 바깥말음으로 와인딩하여 1~1.5컬 퍼마를 해 줍니다.
- 헤어 드라이기로 뿌리부터 말리면서 80%를 말린 후 글로스 오일이나 글로스 왁스를 고르게 바르고, 스크런치 드라이 기법으로 드라이하고 손가락으로 풀어 주듯 빗질하여 자연스러운 컬의 움직임을 연출합니다.

Woman Medium Hair Style Design

M-2021-190-1

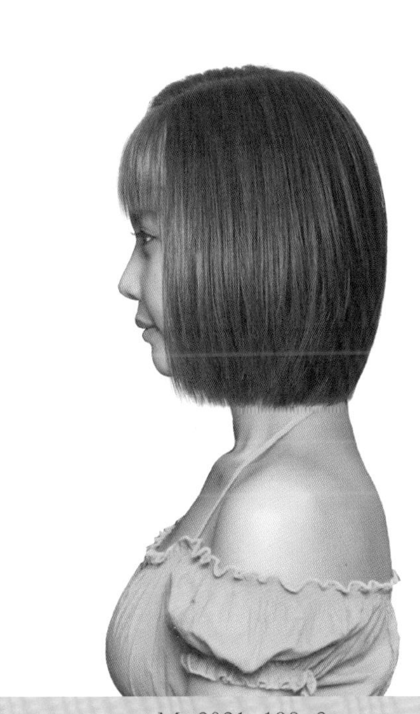

M-2021-190-2

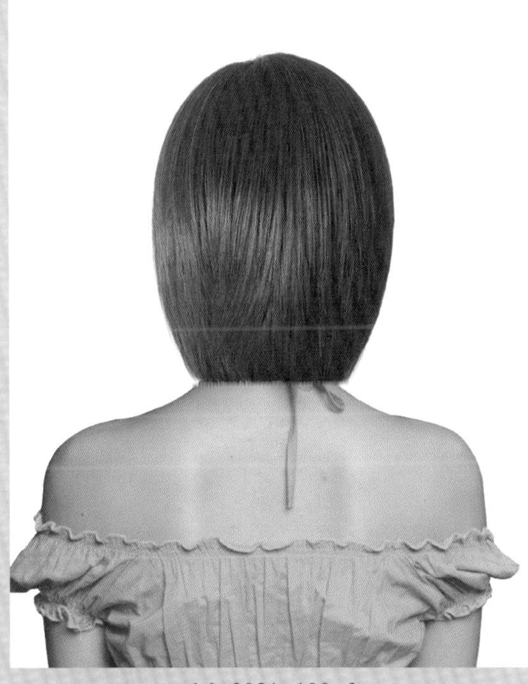

M-2021-190-3

Face Type			
계란형	긴계란형	둥근형	역삼각형
육각형	삼각형	네모난형	직사각형

Hair Cut Method-
Technology Manual 108Page 참고

찰랑거리고 윤기 나는 머릿결이 단정하고 청순한 감성을 느끼게 하는 보브 헤어스타일!

- 층이 나면서 찰랑거리고 자연스럽게 살짝 안말음 되는 그러데이션 보브 헤어스타일은 오래도록 사랑받아온 정통 클래식 감각의 헤어스타일입니다.
- 언더에서 수평 라인으로 그러데이션 커트를 하여 볼륨을 만들고, 톱 쪽에서 레이어를 연결하여 부드럽게 떨어지는 흐름을 연출합니다.
- 모발 길이 중간 끝에서 틴닝 커트를 하여 모발량을 조절합니다.
- 앞머리를 시스루 느낌으로 듬성듬성하게 내리주고 슬라이딩 커트로 질감을 표현합니다.
- 곱슬머리는 스트레이트 파마를 해 주고 헤어 드라이기로 뿌리부터 말리면서 80%를 말린 후 글로스 왁스를 고르게 바르고, 브러싱하여 스타일링을 합니다.

Woman Medium Hair Style Design

M-2021-191-1

M-2021-191-2

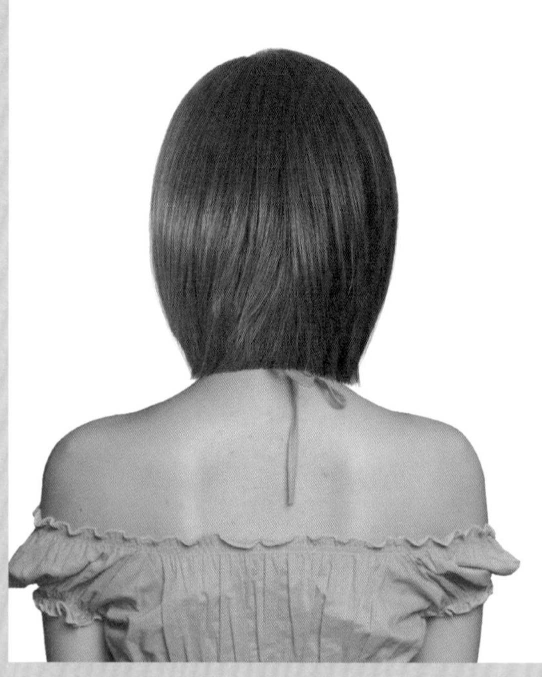

M-2021-191-3

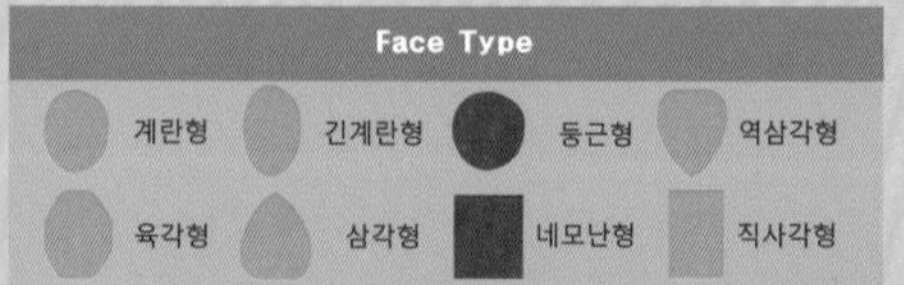

Hair Cut Method-
Technology Manual 116Page 참고

얼굴선을 감싸고 찰랑거리며 안말음 되는 흐름이 지적이고 차분한 인상을 주는 헤어스타일!

- 얼굴 쪽으로 길어지는 콘케이브 라인의 그러데이션 보브 헤어스타일은 도시적이고 샤프한 인상을 주면서도 단아하고 지적인 아름다운을 선사하는 그러데이션 보브 헤어스타일입니다.
- 언더에서 콘케이브 라인의 그러데이션 커트를 하여 볼륨을 만들고, 톱 쪽에서 레이어드를 연결하여 부드럽게 떨어지는 흐름을 연출합니다.
- 모발 길이 중간, 끝에서 틴닝 커트를 하여 모발량을 조절합니다.
- 앞머리를 시스루 느낌으로 듬성듬성하게 내리주고 슬라이딩 커트로 질감을 표현합니다.
- 곱슬머리는 스트레이트 파마를 해 주고, 헤어 드라이기로 뿌리부터 말리면서 80%를 말린 후 글로스 왁스를 고르게 바르고, 브러싱하여 스타일링을 합니다.

Woman Medium Hair Style Design

M-2021-192-1

M-2021-192-2

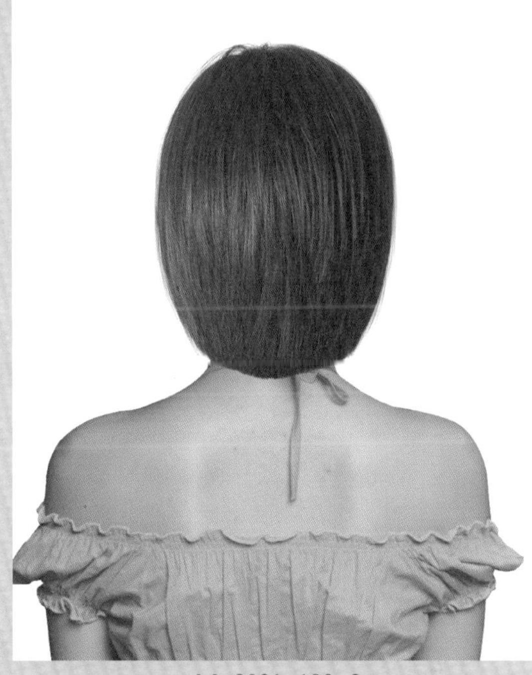

M-2021-192-3

Face Type			
계란형	긴계란형	둥근형	역삼각형
육각형	삼각형	네모난형	직사각형

Hair Cut Method-
Technology Manual 123Page 참고

얼굴 쪽으로 급격히 짧아지는 모발 흐름이 깨끗하고 단정하면서 트렌디한 감성을 주는 헤어스타일!

- 얼굴 쪽으로 급격히 짧아지는 콘벡스 라인의 그러데이션 보브 헤어스타일은 후두부에 볼륨을 주면서 독특한 개성을 표현하는 헤어스타일입니다.
- 언더에서 얼굴 쪽으로 짧아지는 콘벡스 라인으로 그러데이션 커트를 하여 볼륨을 만들고, 톱 쪽에서 레이어드를 연결하여 부드럽게 떨어지는 흐름을 연출합니다.
- 모발 길이 중간, 끝에서 틴닝 커트를 하여 모발량을 조절합니다.
- 앞머리를 시스루 느낌으로 듬성듬성하게 내리주고 슬라이딩 커트로 질감을 표현합니다.
- 곱슬머리는 스트레이트 파마를 해 주고 헤어 드라이기로 뿌리부터 말리면서 80%를 말린 후 글로스 왁스를 고르게 바르고, 브러싱하여 스타일링을 합니다.

Woman Medium Hair Style Design

M-2021-193-1

M-2021-193-2

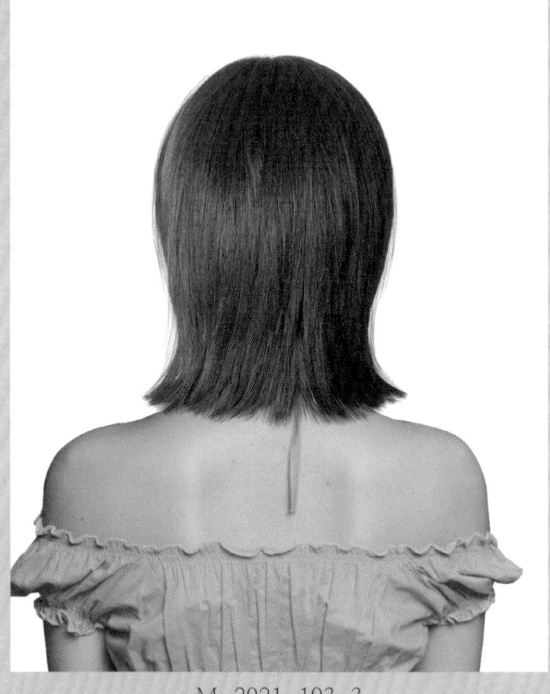

M-2021-193-3

Face Type			
계란형	긴계란형	둥근형	역삼각형
육각형	삼각형	네모난형	직사각형

Hair Cut,Permament Wave Method-
Technology Manual 204Page 참고

빰을 감싸듯 안말음 흐름과 어깨선에서 살짝 뻗치는 곡선의 실루엣이 예쁜 러블리 헤어스타일!

- 어깨선에 닿아서 살짝살짝 뻗치는 곡선 흐름의 실루엣은 차분하고 단정하면서도 여성스러움이 더 느껴지는 아름다운 헤어스타일입니다.
- 언더에서 하이 그러데이션 커트를 하여 볼륨을 만들고, 톱 쪽에서 레이어드를 연결하여 부드럽게 떨어지는 흐름을 연출합니다.
- 모발 길이 중간, 끝에서 틴닝 커트를 하여 모발량을 조절합니다.
- 앞머리를 시스루 느낌으로 듬성듬성하게 내리주고 슬라이딩 커트로 질감을 표현합니다.
- 원컬의 스트레이트 파마를 합니다.
- 헤어 드라이기로 뿌리부터 말리면서 80%를 말린 후 롤 브러시나 아이롱으로 연출한 후 글로스 왁스를 고르게 바르고 자유롭게 털어서 스타일링을 합니다.

Woman Medium Hair Style Design

M-2021-194-1

M-2021-194-2

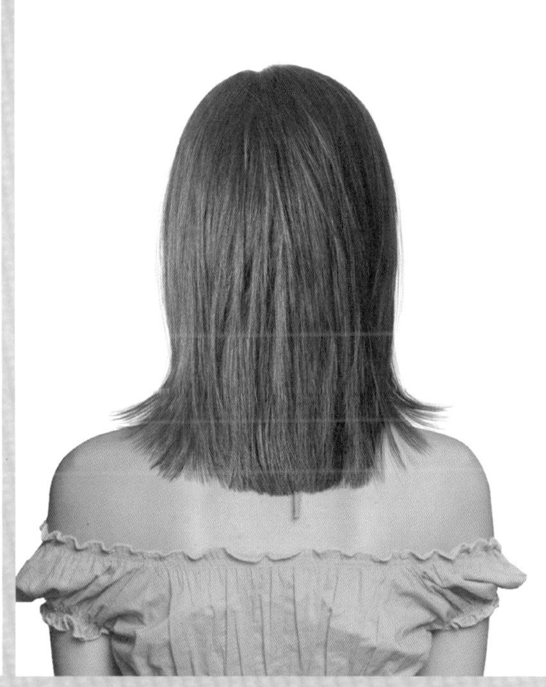

M-2021-194-3

Face Type			
계란형	긴계란형	둥근형	역삼각형
육각형	삼각형	네모난형	직사각형

Hair Cut Method-
Technology Manual 146Page 참고

윤기를 머금은 듯 반짝거리고 찰랑거리는 흐름이 청순한 아름다움을 주는 헤어스타일!

- 어깨선을 넘어서 긴 길이의 수평 그러데이션 보브 헤어스타일은 오래도록 사랑받아온 클래식 감각의 그러데이션 보브 헤어스타일로 시대를 초월하여 언제나 트렌드를 선도하는 헤어스타일입니다.
- 언더에서 그러데이션 커트를 하고, 톱 쪽에서 레이어드를 연결하여 부드럽게 떨어지는 흐름을 연출합니다.
- 모발 길이 중간, 끝에서 틴닝 커트를 하여 모발량을 조절합니다.
- 앞머리를 시스루 느낌으로 듬성듬성하게 내리주고 슬라이딩 커트로 질감을 표현하고, 원컬의 스트레이트 파마를 합니다.
- 헤어 드라이기로 뿌리부터 말리면서 80%를 말린 후 롤 브러시나 아이롱으로 연출한 후 글로스 왁스를 고르게 바르고, 자유롭게 털어서 스타일링을 합니다.

Woman Medium Hair Style Design

M-2021-195-1

M-2021-195-2

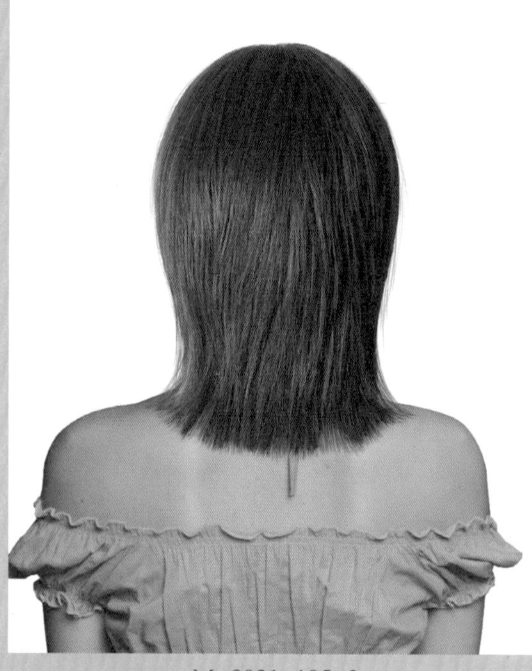

M-2021-195-3

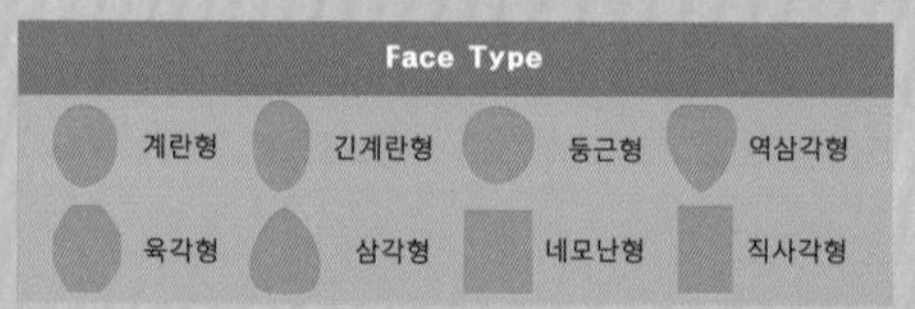

Hair Cut Method-
Technology Manual 186Page 참고

부드럽고 가볍게 층이지는 모발 흐름이 산뜻하고 발랄해 보이는 러블리 헤어스타일!

- 윤기 있고 가벼운 모발 흐름이 귀엽고 발랄한 이미지를 주는 아름다운 헤어스타일입니다.
- 언더에서 하이 그러데이션 커트를 하여 가벼운 흐름을 만들고, 톱 쪽에서 레이어드를 연결하여 부드럽게 떨어지는 흐름을 연출합니다.
- 모발 길이 중간, 끝에서 틴닝 커트를 하여 모발량을 조절합니다.
- 슬라이딩 커트로 가늘어지고 뾰족뾰족한 질감을 표현하고, 곱슬머리는 스트레이트 파마를 합니다.
- 헤어 드라이기로 뿌리부터 말리면서 80%를 말린 후 롤 브러시나 아이롱으로 연출한 후 글로스 왁스를 고르게 바르고, 자유롭게 털어서 스타일링을 합니다.

Woman Medium Hair Style Design

M-2021-196-1

M-2021-196-2

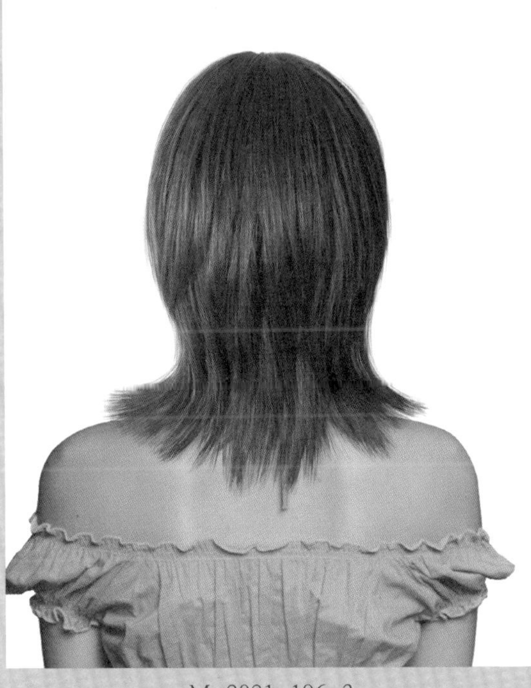
M-2021-196-3

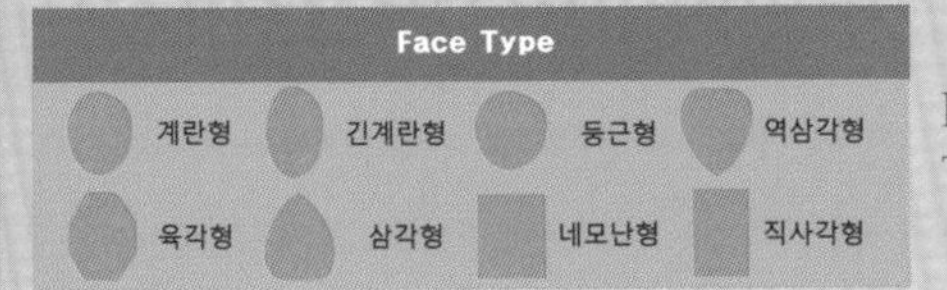

Hair Cut Method-
Technology Manual 196Page 참고

손질하지 않는 듯 바람결에 춤을 추듯 자유로운 모발 흐름이 산뜻하고 발랄한 헤어스타일!

- 얼굴을 감싸고 안말음 되고 어깨선을 타고 자유롭게 뻗치는 곡선의 흐름은 손질하기 편하면서 페미닌 매력이 은근히 느껴지는 에콜로지 감각의 헤어스타일입니다.
- 언더에서 가늘어지고 가벼운 흐름을 만들기 위해 층이 많이 나는 하이 그러데이션으로 커트하고, 톱 쪽에서 레이어드를 연결하여 부드럽게 떨어지는 흐름을 연출합니다.
- 모발 길이 중간, 끝에서 틴닝 커트를 하여 모발량을 조절합니다.
- 앞머리를 시스루 느낌으로 내리주고 슬라이딩 커트로 질감을 표현하고, 원컬의 스트레이트 파마를 합니다.
- 헤어 드라이기로 뿌리부터 말리면서 80%를 말린 후 롤 브러시나 아이롱으로 연출한 후 글로스 왁스를 고르게 바르고, 자유롭게 털어서 스타일링을 합니다.

Woman Medium Hair Style Design

M-2021-197-1

M-2021-197-2

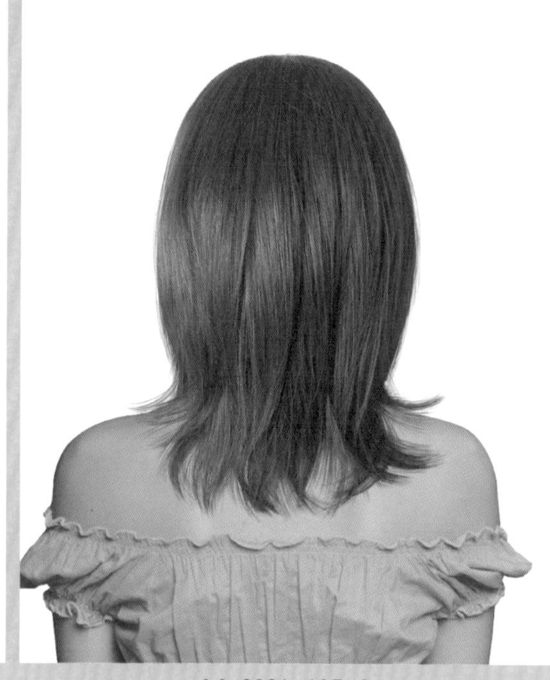

M-2021-197-3

Face Type			
계란형	긴계란형	둥근형	역삼각형
육각형	삼각형	네모난형	직사각형

Hair Cut Method-
Technology Manual 196Page 참고

윤기를 머금은 듯 반짝거리는 머릿결과 자유로운 모발 흐름이 섹시함과 큐트함을 주는 헤어스타일!

- 핑크 뉘앙스가 느껴지는 반짝거리는 헤어 컬러로 S라인으로 춤을 추듯 자유로운 생머리의 흐름이 생기 있고 발랄한 여성미를 느끼게 하는 러블리 헤어스타일입니다.
- 언더에서 가늘어지고 가벼운 흐름을 만들기 위해 층이 많이 나는 하이 그러데이션으로 커트하고, 톱 쪽에서 레이어드를 연결하여 부드럽게 떨어지는 흐름을 연출합니다.
- 모발 길이 중간, 끝에서 틴닝 커트를 하여 모발량을 조절합니다.
- 앞머리를 시스루 느낌으로 내리주고 슬라이딩 커트로 질감을 표현하고, 원컬의 스트레이트 파마를 합니다.
- 헤어 드라이기로 뿌리부터 말리면서 80%를 말린 후 롤 브러시나 아이롱으로 연출한 후 글로스 왁스를 고르게 바르고, 자유롭게 털어서 스타일링을 합니다.

Woman Medium Hair Style Design

M-2021-198-1

M-2021-198-2

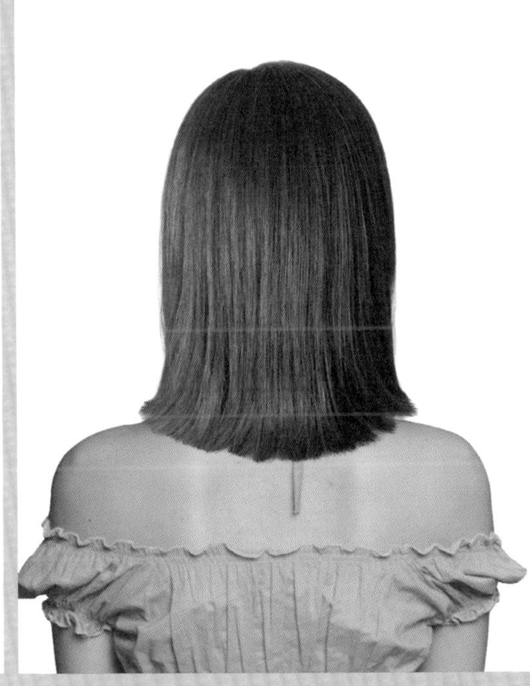
M-2021-198-3

Face Type			
계란형	긴계란형	둥근형	역삼각형
육각형	삼각형	네모난형	직사각형

Hair Cut Method–
Technology Manual 080 Page 참고

언제나 사랑받고 언제나 트렌디한 감성을 주는 정통 클래식 감각의 보브 헤어스타일!

- 단말머리는 찰랑찰랑하고 윤기 있는 건강한 머릿결이 아름다움의 상징입니다.
- 과거나 현재나 오래도록 사랑받고 언제나 트렌드한 감성을 주는 헤어스타일입니다.
- 둥근 라인의 원랭스 커트를 하고 부드럽게 안말음 되는 흐름을 연출합니다.
- 모발 길이 중간 끝에서 틴닝 커트를 하여 모발량을 조절합니다.
- 앞머리를 시스루 느낌으로 내리주고 슬라이딩 커트로 질감을 표현하고 원컬의 스트레이트 파마를 합니다.
- 헤어 드라이기로 뿌리부터 말리면서 80%를 말린 후 롤 브러시나 아이롱으로 연출한 후 글로스 왁스를 고르게 바르고, 자유롭게 털어서 스타일링을 합니다.

Woman Medium Hair Style Design

M-2021-199-1

M-2021-199-2

M-2021-199-3

Face Type

계란형	긴계란형	둥근형	역삼각형
육각형	삼각형	네모난형	직사각형

Hair Cut Method-
Technology Manual 077 Page 참고

찰랑거리며 중력에 의해 떨어지는 생머리의 흐름이 프로페셔널 여성미를 강조한 헤어스타일!

- 직선적인 느낌으로 얼굴 쪽으로 짧아지는 콘벡스 라인의 원랭스 보브 헤어스타일은 독특한 개성미와 프로페셔널 여성미를 주는 모던 헤어스타일입니다.
- 과거나 현재나 오래도록 사랑받고 언제나 트렌드한 감성을 주는 헤어스타일입니다.
- 콘벡스 라인의 원랭스 커트를 하고 모발 길이 중간 끝에서 틴닝 커트를 하여 모발량을 조절합니다.
- 앞머리를 시스루 느낌으로 내려주고 슬라이딩 커트로 질감을 표현합니다.
- 곱슬머리는 스트레이트 파마를 합니다.
- 헤어 드라이기로 뿌리부터 말리면서 80%를 말린 후 롤 브러시나 아이롱으로 연출한 후 글로스 왁스를 고르게 바르고, 자유롭게 털어서 스타일링을 합니다.

Woman Medium Hair Style Design

M-2021-200-1

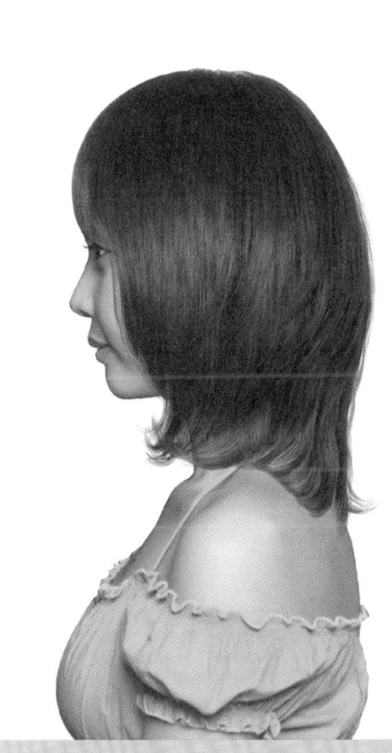

M-2021-200-2

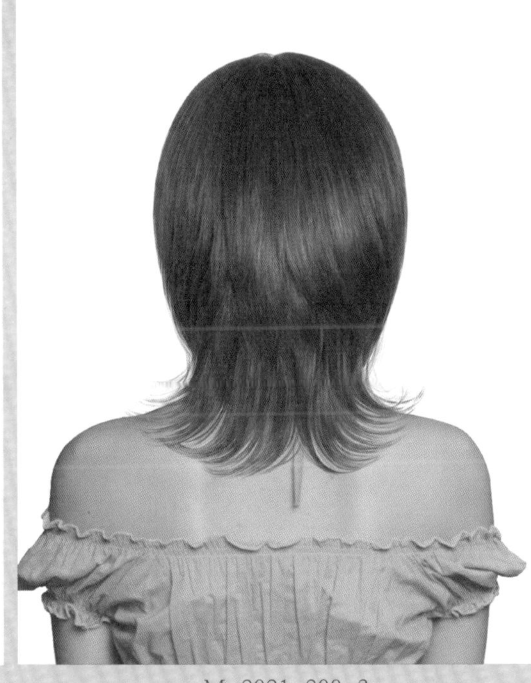

M-2021-200-3

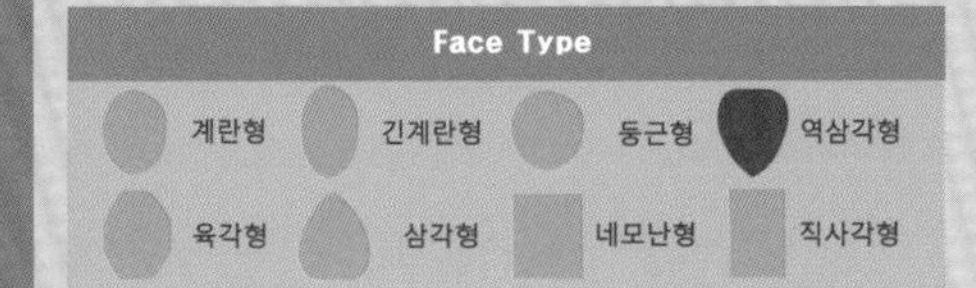

Hair Cut Method-
Technology Manual 196 Page 참고

헤어스타일 윤곽이 곡선으로 변화되는 실루엣이 깨끗하고 청순한 이미지를 주는 헤어스타일!

- 부드럽고 풍성한 흐름과 언더 쪽에서 목선, 어깨선을 타고 자연스럽게 흐르는 컬의 흐름이 깨끗하고 청순한 여성미를 느끼게 하는 헤어스타일이며,
- 사무실에서도, 전문 직업인에게도 차분한 느낌이어서 잘 어울리는 헤어스타일입니다.
- 언더에서 인크리스 레이어, 톱 쪽으로는 그러데이션과 레이어드 기법으로 가볍고 부드러운 흐름의 헤어스타일을 조형합니다.
- 헤어 드라이기로 뿌리부터 말리면서 80%를 말린 후 글로스 오일을 고르게 바르고, 빗살이 굵은 빗으로 빗겨 주거나 손가락 빗질하여 자연스럽게 스타일링을 합니다.

Woman Medium Hair Style Design

M-2021-201-1

M-2021-201-2

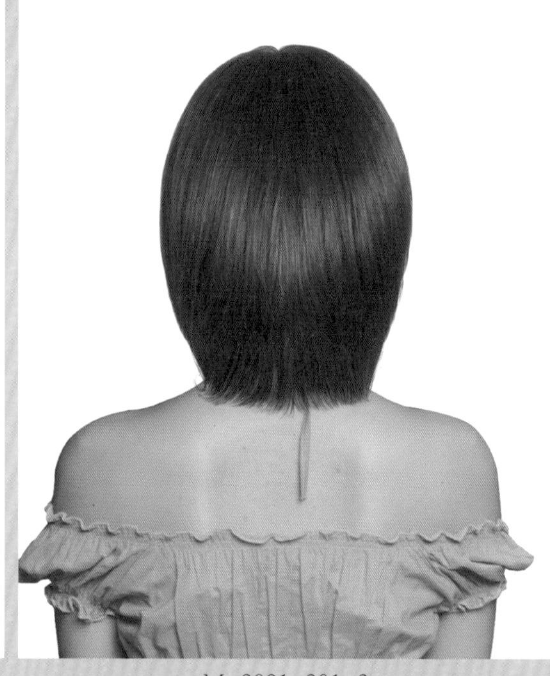

M-2021-201-3

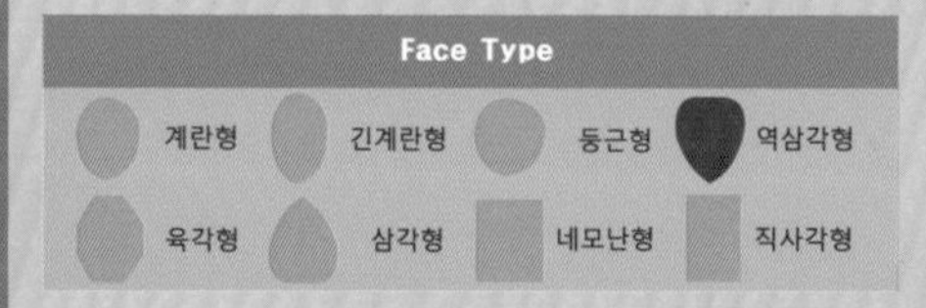

Hair Cut Method-
Technology Manual 139 Page 참고

뻗치지 않고 안말음 되는 헤어스타일의 아름다움은 언제나 여성들의 로망!!

- 차분하게 뻗치지 않고, 어깨선을 닿는 길이의 헤어스타일은 얼굴 크기를 작아 보이게 하고 목선을 가늘어지고 길어 보이는 효과가 있어서 청순하고 깨끗한 여성미를 느끼게 해 주는 헤어스타일입니다.
- 언더에서 그러데이션과 톱 쪽의 레이어드의 연결이 모발, 탄력에 의한 힘의 밸런스가 잘 맞아야 뻗치지 않고 안말음 운동이 잘 되어 손질하기 편한 스타일이 됩니다.
- 헤어 드라이기로 뿌리부터 말리면서 80%를 말린 후 글로스 오일을 고르게 바르고, 빗살이 굵은 빗으로 빗겨 주거나 손가락 빗질하여 자연스럽게 스타일링을 합니다.

Woman Medium Hair Style Design

M-2021-202-1

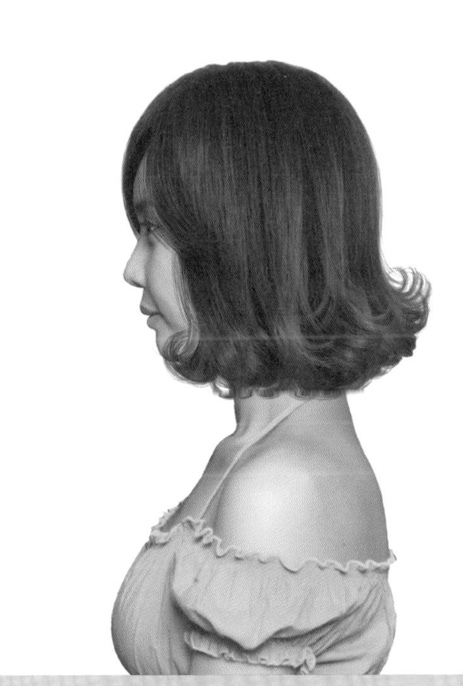

M-2021-202-2

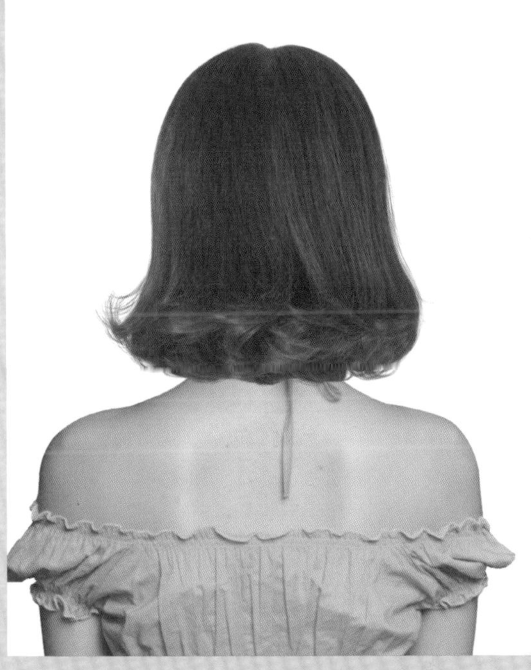

M-2021-202-3

Face Type

계란형 긴계란형 둥근형 역삼각형

육각형 삼각형 네모난형 직사각형

Hair Cut Method-
Technology Manual 108 Page 참고

안말음과 뻗침이 믹싱되어 더 청순하고 사랑스러운 소녀 감성의 러블리 헤어스타일!

- 그러데이션 보브 스타일은 오래도록 여성들에게 사랑받아온 헤어스타일입니다.
- 모선에서 안말음 뻗치는 흐름이 리드미컬하게 혼합되는 느낌이 사랑스럽고 발랄한 여성스러움을 표현해 줍니다.
- 언더 쪽의 무게감을 주기 위해 약간 층을 내는 그러데이션 커트를 하고 톱 쪽에서 레이어드를 넣어 부드러운 흐름을 연결합니다.
- 굵은 롯드로 1.5컬의 안말음. 바깥말음으로 교차해서 외인딩하여 파마를 해 줍니다.
- 헤어 드라이기로 뿌리부터 말리면서 80%를 말린 후 글로스 왁스를 고르게 바르고 손가락 빗질하여 방향을 잡아 주며 자연스럽게 스타일링을 합니다.,

Woman Medium Hair Style Design

M-2021-203-1

M-2021-203-2

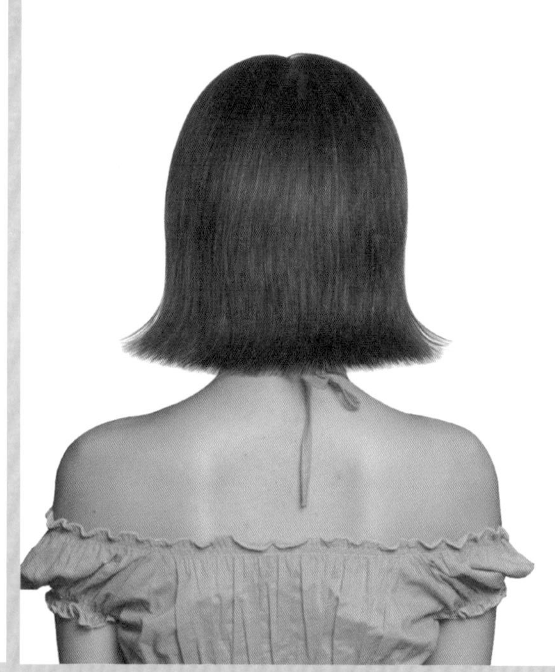

M-2021-203-3

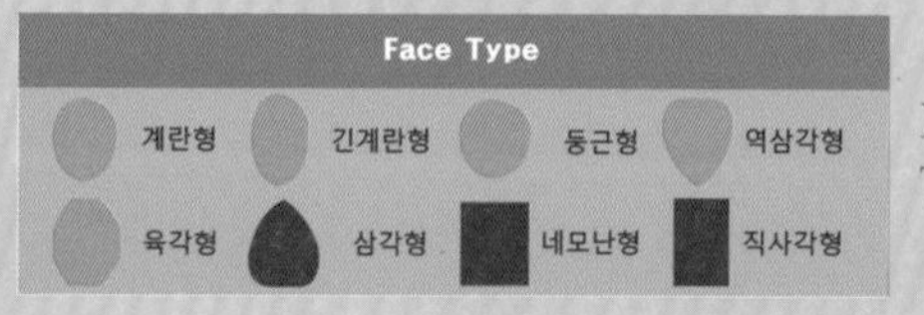

Hair Cut Method-
Technology Manual 071 Page 참고

재치 있는 센스가 반영되고 트렌드를 의식한 세련되고 멋스러움이 물씬 풍기는 큐트 헤어스타일!

- 바깥으로 뻗치는 복고풍의 보브 헤어스타일은 현재에도 특별한 트렌디 감각과 멋스러운 개성을 표현해 줍니다.
- '멋스럽다, 패셔너블하다'라는 이미지를 가지려면 유행을 따라가지 않는 나만의 개성을 추구해야 합니다.
- 원랭스로 커트하고 굵은 사이즈의 아이롱으로 방향을 살짝 잡아 주고 글로스 오일을 고르게 바르고, 윤기 있는 질감으로 스타일링합니다.

Woman Medium Hair Style Design

M-2021-204-1

M-2021-204-2

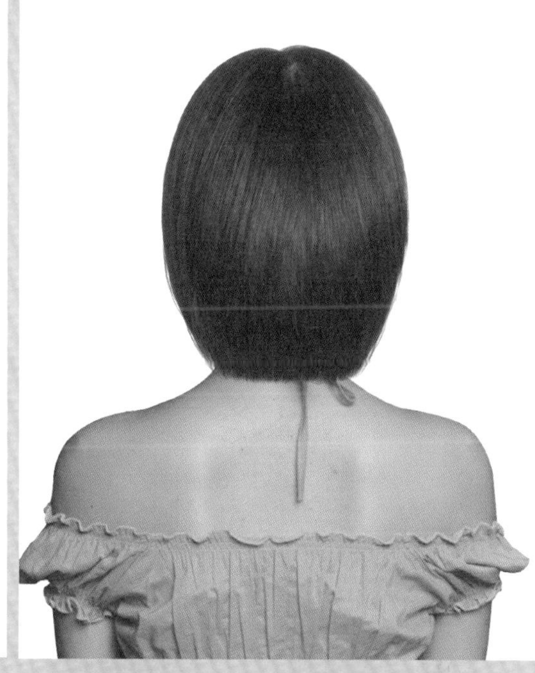

M-2021-204-3

Face Type

계란형 긴계란형 둥근형 역삼각형
육각형 삼각형 네모난형 직사각형

Hair Cut Method-
Technology Manual 108 Page 참고

멋스럽고 세련된 분위가 물씬 풍기는 부드러운 층의 보브 스타일!

- 층이 나는 보브 스타일은 오래도록 여성들에게 사랑받아 왔고 층이 나지 않는 보브 스타일과는 또 다른 이미지는 주는 스타일입니다.
- 층이 나는 보브 헤어스타일은 들뜨지 않고 뻗치지 않으면서 부드럽고 가벼운 흐름으로 커트하는 것이 핵심 포인트입니다.
- 언더에서 그러데이션과 톱 쪽으로 연결되는 레이어드가 정교하게 연결을 하는 층을 만들어야 손질하기가 쉬워집니다.
- 바이어스 블런트 커트, 틴닝으로 표면에 들뜨지 않도록 세밀하게 질감을 만들어 줍니다.
- 헤어 드라이기로 뿌리부터 말리면서 80%를 말린 후 글로스 왁스를 고르게 바르고, 빗으로 빗질하여 방향을 잡아 주며 자연스럽게 스타일링을 합니다.

Woman Medium Hair Style Design

M-2021-205-1

M-2021-205-2

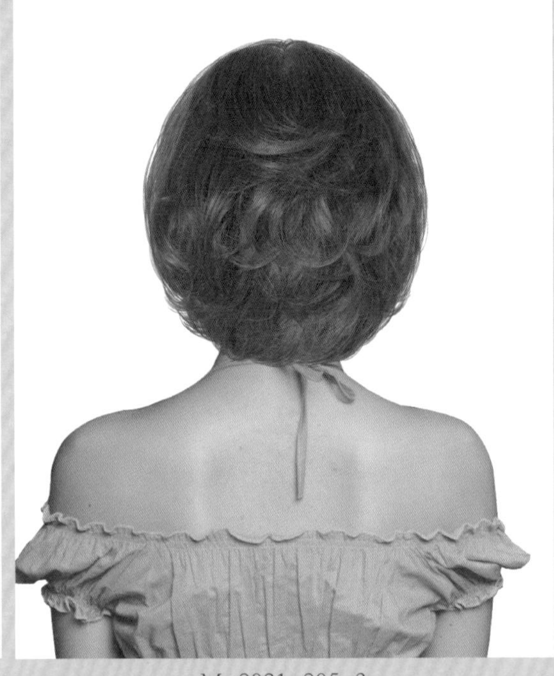

M-2021-205-3

Face Type			
계란형	긴계란형	둥근형	역삼각형
육각형	삼각형	네모난형	직사각형

Hair Cut Method-
Technology Manual 100 Page 참고

부드럽고 풍성한 볼륨과 웨이브의 율동감이 자연스러운 여성미를 주는 캐주얼 헤어스타일!

- 기본 그러데이션보다 길이가 긴 미디엄 헤어스타일은 여성스러움을 강조하면서 활동적인 이미지를 주는 캐주얼 감각의 헤어스타일이며, 여성들에게 오래도록 사랑받아온 헤어스타일입니다.
- 네이프와 사이드에서 그러데이션으로 커트하여 풍성한 볼륨을 만들고, 톱 쪽으로 레이어드를 넣어서 부드러운 둥그런 실루엣을 표현합니다.
- 틴닝으로 부드러운 흐름이 되도록 모발량을 조절해 주고 굵은 롤로 1.5컬의 파마를 합니다.
- 헤어 드라이기로 뿌리부터 말리면서 80%를 말린 후 글로스 왁스를 고르게 바르고, 손가락 빗질하여 방향을 잡아 주며 한쪽 사이드는 공기감을 주도록 귀 뒤로 넘겨주어 비대칭으로 자연스럽게 스타일링을 합니다.

Woman Medium Hair Style Design

M-2021-206-1

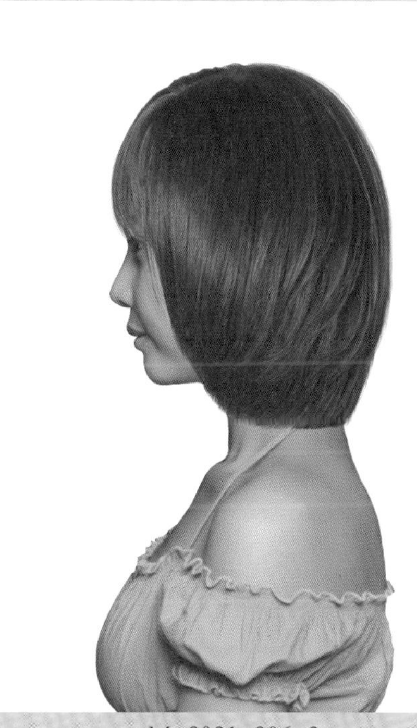

M-2021-206-2

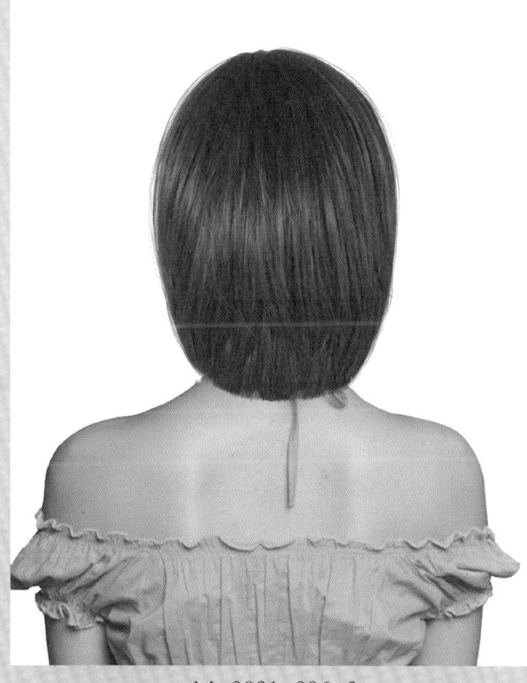

M-2021-206-3

Face Type			
계란형	긴계란형	둥근형	역삼각형
육각형	삼각형	네모난형	직사각형

Hair Cut Method–
Technology Manual 131 Page 참고

부드럽고 차분하게 흐르는 자연스러운 흐름이 지적인 여성미를 주는 헤어스타일!

- 미디움 그러데이션 헤어스타일은 여성스럽고 지적이며 활동적인 이미지를 주는 헤어스타일에서 여성들에게 오래도록 사랑받아온 헤어스타일입니다.
- 네이프와 사이드에서 그러데이션으로 커트하여 풍성한 볼륨을 만들고, 톱 쪽으로 레이어드를 넣어서 부드러운 둥그런 실루엣을 표현합니다.
- 틴닝으로 부드러운 흐름이 되도록 모발량을 조절해 주고 굵은 롤로 원컬 스트레이트 파마를 합니다.
- 헤어 드라이기로 뿌리부터 말리면서 80%를 말린 후 글로스 왁스를 고르게 바르고, 손가락 빗질하여 방향을 잡아 주며 한쪽 사이드는 공기감을 주도록 귀 뒤로 넘겨주어 비대칭으로 자연스럽게 스타일링을 합니다.

Woman Medium Hair Style Design

M-2021-207-1

M-2021-207-2

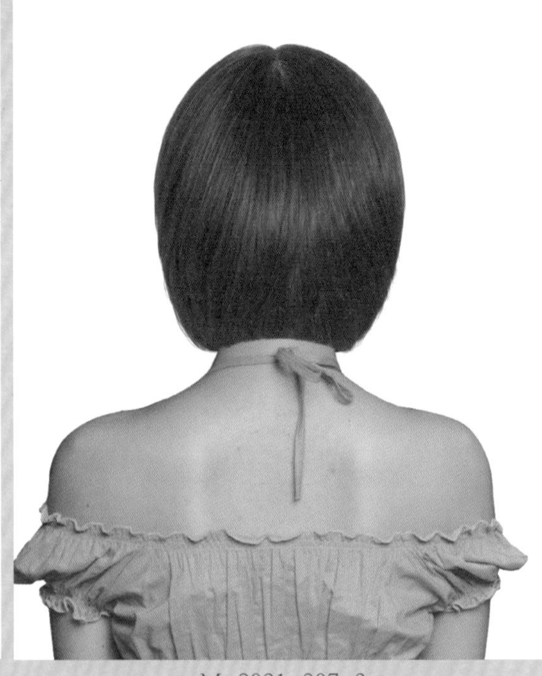

M-2021-207-3

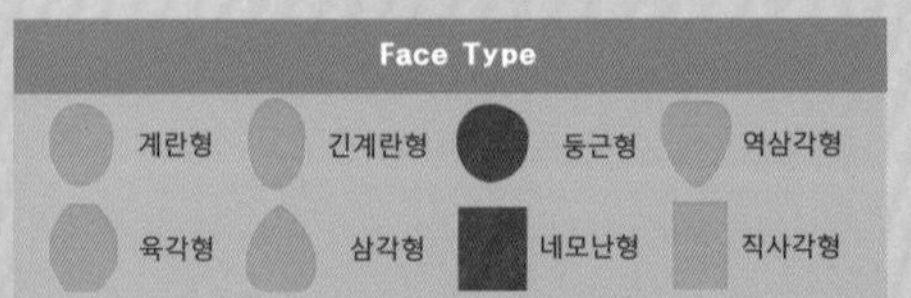

Hair Cut Method-
Technology Manual 139 Page 참고

언제나 예쁘게 사랑받고 싶은 여성들에게 발랄하고 사랑스런 이미지를 주는 헤어스타일!

- 앞 방향으로 길어지는 콘케이브 라인의 그러데이션 보브 스타일입니다.
- 언더 쪽에서 그러데이션으로 풍성한 볼륨을 만들고, 톱 쪽으로 레이어드를 넣어서 부드러운 층의 흐름을 연출합니다.
- 모발 길이 중간 끝부분에서 틴닝과 슬라이딩 커트 기법으로 가늘어지고 가벼운 질감 커트를 합니다.
- 앞머리를 무겁게 내려서 시스루 앞머리와 다른 느낌의 개성을 연출합니다.
- 헤어 드라이기로 뿌리부터 말리면서 80%를 말린 후 글로스 왁스를 고르게 바르고, 손가락 빗질하여 방향을 잡아 주며 자연스럽게 스타일링을 합니다.

Woman Medium Hair Style Design

M-2021-208-1

M-2021-208-2

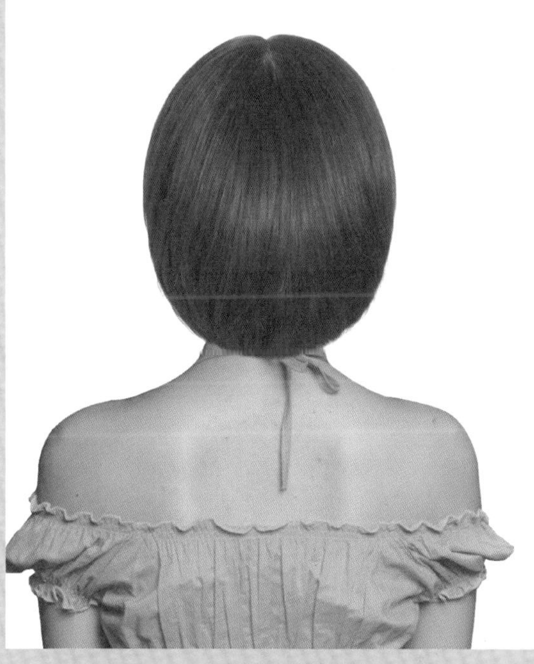

M-2021-208-3

Face Type

계란형 긴계란형 둥근형 역삼각형

육각형 삼각형 네모난형 직사각형

Hair Cut Method-
Technology Manual 123 Page 참고

언제나 사랑받는 멋스럽고 세련된 둥근 라인의 보브 헤어스타일!

- 오래도록 사랑받아온 여성 누구나 한 번쯤은 했을 층이 나는 둥근 라인의 정통 보브 헤어스타일입니다.
- 층이 나는 둥근 헤어스타일은 목선을 길어 보이는 효과가 있어 동양인 얼굴형과 체형에 잘 어울리는 헤어스타일입니다.
- 앞머리를 듬성듬성 가볍게 내려주면 생기 있는 발랄한 이미지를 주지만, 무겁게 내려도 큐트한 개성의 특징을 주기도 합니다.
- 헤어 드라이기로 뿌리부터 말리면서 80%를 말린 후 글로스 왁스를 고르게 바르고, 손가락 빗질하여 방향을 잡아 주며 자연스럽게 스타일링을 합니다.

Woman Medium Hair Style Design

M-2021-209-1

M-2021-209-2

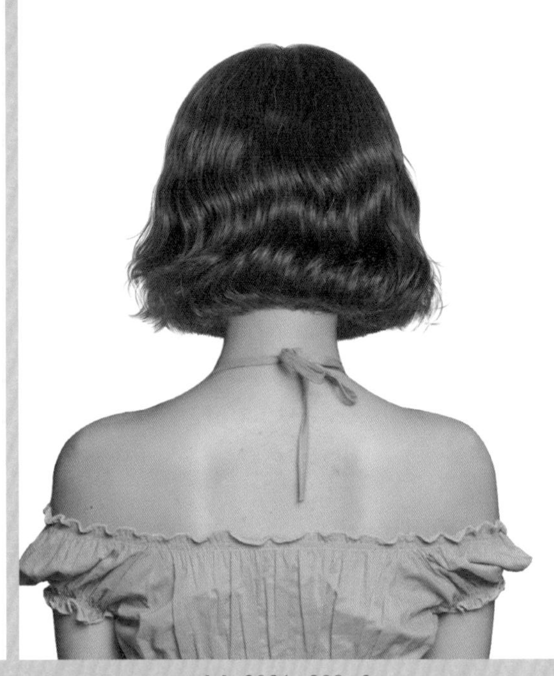

M-2021-209-3

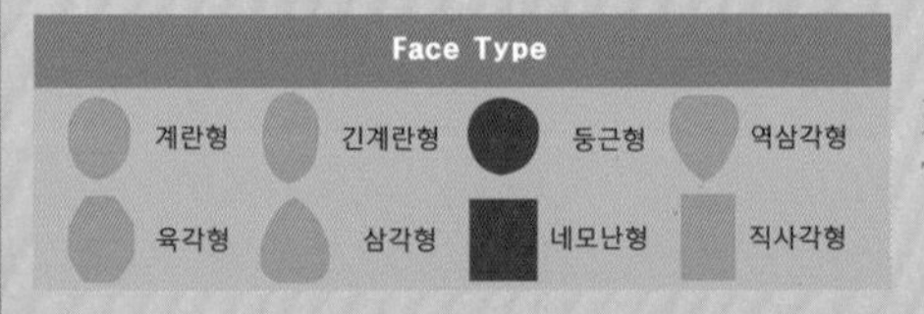

Hair Cut Method-
Technology Manual 074 Page 참고

보송보송 출렁거리는 물결 웨이브가 귀엽고 생기발랄한 느낌의 러블리 헤어스타일!

- 앞 방향으로 길어지는 라인으로 원랭스를 커트하고 앞머리를 가벼운 생머리로 내려주어 손질을 편하게 해 줍니다.
- 짧은 단발 스타일에 물결 웨이브의 파마를 하여 여성스럽고 큐트한 느낌의 이미지를 연출하여 나만의 개성을 연출합니다.
- 헤어 드라이기로 뿌리부터 말리면서 80%를 말린 후 글로스 오일이나 글로스 왁스를 고르게 바르고, 스크런치 드라이 기법으로 드라이하고 손가락으로 풀어 주듯 빗질하여 자연스러운 컬의 움직임을 연출합니다.

Woman Medium Hair Style Design

M-2021-210-1

M-2021-210-2

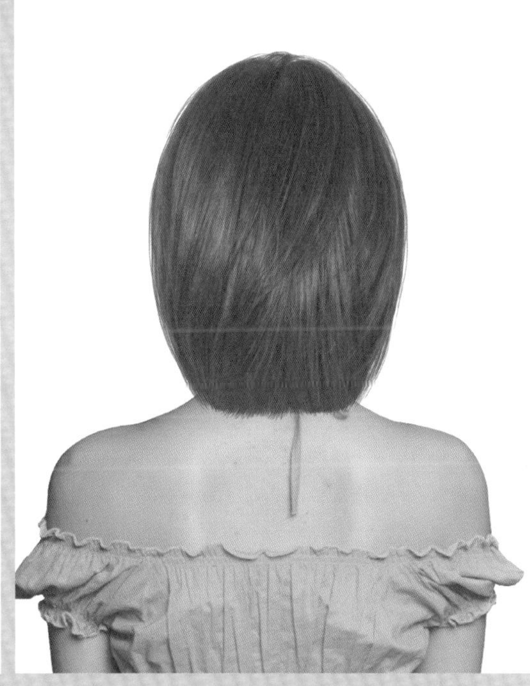

M-2021-210-3

Face Type			
계란형	긴계란형	둥근형	역삼각형
육각형	삼각형	네모난형	직사각형

Hair Cut Method-
Technology Manual 108 Page 참고

멋스럽고 세련된 분위기가 물씬 풍기는 트래디셔널 감각의 헤어스타일!

- 세련되고 지적이면서 여성스러운 느낌의 헤어스타일은 누구에게나 호감을 줍니다.
- 세계인들이 공통으로 좋아하는 이미지는 건강함, 깨끗함, 청순함, 지적인 이미지입니다.
- 미디엄 길이의 그러데이션 보브 스타일입니다.
- 언더 부분에서 부드럽게 그러데이션으로 커트하고, 톱 쪽으로 레이어드를 넣어서 부드럽게 층을 연결하고 끝부분을 부드럽고 가볍게 질감 처리합니다.
- 헤어 드라이기로 뿌리부터 말리면서 80%를 말린 후 글로스 왁스를 고르게 바르고, 손가락 빗질하여 방향을 잡아 주며 자연스럽게 스타일링을 합니다.

Woman Medium Hair Style Design

M-2021-211-1

M-2021-211-2

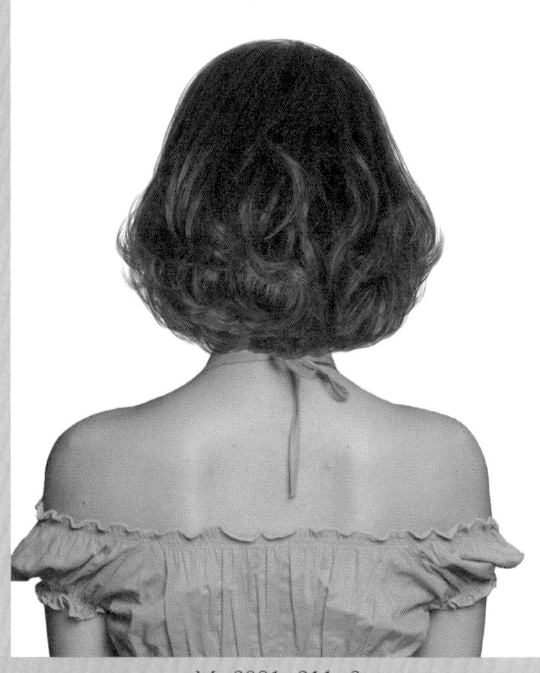

M-2021-211-3

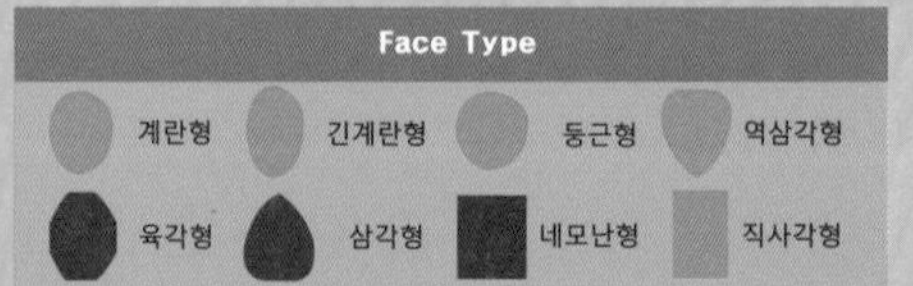

Hair Cut Method-
Technology Manual 123 Page 참고

미묘하게 곱슬거리는 웨이브의 흐름이 성숙한 여성스러움을 더해 주는 헤어스타일!

- 무게감을 주면서 풍성한 흐름을 만들기 위해 언더에서 그러데이션을, 톱 쪽으로 레이어드를 넣어서 부드럽게 층을 연결해 줍니다.
- 모발 길이의 중간, 끝부분에서 틴닝으로 모발량을 조절하여 가볍고 율동감의 질감을 만듭니다.
- 굵은 롤로 1.5~2컬의 웨이브 파마를 합니다.
- 헤어 드라이기로 뿌리부터 말리면서 80%를 말린 후 글로스 오일이나 글로스 왁스를 고르게 바르고, 스크런치 드라이 기법으로 드라이하고 손가락으로 풀어 주듯 빗질하여 자연스러운 컬의 움직임을 연출합니다.

Woman Medium Hair Style Design

M-2021-212-1

M-2021-212-2

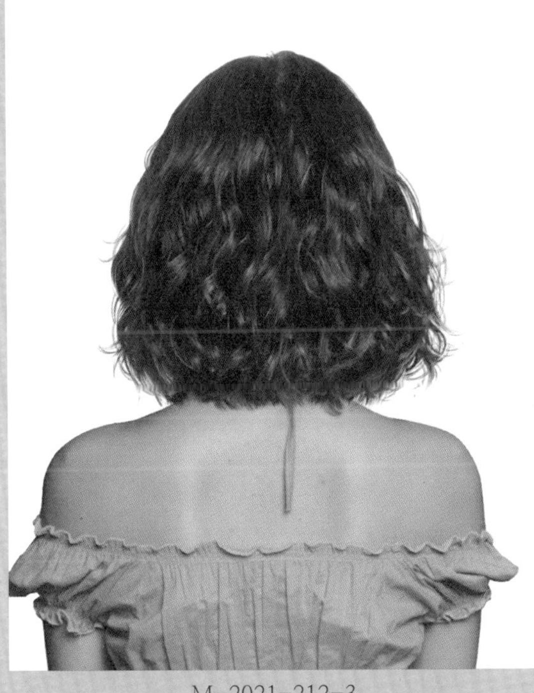

M-2021-212-3

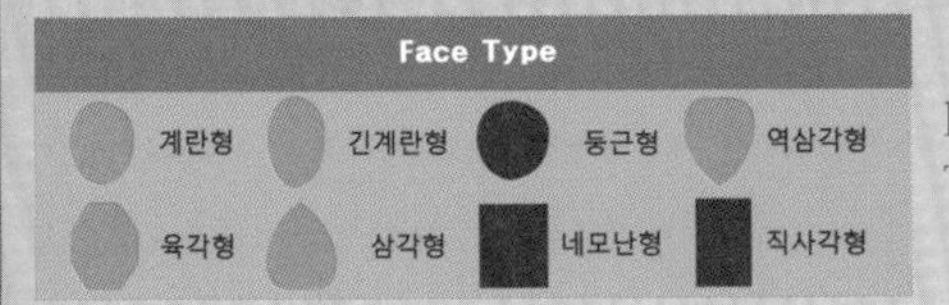

Hair Cut Method-
Technology Manual 071 Page 참고

흔한 스타일은 싫다. 나만의 개성 연출!

- 내추럴한 율동감이 느껴지는 볼륨 웨이브가 여성스러움을 더해 주는 큐티 감각의 헤어스타일입니다.
- 원랭스 커트를 하고 가볍고 부드러운 흐름을 만들기 위해 모발 길이의 중간, 끝부분에서 틴닝으로 모발량을 조절합니다.
- 1, 2, 3호 굵기의 롯드로 전체 웨이브 파마를 해 줍니다.
- 헤어 드라이기로 뿌리부터 말리면서 80%를 말린 후 글로스 오일이나 글로스 왁스를 고르게 바르고, 스크런치 드라이 기법으로 드라이하고 풍성하고 자연스러운 컬의 움직임을 연출합니다.

Woman Medium Hair Style Design

M-2021-213-1

M-2021-213-2

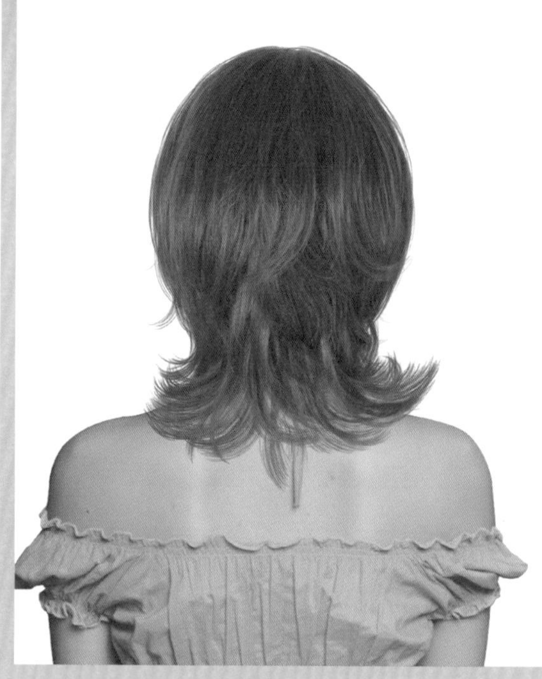

M-2021-213-3

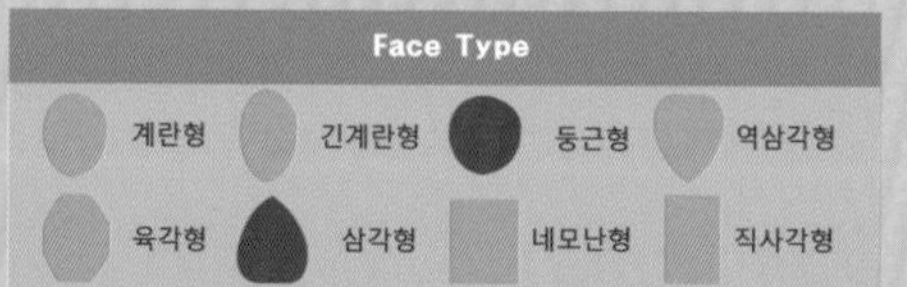

Hair Cut Method-
Technology Manual 196 Page 참고

곡선의 헤어스타일이 사랑스럽고 여성스러운 큐티 감각의 헤어스타일!

- 목선과 어깨선을 타고 부드럽게 뻗치는 흐름과 얼굴을 감싸듯한 포워드 흐름이 얼굴을 작아 보이게 하고, 여성스러움과 큐트한 이미지를 주는 헤어스타일입니다.
- 언더에서 인크리스 레이어드로 가늘어지고 길어지는 울프컷 흐름으로 레이어드 커트를 하고, 톱 쪽으로 그러데이션과 레이어드의 콤비네이션 기법으로 부드럽고 움직임 있는 텍스처를 만듭니다.
- 굵은 롤로 원컬의 파마를 해 줍니다.
- 헤어 드라이기로 뿌리부터 말리면서 80%를 말린 후 글로스 왁스를 고르게 바르고, 손가락 빗질하여 방향을 잡아 주며 자연스럽게 스타일링을 합니다.

Woman Medium Hair Style Design

M-2021-214-1

M-2021-214-2

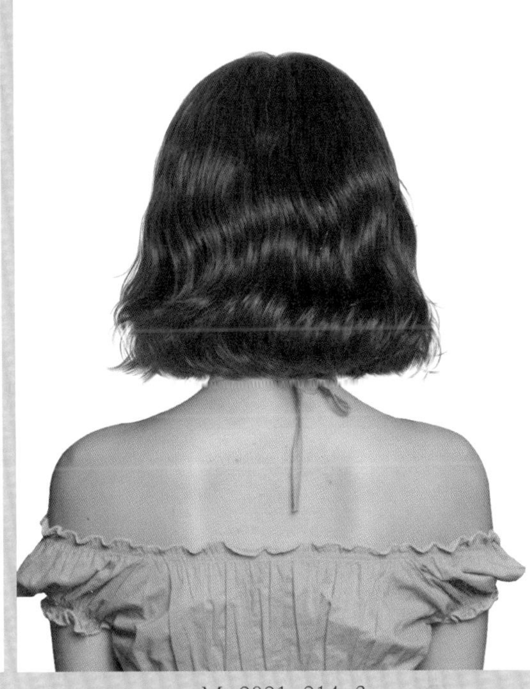
M-2021-214-3

Face Type			
계란형	긴계란형	둥근형	역삼각형
육각형	삼각형	네모난형	직사각형

Hair Cut Method-
Technology Manual 071 Page 참고

유행을 쫓는 따라쟁이 헤어스타일은 싫다. 내가 선택한 나만의 헤어스타일!

- 바닷물이 출렁이듯 율동감을 주는 물결 웨이브가 사랑스러움을 주는 러블리 헤어스타일입니다.
- 웨이브 파마는 모발이 건강했을 때 아름답고 손질하기 편한 웨이브 흐름이 됩니다.
- 원랭스로 커트를 하고 굵은 롤로 전체 파마를 하고 앞머리는 롤 스트레이트 파마를 해 줍니다.
- 헤어 드라이기로 뿌리부터 말리면서 80%를 말린 후 글로스 오일이나 글로스 왁스를 고르게 바르고, 스크런치 드라이 기법으로 드라이하고 손가락으로 풀어 주듯 빗질하여 자연스러운 컬의 움직임을 연출합니다.

Woman Medium Hair Style Design

M-2021-215-1

M-2021-215-2

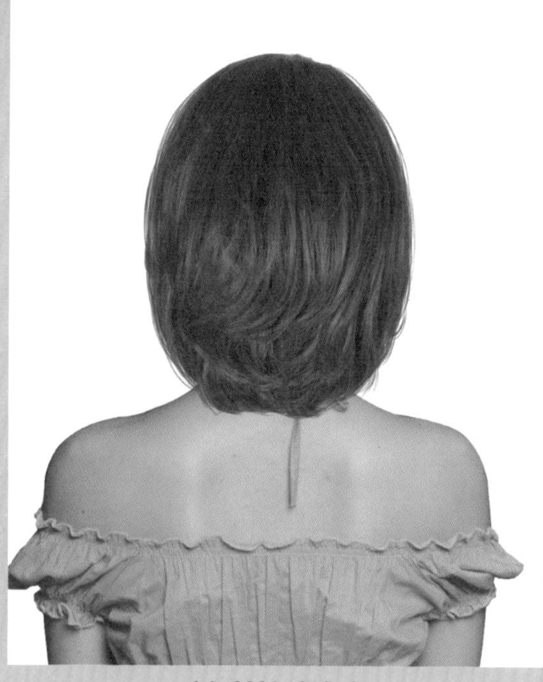

M-2021-215-3

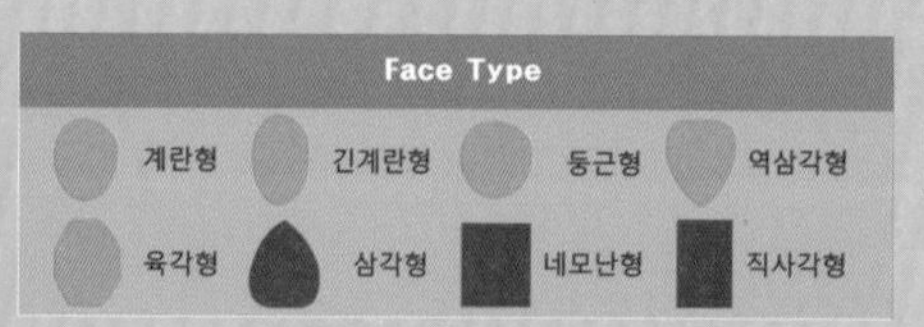

Hair Cut Method-
Technology Manual 131 Page 참고

품격 있고 차분한 여성스러움을 느끼게 해 주는 컨서버티브 감각의 헤어스타일!

- 손가락으로 바람에 흩날린 듯 빗겨 내려 자연스럽고 세련된 여성스러움을 주는 헤어스타일입니다.
- 언더에서 약간의 무게감을 주며 그러데이션으로 커트를 하고, 톱 쪽으로 레이어드를 커트를 해서 부드러운 실루엣을 만듭니다.
- 모발 길이 중간, 끝부분에서 틴닝, 슬라이딩 커트 기법으로 가볍고 가늘어지는 텍스처를 만듭니다.
- 굵은 롤로 원컬의 파마를 해 줍니다.
- 헤어 드라이기로 뿌리부터 말리면서 80%를 말린 후 글로스 왁스를 고르게 바르고, 손가락 빗질하여 방향을 잡아 주며 자연스럽게 스타일링을 합니다.

Woman Medium Hair Style Design

M-2021-216-1

M-2021-216-2

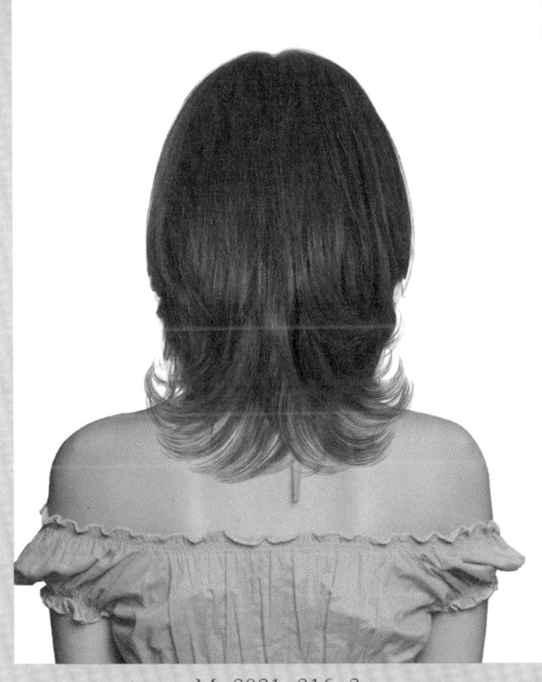

M-2021-216-3

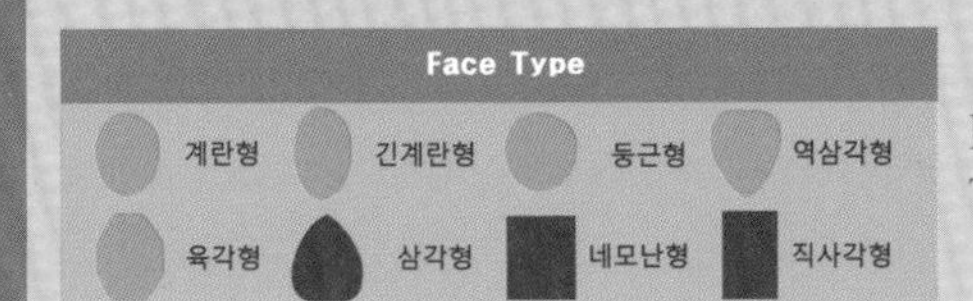

Hair Cut Method-
Technology Manual 204 Page 참고

여성스럽고 차분한 이미지를 주는 바람머리 헤어스타일!

- 앞머리가 없이 센터 파트를 하여 사이드로 빗어서 바람에 날린 듯 움직이는 흐름은 시원하고 세련된 이미지를 주는 헤어스타일입니다.
- 언더에서 어깨선을 타고 부드럽게 흐르는 웨이브 흐름을 만들기 위해 레이어드로 가볍게 커트하고, 톱 쪽으로 그러데이션, 레이어드의 콤비네이션 기법으로 둥근감 있는 곡선의 실루엣을 연출합니다.
- 끝부분이 가볍고 가늘어지도록 질감 커트를 하고, 굵은 롤로 원컬의 파마를 해 줍니다.
- 헤어 드라이기로 뿌리부터 말리면서 80%를 말린 후 글로스 왁스를 고르게 바르고, 손가락 빗질하여 방향을 잡아 주며 자연스럽게 스타일링을 합니다.

Woman Medium Hair Style Design

M-2021-217-1

M-2021-217-2

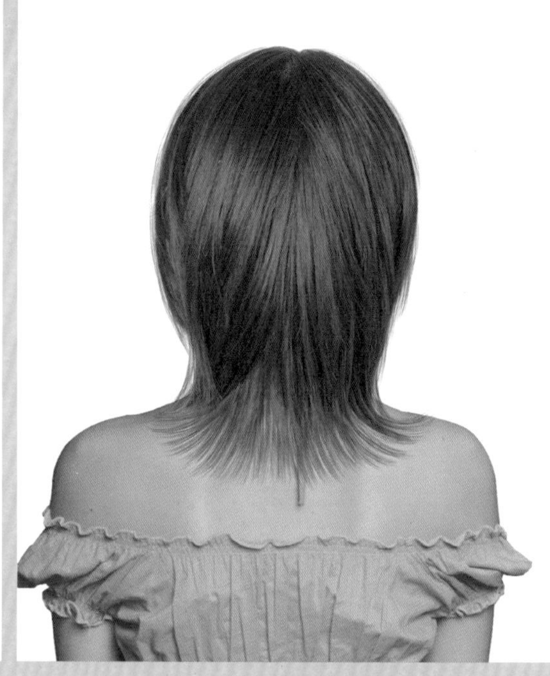

M-2021-217-3

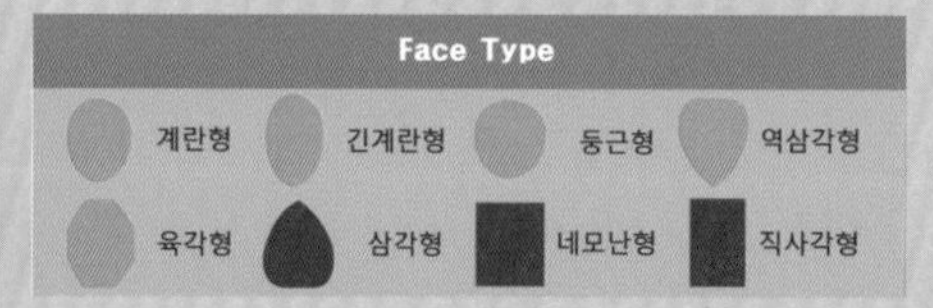

Hair Cut Method-
Technology Manual 196 page 참고

흐트러지듯 러프한 모발 흐름이 자연을 닮은 큐트 감각의 러블리 헤어스타일!

- 손질하지 않는 듯 손가락으로 쓸어 주고 털어서 손질하는 헤어스타일은 편안해지는 생활 리듬을 선사합니다.
- 언더 쪽에서 대담하게 가늘어지고 가볍도록 레이어드로 커트를 하고, 톱 쪽으로 그러데이션과 레이어드로 움직임 좋은 텍스처를 연출합니다.
- 틴닝으로 모발량을 조절하고 슬라이딩 커트 기법으로 가늘어지고 가볍게 커트합니다.
- 헤어 드라이기로 뿌리부터 말리면서 80%를 말린 후 글로스 왁스를 고르게 바르고, 손가락 빗질하여 방향을 잡아 주며 자연스럽게 스타일링을 합니다.

Woman Medium Hair Style Design

M-2021-218-1

M-2021-218-2

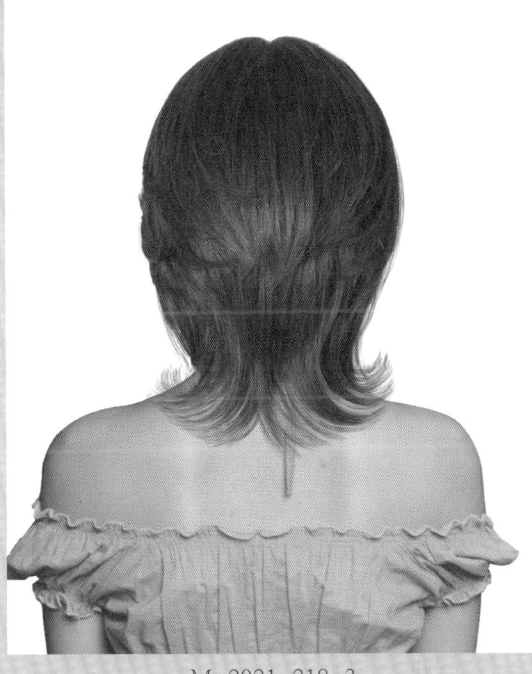

M-2021-218-3

Face Type

계란형 긴계란형 둥근형 역삼각형
육각형 삼각형 네모난형 직사각형

Hair Cut Method-
Technology Manual 196 Page 참고

비대칭의 흐름의 아름다운 밸런스 감각이 느껴지는 섹시하고 여성스러운 에어리 헤어스타일!

- 에어리 하게 한쪽 귀 뒤로 넘겨서 시원함과 비대칭적 언밸런스 감각으로 성숙하고 발랄한 이미지를 느끼게 해 주는 헤어스타일입니다.
- 후두부에 풍성한 볼륨을 만들기 위해 언더에서 인크리스 레이어로 가늘어지도록 커트하고, 톱 쪽으로 그러데이션과 레이어로 둥근감의 윤곽 라인을 만듭니다.
- 앞머리는 길게 하여 위로 시원하게 쓸어 올려서 사이드로 빗어 내리는 길이로 가볍게 커트합니다.
- 굵은 롤로 파마를 해 줍니다.
- 헤어 드라이기로 뿌리부터 말리면서 80%를 말린 후 글로스 왁스를 고르게 바르고, 손가락 빗질하여 방향을 잡아 주며 자연스럽게 스타일링을 합니다.

Woman Medium Hair Style Design

M-2021-219-1

M-2021-219-2

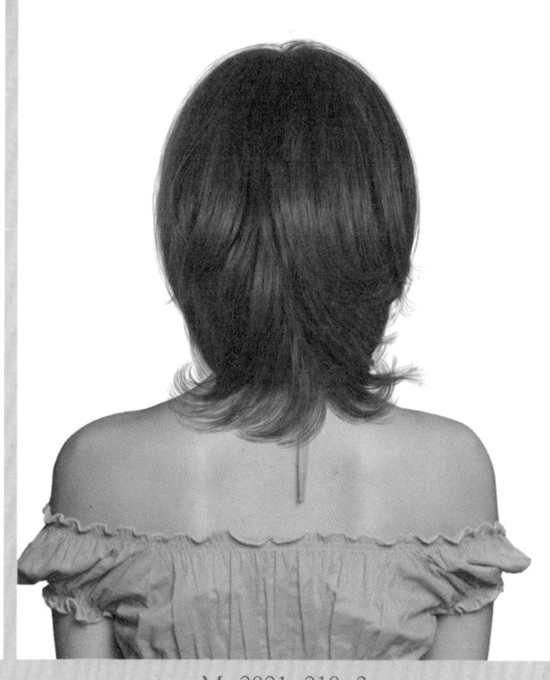

M-2021-219-3

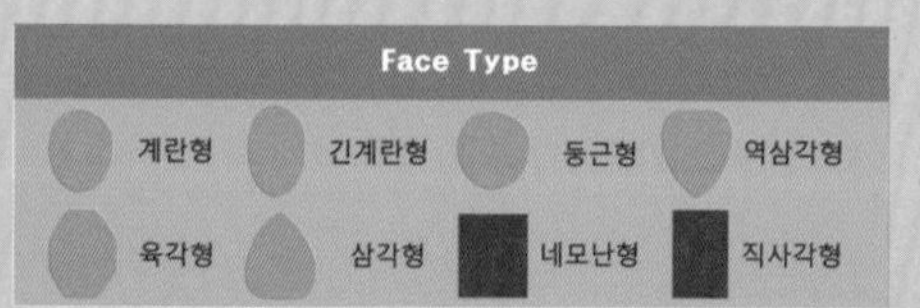

Hair Cut Method-
Technology Manual 196 Page 참고

나만의 개성을 추구합니다. 깨끗한 섹시미 대방출!

- 어깨선을 타고 뻗치는 흐름, 페이스 라인에서 얼굴을 감싸듯 내린 앞머리와 사이드의 포워드 흐름은 여성스럽고 큐트한 느낌을 주며 얼굴을 작아 보이게 하는 헤어스타일입니다.
- 언더에서 레이어드, 톱 쪽으로 그러데이션과 레이어드로 커트하여 풍성하면서 S라인의 실루엣을 연출합니다.
- 굵은 롤로 원컬의 롤스트레이트 파마를 해 줍니다.
- 헤어 드라이기로 뿌리부터 말리면서 80%를 말린 후 글로스 왁스를 고르게 바르고, 손가락 빗질하여 방향을 잡아 주며 자연스럽게 스타일링을 합니다.

Woman Medium Hair Style Design

M-2021-220-1

M-2021-220-2

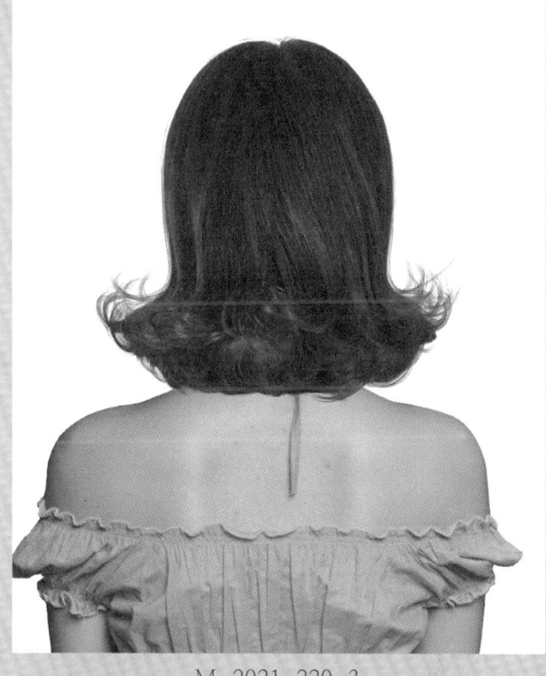

M-2021-220-3

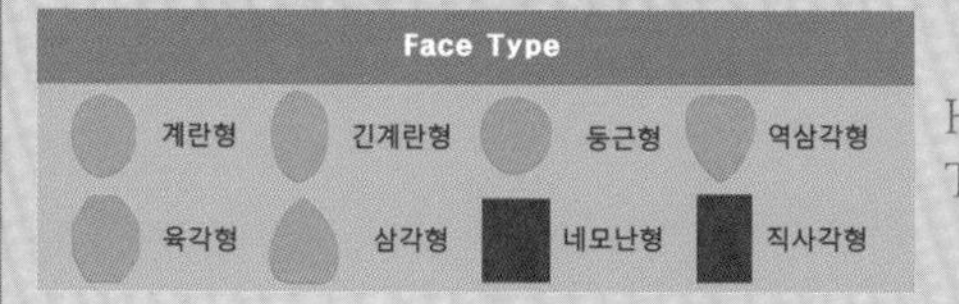

Hair Cut,Permament Wave Method-
Technology Manual 35Page 참고

성숙한 분위기의 세련된 여성스러운 느낌을 주는 나만의 개성 헤어스타일!

- 원랭스로 커트를 하고 모발 길이 뿌리, 중간, 끝부분에서 틴닝으로 모발량을 조절하고 슬라이딩 커트 기법으로 세밀하게 가늘어지도록 텍스처를 만듭니다.
- 모선에서 안말음, 바깥말음의 와인딩을 하는 파마를 해 주고, 앞머리는 굵은 롤로 2컬의 와인딩을 하여 곡선의 실루엣을 연출합니다.
- 헤어 드라이기로 뿌리부터 말리면서 70%를 말린 후 글로스 왁스를 고르게 바르고, 스크런치 드라이 기법으로 드라이하고 손가락으로 빗질하여 자연스러운 컬의 움직임을 연출합니다.

Woman Medium Hair Style Design

M-2021-221-1

M-2021-221-2

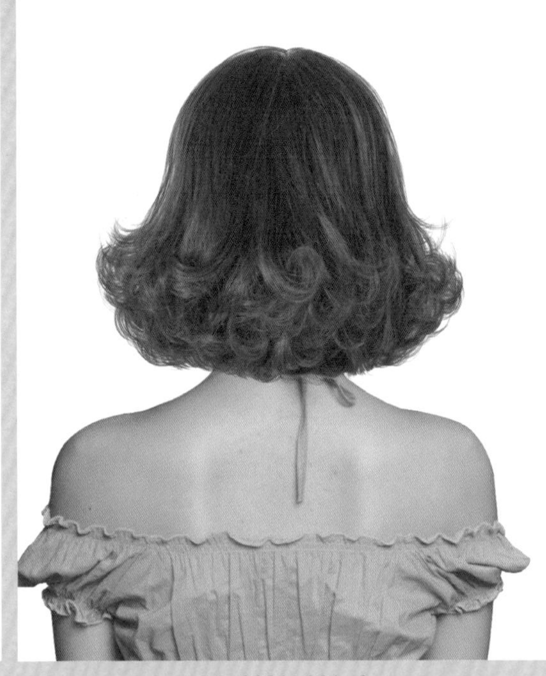

M-2021-221-3

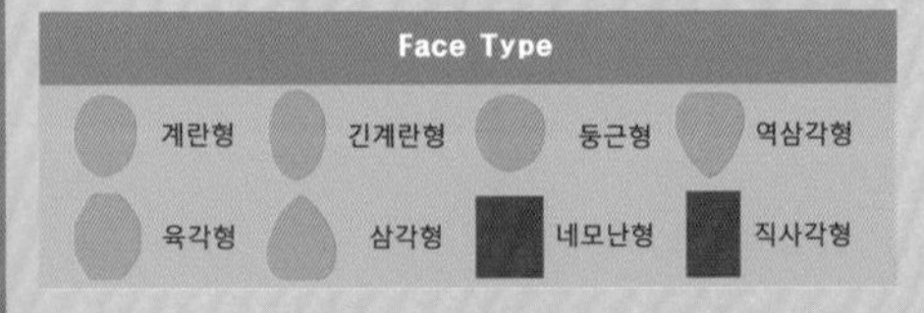

Hair Cut Method-
Technology Manual 108 Page 참고

섹시함과 우아함을 중시하는 여성스럽고 발랄한 러블리 헤어스타일!

- 언더에서 무게감을 주는 그러데이션으로 커트하고 톱에서 레이어드로 살짝 층을 만듭니다.
- 앞머리는 입술선보다 약간 길게 끝부분이 가늘고 가볍도록 커트합니다.
- 틴닝으로 모발 길이 중간, 끝부분에서 모발량을 조절하고, 모선에서 굵은 롤로1.5컬 웨이브 파마를 합니다.
- 헤어 드라이기로 뿌리부터 말리면서 70%를 말린 후 글로스 왁스를 고르게 바르고, 손가락 빗질하여 방향을 잡아 주며 자연스럽게 스타일링을 합니다.

Woman Medium Hair Style Design

M-2021-222-1

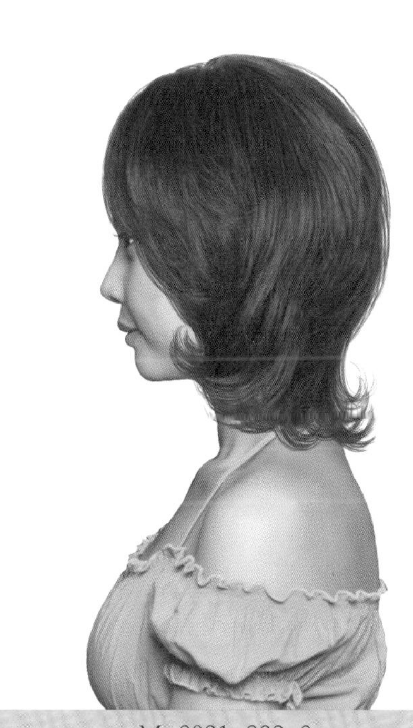

M-2021-222-2

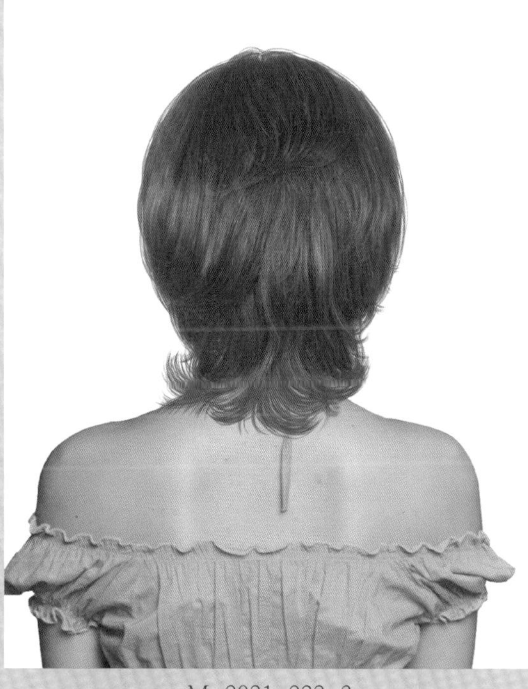

M-2021-222-3

Face Type							
	계란형		긴계란형		둥근형		역삼각형
	육각형		삼각형		네모난형		직사각형

Hair Cut Method-
Technology Manual 196 Page 참고

천진난만하고 순수함이 느껴지는 소녀 감성의 로맨틱 헤어스타일!

- 인형 같은 느낌이 드는, 소녀 같은 동심과 환상적이고 화려한 분위기의 헤어스타일입니다.
- 후두부의 풍성한 볼륨을 만들고 목선에서 뻗치는 흐름을 만들기 위해 언더에서 레이어드와 그러데이션 기법으로 가늘어지게 커트하여 목선을 아름답게 연출합니다.
- 앞머리는 길게 내려주고 사이드는 사선으로 길이를 조절하여 페이스 라인이 귀엽고 발랄한 이미지를 표현해 줍니다.
- 목선에서 바깥으로 뻗치는 흐름을 베이스는 안말음 되는 와인딩의 파마를 해 줍니다.
- 헤어 드라이기로 뿌리부터 말리면서 80%를 말린 후 글로스 왁스를 고르게 바르고, 손가락 빗질하여 방향을 잡아 주며 자연스럽게 스타일링을 합니다.

Woman Medium Hair Style Design

M-2021-223-1

M-2021-223-2

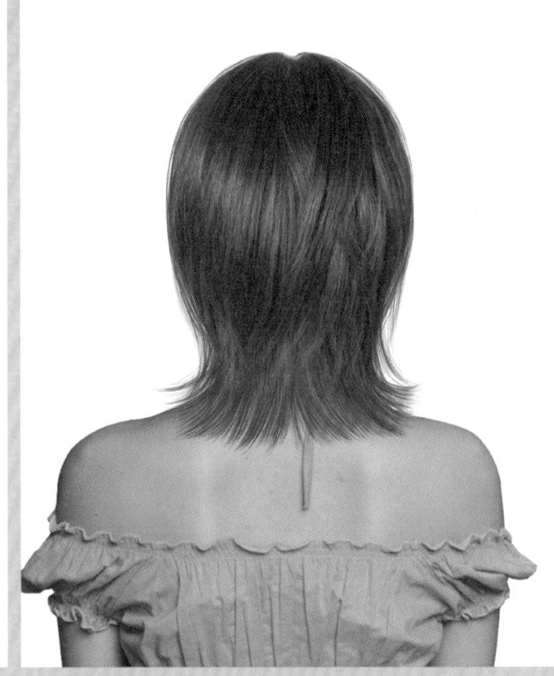

M-2021-223-3

Face Type			
계란형	긴계란형	둥근형	역삼각형
육각형	삼각형	네모난형	직사각형

Hair Cut Method-
Technology Manual 186 Page 참고

나만의 트렌드를 의식하면서 자유롭게 흐트러짐을 연출한 센스 넘치는 헤어스타일!

- 언더 쪽에서 대담하고 가늘어지도록 레이어드로 불규칙하게 커트를 하고, 톱 쪽으로 그러데이션과 레이어드로 끝부분을 뾰족뾰족하고 불규칙하도록 바이어스 블런트 커트를 하여 층을 연결합니다.
- 앞머리는 가늘어지고 가볍도록 길게 하여 사이드로 내려줍니다.
- 틴닝으로 모발량을 조절하고 슬라이딩 커트 기법으로 대담하게 가늘어지도록 커트합니다.
- 헤어 드라이기로 뿌리부터 말리면서 80%를 말린 후 글로스 왁스를 고르게 바르고, 손가락 빗질하여 방향을 잡아 주며 털어서 러프하게 스타일링을 합니다.

Woman Medium Hair Style Design

M-2021-224-1

M-2021-224-2

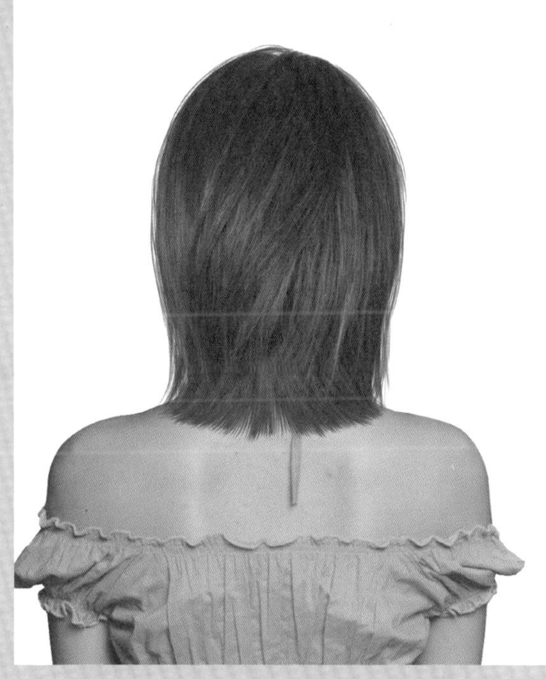

M-2021-224-3

Face Type

계란형 긴계란형 둥근형 역삼각형

육각형 삼각형 네모난형 직사각형

Hair Cut Method-
Technology Manual 116 Page 참고

찰랑찰랑한 스트레이트 헤어가 바람에 날리듯 자연스러운 흐름이 멋스러운 헤어스타일!

- 조금은 삐쳐도 신경 쓰이지 않는 자유로운 스타일은 편안함을 주고 자신만의 개성을 표현해 줍니다.
- 약간 얼굴 방향으로 길어지는 길이로 하이 그러데이션 커트를 하고 앞머리와 사이드는 얼굴을 감싸는 길이를 설정하여 가벼운 층을 만듭니다.
- 모발 길이 중간, 끝부분에서 틴닝으로 모발량을 줄여 주고 슬라이딩 기법으로 가늘어지고 가벼운 율동감을 표현하여 스타일의 표정을 연출합니다.
- 헤어 드라이기로 뿌리부터 말리면서 80%를 말린 후 글로스 왁스를 고르게 바르고, 손가락 빗질하여 방향을 잡아 주며 자연스럽게 스타일링을 합니다.

Woman Medium Hair Style Design

M-2021-225-1

M-2021-225-2

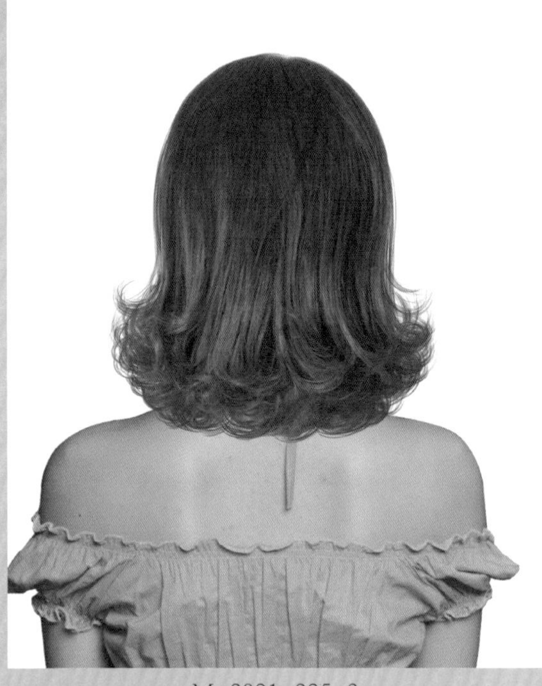

M-2021-225-3

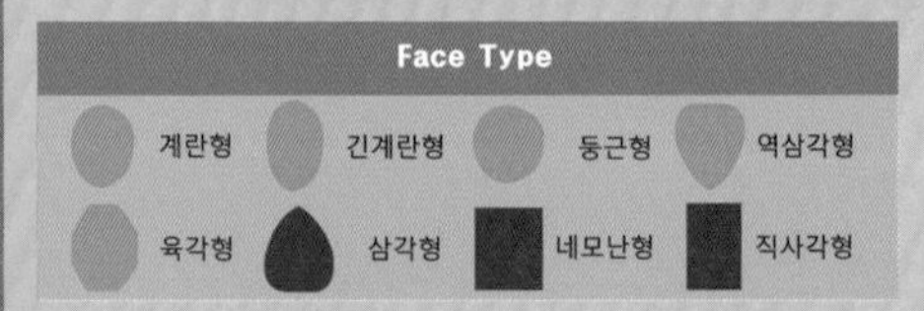

Hair Cut Method-
Technology Manual 146 Page 참고

지적인 품위를 자랑하는 사랑스럽고 세련된 여성스러움을 강조한 페미닌 헤어스타일!

- 모선에서 자유롭게 꿈틀거리는 웨이브의 율동감이 아름답게 느껴지고 손질하기 편한 헤어스타일입니다.
- 끝부분만 하는 웨이브 파마는 여성이라면 누구나 한 번쯤은 했을 것입니다.
- 이 스타일은 쇄골 라인에 닿는 길이를 설정하여 균형감 있게 조형된 아름다운 롱 그러데이션 보브 스타일입니다.
- 베이스는 롱 그러데이션으로 커트하고 레이어드로 부드러운 층을 연결합니다.
- 틴닝으로 모발량을 조절하고 앞머리는 사이드에서 층을 주고 가늘어지고 가볍게 커트합니다.
- 헤어 드라이기로 뿌리부터 말리면서 80%를 말린 후 글로스 왁스를 고르게 바르고, 손가락 빗질하여 방향을 잡아 주며 자연스럽게 스타일링을 합니다.

Woman Medium Hair Style Design

M-2021-226-1

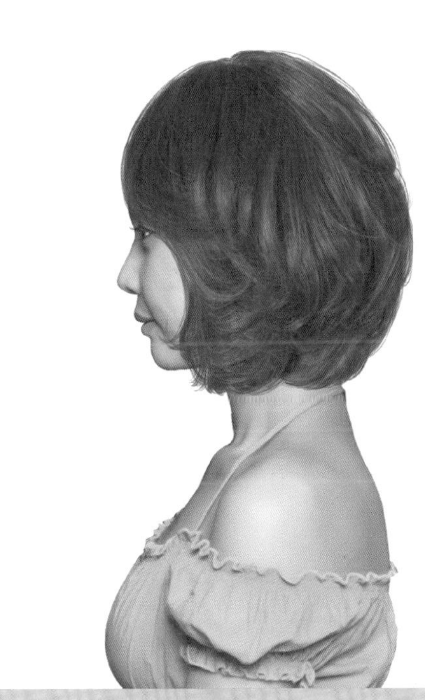

M-2021-226-2

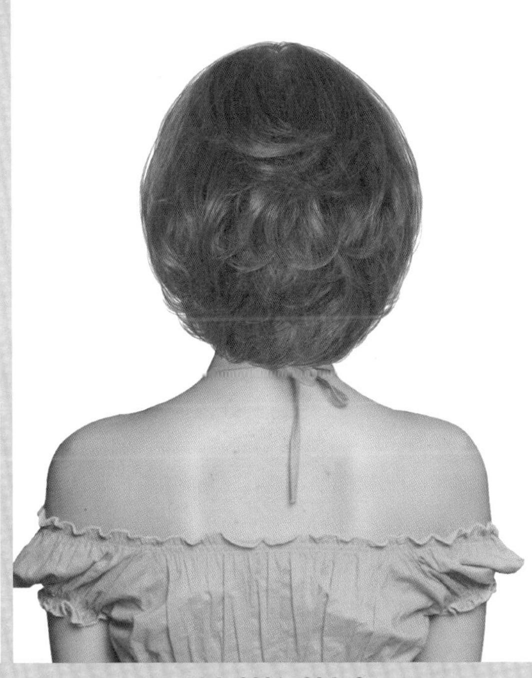

M-2021-226-3

Face Type			
계란형	긴계란형	둥근형	역삼각형
육각형	삼각형	네모난형	직사각형

Hair Cut Method-
Technology Manual 100 Page 참고

단정하면서 여성스러움과 큐트함을 선사하는 캐주얼 헤어스타일!

- 약간 짧은 느낌의 활동성 있는 보브 헤어스타일입니다.
- 언더에서 기본 그러데이션으로 커트하고, 톱 쪽으로 레이어드를 넣어서 풍성하고 부드러운 베이스를 만듭니다.
- 가볍도록 모발량을 조절한 후 굵은 롤로 1~2컬의 웨이브 파마를 해 줍니다.
- 헤어 드라이기로 뿌리부터 말리면서 80%를 말린 후 글로스 왁스를 고르게 바르고, 손가락 빗질하여 방향을 잡아 주며 털어서 자연스럽게 스타일링을 합니다.

Woman Medium Hair Style Design

M-2021-227-1

M-2021-227-2

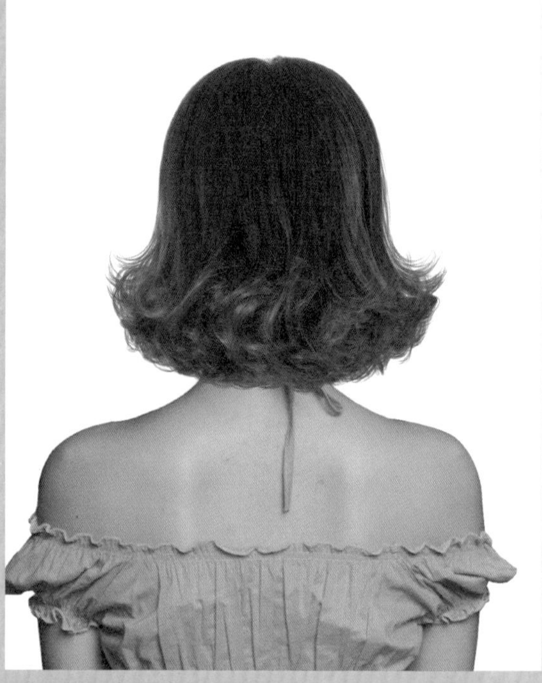

M-2021-227-3

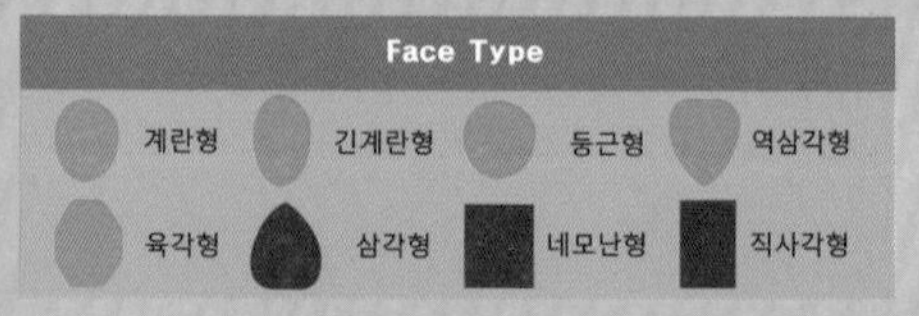

Hair Cut Method-
Technology Manual 071 Page 참고

모선에서 꿈틀거리는 웨이브 율동감이 여성스러움과 섹시함이 전해지는 헤어스타일!

- 원랭스로 커트하고 약간의 가벼운 흐름을 만들기 위해 톱에서 레이어드를 넣어 줍니다.
- 틴닝으로 모발량을 조절하고 앞머리는 층을 주어 사이드로 내려줍니다.
- 모선에서 1.5컬의 웨이브 파마를 해 줍니다.
- 헤어 드라이기로 뿌리부터 말리면서 70%를 말린 후 글로스 오일이나 글로스 왁스를 고르게 바르고, 스크런치 드라이 기법으로 드라이하고 손가락으로 풀어 주듯 빗질하여 자연스러운 컬의 움직임을 연출합니다.

Woman Medium Hair Style Design

M-2021-228-1

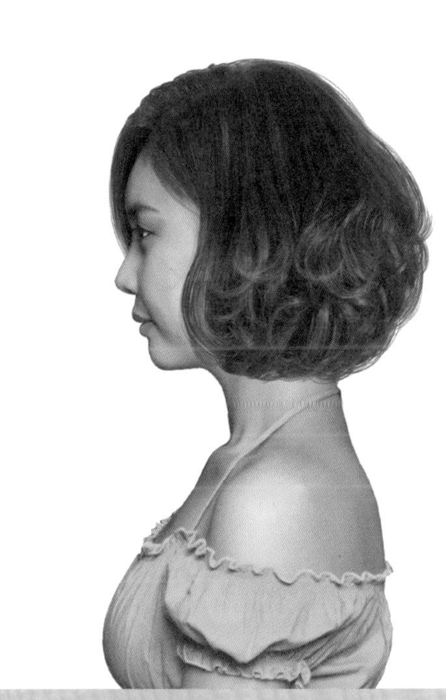
M-2021-228-2

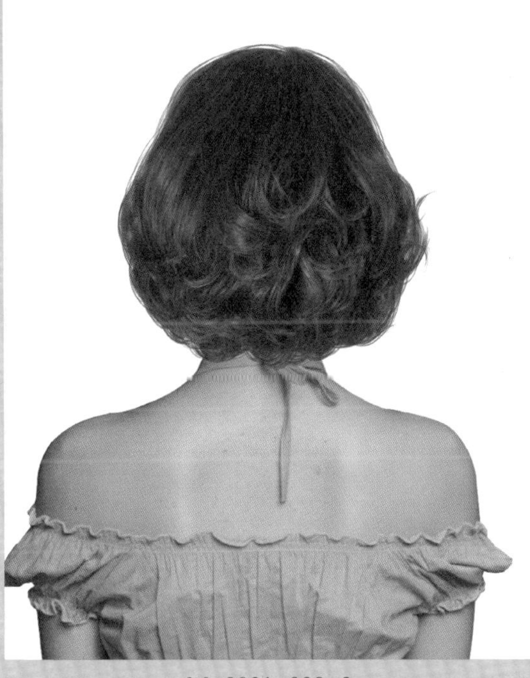
M-2021-228-3

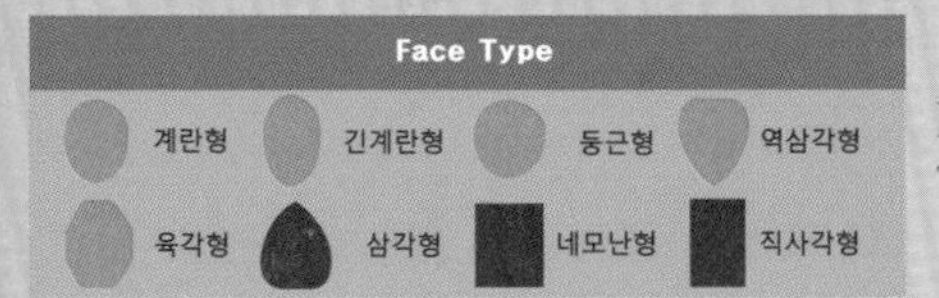

Hair Cut Method-
Technology Manual 131 Page 참고

보송보송 공기감으로 풍성함을 주어 여성스럽고 세련된 이미지가 느껴지는 헤어스타일!

- 후두부에서 풍성한 볼륨을 만들기 위해 언더에서 그러데이션으로 커트를 하고, 톱 쪽으로 레이어드를 넣어서 브드럽게 층을 연결합니다.
- 사이드 가르마로 언밸런스하게 앞머리를 사이드로 내려줍니다.
- 굵은 롯드로 1~1.5컬의 웨이브 파마를 해 줍니다.
- 헤어 드라이기로 뿌리부터 말리면서 80%를 말린 후 글로스 오일이나 글로스 왁스를 고르게 바르고, 스크런치 드라이 기법으로 드라이하고 손가락으로 풀어 주듯 빗질하여 자연스러운 컬의 움직임을 연출합니다.

Woman Medium Hair Style Design

M-2021-229-1

M-2021-229-2

M-2021-229-3

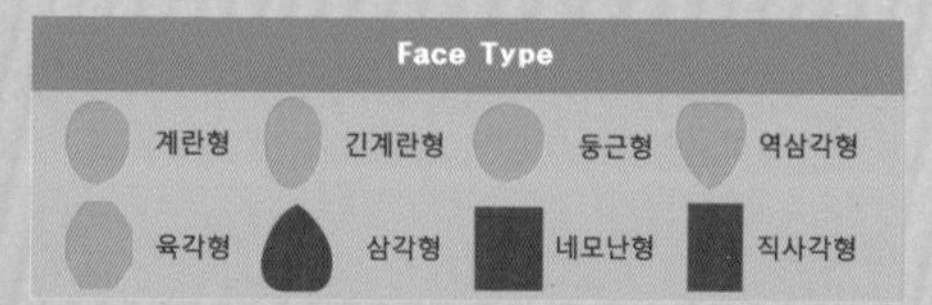

Hair Cut Method-
Technology Manual 071 Page 참고

윤기를 머금은 듯 빛나는 스트레이트 모발이 모던함을 느끼게 하는 헤어스타일!

- 윤기감이 느껴지는 투명한 핑크 스트레이트가 깨끗하고 심플한 여성미를 느끼게 하는 그러데이션 보브 헤어스타일입니다.
- 원랭스 커트로 베이스를 만들고 모발 길이 뿌리 중간 끝부분에서 모발량을 섬세하게 조절하여 부드러운 움직임을 연출합니다.
- 롤 스트레이트 파마를 하면 손질이 더욱 쉬워집니다.
- 헤어 드라이기로 뿌리부터 말리면서 80%를 말린 후 글로스 오일을 고르게 바르고, 빗질하여 자연스러운 컬의 움직임을 연출합니다.

Woman Medium Hair Style Design

M-2021-230-1

M-2021-230-2

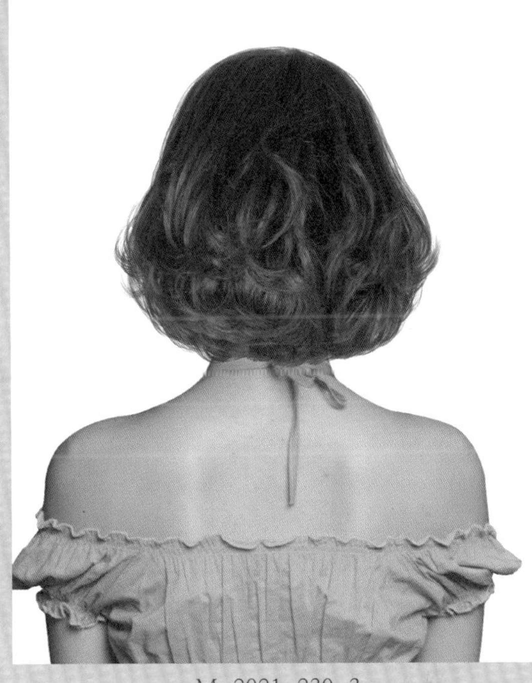

M-2021-230-3

Face Type			
계란형	긴계란형	둥근형	역삼각형
육각형	삼각형	네모난형	직사각형

Hair Cut Method-
Technology Manual 146 Page 참고

공기를 머금은 듯 풍성하게 꿈틀거리는 웨이브의 흐름이 신비스러운 심쿵 헤어스타일!

- 둥둥 떠다니는 듯한 느슨하면서 구불구불하고 율동감을 주는 웨이브가 모드한 향기를 느끼게 합니다.
- 둥근 라인을 베이스로 언더 부분에서는 그러데이션을, 톱 쪽으로 레이어드를 넣어서 부드럽고 풍성한 흐름을 만듭니다.
- 틴닝으로 모발량을 조절하여 끝부분이 가벼운 질감을 만들고, 굵은 롤로 1.3~1.7컬의 파마를 합니다.
- 헤어 드라이기로 뿌리부터 말리면서 70%를 말린 후 글로스 왁스를 고르게 바르고, 스크런치 드라이 기법으로 드라이하고 손가락으로 풀어 주듯 빗질하여 자연스러운 컬의 움직임을 연출합니다.

Woman Medium Hair Style Design

M-2021-231-1

M-2021-231-2

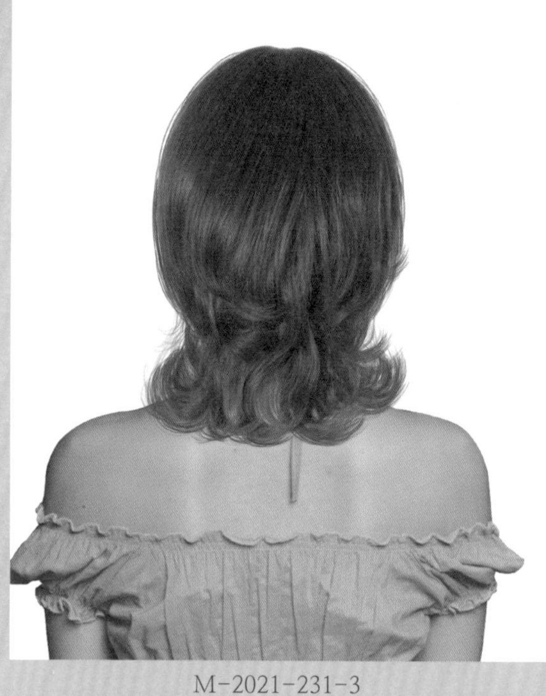

M-2021-231-3

Face Type

계란형 · 긴계란형 · 둥근형 · 역삼각형 · 육각형 · 삼각형 · 네모난형 · 직사각형

Hair Cut Method-
Technology Manual 196 Page 참고

안말음과 뻗치는 흐름이 조화되어 아름답게 느껴지는 울프컷 느낌의 헤어스타일!

- 언더 부분에서는 목선과 어깨선으로 가늘어지고 길어지는 레이어드로 커트하고, 톱 쪽으로 그러데이션과 레이이어드로 후두부의 풍성한 볼륨을 만들어 줍니다.
- 틴닝과 슬라이드 커트로 끝부분을 가늘어지고 가벼운 흐름을 연출합니다.
- 끝부분에서1.5컬로 안말음, 바깥말음으로 와인딩하여 파마를 해 줍니다.
- 헤어 드라이기로 뿌리부터 말리면서 70%를 말린 후 글로스 오일이나 글로스 왁스를 고르게 바르고, 스크런치 드라이 기법으로 드라이하고 손가락으로 빗질하여 방향을 잡아 주고 자연스러운 컬의 움직임을 연출합니다.

Woman Medium Hair Style Design

M-2021-232-1

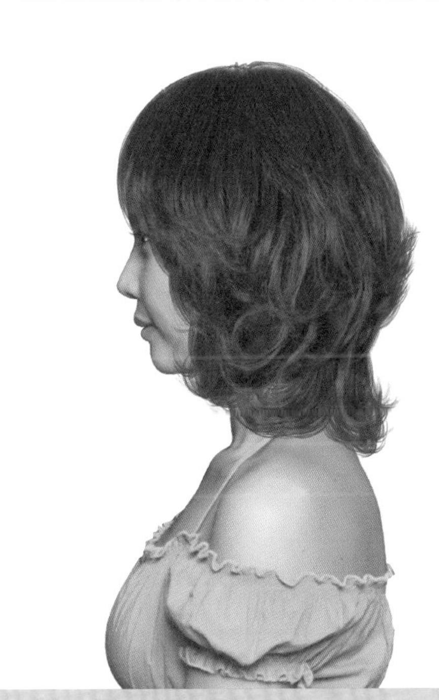

M-2021-232-2

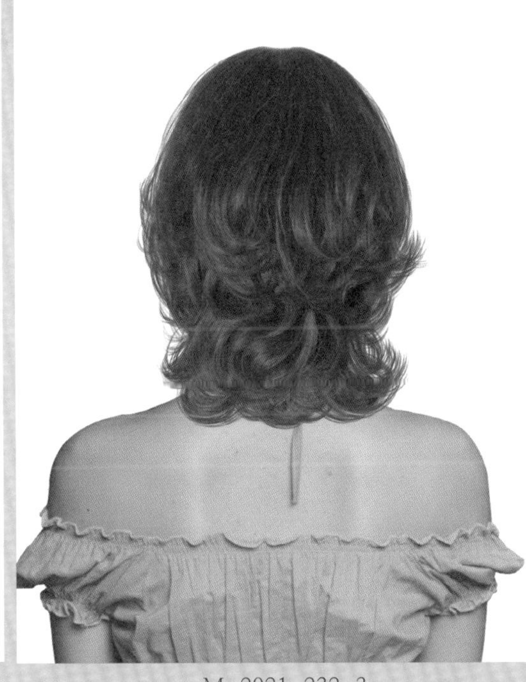

M-2021-232-3

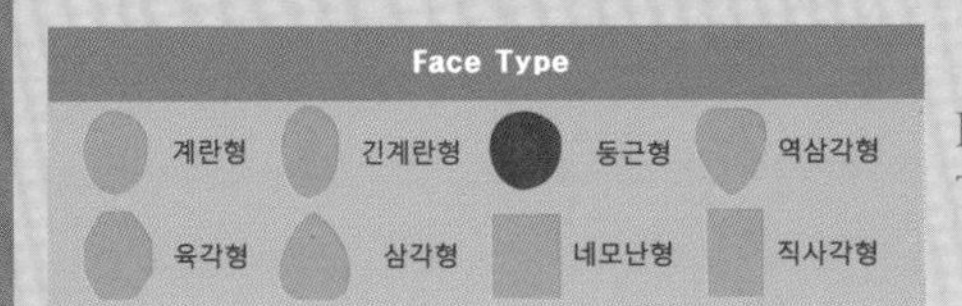

Hair Cut Method-
Technology Manual 196 Page 참고

손질하지 않은 듯 흔들거리는 보송보송한 웨이브가 스위트함을 더해 주는 로맨틱 헤어스타일!

- 안말음 바깥 흐름이 어우러지는 헤어스타일은 손질하기 편하고 자유롭고 발랄한 느낌을 줍니다.
- 언더에서는 목선을 타고 뻗치는 흐름이 되도록 가늘어지고 길어지는 레이어드 커트를 하고, 톱 쪽으로 그러데이션과 레이어드의 콤비네이션 기법으로 부드럽고 풍성한 볼륨을 만듭니다.
- 굵은 롯드로 1.3~1.7컬의 파마를 해 줍니다.
- 헤어 드라이기로 뿌리부터 말리면서 70%를 말린 후 글로스 왁스를 고르게 바르고, 스크런치 드라이 기법으로 드라이하고 손가락으로 빗질하여 방향을 잡아 주고 자연스러운 컬의 움직임을 연출합니다.

Woman Medium Hair Style Design

M-2021-233-1

M-2021-233-2

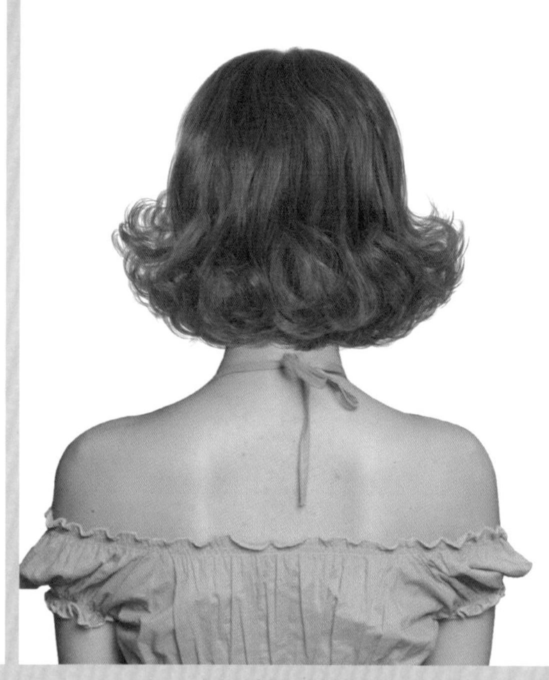

M-2021-233-3

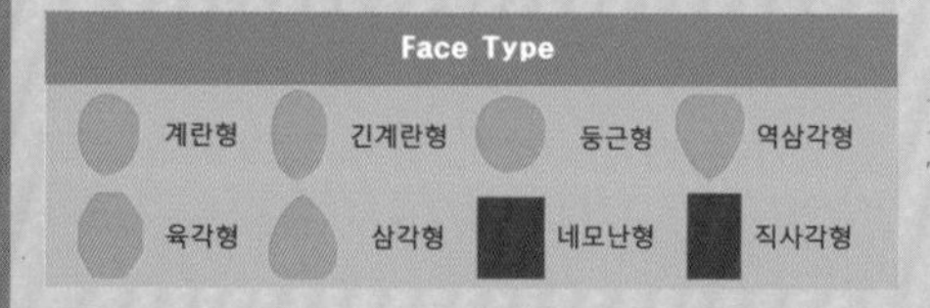

Hair Cut Method-
Technology Manual 108 Page 참고

평범함은 싫다! 내 생에 내가 처음으로 선택한 나만의 헤어스타일!

- 두정부에서 부드러운 율동으로 흐르는 모류와 모선에서 두둥실 움직이는 웨이브의 율동감이 인형 같은 귀여움을 주는 로맨틱 헤어스타일입니다.
- 약간 층이 나는 보브 스타일로 커트를 하고 가볍고 부드러운 움직임을 주기 위해 틴닝으로 모발량을 조절하고, 굵은 롤로 전체를 와인딩을 하고, 2액을 도포하고 7분 정도 후 롯드를 끝부분에서 1.5컬을 남기고 풀어 주어 뿌리, 중간 부분이 풀리는 느낌을 만들고, 다시 2액을 도포하여 파마 웨이브를 완성합니다.
- 헤어 드라이기로 뿌리부터 말리면서 70%를 말린 후 글로스 왁스를 고르게 바르고, 스크런치 드라이 기법으로 드라이하고 손가락으로 모선을 움켜쥐고 빗질하여 방향을 잡아 주고 자연스러운 컬의 움직임을 연출합니다.

Woman Medium Hair Style Design

M-2021-234-1

M-2021-234-2

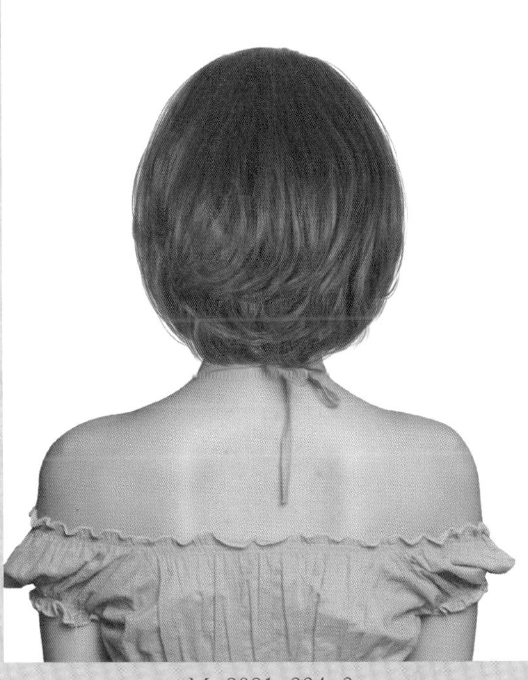
M-2021-234-3

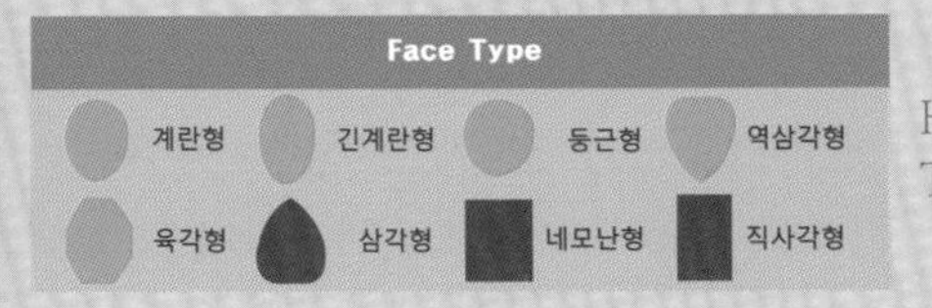

Hair Cut Method-
Technology Manual 146 Page 참고

시대를 초월해서 여성들에게 오래도록 사랑받아온 트래디셔널 감각의 헤어스타일!

- 어깨선을 닿는 길이의 둥근 라인의 안말음 흐름의 헤어스타일은 모선을 아름답게 하고 얼굴형을 작아 보이게 하는 느낌을 주고 단정하고 세련된 여성스러운 이미지를 주는 스타일이서 오래도록 사랑받아온 스타일입니다.
- 언더에서 무거운 느낌을 주는 그러데이션 커트를 하고, 톱 쪽으로 레이어드를 넣어서 부드러운 실루엣을 연출합니다.
- 안말음이 잘되기 위해서는 세밀하게 연결되는 층으로 커트를 하고, 끝부분이 가늘어지고 가볍도록 모발 길이 중간, 끝부분에서 틴닝으로 모발량을 조절한 후 굵은 롤로 1~1.5컬의 파마를 해 줍니다.
- 헤어 드라이기로 뿌리부터 말리면서 80%를 말린 후 글로스 왁스를 고르게 바르고, 손가락 빗질하여 방향을 잡아 주며 자연스럽게 스타일링을 합니다.

Woman Medium Hair Style Design

M-2021-235-1

M-2021-235-2

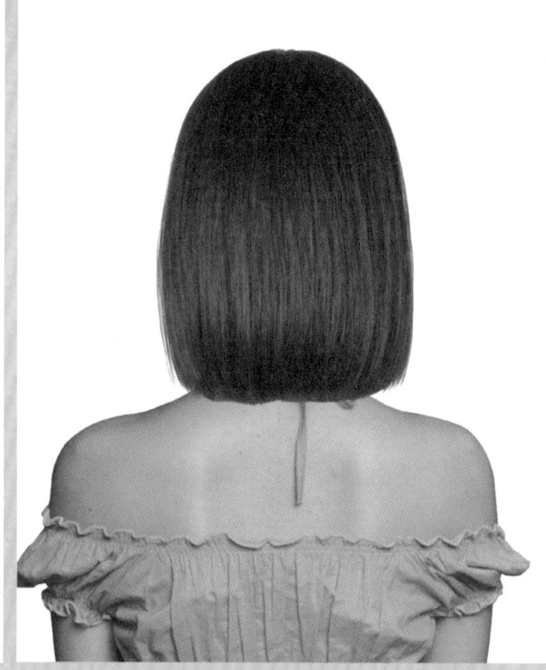

M-2021-235-3

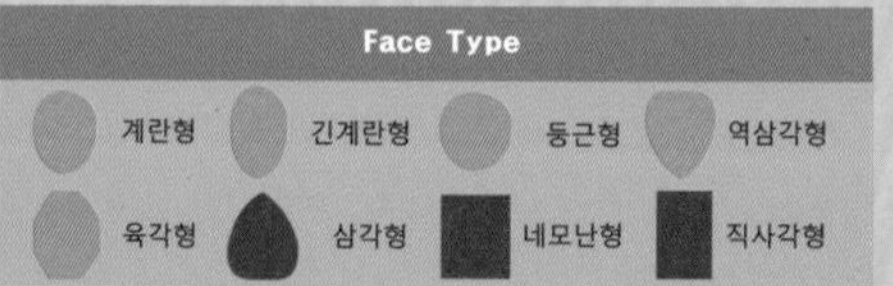

Hair Cut Method-
Technology Manual 071Page 참고

찰랑거리고 윤기감이 감도는 스트레이트 흐름이 도회적인 느낌을 주는 헤어스타일!

- 앞머리는 볼륨을 주면서 시원스럽게 이마를 드러내어 사이드로 내려주고, 한쪽 사이드는 공기감을 주어 귀 뒤로 넘겨주는 느낌은 깨끗하고 세련되어서 자신감을 느끼게 해 주는 헤어스타일입니다.
- 원랭스 커트로 베이스를 만들고 가벼운 흐름을 만들기 위해 모발 길이 뿌리, 중간, 끝부분에서 틴닝으로 모발량을 조절하여 찰랑찰랑하고 부드러운 움직임을 연출합니다.
- 스트레이트 파마를 하거나 헤어 드라이기와 롤 브러시로 스타일링하여 연출합니다.

Woman Medium Hair Style Design

M-2021-236-1

M-2021-236-2

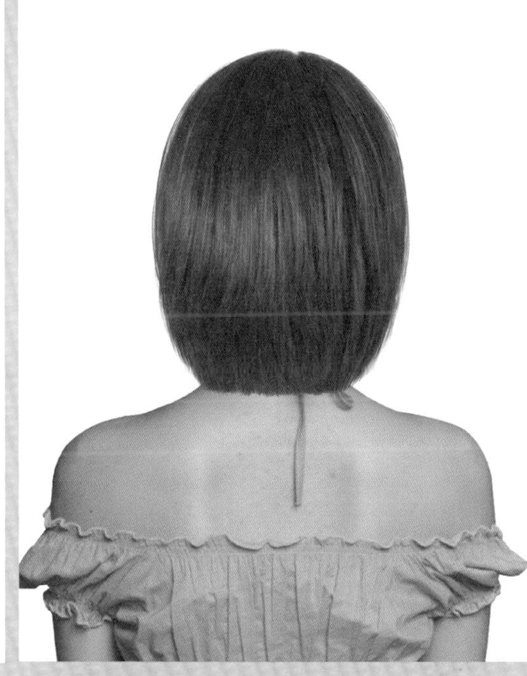

M-2021-236-3

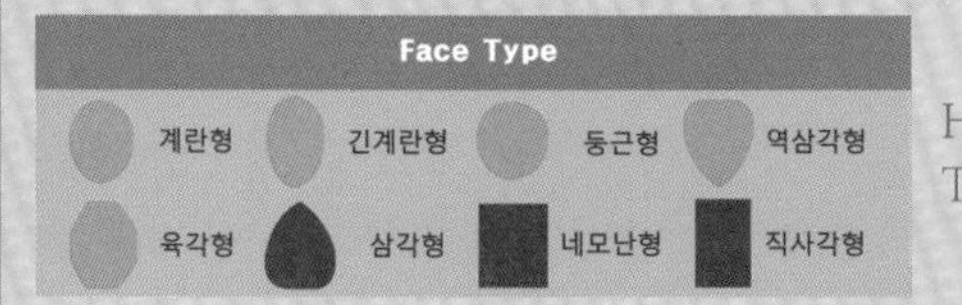

Hair Cut Method-
Technology Manual 139 Page 참고

스트레이트의 찰랑거림과 바람에 흩날리 듯 모발의 흐름이 모드함을 더해 주는 헤어스타일!

- 얼굴 쪽으로 살짝 길어지는 라인으로 언더에서는 약간 가벼움을 주는 그러데이션으로 커트하고, 톱 쪽으로 레이어드를 넣어서 부드러운 층을 연결합니다.
- 모발 길이 중간, 끝부분에서 틴닝으로 모발량을 조절하고 롤 스트레이트 파마를 해 줍니다.
- 헤어 드라이기로 뿌리부터 말리면서 80%를 말린 후 롤 브러시로 연출한 후 글로스 왁스를 고르게 바르고, 빗질하여 방향을 잡아 주며 자연스럽게 스타일링을 합니다.

Woman Medium Hair Style Design

M-2021-237-1

M-2021-237-2

M-2021-237-3

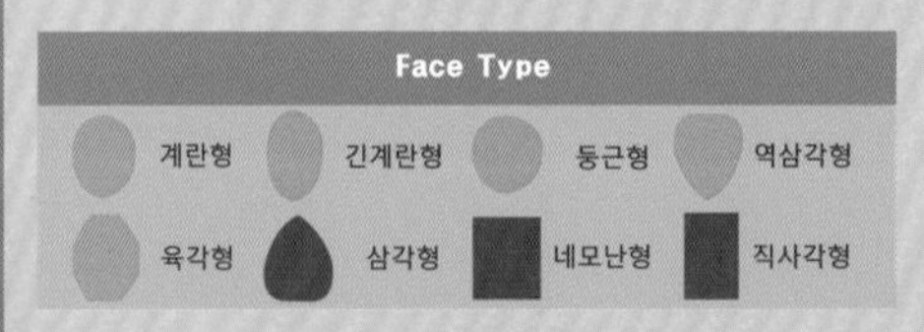

Hair Cut Method-
Technology Manual 071 Page 참고

보송보송 두둥실 바깥말음의 웨이브 흐름이 귀엽고 여성스러움을 주는 복고풍 헤어스타일!

- 복잡한 환경의 현대인들은 깨끗한 자연, 정감이 그리워서 오래전에 유행했던 헤어스타일을 모드함을 더해 새로운 스타일로 발전시키고, 복고풍의 헤어스타일을 보지 못했던 MZ세대에게는 새로운 트렌드로 받아들여집니다.
- 베이스는 원랭스를 커트라고 끝부분이 가벼워지도록 모발 길이 중간, 끝부분에서 틴닝을 합니다.
- 끝부분을 1.5컬로 바깥말음의 웨이브 파마를 합니다.
- 헤어 드라이기로 뿌리부터 말리면서 70%를 말린 후 글로스 왁스를 고르게 바르고, 스크런치 드라이 기법으로 드라이하고 손가락으로 모선을 움켜쥐고 방향을 잡아 주어 자연스러운 컬의 움직임을 연출합니다.

Woman Medium Hair Style Design

M-2021-238-1

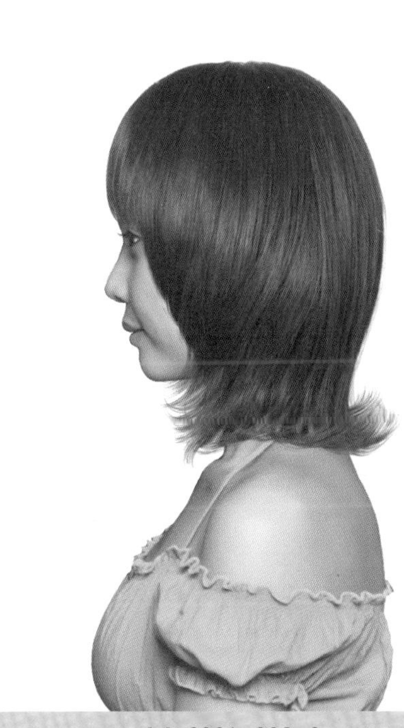

M-2021-238-2

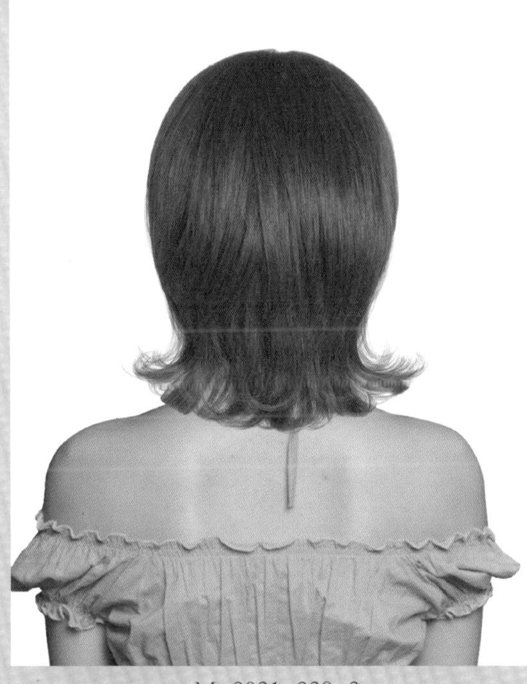

M-2021-238-3

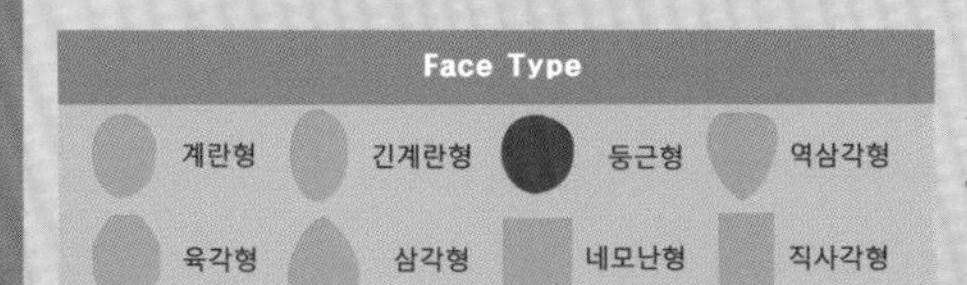

Hair Cut Method-
Technology Manual 196 Page 참고

멜로 영화처럼… 사랑스러움과 귀여움을 더해 주는 러블리 헤어스타일!

- 언더에서 어깨선과 쇄골 라인을 타고 뻗치는 흐름을 만들기 위해 대담하게 가늘어지고 가벼워지는 레이어드 커트를 하고, 톱 쪽으로 그러데이션과 레이어드로 부드러운 층을 연결하여 풍성한 볼륨을 만듭니다.
- 모발 길이 중간, 끝부분에서 틴닝으로 모발량을 조절하고 슬라이딩 커트로 가늘어지도록 커트합니다.
- 헤어 드라이기로 뿌리부터 말리면서 80%를 말린 후 롤 브러시나 아이롱으로 연출한 후 글로스 왁스를 고르게 바르고, 빗질하여 방향을 잡아 주며 자연스럽게 스타일링을 합니다.

Woman Medium Hair Style Design

M-2021-239-1

M-2021-239-2

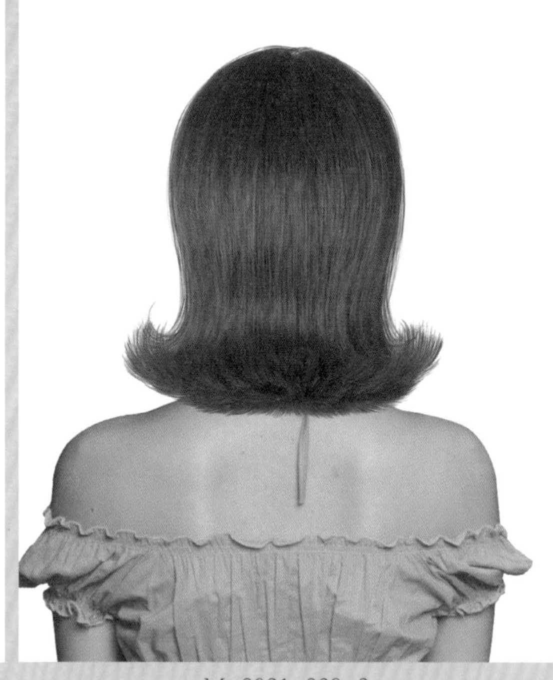

M-2021-239-3

Face Type			
계란형	긴계란형	둥근형	역삼각형
육각형	삼각형	네모난형	직사각형

Hair Cut Method-
Technology Manual 071, 146 Page 참고

세련미와 우아함을 중시하면서 경쾌하고 발랄한 여성미에 모드함을 더해 주는 헤어스타일!

- 베이스는 원랭스 커트를 하고 가벼운 흐름을 만들기 위해 톱에서 레이어드 커트를 합니다.
- 모발 길이 뿌리, 중간, 끝부분에서 틴닝으로 모발량을 조절하고 앞머리는 사이드로 흐를 수 있도록 턱선 길이로 층을 만듭니다.
- 헤어 드라이기로 뿌리부터 말리면서 80%를 말린 후 롤 브러시나 아이롱으로 연출한 후 글로스 왁스를 고르게 바르고, 빗질하여 방향을 잡아 주며 스타일링을 합니다.

Woman Medium Hair Style Design

M-2021-240-1

M-2021-240-2

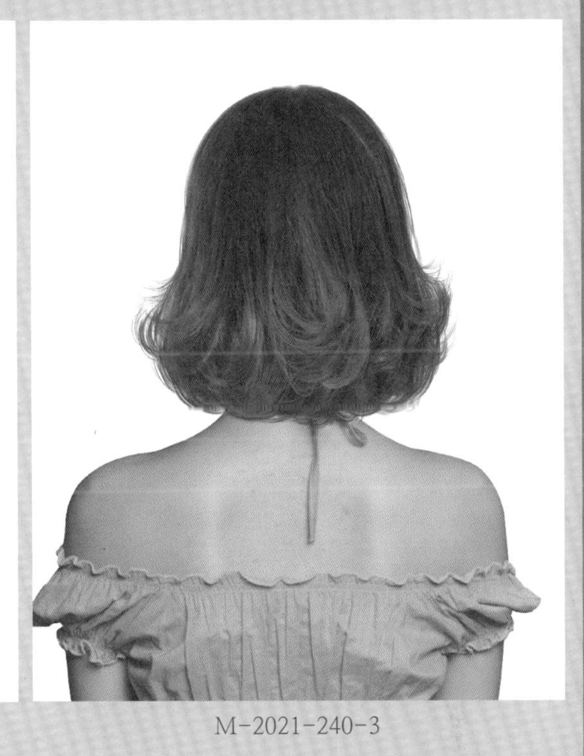

M-2021-240-3

Face Type

계란형 긴계란형 둥근형 역삼각형
육각형 삼각형 네모난형 직사각형

Hair Cut Method-
Technology Manual 108 Page 참고

모선에서 두둥실 춤추듯 율동감이 신비롭고 아름답게 느껴지는 보브 헤어스타일!

- 언더에서 무게감을 주기 위해 약간 층이 나는 그러데이션 커트를 하고 톱에서 약간의 레이어드를 넣어서 부드러운 흐름을 연출합니다.
- 가벼운 움직임을 만들기 위해 모발 길이 중간, 끝부분에서 틴닝으로 모발량을 조절합니다.
- 끝부분에서 1.3~1.7컬의 파마를 해 줍니다.
- 헤어 드라이기로 뿌리부터 말리면서 70%를 말린 후 글로스 왁스를 고르게 바르고, 스크런치 드라이 기법으로 드라이하고 손가락으로 모선을 움켜쥐고 방향을 잡아 주어 자연스러운 컬의 움직임을 연출합니다.

Woman Medium Hair Style Design

M-2021-241-1

M-2021-241-2

M-2021-241-3

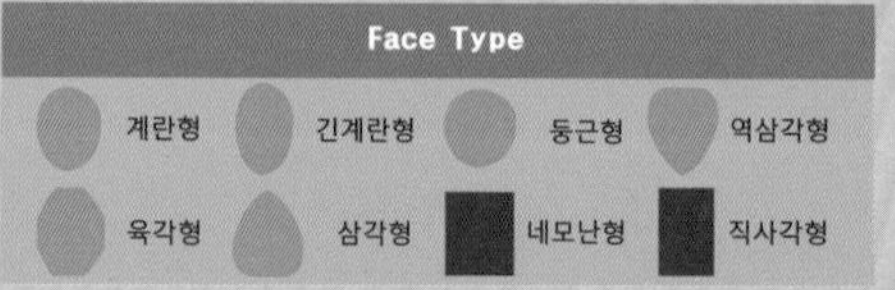

Hair Cut Method-
Technology Manual 071 Page 참고

가장 오래도록 여성들에게 사랑받아온 정통 클래식 감각의 보브 헤어스타일!

- 층이 나지 않는 둥근 라인, 수평 라인 등은 오래도록 사랑받아온 정통 클래식 헤어스타일이지만, 늘 새로운 느낌과 현대적인 이미지를 줍니다.
- 스트레이트의 보브 스타일은 찰랑거림과 윤기가 있어야 세련되고 아름다운데 건강한 머릿결이 포인트입니다.
- 원랭스 커트는 겉머리보다 속머리가 길어지지 않도록 정교하게 커트하여야 안말음 흐름이 잘되고 심플한 느낌을 줍니다.
- 헤어 드라이기로 뿌리부터 말리면서 80%를 말린 후 롤 브러시나 아이롱으로 연출한 후 글로스 왁스를 고르게 바르고, 빗질하여 방향을 잡아 주며 자연스럽게 스타일링을 합니다.

Woman Medium Hair Style Design

M-2021-242-1

M-2021-242-2

M-2021-242-3

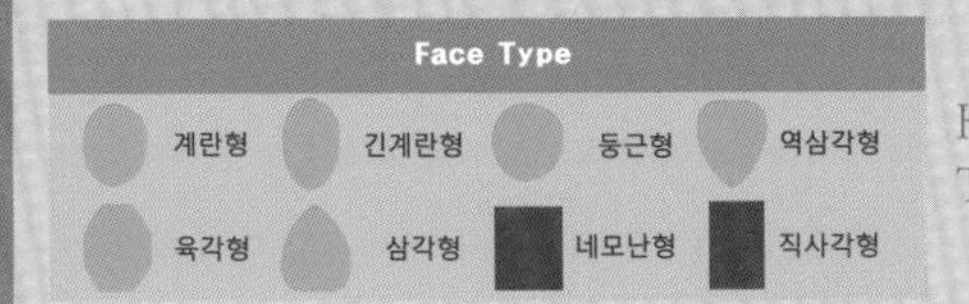

Hair Cut Method-
Technology Manual 071 Page 참고

찰랑거리는 질감 비치는 컬러가 스트레이트 헤어에 세련미를 입히다!

- 어깨선에 아슬아슬하게 닿는 길이로 원랭스 커트를 합니다.
- 모발 길이 뿌리 중간 끝부분에서 틴닝으로 모발량을 조절하고, 가벼운 흐름을 만들기 위해 슬라이딩 커트로 끝부분이 가늘어지도록 질감 커트를 합니다.
- 수직으로 떨어져서 찰랑거리고 바람에 흩날리는 듯한 질감을 연출하기 위해 스트레이트 파마를 해 줍니다.
- 헤어 드라이기로 뿌리부터 말리면서 80%를 말린 후 롤 브러시나 아이롱으로 연출한 후 글로스 왁스를 고르게 바르고 빗질하여 스타일링을 합니다.

Woman Medium Hair Style Design

M-2021-243-1

M-2021-243-2

M-2021-243-3

Face Type			
계란형	긴계란형	둥근형	역삼각형
육각형	삼각형	네모난형	직사각형

Hair Cut Method-
Technology Manual 146 Page 참고

부드러운 웨이브 흐름이 턱선을 감싸는 듯 율동감을 주는 페미닌 감각의 헤어스타일!

- 모선에서 풍성한 볼륨의 웨이브가 턱선을 감싸는 듯 안말음 흐름의 스타일은 턱선을 부드럽고 얼굴을 작아 보이는 효과를 줍니다.
- 끝부분에 1.~1.7컬의 웨이브는 손질하기 편해서 여성들 누구나가 한 번쯤은 파마를 했을 것입니다.
- 언더에서 풍성함과 부드러운 흐름을 만들기 위해 무게감 있는 그러데이션 커트를 하고, 톱 쪽으로 레이어드를 넣어서 가벼운 느낌을 연출합니다.
- 헤어 드라이기로 뿌리부터 말리면서 70%를 말린 후 글로스 왁스를 고르게 바르고, 스크런치 드라이 기법으로 드라이하고 손가락으로 모선을 움켜쥐고 방향을 잡아 주어 자연스러운 컬의 움직임을 연출합니다.

Woman Medium Hair Style Design

M-2021-244-1

M-2021-244-2

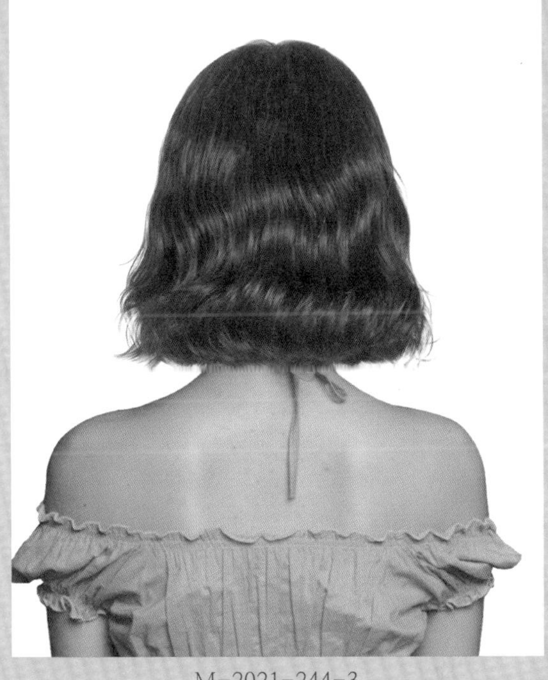

M-2021-244-3

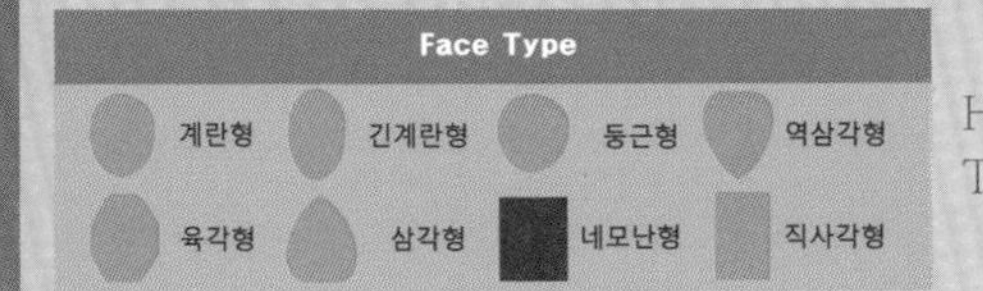

Hair Cut Method-
Technology Manual 071 Page 참고

두둥실 출렁이는 물결 웨이브가 달콤함과 귀여움을 느끼게 하는 보브 헤어스타일!

- 출렁이는 물결 웨이브가 여성스럽고 귀여운 이미지를 주는 헤어스타일입니다.
- 원랭스 보브로 베이스를 만들고 모발 길이 중간, 끝부분에서 틴닝으로 모발량을 조절하고
- 슬라이딩 커트 기법으로 끝부분이 가벼워지도록 질감 커트를 합니다.
- 굵은 롤로 뿌리 부분을 제외한 웨이브 파마를 해 줍니다.
- 헤어 드라이기로 뿌리부터 말리면서 70%를 말린 후 글로스 왁스를 고르게 바르고, 스크런치 드라이 기법으로 드라이하고 자연스러운 컬의 움직임을 연출합니다.

Woman Medium Hair Style Design

M-2021-245-1

M-2021-245-2

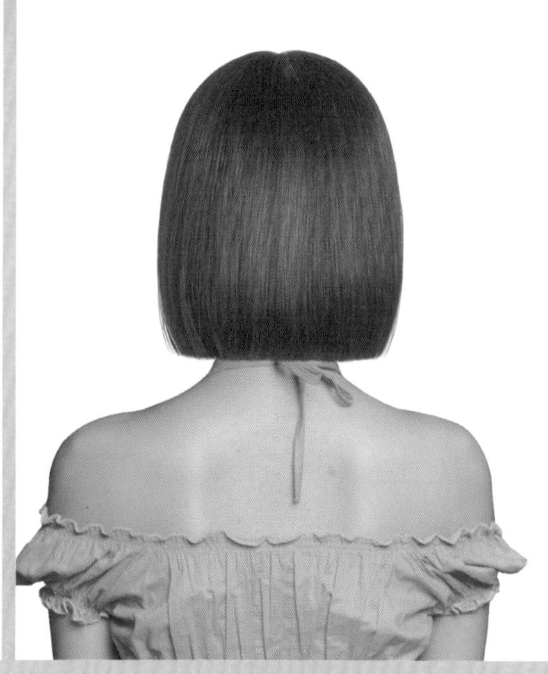

M-2021-245-3

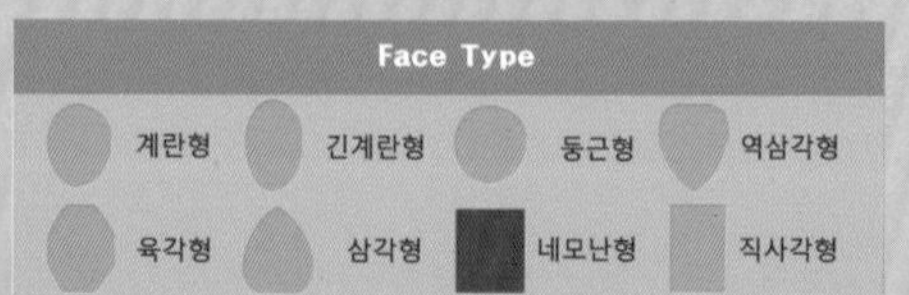

Hair Cut Method-
Technology Manual 071Page 참고

투명하고 윤기감 있는 스트레이트 헤어가 여성스럽고 세련된 이미지를 주는 보브 스타일!

- 학창 시절부터 오래도록 사랑받아온 정통 클래식 느낌의 시스루 보브 스타일입니다.
- 보브 헤어스타일은 건강한 머릿결을 간직했을 때 뻗치지 않고 손질하기 편하여 아름다운 헤어스타일이 연출됩니다.
- 원랭스 보브 스타일로 커트를 하고 앞머리는 시스루 스타일로 내려줍니다.
- 턱선보다 길게 길이를 조절하여 턱선을 부드럽고 작아 보이도록 디자인합니다.
- 헤어 드라이기로 뿌리부터 말리면서 80%를 말린 후 롤 브러시나 아이롱으로 연출한 후 글로스 왁스를 고르게 바르고 빗질하여 스타일링을 합니다.

Woman Medium Hair Style Design

M-2021-246-1

M-2021-246-2

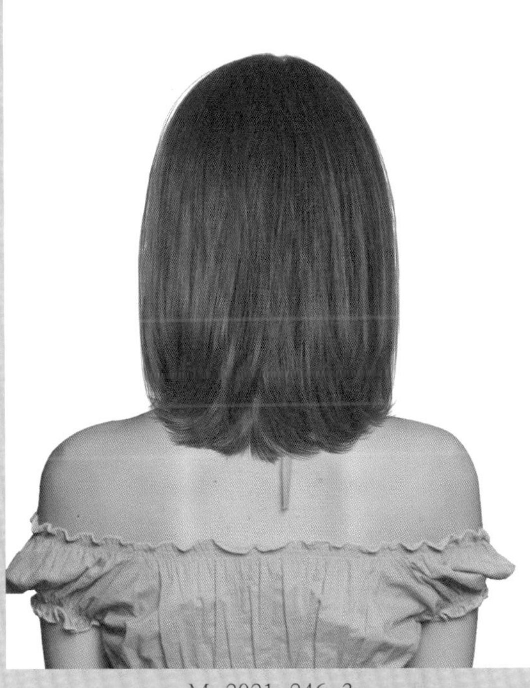

M-2021-246-3

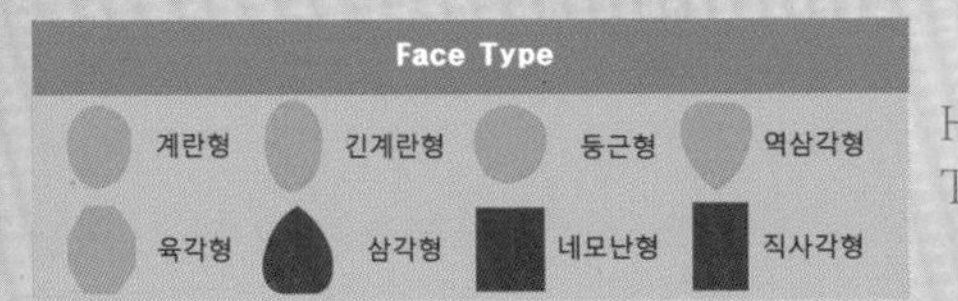

Hair Cut Method-
Technology Manual 146Page 참고

손가락 빗질로 모발을 쓸어내려 자연스러운 느낌이 멋스러운 롱 보브 헤어스타일!

- 쇄골 라인보다 긴 길이로 롱 보브 스타일을 커트합니다.
- 언더에서는 가벼운 흐름을 만들기 위해 그러데이션으로 커트를 하고, 톱 쪽으로 레이어드를 넣어서 부드러운 실루엣을 연출합니다.
- 모발 길이 중간, 끝부분에서 틴닝으로 모발량을 조절하고, 앞머리는 턱선보다 약간 긴 길이로 레이어드를 넣고 슬라이딩 커트로 가벼운 흐름을 연출합니다.
- 롤 스트레이트 파마를 하면 손질이 편해집니다.
- 헤어 드라이기로 뿌리부터 말리면서 80%를 말린 후 롤 브러시나 아이롱으로 연출한 후 글로스 왁스를 고르게 바르고, 빗질하여 스타일링을 합니다.

Woman Medium Hair Style Design

M-2021-247-1

M-2021-247-2

M-2021-247-3

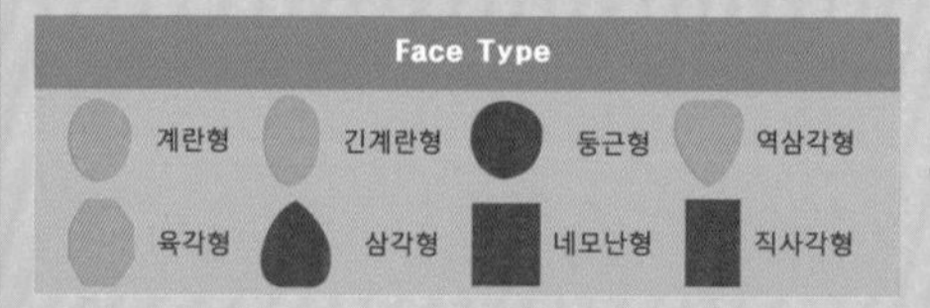

Hair Cut Method-
Technology Manual 108 Page 참고

여배우처럼… 분위가 느껴지는 헤어스타일을 연출하고 싶은 여성들의 소망!

- 부드럽게 S자 흐름으로 물결치듯 움직이는 실루엣이 성숙한 여성스러운 이미지를 느끼게 하는 헤어스타일입니다.
- 언더에서 무게감을 주는 그러데이션으로 커트를 하고, 톱 쪽으로 레이어드 커트를 하여 부드러운 흐름을 연출합니다.
- 앞머리는 사이드에서 레이어드로 길이를 조절하여 층을 주고 틴닝으로 모발량을 조절합니다.
- 모선에서 굵은 롤로 안말음, 바깥말음을 믹싱하는 파마를 해 줍니다.
- 헤어 드라이기로 뿌리부터 말리면서 70%를 말린 후 글로스 왁스를 고르게 바르고, 스크런치 드라이 기법으로 드라이하고 자연스러운 컬의 움직임을 연출합니다.

Woman Medium Hair Style Design

M-2021-248-1

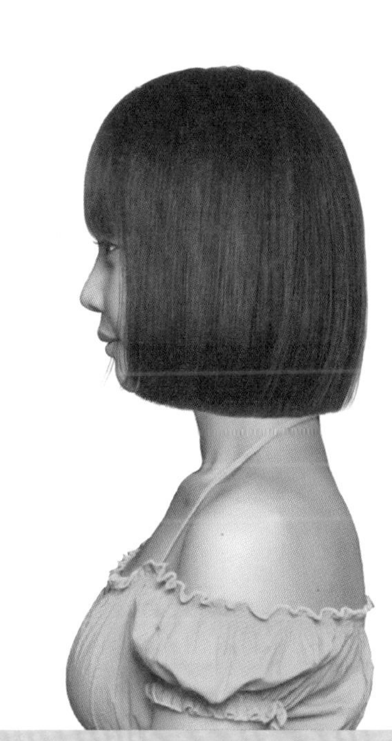

M-2021-248-2

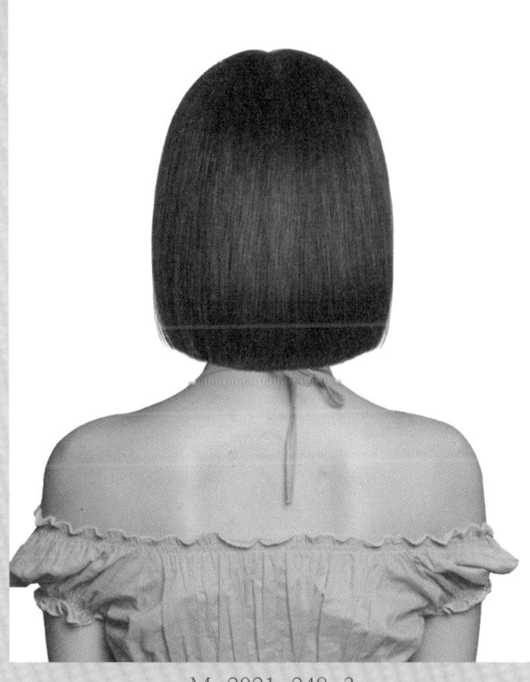

M-2021-248-3

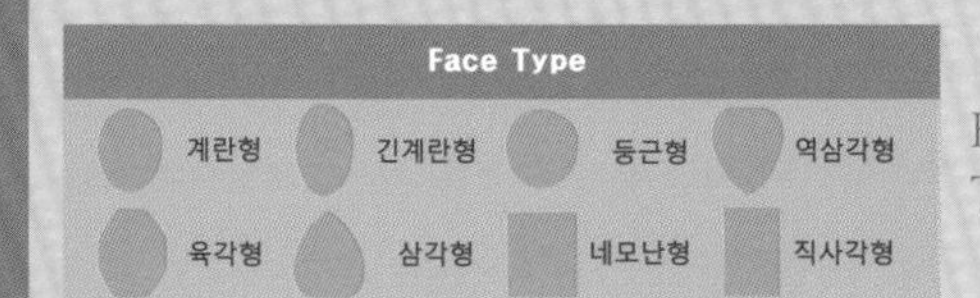

Hair Cut Method-
Technology Manual 080Page 참고

심플하고 깨끗한 느낌을 주고 프로페셔널 여성미를 느끼게 하는 정통 보브 헤어스타일!

- 둥근 라인의 보브 스타일은 기본적으로 동양인 여성들이 선호하고 오래도록 사랑받아온 클래식 보브 헤어스타일입니다.
- 목이 굵거나 둥근 턱선은 길이를 길게 하여 안말음 흐름을 연출하면 부드럽고 갸름한 얼굴형 느낌을 줍니다.
- 앞머리를 시스루로 내려서 무게감 있는 원랭스 흐름과 밸런스를 주어 깨끗하고 청순한 여성 이미지를 연출합니다.
- 헤어 드라이기로 뿌리부터 말리면서 80%를 말린 후 롤 브러시나 아이롱으로 연출한 후 글로스 왁스를 고르게 바르고, 빗질하여 스타일링을 합니다.

Woman Medium Hair Style Design

M-2021-249-1

M-2021-249-2

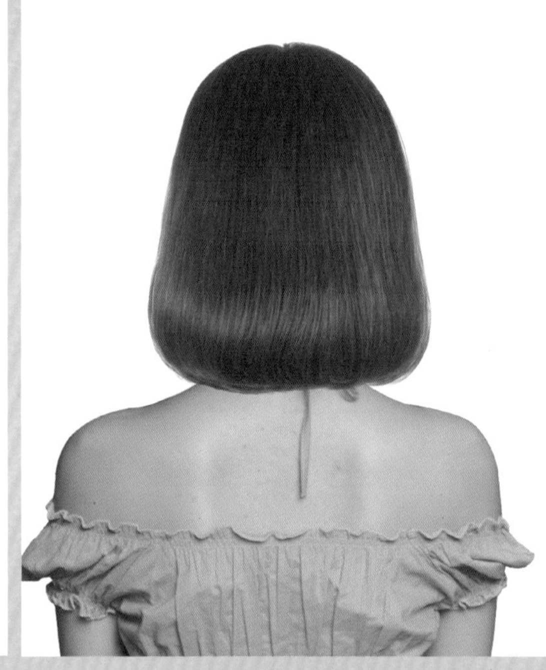

M-2021-249-3

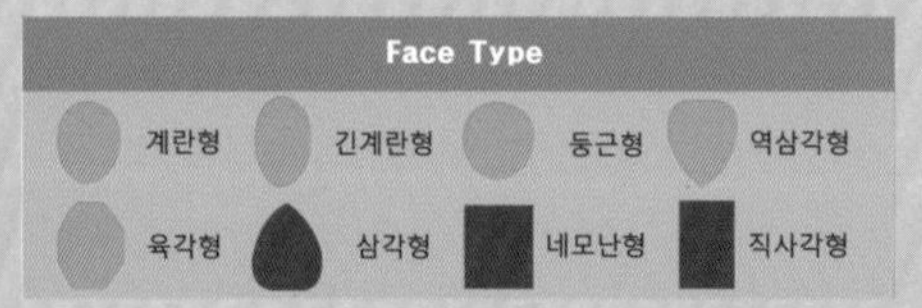

Hair Cut Method-
Technology Manual 071Page 참고

차분하고 단정하면서 지성미가 느껴지는 트래디셔널 감각의 헤어스타일!

- 앞머리를 사이드에서 레이어드로 층을 주고 베이스는 수평 라인의 원랭스 커트를 합니다.
- 전체적으로 부드러운 흐름을 만들기 위해 모발 길이 뿌리, 중간, 끝부분에서 틴닝으로 모발량을 조절합니다.
- 사이드에서 가벼운 흐름의 율동감을 만들기 위해 슬라이딩 커트 기법으로 가늘어지는 질감을 연출합니다.
- 롤 스트레이트 파마를 하고 앞머리는 굵을 롤로 끝부분에서 1.5컬의 와인딩을 합니다.
- 헤어 드라이기로 뿌리부터 말리면서 80%를 말린 후 롤 브러시나 아이롱으로 연출한 후 글로스 왁스를 고르게 바르고, 빗질하여 스타일링을 합니다.

Woman Medium Hair Style Design

M-2021-250-1

M-2021-250-2

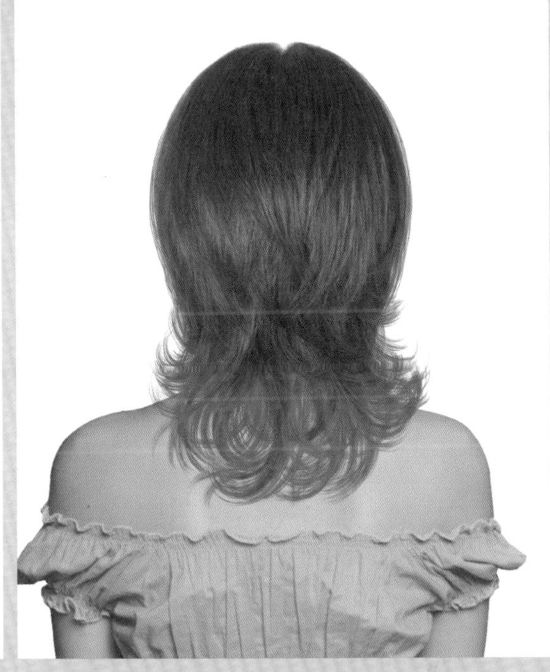

M-2021-250-3

Face Type

계란형 긴계란형 둥근형 역삼각형

육각형 삼각형 네모난형 직사각형

Hair Cut Method-
Technology Manual 204 Page 참고

자유자재로 움직이는 웨이브 흐름이 설렘을 주는 로맨틱 헤어스타일!

- 후두부의 볼륨과 어깨선을 타고 감싸는 듯한 흐름을 연출하기 위해 백 포인트와 사이드로 연결되는 언더 쪽에서 대담하게 가늘어지고 가벼운 흐름을 연출하는 레이어드 커트를 하고, 톱 쪽으로 그러데이션과 레이어드의 콤비네이션 기법으로 커트합니다.
- 모발 길이 중간, 끝부분에서 틴닝으로 모발량을 조절합니다.
- 굵은 롤로 1.5~1.8컬의 웨이브 파마를 해 줍니다.
- 헤어 드라이기로 뿌리부터 말리면서 70%를 말린 후 글로스 왁스를 고르게 바르고, 스크런치 드라이 기법으로 드라이하고 자연스러운 컬의 움직임을 연출합니다.

Woman Medium Hair Style Design

M-2021-251-1

M-2021-251-2

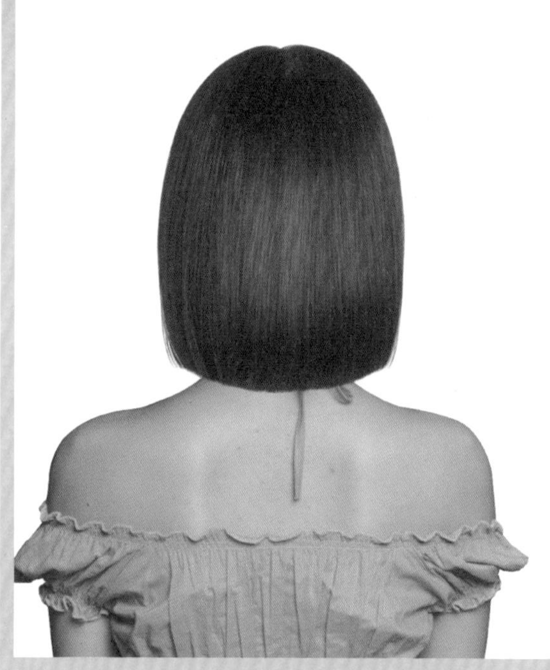

M-2021-251-3

Face Type			
계란형	긴계란형	둥근형	역삼각형
육각형	삼각형	네모난형	직사각형

Hair Cut Method-
Technology Manual 083 Page 참고

순하고 깨끗한 소녀스러운 느낌을 주는 클래식 감각의 헤어스타일!

- 어깨선에 아슬아슬 닿을 듯한 길이로 안말음 흐름이 되는 둥근 라인의 헤어스타일은 청순하고 깨끗한 여성스러운 느낌을 주어서 누구나가 좋아하는 정통 클래식 보브 헤어스타일입니다.
- 원랭스 헤어스타일을 커트의 포인트는 속머리가 길어지지 않도록 정교하고 세밀하게 커트하여야 심플하고 뻗치지 않고 안말음 흐름이 잘되는 스타일이 연출됩니다.
- 롤 스트레이트 파마를 해 주면 손질이 편해집니다.
- 헤어 드라이기로 뿌리부터 말리면서 80%를 말린 후 롤 브러시나 아이롱으로 연출한 후 글로스 왁스를 고르게 바르고, 빗질하여 스타일링을 합니다.

Woman Medium Hair Style Design

M-2021-252-1

M-2021-252-2

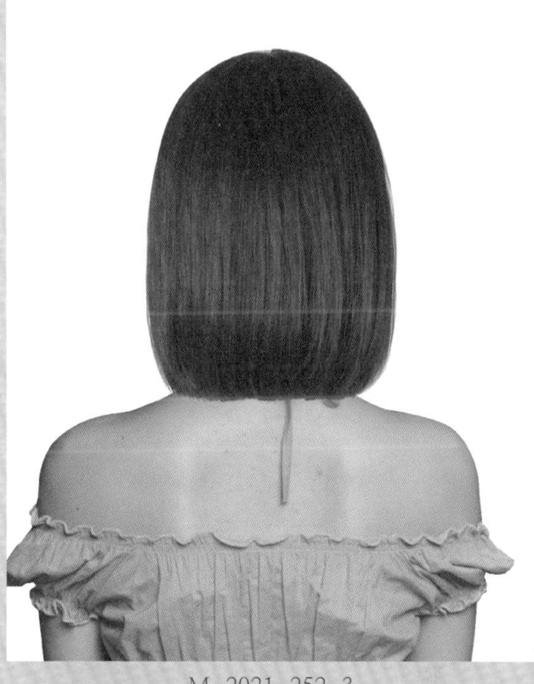

M-2021-252-3

Face Type			
계란형	긴계란형	둥근형	역삼각형
육각형	삼각형	네모난형	직사각형

Hair Cut Method-
Technology Manual 071 Page 참고

윤기를 머금은 듯 찰랑거리며 움직이는 흐름이 단정하면서 지성미를 느끼게 하는 보브 스타일!

- 앞머리가 없이 사이드 파트로 양쪽 사이드로 빗겨 내린 수평 라인의 보브 헤어스타일은 단정하고 성숙한 여성미와 지성미가 더해지는 헤어스타일입니다.
- 속머리 길이가 길어지지 않도록 정교하게 커트를 하고 모발 길이 뿌리, 중간, 끝부분에서 틴닝으로 모발량을 조절하여 가볍고 움직임 있는 흐름을 연출합니다.
- 롤 스트레이트 파마를 해 주면 안말음 흐름이 좋아 손질하기 편한 헤어스타일이 됩니다.
- 헤어 드라이기로 뿌리부터 말리면서 80%를 말린 후 롤 브러시나 아이롱으로 연출한 후 글로스 왁스를 고르게 바르고, 빗질하여 스타일링을 합니다.

Woman Medium Hair Style Design

M-2021-253-1

M-2021-253-2

M-2021-253-3

Face Type

계란형 긴계란형 둥근형 역삼각형

육각형 삼각형 네모난형 직사각형

Hair Cut Method-
Technology Manual 074 Page 참고

찰랑찰랑하고 윤기가 빛나는 스트레이트 흐름이 매력적인 시크 감각의 헤어스타일!

- 앞 방향으로 길어지는 콘케이브 라인의 보브 헤어스타일로 프로페셔널하고 모드한 여성미를 느끼게 합니다.
- 단발머리는 깨끗하고 심플한 라인과 찰랑찰랑한 질감을 표현하는 것이 매력 포인트이므로 속머리가 길어지지 않도록 주의하여 커트합니다.
- 콘케이브 라인의 보브 헤어스타일은 목이 짧거나 굵어 보이는 모델에게는 어울리지 않으므로, 둥근 라인이나 수평 라인으로 디자인하는 것이 좋습니다.
- 헤어 드라이기로 뿌리부터 말리면서 80%를 말린 후 롤 브러시나 아이롱으로 연출한 후 글로스 왁스를 고르게 바르고, 빗질하여 스타일링을 합니다.

Woman Medium Hair Style Design

M-2021-254-1

M-2021-254-2

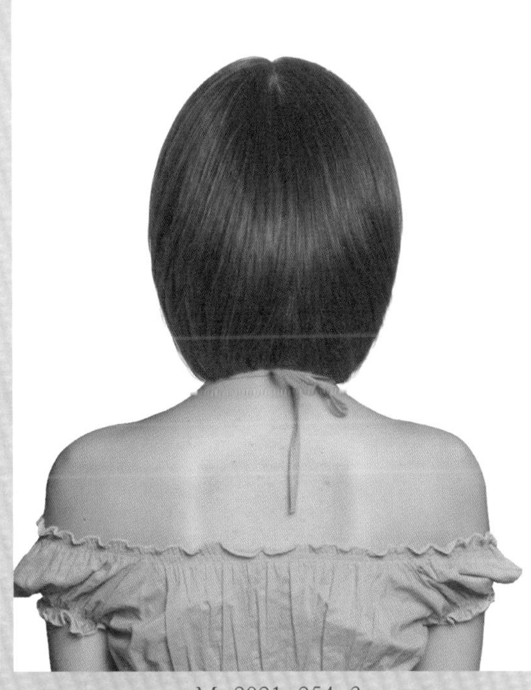

M-2021-254-3

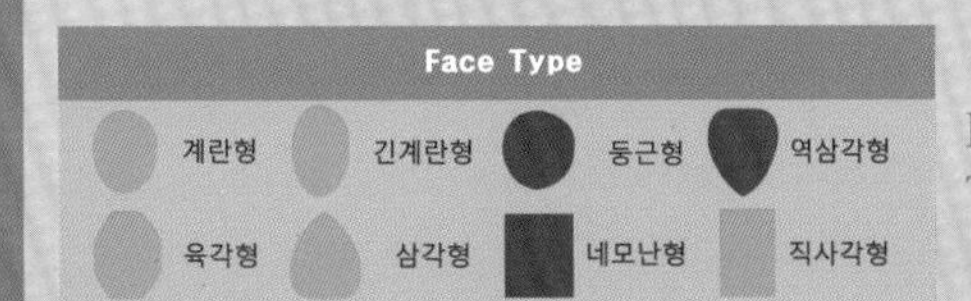

Hair Cut Method-
Technology Manual 116 Page 참고

얼굴을 감싸듯 안말음 되는 흐름이 고상하고 세련된 타입의 보브 헤어스타일!

- 앞 방향으로 급격히 길어지면서 얼굴을 감싸듯 안말음의 층이 나는 보브 헤어스타일은 얼굴을 작아 보이게 하고 세련되고 부드러운 인상을 주는 헤어스타일입니다.
- 언더에서 그러데이션으로, 톱 쪽으로 레이어드를 연결하는 커트를 하여 가볍고 율동감을 주는 흐름을 연출합니다.
- 앞머리는 시스루 흐름으로 내려주고 틴닝으로 모발량을 조절하여 가볍고 경쾌한 느낌을 연출합니다.
- 롤 스트레이트 파마를 해 주면 안말음 흐름이 좋아져서 손질하기 편한 스타일이 됩니다.
- 헤어 드라이기로 뿌리부터 말리면서 80%를 말린 후 롤 브러시나 아이롱으로 연출한 후 글로스 왁스를 고르게 바르고, 빗질하여 스타일링을 합니다.

Woman Medium Hair Style Design

M-2021-255-1

M-2021-255-2

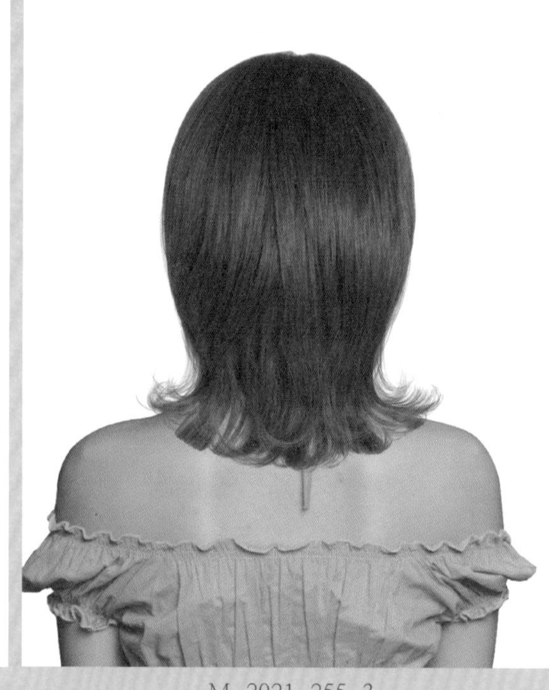

M-2021-255-3

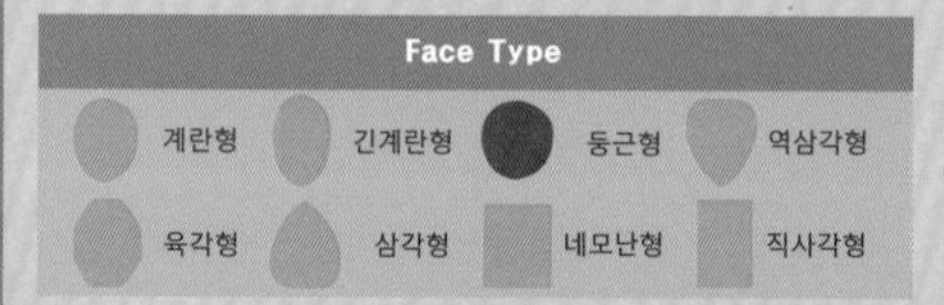

Hair Cut Method-
Technology Manual 204Page 참고

풍성한 볼륨과 어깨선을 타고 흐르는 곡선의 실루엣이 아름답고 매력적인 헤어스타일!

- 언더에서 가늘어지고 길어져서 어깨선을 타고 뻗치는 흐름이 연출되도록 레이어드 커트로 층을 만들고, 톱 쪽으로 그러데이션과 레이어드 콤비네이션 기법으로 커트하여 풍성하고 둥근감이 있는 형태를 연출하고 앞머리는 가벼운 질감으로 내려줍니다.
- 틴닝으로 모발량을 조절하고 슬라이딩 커트 기법으로 끝부분이 가늘어져서 움직임이 좋은 질감을 만듭니다.
- 롤 스트레이트 파마를 해 주고 모선에서는 바깥말음의 웨이브 파마를 하면 손질이 쉬워집니다.
- 헤어 드라이기로 뿌리부터 말리면서 80%를 말린 후 롤 브러시나 아이롱으로 연출한 후 글로스 왁스를 고르게 바르고, 빗질하여 스타일링을 합니다.

Woman Medium Hair Style Design

M-2021-256-1

M-2021-256-2

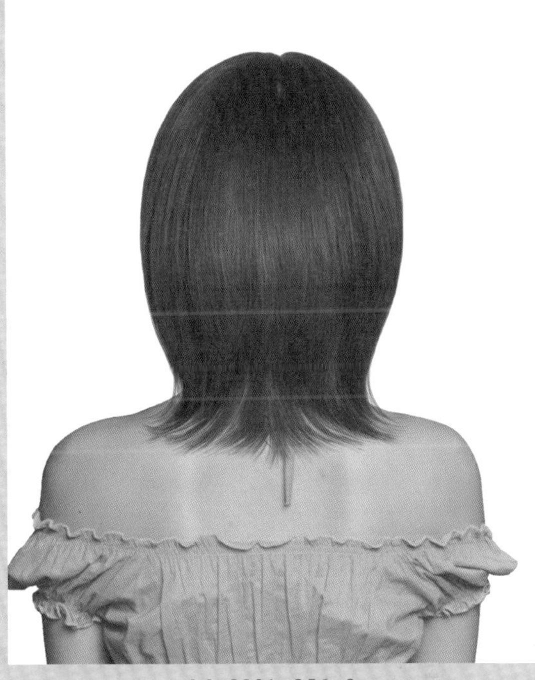

M-2021-256-3

Face Type			
계란형	긴계란형	둥근형	역삼각형
육각형	삼각형	네모난형	직사각형

Hair Cut Method-
Technology Manual 196 Page 참고

가볍고 자유롭게 움직이는 모발의 흐름이 매력적인 큐티 감각의 헤어스타일!

- 어깨선을 타고 자유롭게 뻗치는 흐름의 헤어스타일은 발랄하면서 여성스러운 느낌을 주고, 머리 손질하는 번거로움으로부터 해방감을 줍니다.
- 언더에서 대담하게 가늘어지고 가벼운 느낌이 되도록 레이어드로 층을 만들고, 톱 쪽으로 그러데이션과 레이어드르 연결하는 커트를 하여 가볍고 자유로운 흐름을 연출합니다.
- 틴닝으로 모발량을 조절하여 가벼운 느낌을 연출하고 사이드에서 얼굴을 감싸는 흐름이 되도록 슬라이딩 커트 기법으로 층을 만들어 포워드 흐름을 연출합니다.
- 헤어 드라이기로 뿌리부터 말리면서 80%를 말린 후 롤 브러시나 아이롱으로 연출한 후 글로스 왁스를 고르게 바르고, 빗질하여 스타일링을 합니다.

Woman Medium Hair Style Design

M-2021-257-1

M-2021-257-2

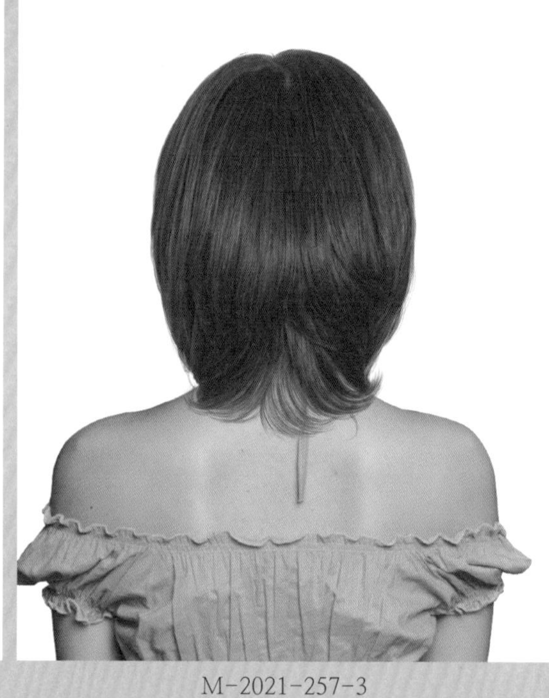
M-2021-257-3

Face Type

계란형 긴계란형 둥근형 역삼각형
육각형 삼각형 네모난형 직사각형

Hair Cut Method-
Technology Manual 154 Page 참고

빰 라인을 감싸 듯한 느낌의 포워드 흐름이 청순함과 귀여운 여성미를 더해 주는 헤어스타일!

- 얼굴을 감싸는 듯 포워드 흐름은 얼굴 크기를 축소되어 보이는 헤어스타일로 청순하고 멋스러움을 주는 근사한 헤어스타일입니다.
- 언더에서 가벼운 느낌의 그러데이션으로 커트하고, 톱 쪽으로 레이어드를 넣어서 가볍고 포워드의 텍스처 흐름을 연출합니다.
- 모발 길이 중간, 끝부분에서 틴닝으로 모발량을 조절하고, 사이드에서 길이를 조절하는 층을 만들고, 슬라이딩 커트 기법으로 가늘어지고 가볍도록 질감 커트를 하여 페이스 라인의 표정을 연출합니다.
- 헤어 드라이기로 뿌리부터 말리면서 80%를 말린 후 롤 브러시나 아이롱으로 연출한 후 글로스 왁스를 고르게 바르고, 빗질하여 스타일링을 합니다.

Woman Medium Hair Style Design

M-2021-258-1

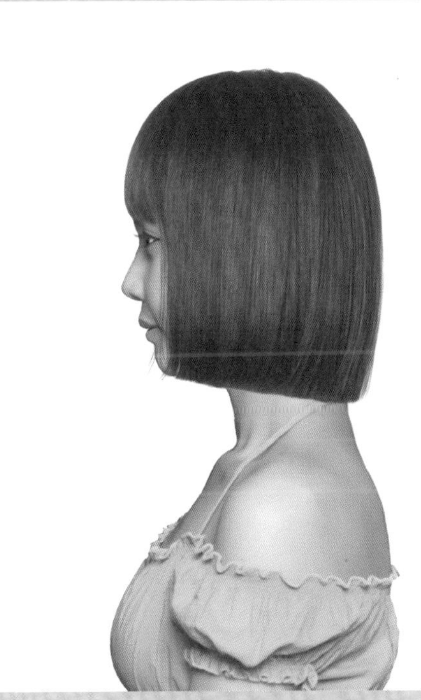

M-2021-258-2

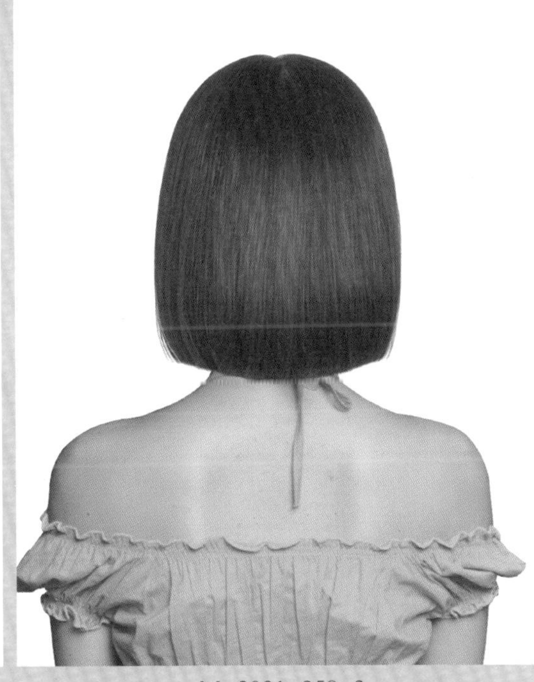

M-2021-258-3

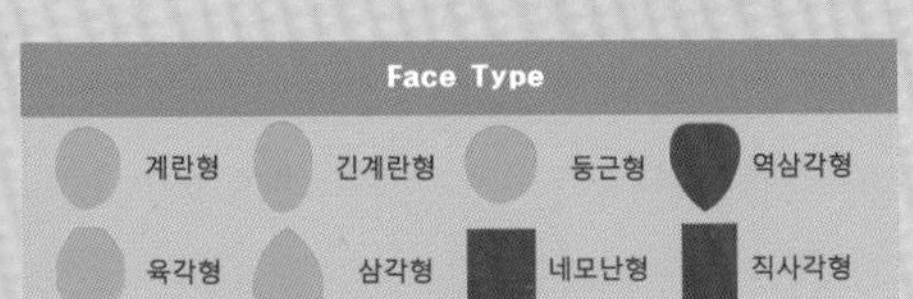

Hair Cut Method-
Technology Manual 077 Page 참고

평범한 느낌은 싫다… 자유롭고 개성 있는 나만의 헤어스타일!

- 보브 헤어스타일은 둥근 라인을 많이 하지만 콘벡스 라인의 얼굴 쪽으로 대담하게 짧아지는 느낌은 누구나 쉽게 하는 스타일이 아니어서 특별한 개성과 프로페셔널 여성미를 주는 헤어스타일입니다.
- 앞머리는 시스루 느낌으로 내리고 깨끗하게 떨어지는 사선 라인으로 원랭스 커트를 하여 세련되고 도시 감각의 콘벡스 라인은 목선이 길어 보이는 효과를 줍니다.
- 헤어 드라이기로 뿌리부터 말리면서 80%를 말린 후 롤 브러시나 아이롱으로 연출한 후 글로스 왁스를 고르게 바르고, 빗질하여 스타일링을 합니다.

Woman Medium Hair Style Design

M-2021-259-1

M-2021-259-2

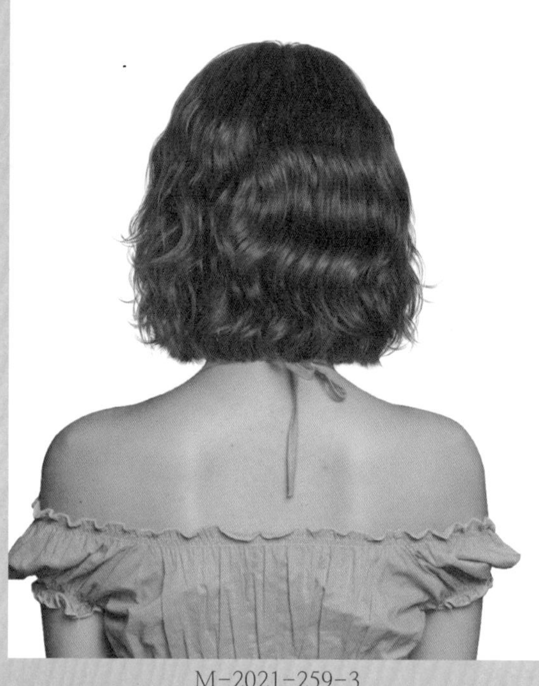

M-2021-259-3

Face Type			
계란형	긴계란형	둥근형	역삼각형
육각형	삼각형	네모난형	직사각형

Hair Cut Method-
Technology Manual 108 Page 참고

푹신한 공기감의 컬이 부드럽고 아름다운 여성미를 느끼게 하는 로맨틱 헤어스타일!

- 자연스럽고 자유롭게 움직이는 웨이브 흐름이 사랑스럽고 여성스러운 매력을 주는 헤어스타일입니다.
- 언더에서 무게감을 주는 그러데이션으로 커트하고, 톱 쪽으로 레이어드를 넣어 부드러운 형태를 만들고 모발 길이 중간, 끝부분에서 틴닝으로 모발량을 조절합니다.
- 굵은 롯드로 전체를 와인딩하는 웨이브 파마를 해 줍니다.
- 헤어 드라이기로 뿌리부터 말리면서 70%를 말린 후 글로스 왁스를 고르게 바르고, 스크런치 드라이 기법으로 드라이하고, 자연스러운 컬의 움직임을 연출합니다.

Woman Medium Hair Style Design

M-2021-260-1

M-2021-260-2

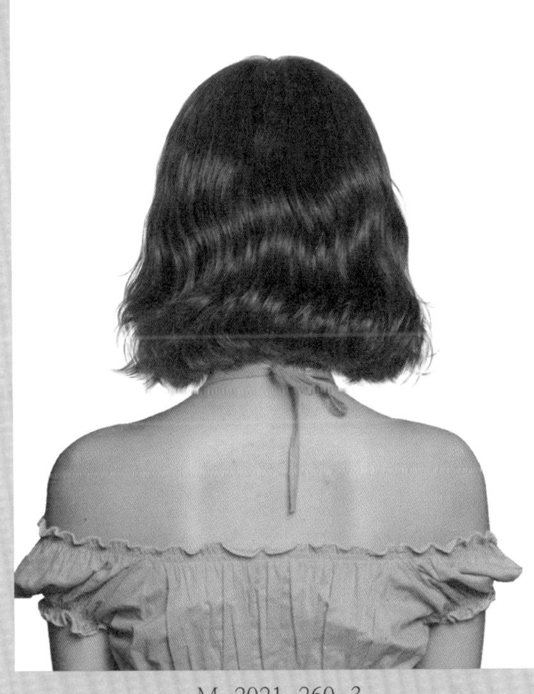

M-2021-260-3

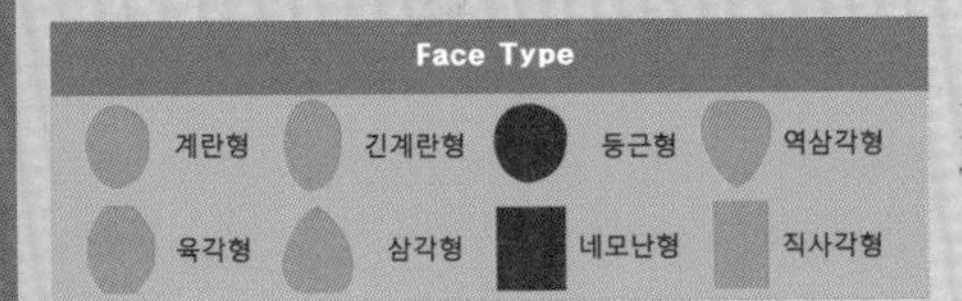

Hair Cut Method-
Technology Manual 074 Page 참고

파도처럼 출렁이는 물결 웨이브가 사랑스럽고 귀여운 매력을 주는 러블리 헤어스타일!

- 앞 방향으로 급격히 길어지는 원랭스 커트를 하고 앞머리는 가벼운 느낌으로 이마를 가려 줍니다.
- 틴닝으로 모발 길이 중간, 끝부분에서 모발량을 조절하고 굵은 롯드로 웨이브 파마를 해 줍니다.
- 목이 굵거나 짧는 모델은 더 짧게 보이게 하는 느낌을 주므로 둥근 라인, 수평 라인의 디자인을 하는 것이 좋습니다.
- 헤어 드라이기로 뿌리부터 말리면서 70%를 말린 후 글로스 왁스를 고르게 바르고, 스크런치 드라이 기법으로 드라이하고 자연스러운 컬의 움직임을 연출합니다.

Woman Medium Hair Style Design

M-2021-261-1

M-2021-261-2

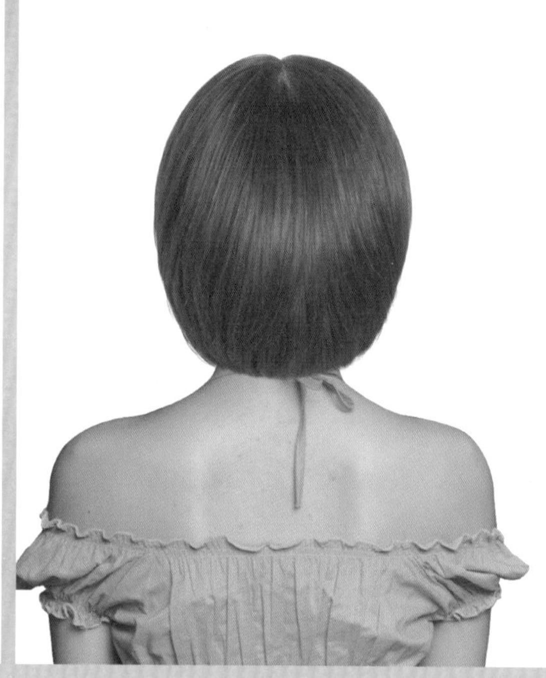

M-2021-261-3

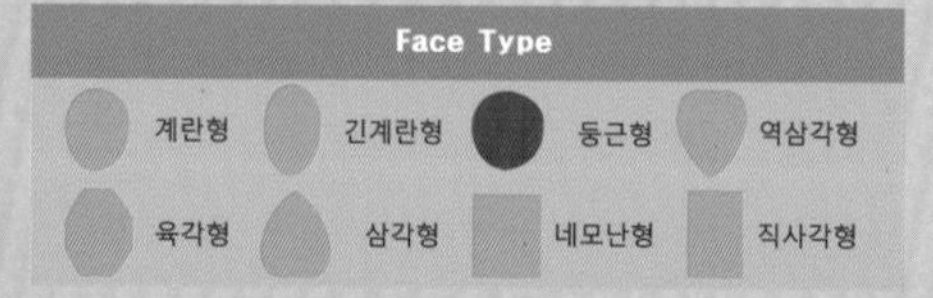

Hair Cut Method-
Technology Manual 131 Page 참고

단정하고 청순함을 주는 소녀 감성의 캐주얼 헤어스타일!

- 둥근 라인의 층이 나는 짧은 길이의 보브 헤어스타일은 사랑스럽고 청순하면서 경쾌한 스포티 감각의 헤어스타일입니다.
- 언더에서 그러데이션으로, 톱 쪽으로 레이어드를 연결하여 둥근 형태의 디자인 커트를 합니다.
- 모발 길이 중간, 끝부분에서 틴닝으로 모발량을 조절하여 가볍고 움직임 있는 흐름을 연출합니다.
- 롤 스트레이트 파마를 하여 안말음 흐름을 만들고 손질하기 편해집니다.
- 헤어 드라이기로 뿌리부터 말리면서 80%를 말린 후 롤 브러시나 아이롱으로 연출한 후 글로스 왁스를 고르게 바르고, 빗질하여 스타일링을 합니다.

Woman Medium Hair Style Design

M-2021-262-1

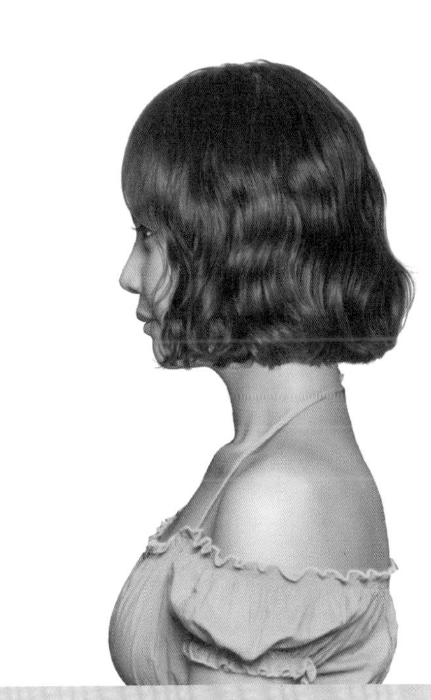

M-2021-262-2

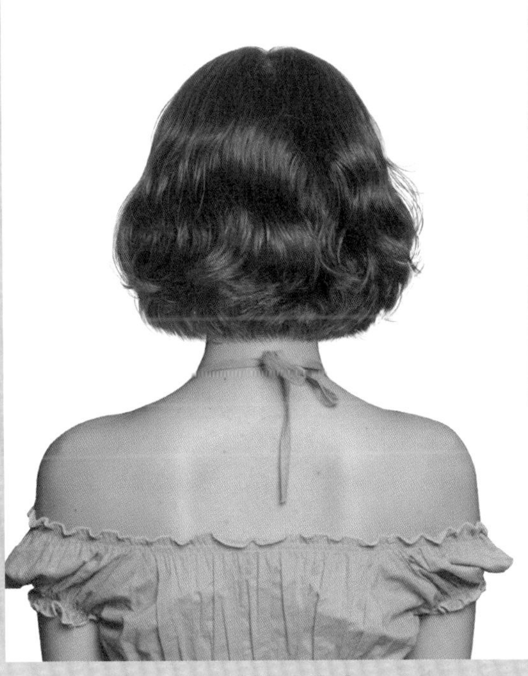

M-2021-262-3

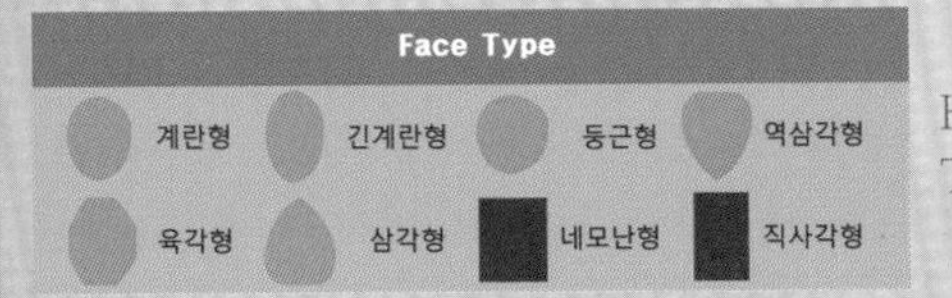

Hair Cut Method-
Technology Manual 071 Page 참고

공기를 머금은 듯 출렁이는 물결 웨이브가 아름답고 소녀적인 이미지를 주는 헤어스타일!

- 턱선 길이의 보브 헤어스타일의 물결 웨이브 움직임이 신비롭고 달콤하며 환상적인 아름다움을 주는 스타일입니다.
- 원랭스 형태의 커트를 하고 모발 길이 중간, 끝부분에서 틴닝으로 모발량을 조절하고 굵은 롤로 웨이브 파마를 해 줍니다.
- 헤어 드라이기로 뿌리부터 말리면서 70%를 말린 후 글로스 왁스를 고르게 바르고, 스크런치 드라이 기법으로 드라이하고, 자연스러운 컬의 움직임을 연출합니다.

Woman Medium Hair Style Design

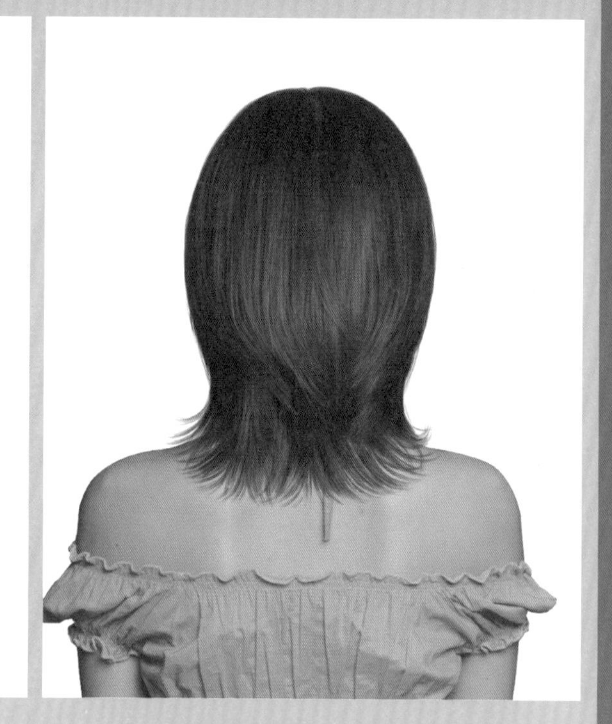

M-2021-26231M-2021-263-2

M-2021-263-3

Face Type			
계란형	긴계란형	둥근형	역삼각형
육각형	삼각형	네모난형	직사각형

Hair Cut Method-
Technology Manual 196 Page 참고

맑고 청순한 이미지의 발랄하고 깜찍한 감성의 로맨틱 헤어스타일!

- 후두부의 풍성한 볼륨과 어깨선을 타고 길게 내려오는 자유로운 모류의 흐름이 아름다운 매력을 주는 헤어스타일입니다.
- 언더에서 대담하게 가늘어지고 길어지는 층을 만들기 위해 레이어드로 커트를 하고, 톱 쪽으로 그러데이션과 레이어드의 콤비네이션 기법으로 부드러운 실루엣을 연출합니다.
- 모발 길이 중간, 끝부분에서 틴닝으로 모발량을 조절하고 앞머리와 사이드를 슬라이딩 커트 기법으로 페이스 라인의 표정을 연출합니다.
- 롤 스트레이트 파마를 해 주면 손질이 편해집니다.
- 헤어 드라이기로 뿌리부터 말리면서 80%를 말린 후 롤 브러시나 아이롱으로 연출한 후 글로스 왁스를 고르게 바르고, 손가락으로 빗질하여 스타일링 합니다.

Woman Medium Hair Style Design

M-2021-264-31

M-2021-264-2

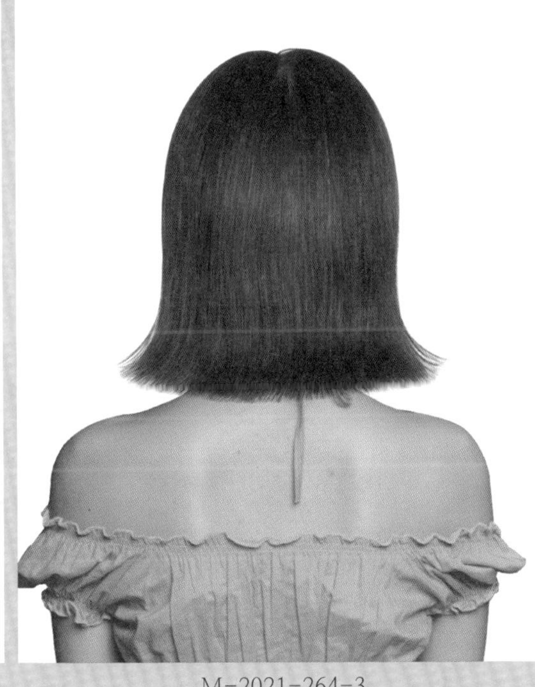

M-2021-264-3

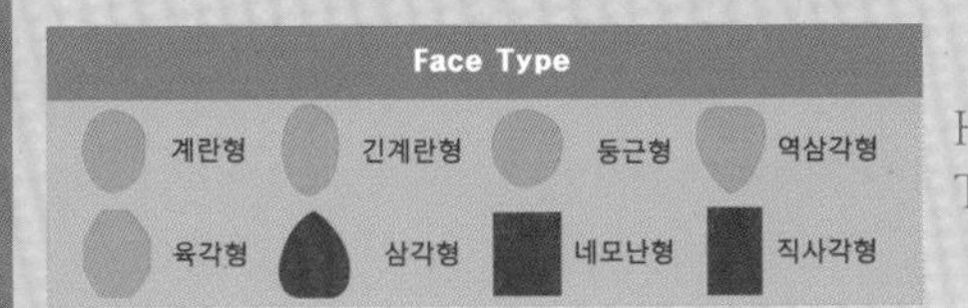

Hair Cut Method-
Technology Manual 071 Page 참고

어깨선에 닿아 자연스럽게 뻗치는 흐름이 개성을 연출해 주는 나만의 헤어스타일!

- 모발 길이가 어깨선에 닿아서 자연스럽게 뻗치는 흐름의 형태로 베이스를 만드는 커트를 합니다.
- 톱에서 레이어드를 넣어 주고 모발 길이 뿌리, 중간, 끝부분에서 틴닝으로 모발량을 조절하고 슬라이딩 커트 기법으로 전체를 가늘어지고 가볍게 해 주는 질감 커트를 세밀하게 해 줍니다.
- 헤어 드라이기로 뿌리부터 말리면서 80%를 말린 후 롤 브러시나 아이롱으로 뻗치는 흐름을 연출한 후 글로스 왁스를 고르게 바르고, 빗질하여 스타일링을 합니다.

Woman Medium Hair Style Design

M-2021-265-31

M-2021-265-2

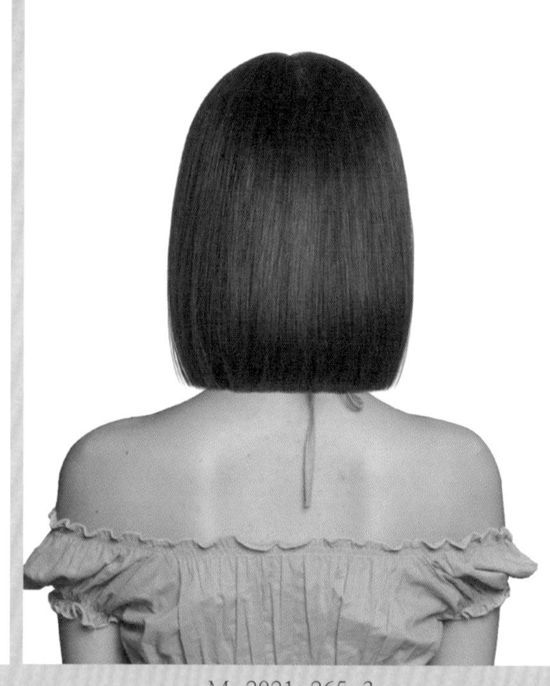

M-2021-265-3

Face Type			
계란형	긴계란형	둥근형	역삼각형
육각형	삼각형	네모난형	직사각형

Hair Cut Method-
Technology Manual 071 Page 참고

찰랑거리는 스트레이트 모류에 윤기감이 반짝이는 정통 보브 헤어스타일!

- 헤어스타일 디자인이 다양하지만 정통 보브 스타일은 오래도록 여성들에게 사랑받아온, 늘 현재의 트렌디 감각을 주는 클레식 헤어스타일입니다.
- 원랭스 커트를 하고 앞머리는 시스루 스타일로 이마를 가려 줍니다.
- 원랭스 보브 헤어스타일은 턱선을 기준으로 길이 라인의 각도에 따라서 다양한 이미지 변화를 주므로 얼굴형, 체형에 어울리는 디자인을 하여야 합니다.
- 헤어 드라이기로 뿌리부터 말리면서 80%를 말린 후 롤 브러시나 아이롱으로 연출한 후 글로스 왁스를 고르게 바르고, 빗질하여 스타일링을 합니다.

Woman Medium Hair Style Design

M-2021-266-31

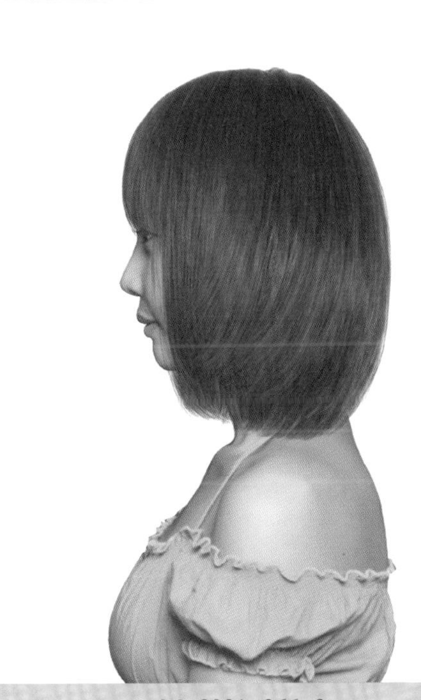

M-2021-266-2

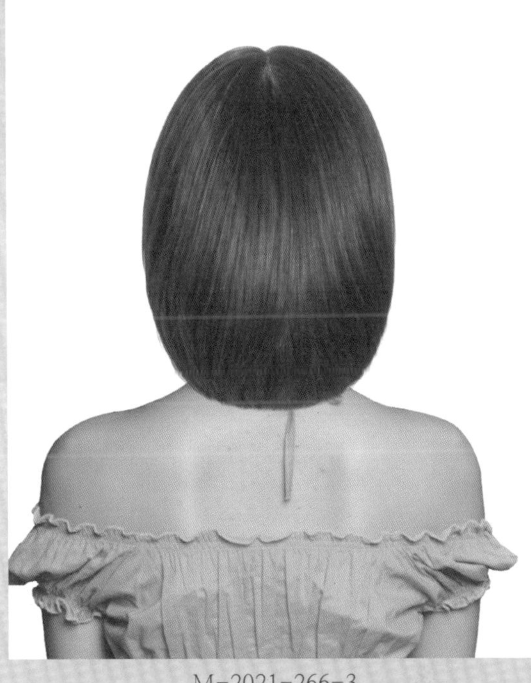

M-2021-266-3

Face Type			
계란형	긴계란형	둥근형	역삼각형
육각형	삼각형	네모난형	직사각형

Hair Cut Method-
Technology Manual 131 Page 참고

단정하고 세련된 이미지에 지성미를 더해 주는 트래디셔널 감각의 보브 헤어스타일!

- 둥근 라인의 보브 헤어스타일은 부드러운 층의 안말음 흐름이 얼굴을 작아 보이게 하고 부드럽고 청순한 아름다움을 주는 헤어스타일입니다.
- 언더에서 그러데이션, 톱에서 레이어드를 넣어서 부드러운 흐름의 실루엣을 연출합니다.
- 앞머리를 가볍게 내리고 전체를 틴닝으로 모발량을 조절하고 슬라이딩 커트를 세밀하게 질감 처리를 합니다.
- 안말음 흐름의 롤 스트레이트 파마를 해 줍니다.
- 헤어 드라이기로 뿌리부터 말리면서 80%를 말린 후 롤 브러시나 아이롱으로 연출한 후 글로스 왁스를 고르게 바르고, 빗질하여 스타일링을 합니다.

Woman Medium Hair Style Design

M-2021-267-31

M-2021-267-2

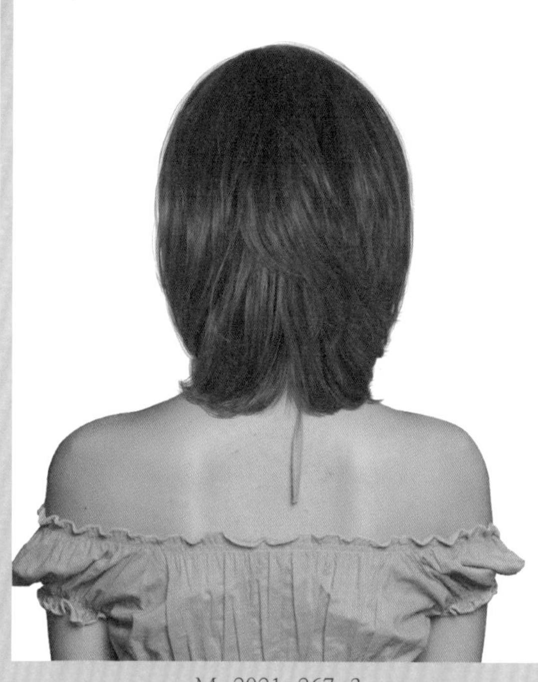

M-2021-267-3

Face Type

계란형	긴계란형	둥근형	역삼각형
육각형	삼각형	네모난형	직사각형

Hair Cut Method-
Technology Manual 131 Page 참고

얼굴을 감싸고 춤을 추듯 움직이는 모류가 여성스러움에 청순함을 더해 주는 헤어스타일!

- 둥근 라인의 긴 길이의 보브 헤어스타일로 자연스럽게 움직이는 모류가 달콤하고 사랑스러움을 주는 심쿵 헤어스타일입니다.
- 언더에서 그러데이션, 톱에서 레이어드를 넣어서 부드러운 층을 만들고, 모발 길이 중간, 끝부분에서 틴닝으로 모발량을 조절합니다.
- 굵은 롤로 1~1.7컬의 웨이브 파마를 해 줍니다.
- 롤 스트레이트 파마를 해 주면 찰랑찰랑한 안말음 흐름을 만들 수 있어서 손질이 편해집니다.
- 헤어 드라이기로 뿌리부터 말리면서 80%를 말린 후 롤 브러시나 아이롱으로 연출한 후 글로스 왁스를 고르게 바르고, 빗질하여 스타일링을 합니다.

Woman Medium Hair Style Design

M-2021-268-31

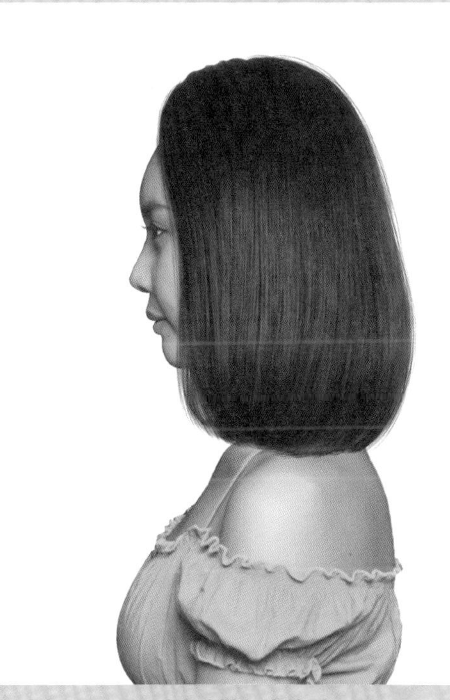

M-2021-268-2

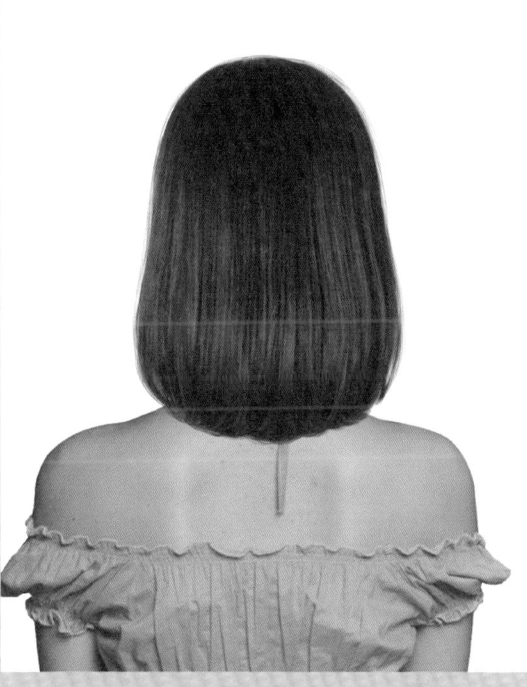

M-2021-268-3

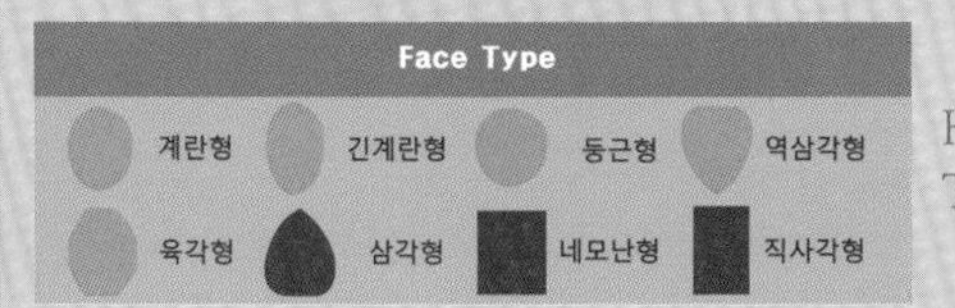

Hair Cut Method-
Technology Manual 131Page 참고

온화하고 차분한 인상을 주는 클래식 감각의 헤어스타일!

- 쇄골 라인에 닿는 길이로 찰랑거리며 안말음 되는 둥근 라인의 헤어스타일은 따뜻하고 정감을 주는 스타일로 많은 여성이 소망하는 헤어스타일입니다.
- 언더에서 무게감을 주는 그러데이션 커트를 하고, 톱에서 약간의 레이어드를 넣어서 부드러운 흐름을 연출하는데,
- 층이 많이 나지 않도록 주의합니다.
- 층이 많이 나면 안말음 흐름이 불안정해져서 손질하기가 어려워집니다.
- 굵은 롤로 롱 스트레이트 파마를 해 줍니다.
- 헤어 드라이기로 뿌리부터 말리면서 80%를 말린 후 롤 브러시나 아이롱으로 연출한 후 글로스 왁스를 고르게 바르고, 빗질하여 스타일링을 합니다.

Woman Medium Hair Style Design

M-2021-269-31

M-2021-269-2

M-2021-269-3

Face Type			
계란형	긴계란형	둥근형	역삼각형
육각형	삼각형	네모난형	직사각형

Hair Cut Method-
Technology Manual 108 Page 참고

두정부 쪽으로 쓸어올려서 양 사이드로 내려주는 흐름이 시원스럽고 경쾌함을!

- 시원스럽게 이마를 드러내서 자연스럽게 흐르는 율동감이 여성스러움과 지성미를 더해 주는 트래디셔널 감각의 헤어스타일입니다.
- 언더에서 무게감을 주는 그러데이션 커트를 하고, 톱에서 레이어드를 넣어서 부드러운 실루엣을 만듭니다.
- 앞머리는 페이스 라인에서 층을 주고 슬라이딩 커트로 가늘어지고 가벼운 흐름을 만들고 모발 길이 중간, 끝부분에서 틴닝으로 모발량을 조절해 줍니다.
- 롤 스트레이트 파마를 하면 부드러운 안말음 흐름을 만들 수 있습니다.
- 헤어 드라이기로 뿌리부터 말리면서 80%를 말린 후 롤 브러시나 아이롱으로 연출한 후 글로스 왁스를 고르게 바르고, 손가락으로 빗질하여 스타일링을 합니다.

Woman Medium Hair Style Design

M-2021-270-31

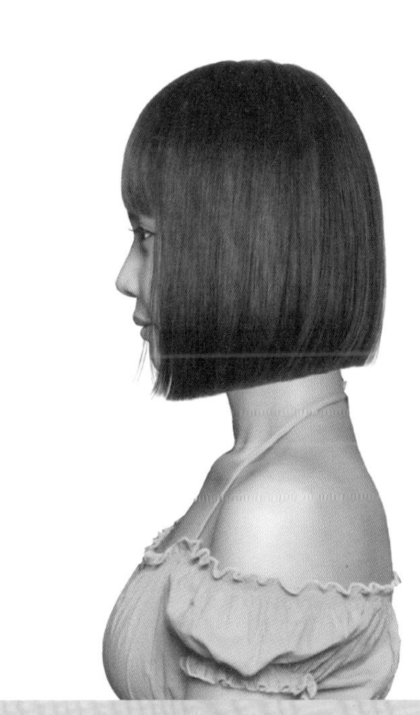

M-2021-270-2

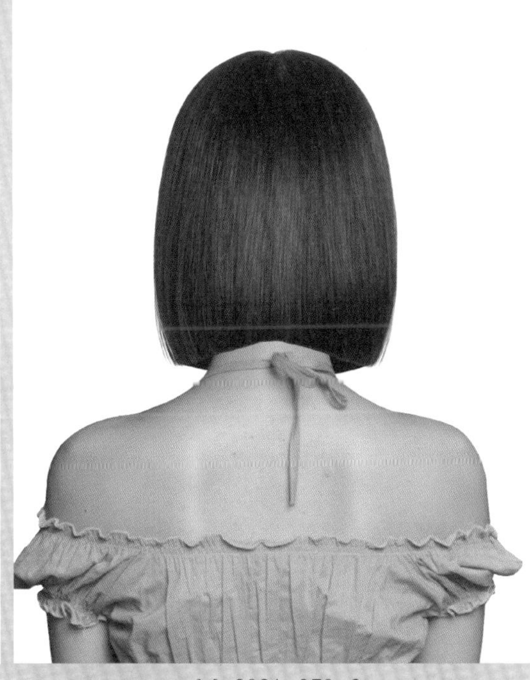

M-2021-270-3

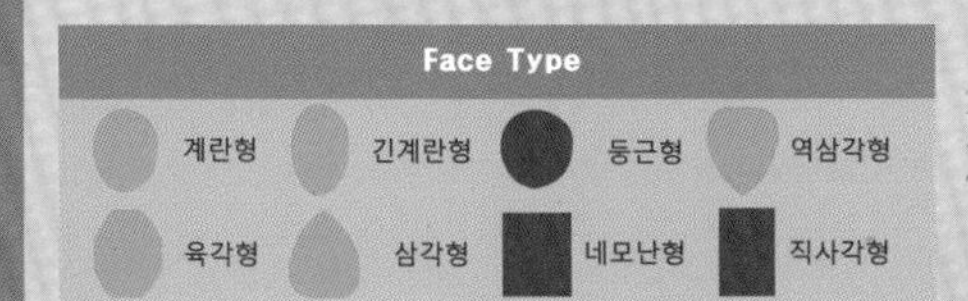

Hair Cut,Permament Wave Method-
Technology Manual 35Page 참고

오래도록 지속되어온… 오래도록 사랑받아서 더 아름다운 클래식 보브 헤어스타일!

- 클래식 보브 헤어스타일은 오래도록 사랑받아 왔고 언제나 아름답고 트렌디한 느낌을 주는 헤어스타일입니다.
- 콘케이브 라인으로 짧은 느낌의 원랭스 커트를 하는데 목의 길이, 굵기와 관계없이 비교적 잘 어울리는 디자인입니다.
- 앞머리는 시스루로 이마를 가려 주고 베이스는 속머리 길이가 길어지지 않도록 주의하며, 깨끗하고 심플한 라인으로 커트합니다.
- 헤어 드라이기로 뿌리부터 말리면서 80%를 말린 후 롤 브러시나 아이롱으로 연출한 후 글로스 왁스를 고르게 바르고, 빗질하여 스타일링을 합니다.

Woman Medium Hair Style Design

M-2021-271-31

M-2021-271-2

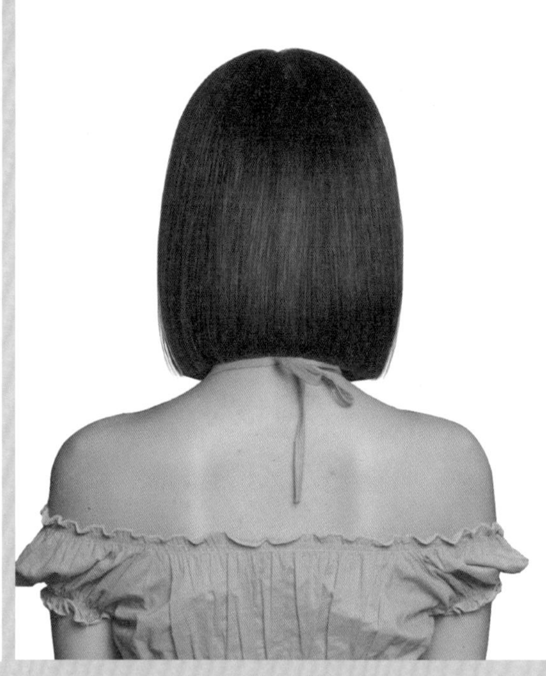

M-2021-271-3

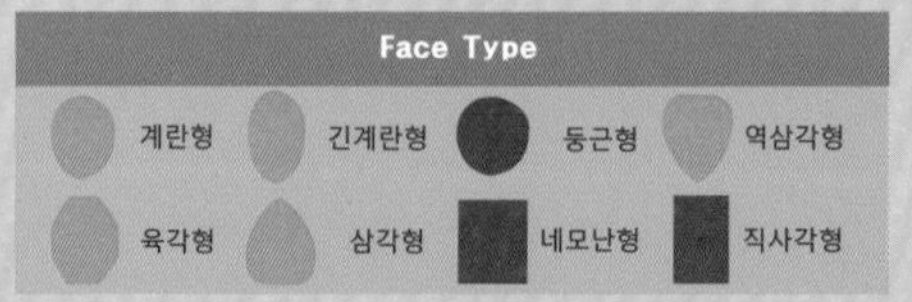

Hair Cut,Permament Wave Method-
Technology Manual 35Page 참고

평범한 라인은 싫다! 라운드 라인으로 급격히 길어지는 디자인이 개성을 연출하는 보브 스타일!

- 라운드 라인으로 길어지는 깨끗하고 심플한 라인의 흐름이 현대적인 모드함을 더해 주고 개성을 표출할 수 있는 헤어스타일입니다.
- 라운드 라인이 매력 포인트이므로 속머리가 길어지지 않도록 주의하여 깨끗하고 심플한 라인의 커트를 합니다.
- 앞머리는 시스루 스타일로 내려주어 시크한 여성스러움을 강조합니다.
- 롤 스트레이트 파마를 하여 안말음 흐름이 좋은 스타일을 만듭니다.

Woman Medium Hair Style Design

M-2021-272-31

M-2021-272-2

M-2021-272-3

Face Type			
계란형	긴계란형	둥근형	역삼각형
육각형	삼각형	네모난형	직사각형

Hair Cut Method-
Technology Manual 077 Page 참고

깨끗하고 단정한 느낌과 세련되고 지성미를 더해 주는 개성 연출의 클레식 보브 헤어스타일!

- 콘벡스 라인으로 얼굴 방향으로 짧아지는 직선의 윤곽 라인이 강렬한 개성 표출을 해 주고 현대적인 트렌디 감각을 느끼게 해 주는 도회적인 세련된 이미지의 헤어스타일입니다.
- 단발머리의 특징인 깨끗하고 심플한 라인의 커트를 정교하게 합니다.
- 롤 스트레이트 파마를 해 주면 찰랑찰랑한 안말음 흐름을 만들 수 있어 손질이 편해집니다.
- 헤어 드라이기로 뿌리부터 말리면서 80%를 말린 후 롤 브러시나 아이롱으로 연출한 후 글로스 왁스를 고르게 바르고, 빗질하여 스타일링을 합니다.

Woman Medium Hair Style Design

M-2021-273-31

M-2021-273-2

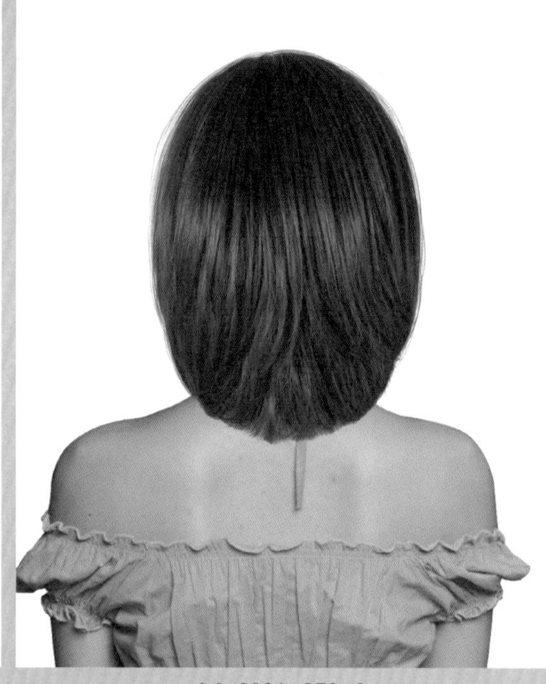

M-2021-273-3

Face Type

계란형 긴계란형 둥근형 역삼각형

육각형 삼각형 네모난형 직사각형

Hair Cut Method-
Technology Manual 123 Page 참고

차분하고 단정한 여성스러움과 지성미를 느끼게 하는 트래디셔널 감각의 헤어스타일!

- 콘벡스 라인으로 언더에서 그러데이션 커트를 하고, 톱 쪽으로 레이어드를 넣어서 부드러운 흐름의 윤곽을 만듭니다.
- 앞머리는 가벼운 느낌으로 이마를 가려 주고 모발 길이 중간, 끝부분에서 틴닝으로 모발량을 조절하고 슬라이딩 커트 기법으로 스타일의 표정을 만듭니다.
- 롤 스트레이트 파마를 해 주면 찰랑찰랑한 안말음 흐름을 만들 수 있어 손질이 편해집니다.
- 헤어 드라이기로 뿌리부터 말리면서 80%를 말린 후 롤 브러시나 아이롱으로 연출한 후 글로스 왁스를 고르게 바르고, 빗질하여 스타일링을 합니다.

Woman Medium Hair Style Design

M-2021-274-31

M-2021-274-2

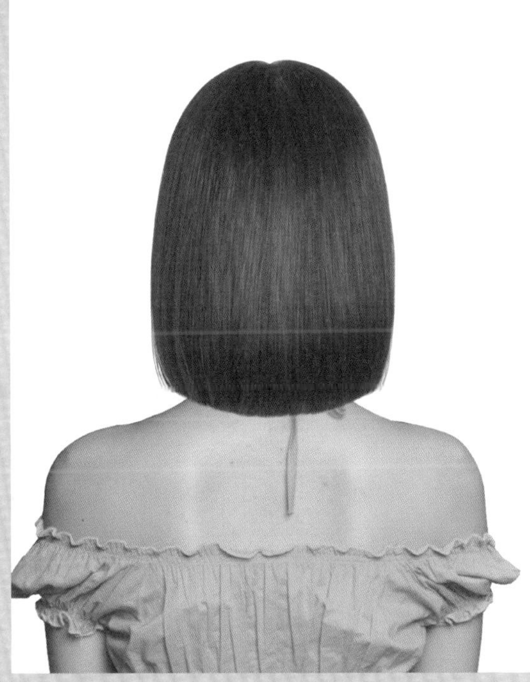

M-2021-274-3

Face Type			
계란형	긴계란형	둥근형	역삼각형
육각형	삼각형	네모난형	직사각형

Hair Cut Method-
Technology Manual 080 Page 참고

둥근 라인의 정통 보브 헤어스타일은 단발머리 중에 가장 많이 사랑받은 헤어스타일!

- 원랭스 보브 스타일 중에 특히 둥근 라인은 볼륨이 없는 후두부에 풍성한 볼륨을 주어서 동양 여성들에게 가장 잘 어울리고 오래도록 사랑받아온 정통 클래식 헤어스타일입니다.
- 앞머리를 시스루로 이마를 가려서 신비롭고 세련된 여성미를 강조해 줍니다.
- 롤 스트레이트 파마를 해 주면 찰랑찰랑한 안말음 흐름을 만들 수 있어 손질이 편해집니다.
- 헤어 드라이기로 뿌리부터 말리면서 80%를 말린 후 롤 브러시나 아이롱으로 연출한 후 글로스 왁스를 고르게 바르고, 빗질하여 스타일링을 합니다.

Woman Medium Hair Style Design

M-2021-275-31

M-2021-275-2

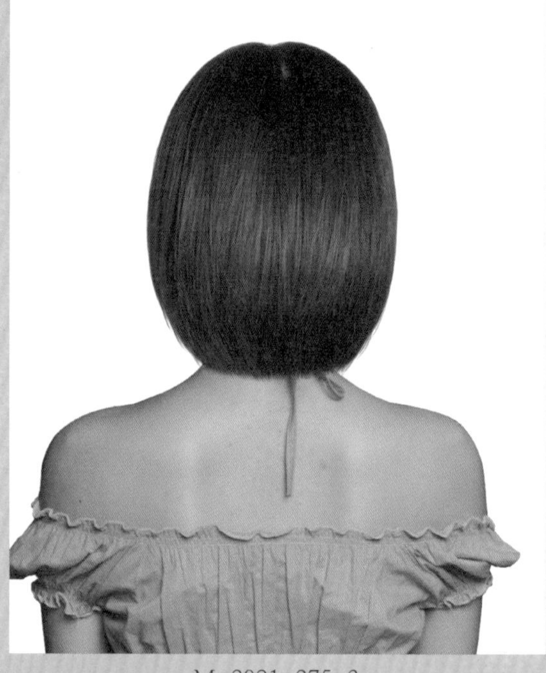

M-2021-275-3

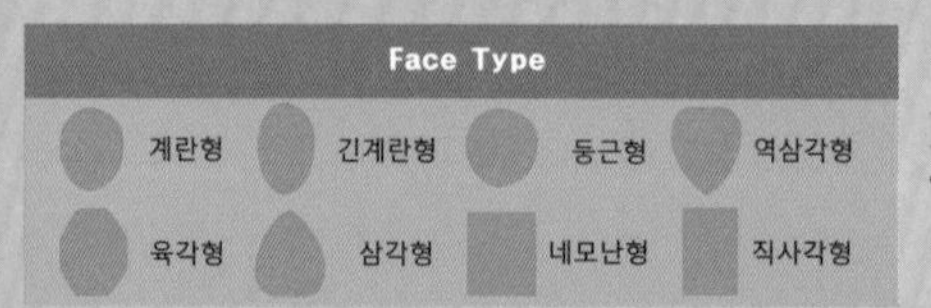

Hair Cut Method-
Technology Manual 108 Page 참고

차분하고 세련된 이미지에 여성스럽고 지성미를 더해 주는 층이 나는 보브 스타일!

- 수평 라인의 보브 헤어스타일은 깨끗하고 차분한 여성스러운 이미지를 주어 직장인, 전문직 여성들에게 언제나 사랑받아 온 헤어스타일입니다.
- 층이 나는 보브 스타일은 안말음 흐름이 좋아서 손질하기 편한 스타일이 될 수 있도록 커트를 연결성이 좋도록 세밀하게 커트하여야 합니다.
- 언더는 그러데이션, 톱 쪽으로 레이어드를 넣어서 부드러운 층을 만들고 모발 길이 중간, 끝부분에서 틴닝으로 모발량을 조절합니다.
- 롤 스트레이트 파마를 해 주면 찰랑찰랑한 안말음 흐름을 만들 수 있어 손질이 편해집니다.
- 헤어 드라이기로 뿌리부터 말리면서 80%를 말린 후 롤 브러시나 아이롱으로 연출한 후 글로스 왁스를 고르게 바르고, 빗질하여 스타일링을 합니다.

Woman Medium Hair Style Design

M-2021-276-31

M-2021-276-2

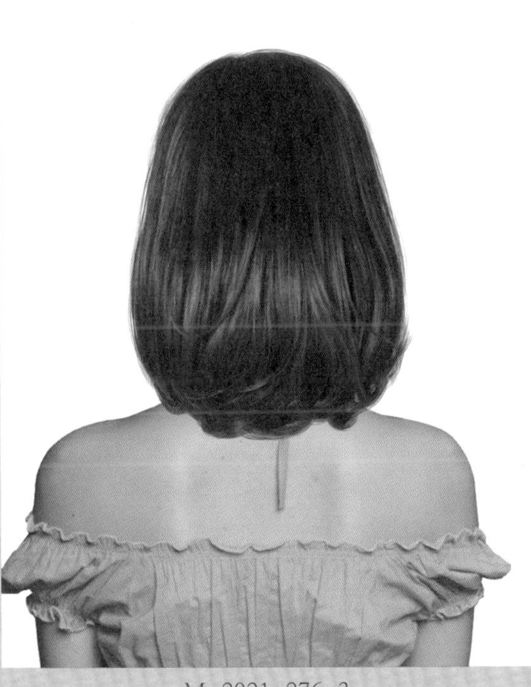
M-2021-276-3

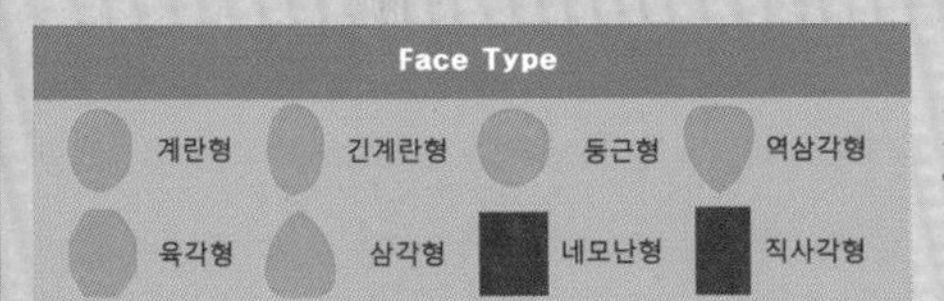

Hair Cut Method-
Technology Manual 131 Page 참고

풍신한 공기감의 웨이브 흐름이 세련되고 아름다운 여성미를 느끼게 하는 헤어스타일!

- 풍성한 볼륨과 모선에서 자유롭게 안말음 되는 모류가 여성스럽고 지적인 아름다움을 주는 헤어스타일입니다.
- 언더에서 무게감을 주는 그러데이션 커트를 하고, 톱 쪽으로 레이어드 커트를 하여 부드러운 실루엣을 만듭니다.
- 페이스 라인에서 층을 주고 슬라이딩 커트로 가벼운 앞머리 흐름을 연출합니다.
- 모발 길이 중간, 끝부분에서 틴닝으로 모발량을 조절하고 굵은 롤로 1~1.5컬의 웨이브 파마를 해 줍니다.
- 헤어 드라이기로 뿌리부터 말리면서 70%를 말린 후 글로스 왁스를 고르게 바르고, 스크런치 드라이 기법으로 드라이하고 손가락으로 자연스러운 컬의 움직임을 연출합니다.

Woman Medium Hair Style Design

M-2021-277-31

M-2021-277-2

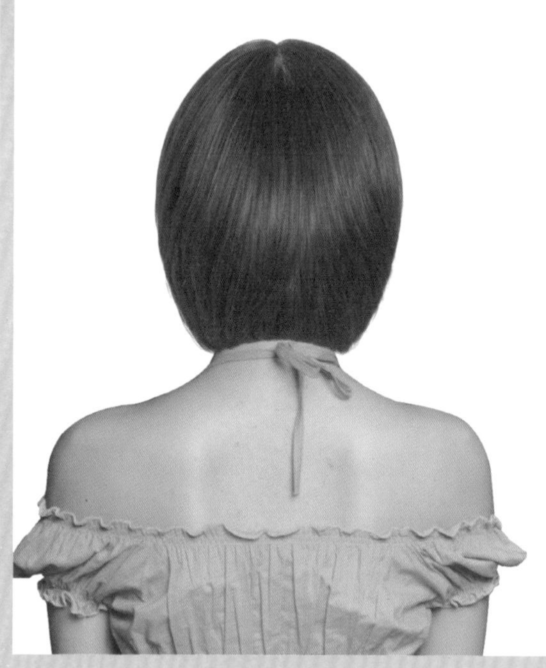

M-2021-277-3

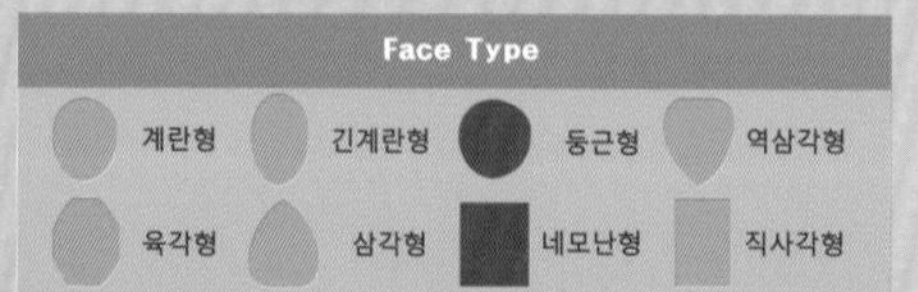

Hair Cut Method-
Technology Manual 139 Page 참고

얼굴 방향으로 급격히 길어지는 라운드 라인의 흐름이 나만의 개성을 연출합니다!

- 앞 방향으로 길어지는 라운드 라인의 그러데이션 보브 스타일로 후두부의 풍성한 볼륨과 얼굴을 감싸는 듯한 안말음의 포워드 흐름이 얼굴을 작아 보이게 하고 세련되고 여성스러운 이미지를 느끼게 합니다.
- 언더에서 그러데이션으로, 톱은 레이어드로 연결하여 커트하고 사이드의 페이스 라인의 끝부분은 층이 나지 않고 길게 합니다.
- 롤 스트레이트 파마를 해 주면 안말음 흐름을 만들 수 있어 손질이 편해집니다.
- 헤어 드라이기로 뿌리부터 말리면서 80%를 말린 후 롤 브러시나 아이롱으로 연출한 후 글로스 왁스를 고르게 바르고, 빗질하여 스타일링을 합니다.

Woman Medium Hair Style Design

M-2021-278-31

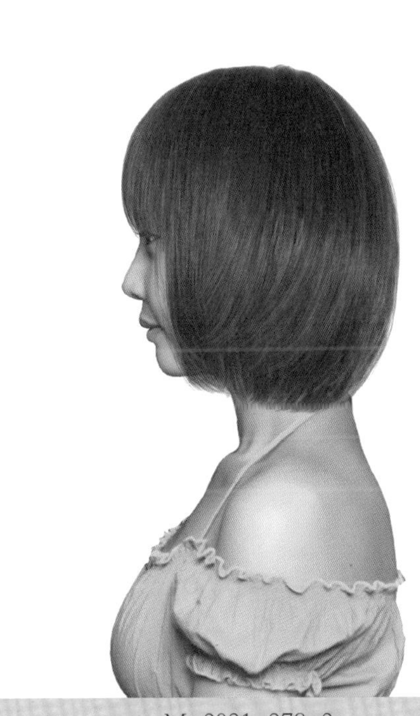

M-2021-278-2

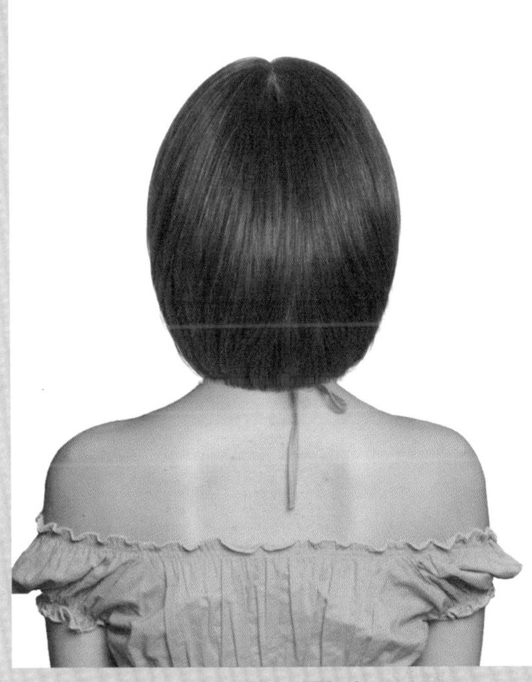

M-2021-278-3

Face Type			
계란형	긴계란형	둥근형	역삼각형
육각형	삼각형	네모난형	직사각형

Hair Cut Method-
Technology Manual 131Page 참고

차분하고 세련된 이미지에 지성미를 더해 주는 둥근 라인의 그러데이션 보브 헤어스타일!

- 층이 나는 둥근 라인의 그러데이션 보브 헤어스타일은 후두부의 풍성한 볼륨을 주고 목선을 가늘고 길어 보이는 효과가 있어 오래도록 사랑받아온 헤어스타입니다.
- 언더 쪽은 그러데이션을, 톱에서는 레이어드를 넣어 가볍고 부드러운 흐름을 연출합니다.
- 틴닝으로 모발량을 조절하는 커트를 하고 앞머리는 시스루 스타일로 여성스러운 느낌을 줍니다.
- 롤 스트레이트 파마를 해 주면 안말음 흐름을 만들 수 있어 손질이 편해집니다.
- 헤어 드라이기로 뿌리부터 말리면서 80%를 말린 후 롤 브러시나 아이롱으로 연출한 후 글로스 왁스를 고르게 바르고, 빗질하여 스타일링을 합니다.

Woman Medium Hair Style Design

M-2021-279-31

M-2021-279-2

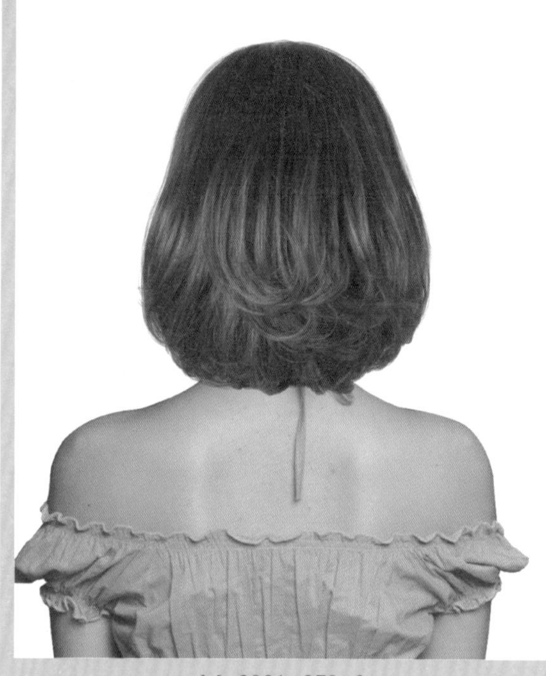

M-2021-279-3

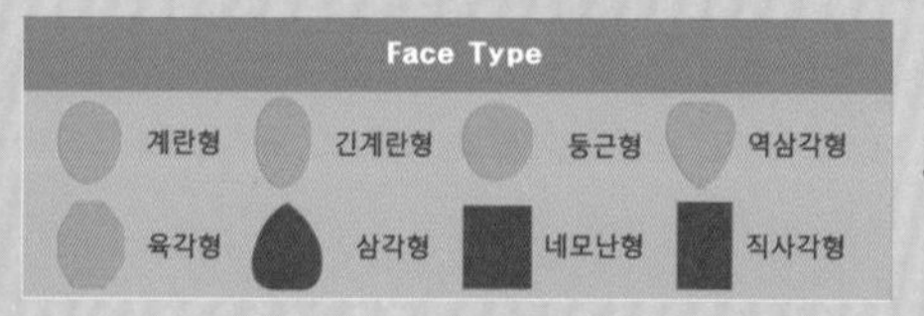

Hair Cut Method-
Technology Manual 131 Page 참고

풀린 듯한 웨이브 흐름이 율동감을 주어 여성스럽고 사랑스러운 러블리 헤어스타일!

- 둥근 형태의 그러데이션 보브 헤어스타일입니다.
- 언더에서 무게감을 주는 그러데이션 커트를 하고, 톱 쪽에서는 레이어드를 넣어 가볍고 풍성한 흐름을 만들고, 페이스 라인에서 층을 주고 끝부분을 가늘어져서 움직임이 좋도록 질감 커트를 하고 전체를 중간, 끝부분에서 틴닝으로 모발량을 조절합니다.
- 굵은 롤로 1~2컬의 파마를 해 줍니다.
- 헤어 드라이기로 뿌리부터 말리면서 70%를 말린 후 글로스 왁스를 고르게 바르고 스크런치 드라이 기법으로 드라이하고, 손가락으로 풀어 주듯이 방향을 잡아 주어 자연스러운 컬의 움직임을 연출합니다.

Woman Medium Hair Style Design

M-2021-280-31

M-2021-280-2

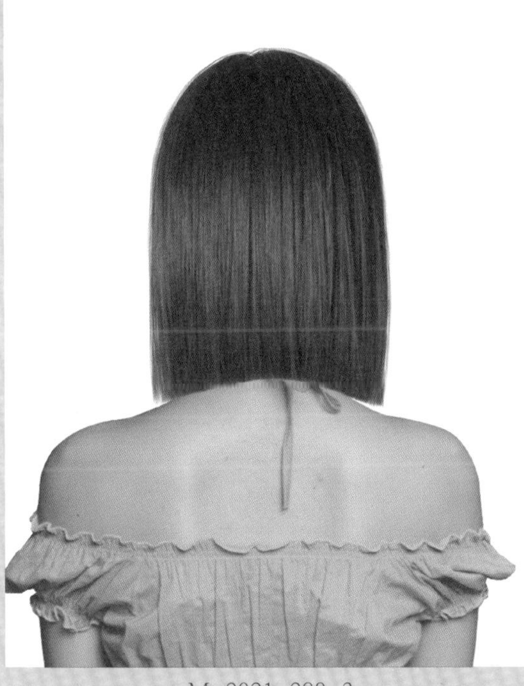

M-2021-280-3

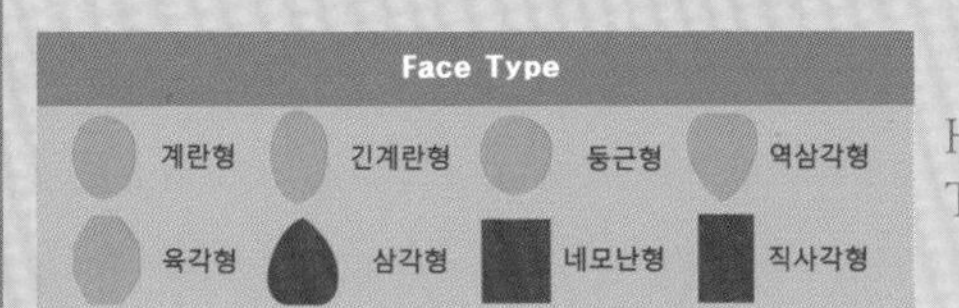

Hair Cut Method-
Technology Manual 074 page 참고

투명한 윤기가 빛나는 스트레이트의 질감이 매력적이고 스위트한 느낌을 주는 헤어스타일!

- 사이드 파트를 경계로 두정부 방향으로 풍성한 볼륨을 주며 쓸어 올린 후 양 사이드로 빗겨 내린 흐름이 시원한 느낌과 당당하고 모드한 느낌을 주는 헤어스타일입니다.
- 콘케이브 라인으로 층이 나지 않고 속머리가 길지 않게 깨끗하고 심플한 느낌을 연출합니다.
- 앞머리는 살짝 층지게 커트하고 끝부분이 가늘어지고 가볍도록 질감 커트를 하고 전체를 틴닝으로 모발 길이 중간, 끝부분에서 모발량을 조절합니다.
- 헤어 드라이기로 뿌리부터 말리면서 80%를 말린 후 롤 브러시나 아이롱으로 연출한 후 글로스 왁스를 고르게 바르고, 빗질하여 스타일링을 합니다.

Woman Medium Hair Style Design

M-2021-281-31

M-2021-281-2

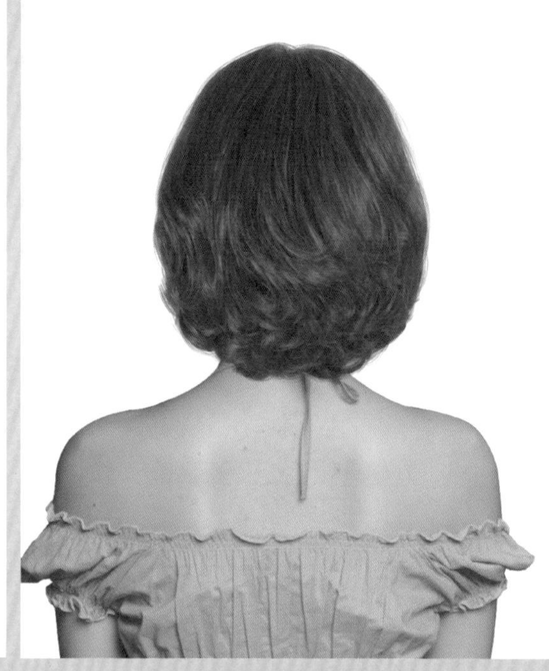

M-2021-281-3

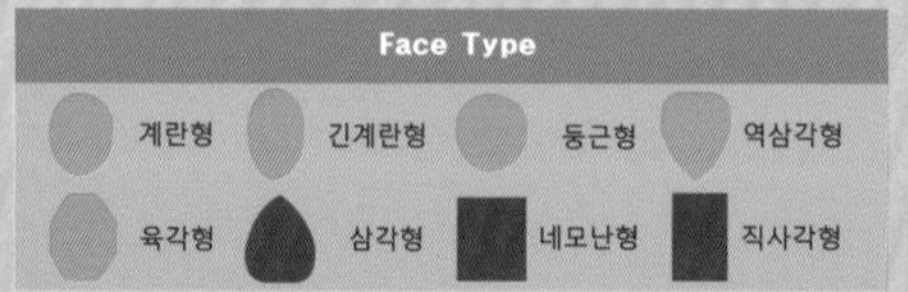

Hair Cut Method–
Technology Manual 100 Page 참고

차분하고 단아한 이미지에 여성스럽고 지성미를 더해 주는 그러데이션 보브 헤어스타일!

- 후두부의 풍성한 볼륨과 사이드 파트를 하고 한쪽은 쓸어 올려서 사이드로 빗겨 넘기는 흐름과 반대쪽 사이드는 귀 뒤로 넘겨서 스타일링하는 정통 클래식 감각의 헤어스타일입니다.
- 언더 쪽은 풍성한 볼륨감을 만들기 위해 그러데이션으로 커트하고, 톱 쪽은 레이어드를 넣어서 부드러운 곡선의 흐름을 연출합니다.
- 앞머리 흐름을 만들기 위해 페이스 라인에서 가벼운 층을 만들고 전체를 틴닝으로 모발량을 조절하고, 굵은 롤로 1~1.7컬의 웨이브 파마를 해 줍니다.
- 헤어 드라이기로 뿌리부터 말리면서 70%를 말린 후 글로스 왁스를 고르게 바르고 스크런치 드라이 기법으로 드라이하고, 손가락으로 풀어 주듯이 방향을 잡아 주어 자연스러운 컬의 움직임을 연출합니다.

Woman Medium Hair Style Design

M-2021-282-31

M-2021-282-2

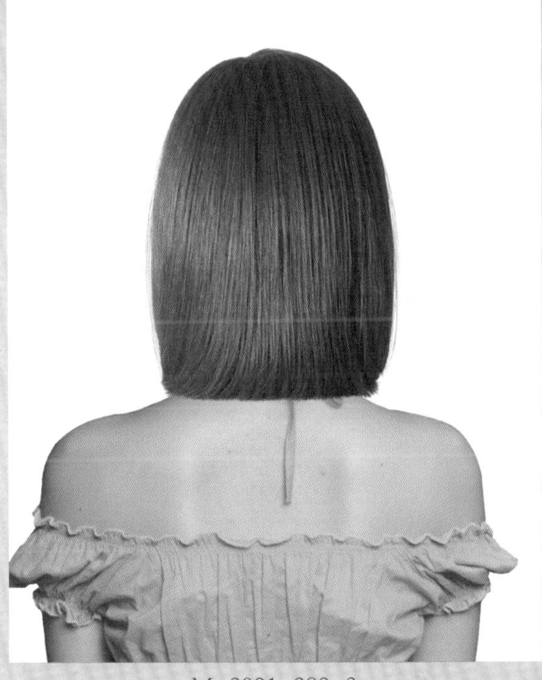

M-2021-282-3

Face Type			
계란형	긴계란형	둥근형	역삼각형
육각형	삼각형	네모난형	직사각형

Hair Cut Method-
Technology Manual 071 Page 참고

윤기를 머금은 듯 찰랑거리는 머릿결이 안말음 되는 정통 클래식 감각의 헤어스타일!

- 여성들이 가장 많이 하고 즐기는, 헤어스타일에서 기본이 되는 정통 클래식 원랭스 보브 헤어스타일은
- 단정하고 차분한 인상을 주고 지성미가 가미된 트래디셔널 감각의 클레식 헤어스타일입니다.
- 수평 라인의 원랭스 커트를 하고 모발 길이 중간, 끝에서 틴닝 커트를 하여 모발량을 조절합니다.
- 앞머리를 시스루 느낌으로 내려주고 슬라이딩 커트로 질감을 표현합니다.
- 원컬 스트레이트 파마를 합니다.
- 헤어 드라이기로 뿌리부터 말리면서 80%를 말린 후 롤 브러시나 아이롱으로 연출한 후 글로스 왁스를 고르게 바르고, 자유롭게 털어서 스타일링을 합니다.

Woman Medium Hair Style Design

M-2021-283-31

M-2021-283-2

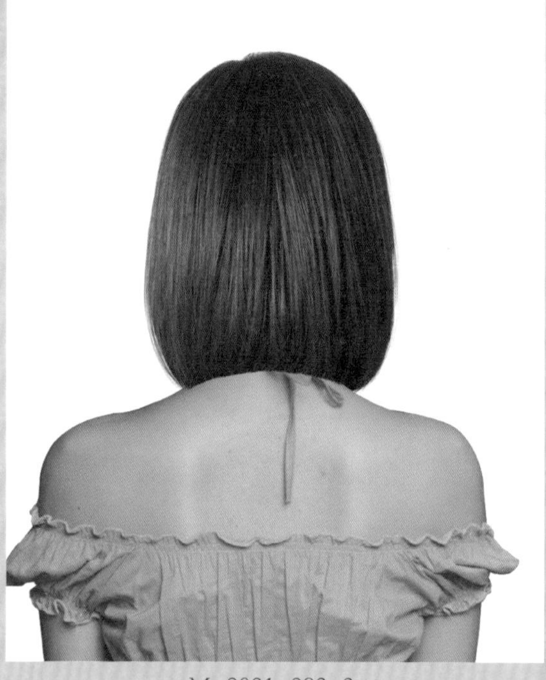

M-2021-283-3

Face Type

계란형	긴계란형	둥근형	역삼각형
육각형	삼각형	네모난형	직사각형

Hair Cut,Permament Wave Method-
Technology Manual 35Page 참고

부드럽게 안말음 되는 생머리의 흐름이 품격 있고 차분한 인상을 주는 원랭스 보브 헤어스타일!

- 수평 라인의 이미지와는 다른 느낌을 주는 헤어스타일입니다.
- 앞 방향으로 길어지는 콘케이브 라인의 단발머리는 도시적이고 프로페셔널 개성미를 느끼게 하는 헤어스타일입니다.
- 콘케이브 라인의 원랭스 커트를 하고 모발 길이 중간, 끝에서 틴닝 커트를 하여 모발량을 조절합니다.
- 앞머리를 시스루 느낌으로 내리주고 슬라이딩 커트로 질감을 표현합니다.
- 원컬 스트레이트 파마를 합니다.
- 헤어 드라이기로 뿌리부터 말리면서 80%를 말린 후 롤 브러시나 아이롱으로 연출한 후 글로스 왁스를 고르게 바르고 자유롭게 털어서 스타일링을 합니다.

Woman Medium Hair Style Design

M-2021-284-31

M-2021-284-2

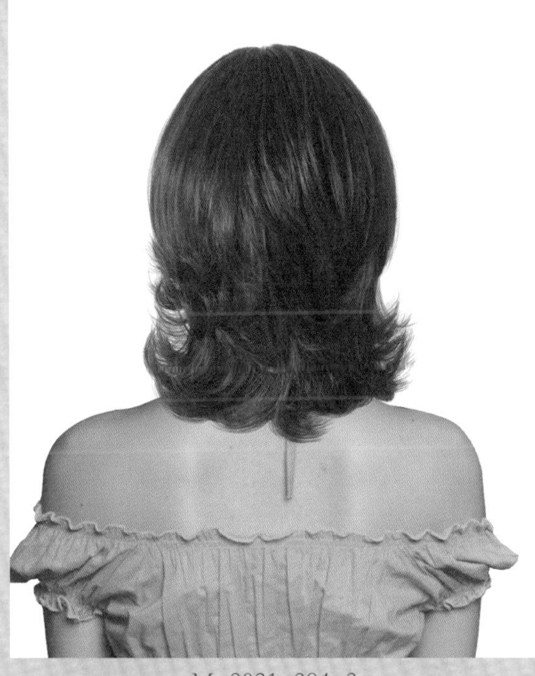

M-2021-284-3

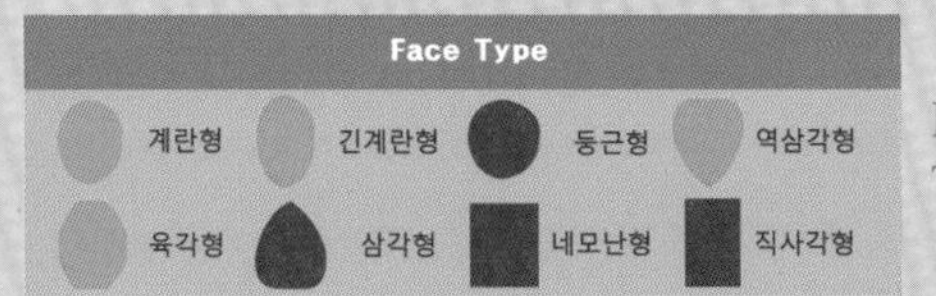

Hair Cut Method–
Technology Manual 196 Page 참고

얼굴을 감싸는 흐름과 어깨선에서 두둥실 뻗치는 흐름이 조화로운 러블리 헤어스타일!

- 풍성한 볼륨으로 얼굴선을 감싸는 듯 안말음 되는 흐름이 어깨선을 타고 탄력 있게 뻗치는 흐름과 밸런스를 이루어 얼굴을 갸름하게 하고 발랄한 여성스러움이 강조된 헤어스타일입니다.
- 백에서, 네이프에서 인크리스 레이어로 가볍고 가늘어지는 텍스처를 만들고, 톱 쪽으로 그러데이션 레이어를 연결하여 풍성하고 부드러운 곡선의 실루엣을 연출합니다.
- 모발 길이 중간 끝에서 틴닝 커트를 하여 모발량을 조절하고 슬라이딩 커트로 뾰족뾰족하고 가늘어지는 질감을 연출하고, 1.2~1.7컬의 웨이브 파마를 해 줍니다.
- 헤어 드라이기로 뿌리부터 말리면서 70%를 말린 후 글로스 왁스를 고르게 바르고 스크런치 드라이 기법으로 드라이하고, 손가락으로 방향을 잡아 주고 빗질하여 자연스러운 컬의 움직임을 연출합니다.

Woman Medium Hair Style Design

M-2021-285-31

M-2021-285-2

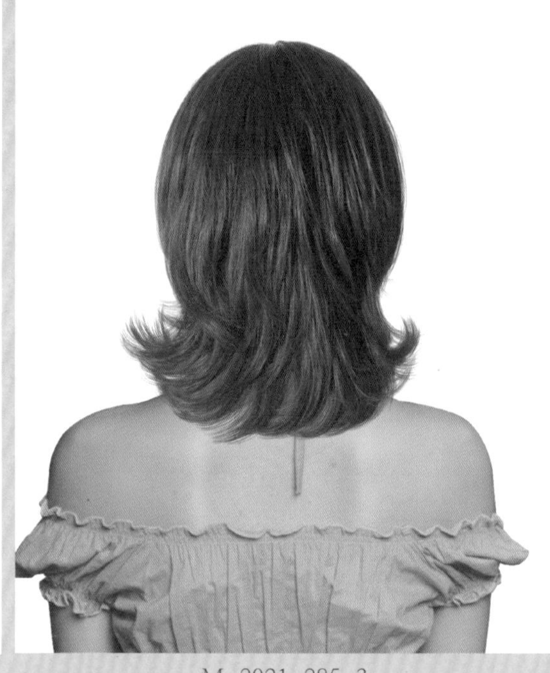

M-2021-285-3

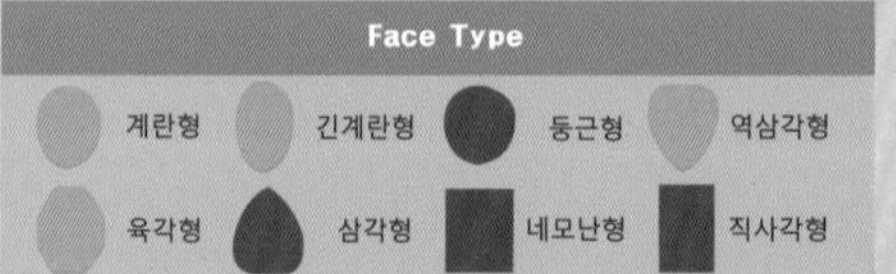

Hair Cut Method-
Technology Manual 196 Page 참고

바람결에 춤을 추듯 곡선으로 율동하는 웨이브 컬이 사랑스러운 로맨틱 감성의 헤어스타일!

- 손질하지 않은 듯 자유롭게 움직이는 곡선의 웨이브 컬의 흐름은 섹시하고 매혹적이고 설렘을 주는 아름다운 헤어스타일입니다.
- 네이프에서 인크리스 레이어드로 가볍고 가늘어지는 텍스처를 만들고, 톱 쪽으로 그러데이션 레이어를 연결하여 풍성하고 부드러운 곡선의 실루엣을 연출합니다.
- 모발 길이 중간, 끝에서 틴닝 커트를 하여 모발량을 조절하고 슬라이딩 커트로 뾰족뾰족하고 가늘어지는 질감을 연출하고 1.2~1.7컬의 웨이브 파마를 해 줍니다.
- 헤어 드라이기로 뿌리부터 말리면서 70%를 말린 후 글로스 왁스를 고르게 바르고 스크런치 드라이 기법으로 드라이하고, 손가락으로 방향을 잡아 주고 빗질하여 자연스러운 컬의 움직임을 연출합니다.

Woman Medium Hair Style Design

M-2021-286-31

M-2021-286-2

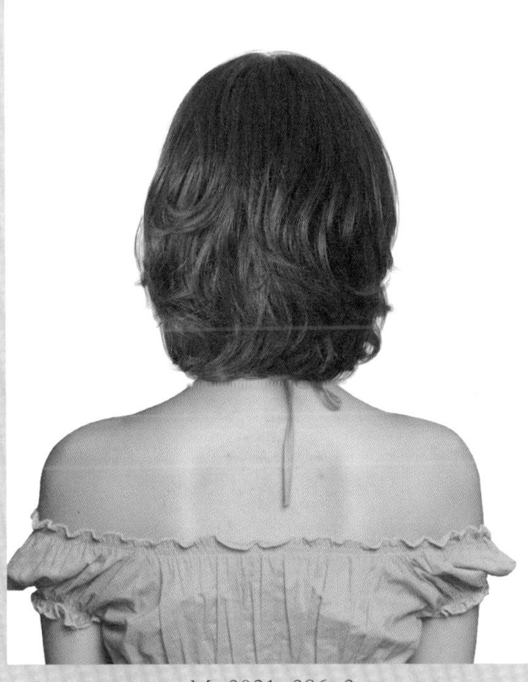

M-2021-286-3

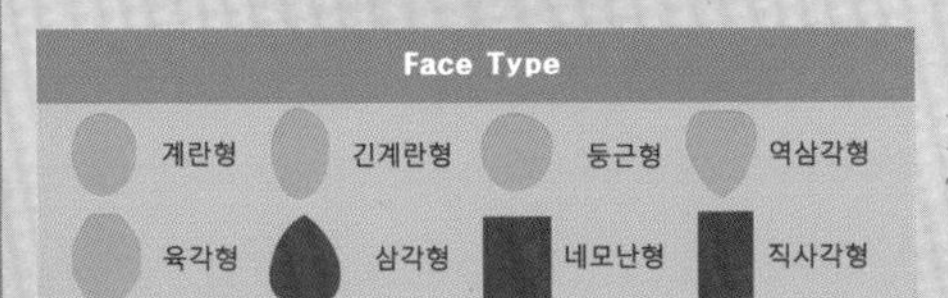

Hair Cut Method-
Technology Manual 116 Page 참고

손질하지 않은 듯 움직이는 웨이브 컬이 페미닌 매력이 은근히 느껴지는 헤어스타일!

- 얼굴 쪽으로 길어지고 바람결에 춤을 추듯 율동하는 웨이브 컬의 흐름이 러블리한 아름다운 헤어스타일입니다.
- 얼굴 쪽으로 길어지는 라인으로 그러데이션 커트를 하고, 톱 쪽으로 레이어를 연결하여 부드럽고 가벼운 층을 만듭니다.
- 모발 길이 중간, 끝부분에서 틴닝 커트로 모발량을 조절합니다.
- 1.5~1.7컬의 웨이브 파마를 해 줍니다.
- 헤어 드라이기로 뿌리부터 말리면서 70%를 말린 후 글로스 왁스를 고르게 바르고 스크런치 드라이 기법으로 드라이하고, 손가락으로 방향을 잡아 주고 손가락 빗질을 하여 자연스러운 컬의 움직임을 연출합니다.

Woman Medium Hair Style Design

M-2021-287-31

M-2021-287-2

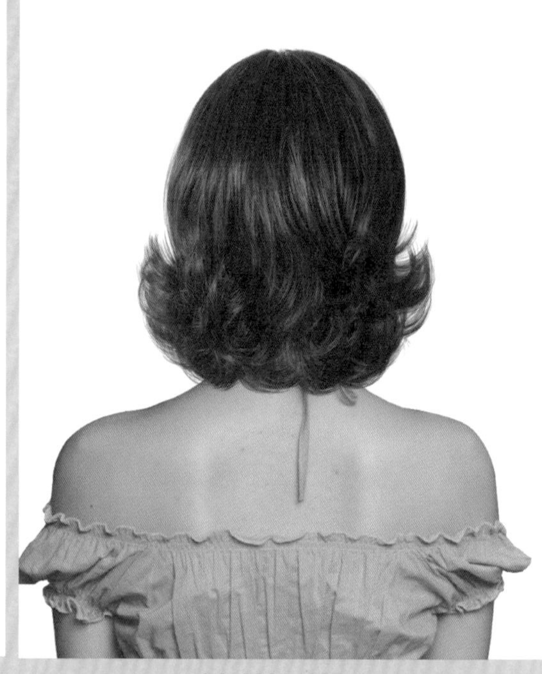

M-2021-287-3

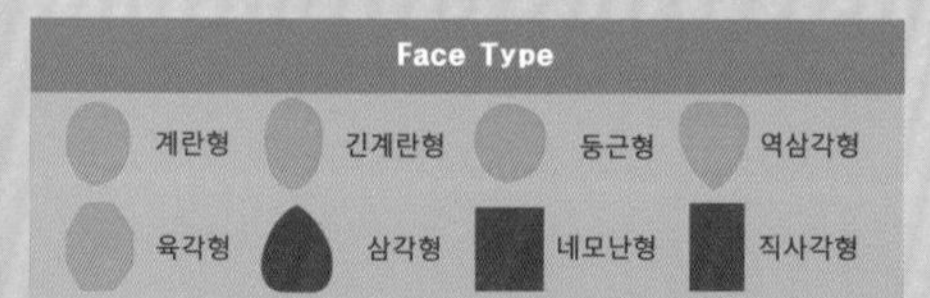

Hair Cut Method-
Technology Manual 196 Page 참고

영화를 보는 듯 감미롭고 매혹적인 시크 감성의 러블리 헤어스타일!

- 과거 영화를 보는 듯 복고적인 아름다움이 느껴지는 헤어스타일입니다.
- 언더에서 하이 그러데이션으로 가볍고 가늘어지는 텍스처를 만들고, 톱 쪽으로 레이어드를 연결하여 풍성하고 부드러운 곡선의 실루엣을 연출합니다.
- 모발 길이 중간, 끝에서 틴닝 커트를 하여 모발량을 조절하고 슬라이딩 커트로 뾰족뾰족하고 가늘어지는 질감을 연출하고 1.5~1.7컬의 웨이브 파마를 해 줍니다.
- 헤어 드라이기로 뿌리부터 말리면서 70%를 말린 후 글로스 왁스를 고르게 바르고 스크런치 드라이 기법으로 드라이하고, 손가락으로 방향을 잡아 주고 빗질하여 자연스러운 컬의 움직임을 연출합니다.

Woman Medium Hair Style Design

M-2021-288-31

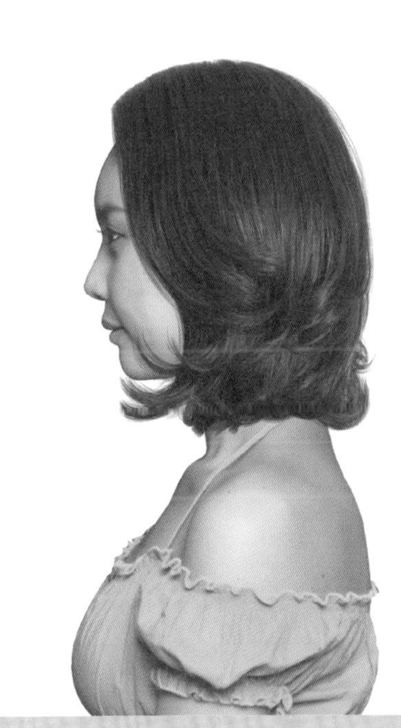

M-2021-288-2

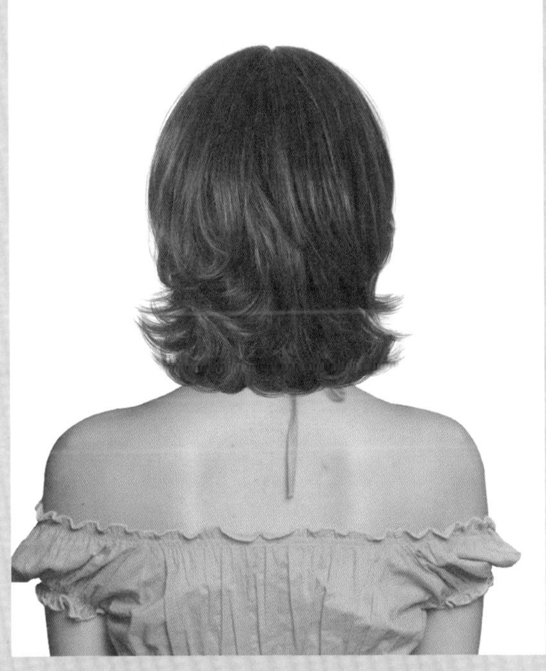

M-2021-288-3

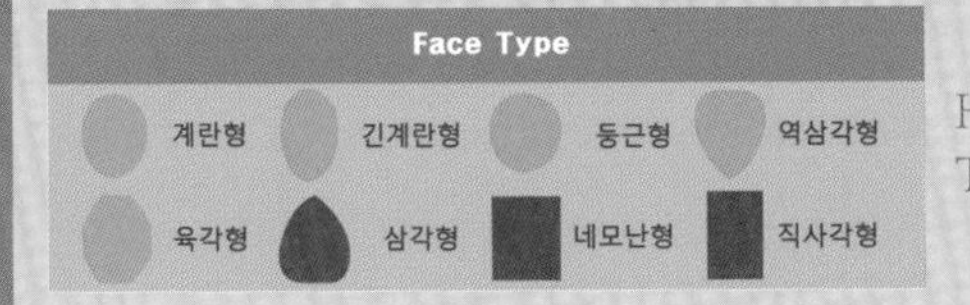

Hair Cut Method-
Technology Manual 196 Page 참고

보송보송 여성스러운 컬이 섹시함과 페미닌스러움을 담은 러블리 헤어스타일!

- 부드러운 흐름으로 목선에서 뻗치는 흐름은 산뜻함과 스위트함을 주는 아름다운헤어스타일입니다.
- 언더에서 하이 그러데이션으로 가볍고 가늘어지는 텍스처를 만들고 톱 쪽으로 레이어드를 연결하여 풍성하고 부드러운 곡선의 실루엣을 연출합니다.
- 모발 길이 중간, 끝에서 틴닝 커트를 하여 모발량을 조절하고 슬라이딩 커트로 뾰족뾰족하고 가늘어지는 질감을 연출합니다.
- 1.5~1.7컬의 웨이브 파마를 해 줍니다.
- 헤어 드라이기로 뿌리부터 말리면서 70%를 말린 후 글로스 왁스를 고르게 바르고 스크런치 드라이 기법으로 드라이하고, 손가락으로 방향을 잡아 주고 빗질하여 자연스러운 컬의 움직임을 연출합니다.

Woman Medium Hair Style Design

M-2021-289-31

M-2021-289-2

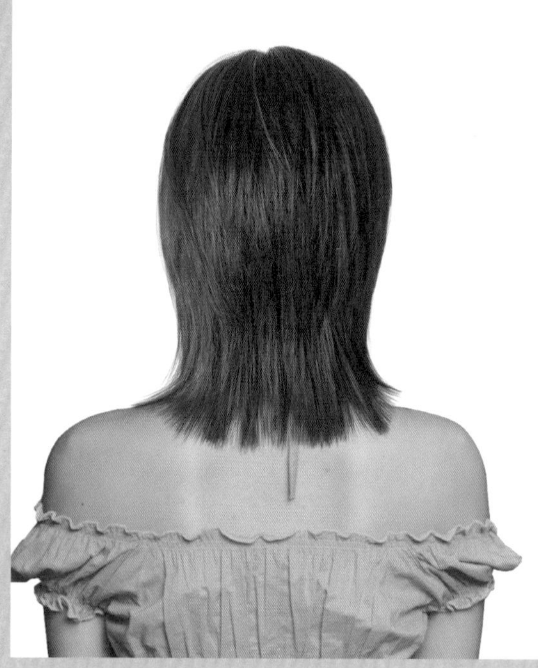

M-2021-289-3

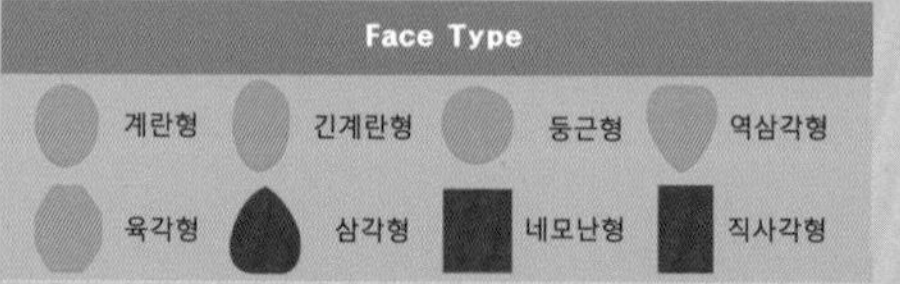

Hair Cut Method-
Technology Manual 204 Page 참고

바람결에 휘날리듯 손질하지 않은 듯 자유로운 흐름이 아름다운 에콜로지 감성의 헤어스타일!

- 손질하지 않은 듯 자유롭게 손가락으로 빗고 털어 주는 모발 흐름은 순수하고 활동적인, 지나친 조형미를 배척하는 스타일이어서 손질하기 편하고 자연스러운 헤어스타일입니다.
- 언더에서 하이 그러데이션으로 가볍고 가늘어지는 텍스처를 만들고, 톱 쪽으로 레이어드를 연결하여 가늘어지고 가벼운 흐름을 연출합니다.
- 모발 길이 중간 끝에서 틴닝 커트를 하여 모발량을 조절하고 슬라이딩 커트로 뾰족뾰족하고 가늘어지는 질감을 연출합니다.
- 곱슬머리는 부드럽게 스트레이트 파마를 해 줍니다.
- 헤어 드라이기로 뿌리부터 말리면서 80%를 말린 후 글로스 왁스를 고르게 바르고, 손가락으로 빗질하여 털어서 자연스러운 흐름을 연출합니다.

Woman Medium Hair Style Design

M-2021-290-31

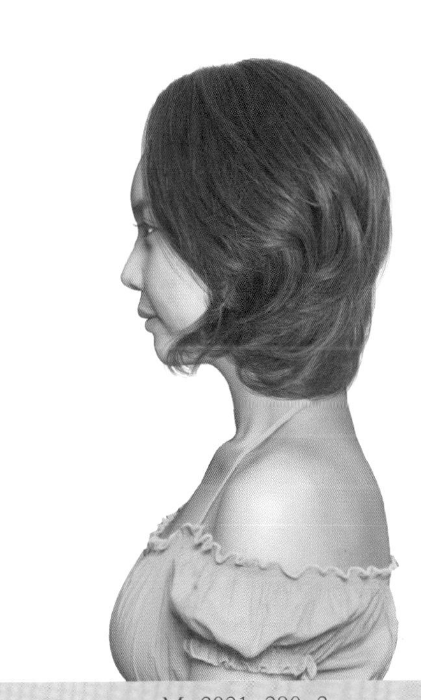

M-2021-290-2

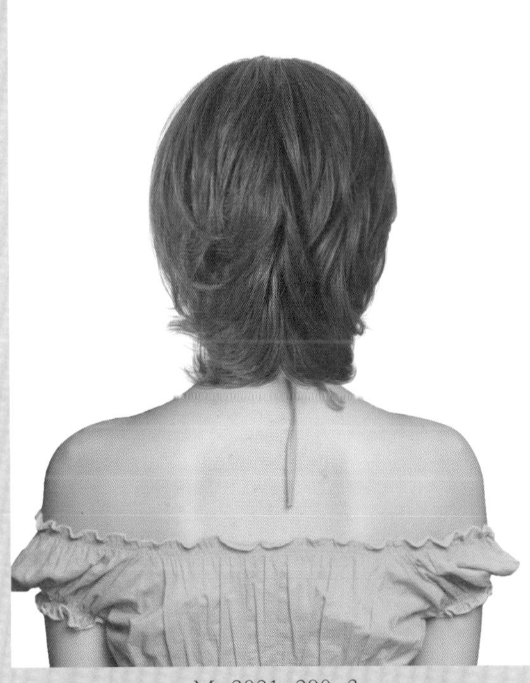

M-2021-290-3

Face Type			
계란형	긴계란형	둥근형	역삼각형
육각형	삼각형	네모난형	직사각형

Hair Cut Method-
Technology Manual 116 Page 참고

꿈틀거리는 모발 흐름과 웨이브 컬의 율동감이 여성스럽고 고급스러운 시크 감성의 헤어스타일!

- 풀린 듯한 자연스러운 컬의 움직임이 스위트한 아름다움을 선사하는 헤어스타일입니다.
- 언더에서 그러데이션으로 가볍고 가늘어지는 텍스처를 만들고, 톱 쪽으로 레이어드를 연결하여 풍성하고 부드러운 곡선의 실루엣을 연출합니다.
- 모발 길이 중간, 끝에서 틴닝 커트를 하여 모발량을 조절하고 슬라이딩 커트로 뾰족뾰족하고 가늘어지는 질감을 연출합니다.
- 1.5~1.7컬의 웨이브 파마를 해 줍니다.
- 헤어 드라이기로 뿌리부터 말리면서 70%를 말린 후 글로스 왁스를 고르게 바르고 스크런치 드라이 기법으로 드라이하고, 손가락으로 방향을 잡아 주고 빗질하여 자연스러운 컬의 움직임을 연출합니다.

Woman Medium Hair Style Design

M-2021-291-31

M-2021-291-2

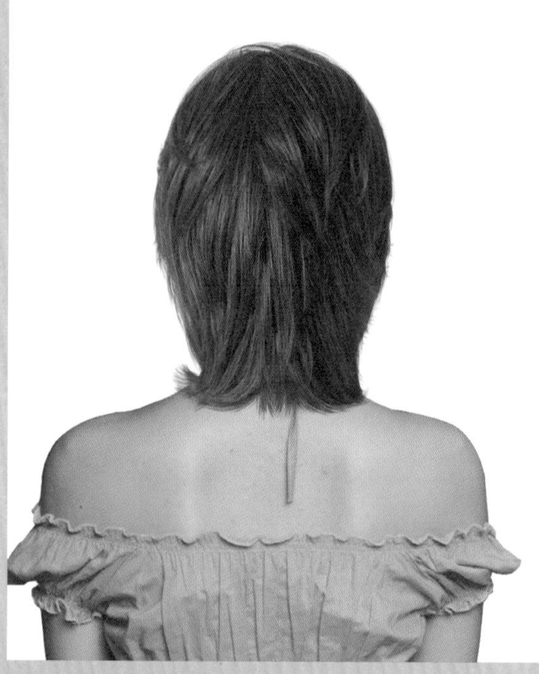

M-2021-291-3

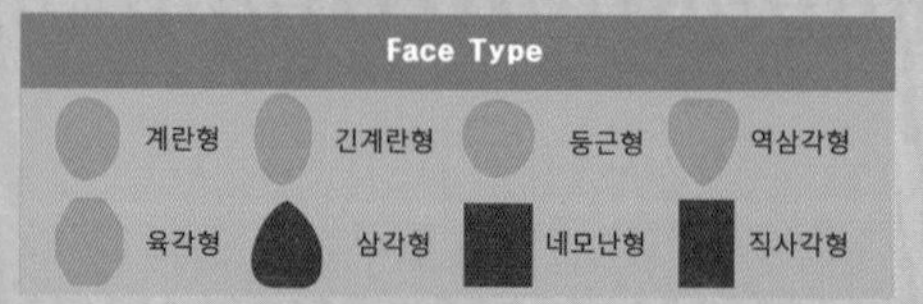

Hair Cut Method-
Technology Manual 108 Page 참고

손질하지 않은 듯 자연스러운 모발 흐름이 매력적인 에스닉 감각의 헤어스타일!

- 손질하지 않는 듯 자유롭게 터치하여 손질하는 헤어스타일은 편안함을 느끼게 하는 에콜로지 감성을 자극하는 헤어스타일입니다.
- 언더에서 하이 그러데이션으로 가볍고 가늘어지는 텍스처를 만들고 톱 쪽으로 레이어드를 연결하여 부드러운 곡선의 실루엣을 연출합니다.
- 모발 길이 중간, 끝에서 틴닝 커트를 하여 모발량을 조절하고 슬라이딩 커트로 뾰족뾰족하고 가늘어지는 질감을 연출합니다.
- 1.5~1.7컬의 풀린 듯 느슨한 웨이브 파마를 해 줍니다.
- 헤어 드라이기로 뿌리부터 말리면서 70%를 말린 후 글로스 왁스를 고르게 바르고 스크런치 드라이 기법으로 드라이하고, 손가락으로 방향을 잡아 주고 빗질하여 자연스러운 컬의 움직임을 연출합니다.

Woman Medium Hair Style Design

M-2021-292-31

M-2021-292-2

M-2021-292-3

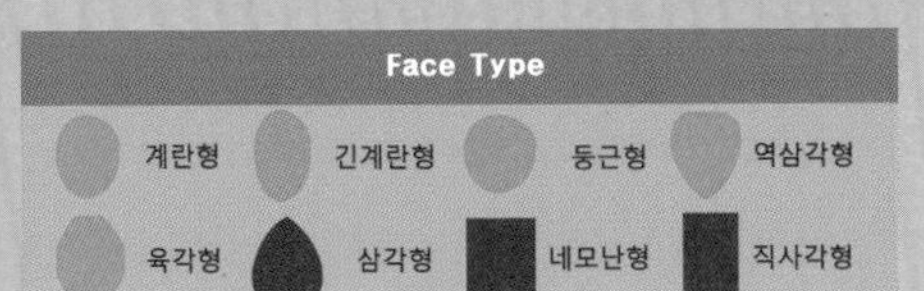

Hair Cut Method-
Technology Manual 204 Page 참고

길게 늘어뜨리는 앞머리는 얼굴에 걸쳐지는 느낌의 웨이브 흐름이 개성을 연출해 주는 헤어스타일!

- 풀리고 느슨한 컬이 흐트러진 듯 모류를 연출하는 스타일링은 편안하고 휴식을 주는 느낌의 낭만적인 헤어스타일입니다.
- 언더에서 하이 그러데이션으로 가볍고 가늘어지는 텍스처를 만들고, 톱 쪽으로 레이어를 연결하여 부드러운 실루엣을 연출합니다.
- 모발 길이 중간, 끝에서 틴닝 커트를 하여 모발량을 조절하고 슬라이딩 커트로 가늘어지고 가벼운 질감을 연출합니다.
- 1.5~1.7컬의 풀린 듯 느순한 웨이브 파마를 해 줍니다.
- 헤어 드라이기로 뿌리부터 말리면서 80%를 말린 후 글로스 왁스를 고르게 바르고, 손가락으로 방향을 잡아 주고 빗질하여 자연스러운 움직임을 연출합니다.

Woman Medium Hair Style Design

M-2021-293-31

M-2021-293-2

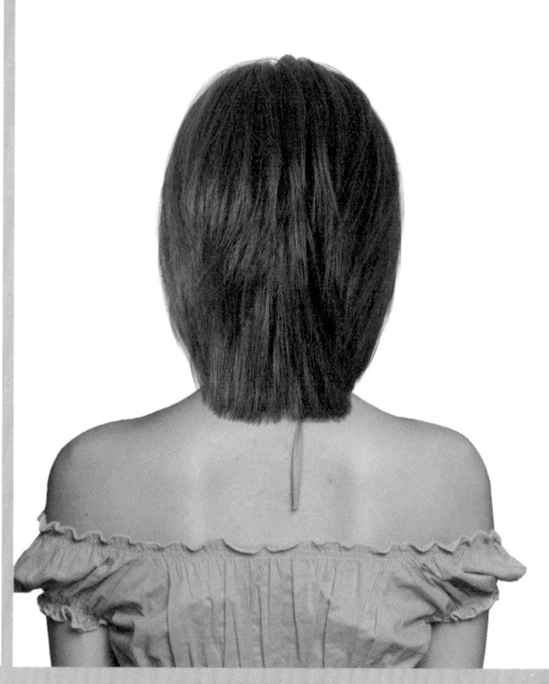

M-2021-293-3

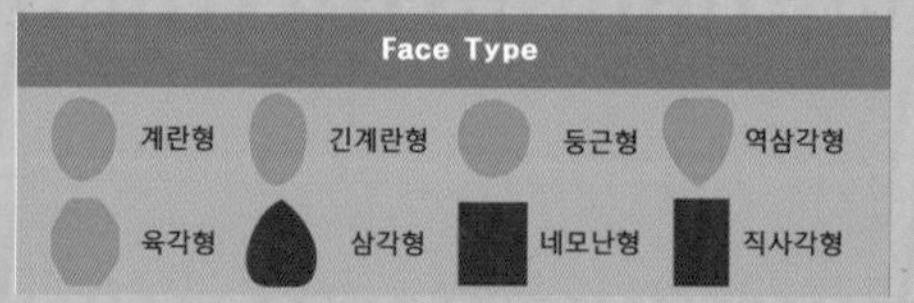

Hair Cut Method-
Technology Manual 186 Page 참고

바람결에 자연스럽게 흔들리는 모류가 지적이고 편안함을 느끼게 하는 내추럴 헤어스타일!

- 이마를 시원스럽게 드러내고 바람결에 빗어 넘겨진 듯 자연스러운 모발 흐름이 지적이고 편안함을 즐기는 에콜로지 감성의 헤어스타일입니다.
- 언더에서 하이 그러데이션으로 가볍고 가늘어지는 텍스처를 만들고, 톱 쪽으로 레이어를 연결하여 가벼운 흐름을 연출합니다.
- 모발 길이 중간, 끝에서 틴닝 커트를 하여 모발량을 조절하고 슬라이딩 커트로 뾰족뾰족하고 가늘어지는 질감을 연출하고 곱슬머리는 롤 스트레이트 파마를 해줍니다.
- 헤어 드라이기로 뿌리부터 말리면서 80%를 말린 후 글로스 왁스를 고르게 바르고, 손가락으로 빗질하여 움직임을 연출합니다.

Woman Medium Hair Style Design

M-2021-294-31

M-2021-294-2

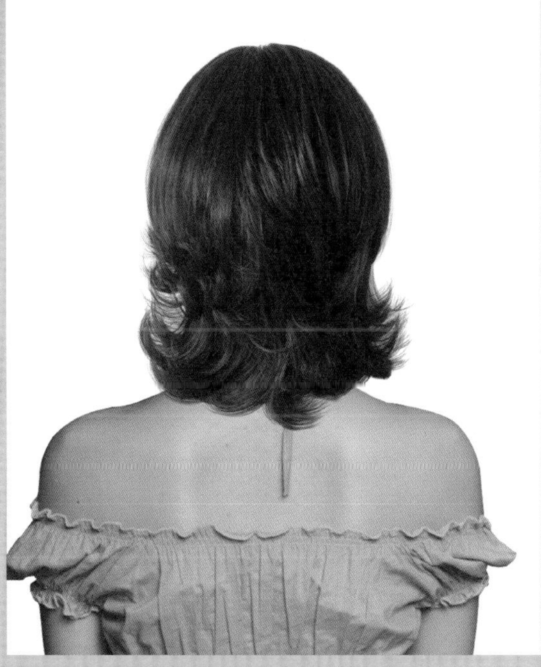

M-2021-294-3

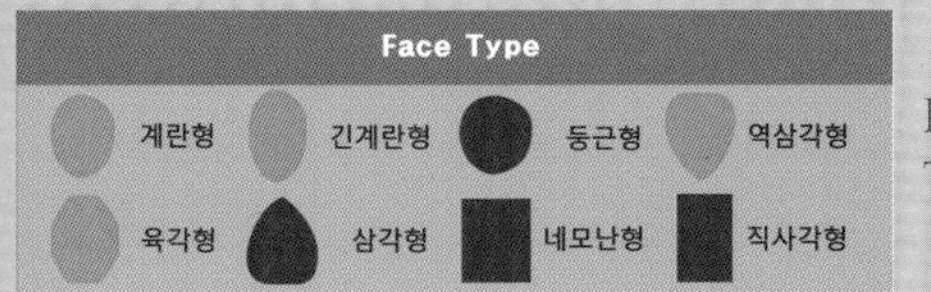

Hair Cut Method-
Technology Manual 196 Page 참고

S라인의 곡선의 흐름으로 안말음, 뻗치는 웨이브 컬이 리드미컬한 시크 감성의 헤어스타일!

- S라인으로 춤을 추듯 율동감 있는 웨이브 컬이 얼굴을 갸름하게 하고 발랄한 여성스러움이 강조된 헤어스타일입니다.
- 네이프에서 인크리스 레이어로 가볍고 가늘어지는 텍스처를 만들고, 톱 쪽으로 그러데이션 레이어드를 연결하여 풍성하고 부드러운 곡선의 실루엣을 연출합니다.
- 모발 길이 중간, 끝에서 틴닝 커트를 하여 모발량을 조절하고 슬라이딩 커트로 뾰족뾰족하고 가늘어지는 질감을 연출합니다.
- 1.2~1.7컬의 웨이브 파마를 해 줍니다.
- 헤어 드라이기로 뿌리부터 말리면서 70%를 말린 후 글로스 왁스를 고르게 바르고 스크런치 드라이 기법으로 드라이하고, 손가락으로 방향을 잡아 주고 빗질하여 자연스러운 컬의 움직임을 연출합니다.

Woman Medium Hair Style Design

M-2021-295-31

M-2021-295-2

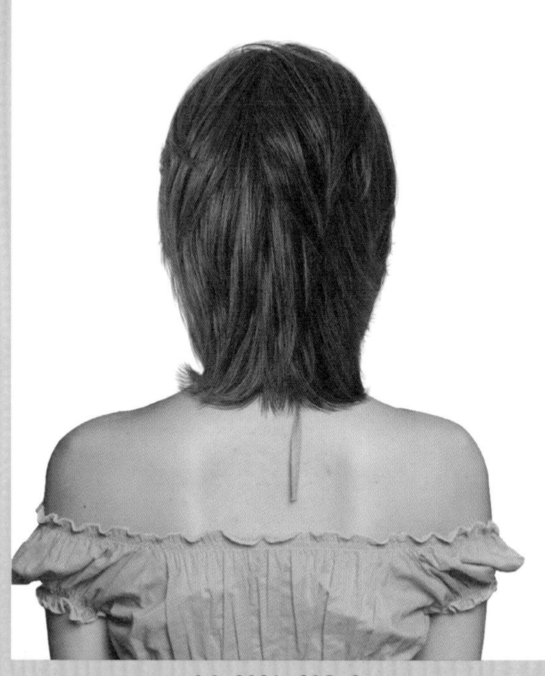

M-2021-295-3

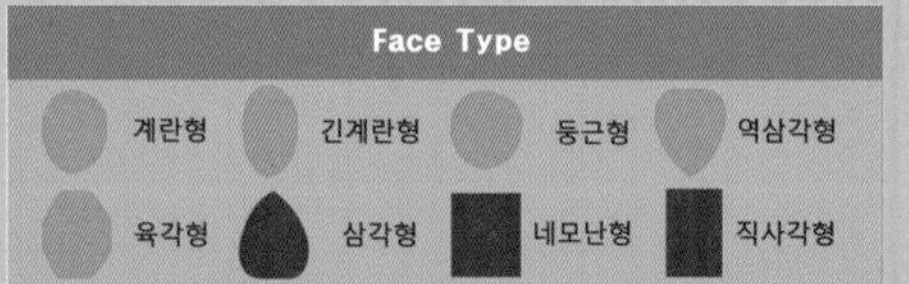

Hair Cut Method-
Technology Manual 186 Page 참고

억지스럽지 않고 유유히 자유롭고 흐르는 모류가 낭만적이고 로맨틱한 헤어스타일!

- 지나친 조형미를 배격하고 손질하지 않은 듯 자유롭게 스타일링한 느낌이 에콜로지 감성을 자극합니다.
- 언더에서 하이 그러데이션으로 가볍고 가늘어지는 텍스처를 만들고, 톱 쪽으로 레이어드를 연결하여 부드러운 곡선의 실루엣을 연출합니다.
- 모발 길이 중간, 끝에서 틴닝 커트를 하여 모발량을 조절하고 슬라이딩 커트로 가늘어지는 질감을 연출합니다.
- 1.5~1.7컬의 풀린 듯 느순한 웨이브 파마를 해 줍니다.
- 헤어 드라이기로 뿌리부터 말리면서 70%를 말린 후 글로스 왁스를 고르게 바르고 스크런치 드라이 기법으로 드라이하고, 손가락으로 방향을 잡아 주고 빗질하여 자연스러운 컬의 움직임을 연출합니다.

Woman Medium Hair Style Design

M-2021-296-31

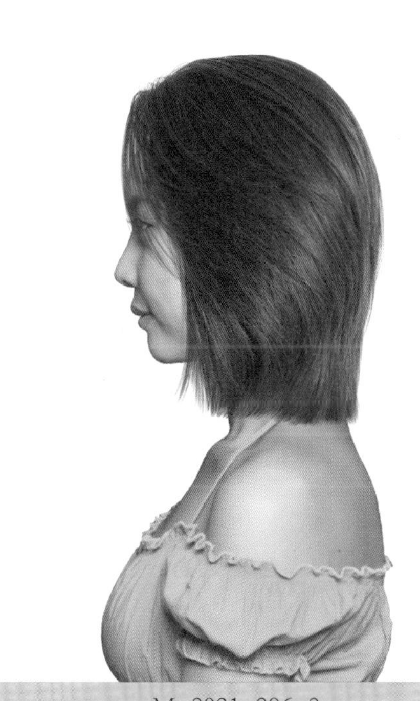

M-2021-296-2

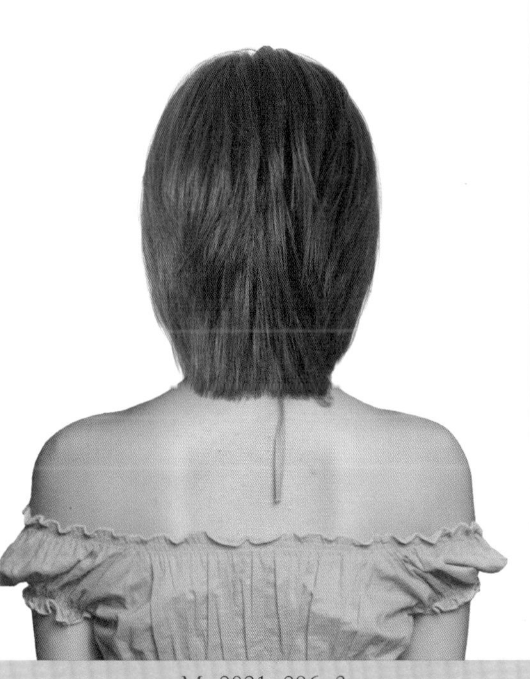

M-2021-296-3

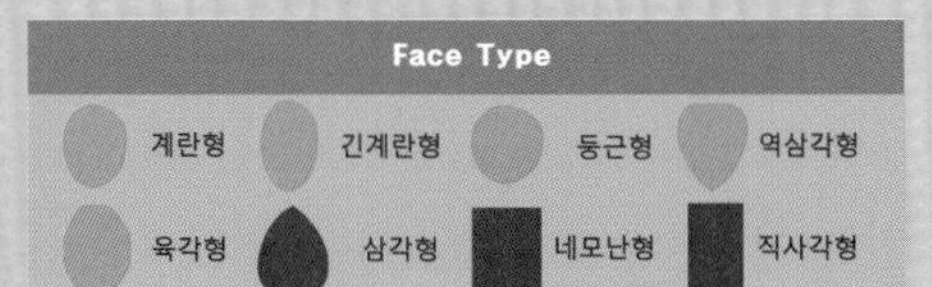

Hair Cut Method-
Technology Manual 108 Page 참고

손질하지 않은 듯 편안한 스타일링 느낌을 주는 릴렉스 감각의 헤어스타일!

- 아침에 머리 손질하는 번거로움의 해방은 심리적 안정감과 편안한 휴식을 주는 에콜로지 감성을 자극하는 헤어스타일입니다.
- 언더에서 하이 그러데이션으로 가볍고 가늘어지는 텍스처를 만들고, 톱 쪽으로 레이어드를 연결하여 부드러운 실루엣을 연출합니다.
- 모발 길이 중간, 끝에서 틴닝 커트를 하여 모발량을 조절하고 슬라이딩 커트로 가늘어지고 가벼운 질감을 연출합니다.
- 1.5~1.7컬의 풀린 듯 느슨한 웨이브 파마를 해 줍니다.
- 헤어 드라이기로 뿌리부터 말리면서 80%를 말린 후 글로스 왁스를 고르게 바르고, 손가락으로 방향을 잡아 주고 빗질하여 자연스러운 움직임을 연출합니다.

Woman Medium Hair Style Design

M-2021-297-31

M-2021-297-2

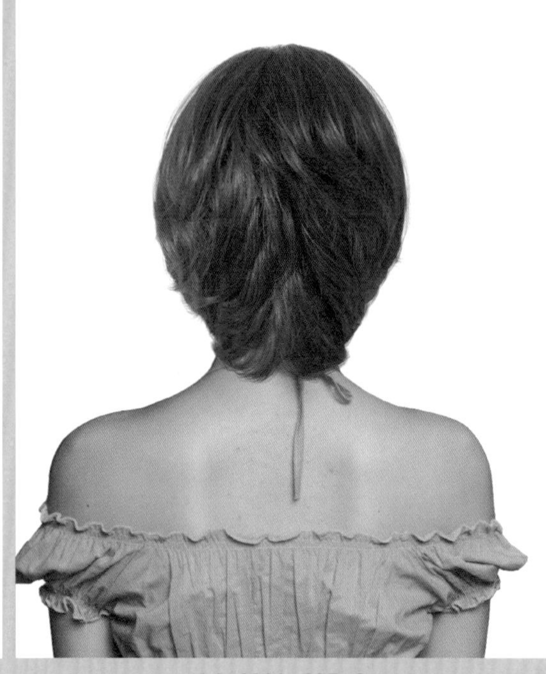
M-2021-297-3

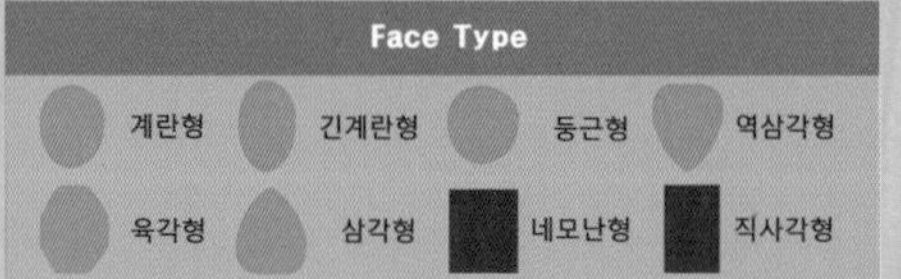

Hair Cut Method-
Technology Manual 100 Page 참고

안말음 되는 컬의 흐름이 품격 있고 차분한 인상을 주는 지적인 느낌의 페미닌 헤어스타일!

- 얼굴을 감싸는 듯 안말음의 웨이브 컬이 얼굴을 갸름하고 청순하면서 지적인 아름다움을 주는 페미닌 감성의 아름다운 헤어스타일입니다.
- 언더에서 그러데이션으로 가볍고 부드러운 흐름을 만들고, 톱 쪽으로 레이어드를 연결하여 풍성하고 부드러운 실루엣을 연출합니다.
- 모발 길이 중간, 끝에서 틴닝 커트를 하여 모발량을 조절하고 슬라이딩 커트로 가늘어지고 가벼운 질감을 연출합니다.
- 1.5~1.7컬의 풀린 듯 느슨한 웨이브 파마를 해 줍니다.
- 헤어 드라이기로 뿌리부터 말리면서 70%를 말린 후 글로스 왁스를 고르게 바르고, 스크런칭 드라이를 하고 손가락으로 방향을 잡아 주고 빗질하여 자연스러운 컬의 움직임을 연출합니다.

Lim Kyung Keun

Creative Hair Style Design 3

Woman Medium Hair Style Design

초판 1쇄 발행 2022년 10월 1일
초판 1쇄 발행 2022년 10월 10일

지 은 이 | 임경근
펴 낸 이 | 박정태
편집이사 | 이명수
감수교정 | 정하경
편 집 부 | 김동서, 전상은, 김지희
마 케 팅 | 박명준, 박두리
온라인마케팅 | 박용대
경영지원 | 최윤숙

펴낸곳 주식회사 광문각출판미디어
출판등록 2022. 9. 2 제2022-000102호
주소 파주시 파주출판문화도시 광인사길 161 광문각 B/D 3F
전화 031)955-8787
팩스 031)955-3730
E-mail kwangmk7@hanmail.net
홈페이지 www.kwangmoonkag.co.kr

ISBN 979-11-980059-3-9 14590
979-11-980059-0-8 (세트)
가격 46,000원(제3권)
200,000원(전6권 세트)